Gerhard Rheinheimer   *Meereskunde der Ostsee*

Springer

Berlin
Heidelberg
New York
Barcelona
Budapest
Hong Kong
London
Mailand
Paris
Santa Clara
Singapur
Tokio

Aus Diercke Weltatlas (c) Westermann Schulbuchverlag GmbH, Braunschweig

Gerhard Rheinheimer (Hrsg.)

Meereskunde der Ostsee

Zweite Auflage

Unter der Mitwirkung von D. Nehring

Mit 119 Abbildungen

 Springer

Professor Dr. GERHARD RHEINHEIMER

Universität Kiel
Institut für Meereskunde
Düsternbrooker Weg 20
24105 Kiel

ISBN 3-540-59351-9 Springer-Verlag Berlin Heidelberg New York

Die Deutsche Bibliothek - CIP-Einheitsaufnahme
Meereskunde der Ostsee / Gerhard Rheinheimer (Hrsg.). Unter
der Mitw. von D. Nehring. - 2. Aufl. - Berlin ; Heidelberg ;
Mailand ; Paris ; Tokyo : Springer, 1995
  ISBN 3-540-59351-9
NE: Rheinheimer, Gerhard [Hrsg.]

Einbandgestaltung: Meta Design, Berlin
Satz: U. Kunkel, Textservice, Reichartshausen
SPIN-Nr. 10494756 31/3137-5 4 3 2 1 0 - Gedruckt auf säurefreiem Papier

Vorwort

Die vor mehr als 20 Jahren erschienene 1. Auflage der „Meereskunde der Ostsee" ging aus einer Ringvorlesung hervor, an der sich Wissenschaftler aus allen meereskundlichen Disziplinen der Universität Kiel beteiligt hatten. Das Buch fand eine lebhafte Resonanz und ist seit vielen Jahren vergriffen. Das Interesse an der Ostsee hat weiter zugenommen. Dazu trugen in starkem Maße die Wiedervereinigung Deutschlands und die politischen Veränderungen im Osten bei. Hierdurch gab es nicht nur neue Impulse für Wirtschaft und Verkehr, sondern auch für die Erforschung und den Schutz dieses einzigartigen europäischen Brackwassermeeres, das immer mehr Naturfreunde und Erholungsuchende anzieht. Der Bedarf einer allgemein verständlichen Einführung in die Meereskunde der Ostsee ist also offensichtlich.

In den letzten beiden Jahrzehnten hat sich der Kenntnisstand über die Natur und die Umweltbelastung der Ostsee durch zahlreiche nationale und internationale Forschungsprojekte erheblich ausgeweitet. Die Ergebnisse sind in einer großen Zahl von Einzelveröffentlichungen niedergelegt, die nur noch der Fachwissenschaftler zu überschauen vermag. Deshalb wurde für die verschiedenen Beiträge zur Geologie, der physikalischen, chemischen und biologischen Meereskunde sowie zur Nutzung und zu den Schutzmaßnahmen in der vorliegenden 2. Auflage eine Reihe von neuen Autoren gewonnen, die alle intensiv an der Erforschung der Ostsee beteiligt sind. Sie konnten neben der umfassenden Kenntnis des jeweiligen Spezialgebietes ihre persönlichen Erfahrungen einbringen. Während die 1. Auflage ein „Kieler Buch" war, stellt die 2. Auflage eine Gemeinschaftsarbeit von Wissenschaftlern der meisten mit der Ostseeforschung befaßten Institutionen in Schleswig-Holstein, Mecklenburg-Vorpommern und Hamburg dar. So entstand eine kurze, dem gegenwärtigen Stand der Wissenschaft entsprechende Darstellung, die sich nicht allein an Wissenschaftler und Studenten, sondern auch an Lehrer und Schüler sowie an in Umweltschutz, Seefahrt und Wasserbau Tätige richtet. Sie kann aber auch Seglern und Strandbesuchern dienlich sein, die eine wissenschaftliche Erklärung der an oder auf der Ostsee beobachteten Naturvorgänge suchen.

Herausgeber und Autoren danken allen, die ihnen mit Rat und Tat zur Seite standen. Das gilt besonders für Frau Ilona Oelrichs, die mit viel Geschick die Abbildungen bearbeitete. Dem Verlag sind wir für seine verständnisvolle Hilfe sehr verbunden.

Kiel, Sommer 1995   GERHARD RHEINHEIMER

Inhaltsverzeichnis

Liste der Autoren

1	Prof. Dr. B. v. Bodungen	IFO, Warnemünde
2	Dr. D. Boedeker	IN, Insel Film
3	Prof. Dr. H.-J. Brosin	IfO, Warnemünde
4	Prof. Dr. J. C. Duinker	IfM, Kiel
5	Dr. M. Erhardt	IfM, Kiel
6	Prof. Dr. W. Fennel	IfO, Warnemünde
7	Prof. Dr. S. Gerlach	IfM, Kiel
8	Dr. K. Gocke	IfM, Kiel
9	Dr. E. Hagen	IfO, Warnemünde
10	Prof. Dr. G. Hempel	IfO, Warnemünde
11	Prof. Dr. H.-G. Hoppe	IfM, Kiel
12	Dr. H. D. Knapp	IN, Insel Film
13	Prof. Dr. R. Köster	GPI, Kiel
14	Prof. Dr. G. Kortum	IfM, Kiel
15	Dr. K. Kremling	IfM, Kiel
16	Prof. Dr. R. Lampe	GI, Greifswald
17	Dr. H. U. Lass	IfO, Warnemünde
18	Dr. W. Lemke	IfO, Warnemünde
19	Prof. Dr. J. Lenz	IfM, Kiel
20	Prof. Dr. L. Magaard	DOUH, Honolulu, USA
21	Dr. W. Matthäus	IfO, Warnemünde
22	Prof. Dr. L.-A. Meyer-Reil	IfÖ, Hiddensee
23	Prof. Dr. D. Nehring	IfO, Warnemünde
24	Prof. Dr. W. Nellen	IHF, Hamburg
25	H. v. Nordheim	IN, Insel Film
26	Dr. L. Postel	IfO, Warnemünde
27	Dr. O. Rechlin	BfFR, Rostock
28	Prof. Dr. G. Rheinheimer	IfM, Kiel
29	Dr. H. Rumohr	IfM, Kiel
30	Prof. Dr. U. Schiever	FBR, Rostock
31	Prof. Dr. D. Schnack	IfM, Kiel
32	Dr. W. Schramm	IfM, Kiel
33	G. Schulze	DMMF, Stralsund
34	Dr. D. Schulz-Bull	IfM, Kiel
35	Dr. K. Schwarzer	GPI, Kiel
36	Prof. Dr. H. Schwenke	IfM, Kiel
37	Dr. K. Strübing	BfSH, Hamburg

38	Prof. Dr. H. Theede	IfM, Kiel
39	Dr. R. Thiel	IHF, Hamburg
40	Dr. W. Thiele	BfFH, Hamburg
41	Dr. R. Tiesel	DW, Warnemünde
42	Dr. P.A. Verlaan	UNEP, Nairobi, Kenya
43	Prof. Dr. B. Zeitzschel	IfM, Kiel

BfFR	Bundesforschungsanstalt für Fischerei, An der Jägerbäk 2, 18069 Rostock
BfFH	Bundesforschungsanstalt für Fischerei, Institut für Fangtechnik, Palmaille 9, 22767 Hamburg
BfSH	Bundesamt für Seeschiffahrt und Hydrographie, Bernd-Nocht-Str. 78, 20359 Hamburg
DMMF	Deutsches Museum für Meereskunde und Fischerei, Katharinenberg 24, 18439 Stralsund
DOUH	Dept. of Oceanography, Univ. Hawaii, Pope Road, Honolulu, Hawaii, 96822, USA
DW	Deutscher Wetterdienst, Parkstr. 47, 18119 Rostock-Warnemünde
FBR	Fachbereich Biologie der Universität Rostock, Freiligrathstr. 7/8, 18055 Rostock
GI	Geographisches Institut, Universität Greifswald, Friedr.-Ludw.-Jahn-Str. 15, 17489 Greifswald
GPI	Geologisch-Paläontologisches Institut der Universität, Ludewig-Meyn-Str. 10, 24118 Kiel
IfM	Institut für Meereskunde, Düsternbrooker Weg 20, 24105 Kiel
IfO	Institut für Ostseeforschung, Seestr. 15, 18119 Rostock-Warnemünde
IfÖ	Institut für Ökologie, 18565 Kloster, Hiddensee
IHF	Institut für Hydrobiologie und Fischereiwissenschaft, Zeiseweg 9, 22765 Hamburg
IN	Internationale Naturschutzakademie Insel Film, 18581 Lauterbach
UNEP	United Nations Environment Programme, Nairobi, Kenya

Farbtafel Ostseeküste: Sandstrand und Steilufer (*oben*), Bootsstege auf Thurö (*Mitte, links*), Einlauf von Abwasser (*Mitte, rechts*), Grünalgen (Enteromorpha intestinalis) und Braunalgen (Fucus vesiculosus) (*unten, links*), Feuerqualle (Cyanea capillata) (*unten, rechts*)

1 Einleitung

GERHARD RHEINHEIMER

Die Ostsee ist eines der größten und interessantesten Brackwassergebiete der Welt. Sie ist ein Nebenmeer des Atlantischen Ozeans, das die jütische Halbinsel von der Nordsee trennt. Diese ist wiederum ein Randmeer des Atlantik und wie die Ostsee ein Schelfgebiet mit entsprechend geringen Wassertiefen, die großenteils unter 200 m liegen. Das stellt auch schon die wichtigste Gemeinsamkeit dieser beiden benachbarten Seegebiete am nordwestlichen Rand Europas dar, die nur durch drei flache Meerengen miteinander in Verbindung stehen. Im übrigen gibt es große Unterschiede, die nicht allein Geologie, Meteorologie und Ozeanographie, sondern auch in starkem Maße die Biologie und Ökologie betreffen.

Während die Nordsee schon vor 180 Mio. Jahren ein Schelfmeer war, entstand die Ostsee erst nach der letzten Eiszeit vor etwa 12 000 Jahren. Sie ist also erdgeschichtlich ein ganz junges Meer. Entsprechend sind – vom westlichen Teil abgesehen – die Sedimentmächtigkeiten relativ gering. Durch die starken Süßwasserzuflüsse und den begrenzten Wasseraustausch nimmt der Salzgehalt des Wassers von Westen nach Nordosten kräftig ab. In der mittleren Nordsee liegt er bei etwa 35‰ und entspricht damit dem Durchschnitt in den Ozeanen. Bis zu den Enden des Bottnischen und des Finnischen Meerbusens geht er unter 2‰ zurück. Damit stellt die Ostsee eines der größten Brackwassergebiete der Erde dar. Da das Auftreten von Brackwasser nur eine vorübergehende Erscheinung ist, gibt es nur wenige echte Brackwasserorganismen. Bei den meisten Pflanzen und Tieren handelt es sich um marine Arten, die hier in der Regel keine optimalen Lebensbedingungen finden. Daher nimmt die Zahl der Arten mit der Verringerung des Salzgehaltes ab, und die noch vorhandenen sind oft kleiner als in Meeresgebieten mit höherer Salinität. Andererseits finden sich im Brackwasser nur wenige Süßwasserarten. Der Rückgang der Artenzahl kann jedoch durch die Zunahme der Individuenzahl ausgeglichen werden, und es treten Massenentwicklungen z. B. von Cyanobakterien (Blaualgen) auf.

Die Ostsee mit dem Kattegat bedeckt eine Gesamtfläche von 415 000 km^2. Das Wasservolumen beträgt 21 700 km^3, die mittlere Tiefe 52 m. Die größte Tiefe liegt mit 459 m im Landsorttief vor der schwedischen Ostküste. Klimatisch nimmt der kontinentale Einfluß nach Nordosten stark zu. Im mittleren und nördlichen Teil kommt es im Winter regelmäßig zu Eisbildung – im Süden seltener.

Charakteristisch für die Ostsee sind stabile Schichtungen des Wassers. Grundsätzlich liegt eine salzarme Deckschicht über salzreicherem Tiefenwasser. Diese beiden Zonen weisen starke Dichteunterschiede auf, die oft eine Sprungschicht trennt. Im Sommer gibt es in 10 bis 30 m Tiefe noch einen Temperatursprung zwischen dem erwärmten oberflächennahen Wasser und dem kalten Zwischenwasser, in dem sich winterliche Temperaturen erhalten haben. In solchen Grenzbereichen erfolgen intensive mikrobiologische Prozesse, die eine wichtige Rolle bei den Stoffumsetzungen in der Ostsee spielen. Diese sind besonders ausgeprägt in den tiefen Becken der zentralen Ostsee wie dem Gotland- und dem Farötief, wo häufig sauerstoffhaltiges Wasser über schwefelwasserstoffhaltigem liegt. Nur in mehrjährigen Abständen dringt bei anhaltend starken Westwinden in der Tiefe sauerstoffhaltiges Nordseewasser bis hierher vor, so daß der Schwefelwasserstoff vorübergehend verschwindet.

Die stabilen Vertikalschichtungen sind unter anderem eine Folge der kaum vorhandenen Gezeitenströme. Während die Tide in der Nordsee Meter beträgt, beläuft sie sich in der Ostsee auf einige Zentimeter. Dennoch kann der Besucher der Ostseeküste beträchtliche Wasserstandsschwankungen wahrnehmen, die jedoch durch den Wind verursacht werden. Im Moränengebiet der jüngsten Eiszeit hat der Meeresspiegelanstieg zu einer Ausgleichsküste geführt. Jahr für Jahr werden die exponierten Uferbereiche von der See abgetragen und die feineren Bestandteile wie Ton, Schluff und Sand mehr oder weniger weit verfrachtet und an geeigneten Stellen abgelagert. Dort kommt es dann zur Bildung von Nehrungen, auf denen sich z.B. in Ostpreußen riesige Wanderdünen befinden. Fast überall ist der Einfluß der Eiszeit zu beobachten. Die Felsküsten im Norden wurden von den Gletschern abgeschliffen – im Süden finden sich an den Stränden vom Eis aus Skandinavien hierher verfrachtete Steine, die beim Küstenabbruch freigelegt werden. Neben Granit und Porphyr liegen Flint und Kreidebrocken, aus denen vor allem die Fossilien stammen.

Solange Menschen im Ostseeraum leben, hat ihnen dieses Meeresgebiet als Verkehrsweg und wichtige Nahrungsquelle gedient. Schon im 1. Jahrhundert n. Chr. überquerten die Goten von Schweden kommend die Ostsee und landeten nahe der Weichselmündung, von wo sie später in den Süden Europas zogen. Vor mehr als tausend Jahren unterhielten Wikinger einen lebhaften Warenverkehr zwischen dem schwedischen Birka und Haithabu bei Schleswig. Im Mittelalter wurden zahlreiche Handelsstädte an den Küsten der Ostsee gegründet, die im 13. und 14. Jahrhundert zum Rückgrat der Hanse mit ihrem Hauptort Lübeck wurden. Zu dieser Zeit gewann die Fischerei eine überregionale Bedeutung. Die riesigen Heringsschwärme, die an die Küsten von Schonen kamen, führten zu einer wirtschaftlichen Blüte, bis ihr Ausbleiben Ende des 15. Jahrhunderts mit zum Machtverfall der Hanse beitrug. Im 19. Jahrhundert erfaßte die Industrialisierung auch die Ostseestädte. Die Bevölkerung nahm kräftig zu, so daß heute im Ostseeraum mehr als 70 Millionen Menschen leben und sich dieser zu einem der wichtigsten Wirtschaftsbereiche Europas entwickelte. Das hatte vielfältige Eingriffe in die Uferregion zur Folge wie z.B. den Bau von Hafen- und Küstenschutzanlagen. Gleichzeitig wurde die Ostsee zu einem beliebten Erholungsgebiet, in dem jeden Sommer Millionen von Besuchern aus dem Binnenland ihre Ferien verbringen. Diese Entwicklung hat zu einer starken Belastung dieses Meeresteils durch Abwässer, Abfälle, Ölverschmutzung u.ä. geführt. Die Verschmutzung betrifft vor allem die Küstenbereiche und in ganz besonderem Maße die Mündungen der größeren Flüsse wie Oder, Weichsel, Düna und Newa sowie einige Förden und Bodden. In der offenen Ostsee ist zwar der Gehalt an Giftstoffen wie DDT und PCBs in den letzten Jahren zurückgegangen – problematisch sind nach wie vor die großen Einträge von Phosphor und Stickstoff aus Landwirtschaft, Industrie und Verkehr, die in unserem Jahrhundert zu einer starken Eutrophierung geführt haben. Seit rund drei Jahrzehnten versuchen die Ostseeländer dieser Entwicklung entgegenzuwirken. Eine wichtige Funktion hat dabei die Helsinki-Konvention zum Schutz der marinen Umwelt der Ostsee.

Fischer und Seeleute früherer Zeiten besaßen schon vielerlei Kenntnisse über Hydrographie und Biologie. Eine systematische Erforschung der Meereskunde der Ostsee begann jedoch erst im 19. Jahrhundert. Heute befinden sich an vielen Orten leistungsfähige Institute, die in umfangreichen internationalen Programmen zusammenarbeiten, so daß sich unser Wissensstand von Jahr zu Jahr erweitert. Dadurch werden die Grundlagen geschaffen für ein Management der Ostsee, das eine ökologieverträgliche optimale Nutzung garantieren soll. So besteht die Hoffnung, daß dieses einzigartige Meeresgebiet auch für zukünftige Generationen als gesunder Lebensraum und Erholungsgebiet erhalten und – wo nötig – wiederhergestellt werden kann.

2 Geschichte der Ostseeforschung

GERHARD KORTUM

Die vorliegende Neuausgabe der „Meereskunde der Ostsee" macht die großen Fortschritte der meereskundlichen Disziplinen der letzten 20 Jahre deutlich, integriert neue Methoden und wissenschaftliche Konzepte. Auch von Computern erstellte Modelle werden präsentiert. Die Wissenschaft schreitet voran und eröffnet neue Möglichkeiten.

Der Bezug historischer Fakten zur Gegenwart ist offensichtlich (Paffen u. Kortum 1984). Heute werden in der Meereskunde bereits Daten als „historisch" bezeichnet, wenn sie vor zwei oder drei Jahrzehnten erhoben wurden. Die Ostsee gehört zu den am frühesten und besten bekannten Meeresräumen, vergleichbar nur mit der von österreichischen Wissenschaftlern schon vor 1914 gut erforschten nördlichen Adria. Die Ostsee war im Hinblick auf die Entwicklung von Ideen, Konzepten, Geräten und Kooperationsmustern eine Keimzelle der Meeresforschung. Dies gilt auch für die Lehre und – aus deutscher Sicht – insbesondere für die Universität Kiel (Lohff et al. 1994). Die Ostsee ist geologisch und hydrographisch gesehen ein Neben- oder Binnenmeer, in dem sich seit der letzten Eiszeit ständig Veränderungen abgespielt haben, zu denen seit der Industrialisierung verstärkt anthropogene Einflüsse beitragen. Das marin-ökologische System, wie es heute besteht, hat sich erst in geologisch jüngster Zeit herausgebildet und ist keineswegs als stabil anzusehen. Dies haben auch die periodischen Bestandsaufnahmen der Ostseeumwelt durch HELCOM (Helsinki Commission s. Kap. 7.4) jüngst wieder ergeben. Insofern sind die umfangreichen 100 Jahre zurückliegenden Daten und Ergebnisse der Ostseeforschung aus heutiger Sicht als Vergleichsbzw. Bezugswerte von höchster Aktualität. Historische Betrachtungen können auch auf Tendenzen für die Zukunft hinweisen.

Die politische Wende in Deutschland und Europa um 1990 hat den Ostseeraum in ein neues Licht gerückt. Die geopolitische Teilung seit dem Zweiten Weltkrieg mit den derzeitigen Einkommensdisparitäten und Entwicklungsmöglichkeiten wird – vielleicht unter dem Schild einer „neuen Hanse" – Aktionsraum für eine übergreifende europäische Umweltforschung und -politik werden. Die internationale Zusammenarbeit in der Meeresforschung nahm 1902 durch die Gründung des Internationalen Rates für Meeresforschung (ICES) an den Ostseeausgängen ihren Anfang. Grundlage für diese Zusammenarbeit war nicht in erster Linie die Grundlagenforschung bezüglich der hydrographischen und biologischen Verhältnisse, sondern waren zunächst Fischereiinteressen (Went 1972). Auch heute müssen die wirtschaftlichen Entwicklungsperspektiven des Ostseeraumes mit den ökologischen Rahmenbedingungen und neuen Wissenschaftsstrukturen in Einklang gebracht werden. Die Idee der Kooperation ergab und ergibt sich aus der Tatsache der gemeinsamen Verantwortung für die Ostsee (vgl. Kap. 8).

Meereskundliche Beobachtungen erfolgen seit der Zeit der frühen Seefahrer. Historische Nachrichten mit meereskundlicher Relevanz gibt es seit langem, etwa über die Vereisung der gesamten westlichen Ostsee in den Jahren 1323, 1333, 1349 und in den anormal kalten Wintern nach 1399 und 1690. Gut belegt ist die Ostseesturmflut vom 13. November 1872, in der allein von Dänemark bis Pommern 271 Menschen den Tod fanden und 650 Schiffe verloren gingen. In der Flut von 1904 stieg das Wasser in Kiel auf 2,65 m über Normalnull und überflutete Teile der Innenstadt. Es liegen auch alte Fischereiberichte vor, die darauf hindeuten, daß Sauerstoffmangel und Fischsterben in den schleswig-holsteinischen Förden bei bestimmten Wetterlagen schon vor der Industrialisierung und Verwendung von Kunstdünger in der Landwirtschaft auftraten. Wichtige Informationen finden sich ferner in alten Seekarten und Segelanweisungen.

Zur Ostseeforschung haben Generationen von Gelehrten und Nautikern sowie einfachen Fischern beigetragen. Wissenschaftsgeschichte kann nach verschiedenen Gesichtspunkten betrieben werden: Ein Ansatzpunkt wäre, die Biographien und das Wirken von bedeutenden Naturforschern aufzuzeigen, ein weiterer, wichtige Forschungsexpeditionen und Unternehmungen zu vergleichen (Watermann 1987). Die Beiträge der Küstenanliegerstaaten der Ostsee sind durchaus unterschiedlich zu bewerten. Es wäre auch näher zu untersuchen, wie groß der Anteil der marinen Behörden bzw. nautischen Dienststellen der Ostseeländer an der Erforschung dieses Meeres gewesen ist. Am besten belegt ist die Entwicklung und Ausgestaltung der internationalen Kooperation seit der Gründung des ICES.

Eine nähere Analyse zeigt, daß in der Vergangenheit fast alle Hochschulen und gelehrten Vereinigungen des baltischen Raumes von Petersburg über Helsingfors, Uppsala bis Königsberg, Kiel und Kopenhagen zur Ostseeforschung beigetragen haben, aber auch zwischen dem 1. und 2. Weltkrieg die Universität Krakau. Am geringsten ist vielleicht der Beitrag der altehrwürdigen Universitäten Lund und Rostock gewesen. Die Petersburger Gelehrten, genannt seien hier nur die Hydrographen und Biologen E. Lenz, V. Baehr oder später O. von Grimm, haben in der ersten Hälfte des 19. Jahrhunderts wesentlich zur Analyse des Ostseewassers beigetragen. Uppsala hat im 18. Jahrhundert zahlreiche tüchtige Gelehrte gestellt. So hat Andreas Celsius, der 1705 in Uppsala geboren und dort im Alter von 25 Jahren Professor für Astronomie wurde, nach einer Reise entlang der Küste des „Bottnischen Ozeans" 1724 die Gewißheit erlangt, daß sich in diesem Teil in historischer Zeit und selbst nach dem „kleinen Maßstab menschlichen Gedenkens" eine bedeutende Landhebung vollzogen hat. Celsius bearbeitete dieses Phänomen in großer Ausführlichkeit, deutete es aber als Ausfluß der Ostseewassermassen und Rückzug des Meeres, ohne die isostatische Hebung in Rechnung zu ziehen. Die Entstehung des Ostseeraumes ist noch nach der Abhandlung von Etzel 1859 (1878) eine einzige Abfolge von Katastrophen und Wasserfluten gewesen, ganz getreu dem geologischen Katastrophenkonzept von Cuvier und anderen frühen Naturgeschichtlern. Die Theorie des Diluviums und des erst jüngst beendeten Eiszeitalters in Skandinavien setzte sich erst Ende des 19. Jahrhunderts als konzeptionelle Voraussetzung für jegliche Studien der Ostsee als Meeresraum durch. Dies gilt sowohl für die Geologie selbst als auch für die faunistische Bearbeitung. Die damalige, entsprechend der phasenhaften Entwicklung der Ostsee, über Jahrzehnte gehende Diskussion, die von Ergebnissen in den Alpen beeinflußt wurde, ist durchaus mit der heutigen Global-Change-Diskussion zu vergleichen. Maßgeblich hierbei war A. Penck beteiligt.

Der wissenschaftliche Schwerpunkt der Ostseeforschung verschob sich aber bald nach Westen zu den Ostseeausgängen. An der Universität Kiel entwickelte sich seit Meyers Untersuchungen über physikalische Verhältnisse der westlichen Ostsee (1869) dank einer einmaligen, aber eher zufällig zustande gekommenen Kombination und sehr fruchtbringenden Zusammenarbeit von mehreren Professoren (G. Karsten, K. Brand, O. Krümmel, K. Möbius, V. Hensen u.a.) ein Meeresforschungszentrum für die Ostsee. Bis 1900 wurden hier grundlegende Arbeiten über verschiedene Bereiche der Ostseeforschung hauptsächlich für die Biologie und Ökologie erfaßt. Die Idee der Erhebung von systematischen Zeitreihen auf „Terminfahrten", mithin die ersten Ansätze zum Monitoring, entstanden 1869 zugleich in Kiel und in Dänemark. Seit jenem Jahr werden kontinuierlich Meßreihen von Feuerschiffen erhoben. Sie führten schließlich zu den klassischen hydrographischen Arbeiten von Wattenberg, Dietrich und Kändler, die in den „Kieler Meeresforschungen" erschienen sind. In dieser Institutsreihe dokumentierte Wyrtki (1954) auch den Salzwassereinbruch vom Dezember 1951. Allerdings sollte man nicht vergessen, daß im skandinavischen Norden eine starke Konkurrenz entstand. Der deutschen Seeuniversität in Kiel (so Wüst 1946) stand bald Göteborg gegenüber, wo unter dem Rektorat von A. Wijkander (1849–1913) an der Technischen Hochschule ein wichtiges Zentrum entstand. Wijkander selbst war Hydrograph und an der Nordenskjöldschen Expedition nach Spitzbergen beteiligt gewesen. Göteborg wurde fortan zur Hochburg der Meeresforschung in Schweden weiterentwickelt und ist mit so ruhmreichen Namen wie Gustav Ekman und Otto Petterson verknüpft. Die dynamisch-theoretische Schule skandinavischen Ursprungs setzte sich methodisch dann immer mehr durch. Wichtig ist auch die Tatsache, daß es von Kiel bis zum deutsch-dänischen Krieg von 1864 enge Beziehungen zur Universität Kopenhagen gab, die dann rund 40 Jahre später in der guten deutsch-dänischen Zusammenarbeit im ICES nach 1900 weiterentwickelt wurde. So war der bekannte dänische Geologe und Meeresforscher Forchammer ehemals in Kiel und promovierte dort bei Pfaff, der selbst im Jahre 1824 im Zuge eines Gutachtens zur Begründung des Kieler Seebades Untersuchungen über den Salzgehalt und die chemische Zusammensetzung des Meerwassers der westlichen Ostsee angestellt hatte.

Tabelle 1. Wichtige Daten zur Geschichte der Ostseeforschung

1576	Tycho Brache, dänischer Astronom (1546–1601), registriert erstmals systematisch Wetter- und Eisbeobachtungen von seinem Observatorium auf der Insel Vers im Øresund
1697	Samuel Reyhers „Experimentum novum" im Kieler Hafen
1724	Andreas Celsius' Reise in den „Bottnischen Ozean"
1859	Anton von Etzel, Gesamtbetrachtung „Die Ostsee und ihre Küstenländer, geographisch, naturhistorisch und . . ."
1865/72	Meyer/Möbius: „Fauna der Kieler Bucht"
1872	H. A. Meyers „Untersuchungen über physikalische Verhältnisse der westlichsten Theile der Ostsee" (mit 8 Stationen)
1870	Begründung der deutschen Kommission zur Untersuchung der deutschen Meere in Kiel
1871	„Pommerania"-Expedition von Kiel aus
1877	Schwedische Expedition von Göteborg aus (G. Ekman, O. Petterson)
1887	„Holsatia"-Expedition des Deutschen Seefischereivereins in die Ostsee (V. Hensen, F. Heincke u. a.)
1900	Christiana-Konferenz mit Verabschiedung des ICES-Programms
1902	Deutsche Wissenschaftliche Kommission für Internationale Meeresforschung gegründet, Anfänge der Internationalen Ostseekooperation
1902	Reichsforschungsdampfer „Poseidon" in Dienst gestellt
1935	1. Baltische Hydrologen-Konferenz in Moskau
1937	Institut für Meereskunde der Universität Kiel gegründet
1950	Seehydrographischer Dienst der DDR gegründet
1951	Erste systematische Beobachtung eines Salzwassereinbruchs in die Ostsee
1957	1. Konferenz der CBO (Baltische Ozeanographen) in Helsinki
1958	Institut für Meereskunde in Warnemünde gegründet
1968	Vereinigung Baltischer Meeresbiologen (BMB) in Rostock gegründet
1972	HELCOM Abkommen zum Schutz der Meeresumwelt der Ostsee
1992	Institut für Ostseeforschung in Warnemünde gegründet (ehem. Institut für Meereskunde der Akademie der Wissenschaften der DDR)
1994	Bundesminister für Forschung und Technologie legt Ostseeforschungskonzept vor
1994	BALTEX: Scientific Plan for the Baltic Sea Experiment (Teilprojekt von WCRP GEWEX-Global Energy and Water Experiment)

Die 70er Jahre des 19. Jahrhunderts brachten einen ersten Höhepunkt der Ostseeforschung. Es ist aufschlußreich, die beiden wichtigsten frühen systematisch angelegten Ostsee-Expeditionen, die von Kiel und Göteborg ausgingen, zu vergleichen. Es ist einmal die „Pommerania"-Expedition zu einer Untersuchungsfahrt in die Ostsee (1871), die von H. A. Meyer, K. Möbius, C. Karsten und V. Hensen durchgeführt wurde (Meyer u. Möbius 1865/72). Die Ergebnisse erschienen in der neubegründeten Serie „Jahresberichte der Kommission zur wissenschaftlichen Untersuchung der deutschen Meere" in Kiel, die für die weitere Entwicklung der frühen deutschen Ostseeforschung eine wichtige Quelle darstellt. Die schwedische Ostseefahrt im Juli 1877 wurde von Ekmann und Petterson geleitet.

Erste hygienisch-mikrobiologische Untersuchungen von B. Fischer in Kiel zeigen, daß sich neben den Hauptschwerpunkten eine richtungsweisende interdisziplinäre Forschung früh entwickelte (vgl. auch Möbius 1877).

Insgesamt gesehen folgte der naturhistorischen Gesamtschau eine etwa von 1900–1980 anzusetzende Periode der Detailforschungen der hydrographischen, biologischen und geologischen Teildisziplinen. Danach setzte sich, wesentlich gefördert durch den schwedischen Ökologen Jansson, eine systemorientierte Gesamtschau des Baltischen Meeres durch. Diese bezieht auch die anthropogenen Einträge und Nutzungen mit ein. Ein langer Weg führte von den ersten Temperaturmessungen des Kieler Professors Samuel Reyher im Jahr 1697 zu den Modellentwicklungen mit leistungsfähigen Computern und Satellitenbildern der Ostsee heute. Geblieben ist die Neugier der Wissenschaftler und ihr Bewußtsein, die Ostseeumwelt zum Wohle der Allgemeinheit besser zu verstehen.

3 Geologie und Geographie

Rolf Köster und Klaus Schwarzer

Geologie und Geographie der Ostseeregion sind durch große Gegensätze des Naturraumes gekennzeichnet.

Im Norden bestimmen kristalline Gesteine des Grundgebirges mit nur geringmächtiger Auflagerung durch eiszeitliches Material das Landschaftsbild. Diese präkambrischen Gesteine haben ein Alter von mehr als 1 Mrd. Jahren. Sie unterliegen seit langer geologischer Zeit der Hebung und Abtragung. Das pleistozäne Inlandeis hat während mehrerer Vereisungen zusätzlich große Materialmassen abgetragen und nach Süden verfrachtet. Die Entlastung beim Abschmelzen des Eises führt zu einer verstärkten Landhebung. Diese eisisostatischen Vorgänge sind bis zur Gegenwart noch nicht vollständig abgeklungen. Ein charakteristisches Element der Küsten sind die Schärenhöfe (vgl. Kap. 3.2).

Nach Süden wird das Grundgebirge zunehmend von Sedimenten überlagert. In einem Streifen von der südöstlichen Küste Südschwedens über die Inseln Öland, Gotland, Hiumaa (Dagö) und Saaremaa (Ösel) bis zur estnischen Nordküste ist in altpaläozoischen Sedimenten eine Schichtstufenlandschaft entstanden, die zahlreiche Steilufer in Kalken, Sandsteinen und anderen Sedimenten bildet. Überall dort, wo die eiszeitlichen Ablagerungen mit größerer Mächtigkeit vorliegen, konnten Sandstrände entstehen.

Die südliche Ostsee liegt in einem alten Senkungsgebiet mit mächtigen voreiszeitlichen und eiszeitlichen Ablagerungen. Dem nordskandinavischen Grundgebirge vergleichbare Gesteine sind hier teilweise erst in weit mehr als 6000 m Tiefe zu erwarten. Die Landoberfläche wird weithin von Gletscherfracht aus Skandinavien gebildet. Ältere Gesteine sind nur an wenigen Orten zugänglich, wie in den Kreidekliffs von Rügen und Mön oder in den verbreiteten Vorkommen tertiärer Sedimente. Hier kommen die Vorgänge der Abtragung und Anlandung an der Küste zur vollen Entfaltung.

Am Boden der Ostsee finden sich teils die älteren Festgesteine, teils die jüngeren eiszeitlichen Ablagerungen. Durch Erosion der Lockergesteine als Folge des Angriffs von Wellen und Strömungen an der Küste wie am flachen Meeresboden wird Material mobilisiert, verfrachtet und wieder abgelagert. Ergänzend wird Fracht der Flüsse zugeführt. Als Ergebnis dieser Prozesse finden sich am Boden der Ostsee neben den Festgesteinen und eiszeitlichen Ablagerungen junge Abrasionsflächen mit Restsedimenten und junge Sedimente wie Meeressand und Schlick.

3.1 Entstehung der Ostsee

ROLF KÖSTER

Die Ostsee ist für den Geologen ein sehr junges Meer. Noch vor weniger als 15 000 Jahren war ihr heutiges Gebiet von Inlandeis bedeckt. Die Gletscher der Weichselvereisung hatten sich mehrere Jahrtausende lang über Skandinavien, das Gebiet der Ostsee und weite Teile des norddeutsch-polnischen Flachlandes und des Baltikums ausgebreitet. Mit der Späteiszeit begann das Abschmelzen des Eises, und allmählich wurde das Ostseebecken eisfrei. Die Geschichte der Ostsee ist mit dem Rückzug des Eisrandes nach Norden untrennbar verknüpft.

Die Belastung Skandinaviens und des Ostseeraumes durch das Inlandeis und die nachfolgende Entlastung lösten Vertikalbewegungen der Erdkruste aus, während die als Eis gebundenen Wassermassen zu einem Absinken des Meeresspiegels führten. Das beim Schmelzen freiwerdende Wasser bewirkte einen weltweiten Anstieg des Meeresspiegels. Gleichzeitig setzten sich über hunderte von Jahrmillionen andauernde Bewegungen der Erdkruste fort, die zusätzliche regionale Krustenbewegungen zur Folge hatten.

Die Geschichte der Ostsee ist ein Abbild des komplexen Zusammenwirkens dieser Vorgänge. Sie waren über Jahrzehnte Gegenstand intensiver Untersuchungen. Ein besonderes Verdienst kommt G. de Geer, A. Munthe, L. von Post, M. Sauramo und vielen anderen Forschern zu. Die zusammenfassende „Geschichte der Ostsee" von Matti Sauramo erschien kurz nach seinem Tode im Jahr 1958.

Für das Verständnis der Vorgänge ist die Erkenntnis wichtig, daß die Erdkruste nicht starr ist. Bei lange Zeit wirksamer zusätzlicher Belastung biegt sie sich durch, das zähe Magma im Erdmantel wird teilweise nach den Seiten verdrängt. Bei Entlastung wölbt sich die Kruste wieder auf. Die Inlandeismassen, die sich mehrfach über Skandinavien aufbauten und Mächtigkeiten von bis zu 3000 m erreicht haben dürften (Woldstedt 1958), bedeuteten eine solche zusätzliche Belastung der Erdkruste. Nun stellte sich ein neues „Schwimmgleichgewicht", das als Isostasie bezeichnet wird, ein. Das Zentrum der Vereisung – Nordschweden – wurde auch zum Zentrum der eiszeitlichen Landsenkung, und die Außengebiete vor dem Inlandeis unterlagen wahrscheinlich einer Landhebung.

Das Abschmelzen des weichselzeitlichen Inlandeises in den letzten 15 000 Jahren bewirkte eine Umkehr der isostatischen Vertikalbewegungen: Landhebung im Zentrum der Vereisung, Landsenkung in den äußeren Zonen. Nach der Entlastung kann das Magma „zurückfließen". Als Folge der hohen Zähigkeit tritt dieser Vorgang mit einer deutlichen zeitlichen Verzögerung gegenüber der Entlastung ein.

Die spät- und nacheiszeitlichen Hebungsbeträge lassen sich vor allem aus der Höhenlage spät- und nacheiszeitlicher Strandlinien ableiten. Die größten Hebungsbeträge des Landes, relativ zum heutigen Meeresspiegel, liegen bei etwa 300 m. Anfangs erreichten die Hebungen mehr als 3 m/100 Jahre. Gegenwärtig liegen sie bei knapp 1 m/100 Jahre an der Westseite des Bottnischen Meerbusens. Von hier nehmen die Beträge nach allen Richtungen ähnlich der Wölbung eines Uhrglases ab. Im südwestlichen Ostseeraum ist mit einer geringen isostatischen Senkung zu rechnen. Diese Vertikalbewegungen sind der isostatische Anteil der relativen Wasserstandsänderungen.

Die isostatischen Bewegungen klingen im Laufe der Jahrtausende in Annäherung an eine e-Funktion ab, dauern aber, wie die Pegelbeobachtungen zeigen, in der Gegenwart noch an. Die in Abb. 1 sichtbaren Beträge sind deutlich höher, als es den seit hunderten von Jahrmillionen andauernden

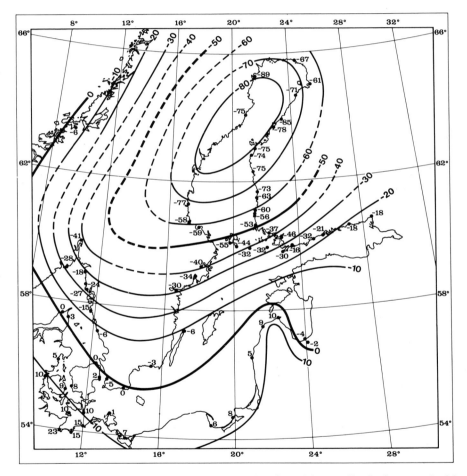

Abb. 1. Wasserstandsänderungen (in cm/100 Jahre) aufgrund der Pegelbeobachtungen. Positive Werte: Anstieg des Meeresspiegels, negative Werte: Landhebung. In der Karte ist der eustatische Anstieg von 11 cm/Jahrhundert überlagert von den regional verschiedenen isostatischen und tektonischen Bewegungen. (Nach Rossiter 1967)

beständigen Hebungsvorgängen in Nordeuropa entspricht. Auch in der Gegenwart liegt das Zentrum der Landhebung an der Westküste der Bottensee. Die aktuelle „Null-Linie" der Pegelaufzeichnungen findet sich im Kattegat und im Süden der Halbinsel Schonen. Sie wird an der Ostküste der Ostsee in Lettland wieder angetroffen. Südlich dieser Grenze liegt heute ein Gebiet des Wasseranstieges.

In die Pegelaufzeichnungen gehen ebenso die Veränderungen des Meeresspiegels ein. Die uhrglasförmige Aufwölbung Nordeuropas mit ihren von Ort zu Ort unterschiedlichen Beträgen ist ein Abbild der isostatischen Vorgänge. Ihnen überlagern sich die zeitlich veränderlichen, aber an allen Orten mit gleichen Beträgen auftretenden Wasserstandsschwankungen. Um aus den Pegelaufzeichnungen den heute noch wirksamen isostatischen Anteil an den Niveauveränderungen zu erhalten, muß man etwa 11 cm/Jahrhundert von den Angaben auf der Abb. 1 abziehen.

Diese weltweiten Wasserstandsänderungen sind klimaabhängig. Die Wassermenge auf der Erde – etwa 1350 Mio. km^3 – ist gegenwärtig zu etwa 98,3 % im Weltmeer enthalten und zu 1,65 % im Festlandeis gebunden. Der Rest von 0,05 % verteilt sich auf das Süßwasser und das Grundwasser auf dem Festland und den Wasserdampf der Atmosphäre. Die Menge des Festlandeises wird vom Klima in den vereisten Gebieten bestimmt. Je mehr Wasser in den Eismassen gebunden ist, desto niedriger ist der Meeresspiegel. Umgekehrt steigt der Meeresspiegel beim Schmelzen des Inlandeises an. Diese klimaabhängigen Wasserstandsänderungen werden als eustatische Wasserstandsschwankungen bezeichnet.

Zur Zeit des Höchststandes der Wechselvereisung lag der Meeresspiegel 80 bis 100 m niedriger als in der Gegenwart, weil große Wassermassen im Inlandeis – nicht nur in Nordeuropa, sondern ebenso in Grönland, Nord- und Südamerika, Asien und in der Antarktis – gebunden waren. Mit dem Abschmelzen der Eismassen konnte ohne Verzögerung ein schneller Wasseranstieg einsetzen. Deshalb wurden trotz noch niedrigen Standes des Weltmeeres zunächst große isostatisch abgesenkte Bereiche überflutet. Als dann mit Verzögerung deren Aufstieg begann, wurde die weitere Entwicklung vom „Wettlauf" zwischen isostatischen und eustatischen Bewegungen bestimmt. Nun überlagern sich

- die langsam einsetzenden, später sehr starken, aber von Ort zu Ort unterschiedlichen und im Laufe der Zeit langsam abnehmenden isostatischen Vorgänge und

- der sofort einsetzende und bis vor 4000 bis 5000 Jahren schnelle, dann stark abflachende eustatische Wasseranstieg, dem klimabedingte Oszillationen des Meeresspiegels überlagert sind, sowie

- örtliche tektonische Bewegungen, die sich z.B. auf Bornholm, in Estland oder auf der Halbinsel Kola durch über die uhrglasförmige Hebung hinausgehende Beträge und Schrägstellungen von Strandlinien abbilden.

Gegenwärtig leben wir in einer eustatischen Oszillation, die vor etwa 100 Jahren begonnen hat. Sie bildet sich als Folge einer Erwärmung in den Polargebieten und den Hochgebirgen der Erde in einem weltweiten Wasseranstieg im Dezimeterbereich ab. Würde alles noch vorhandene Eis schmelzen, könnte der Weltmeerspiegel um weitere 60 m ansteigen. Zusätzlich kann bei Erwärmung des Weltmeeres eine Ausdehnung des Wasserkörpers wirksam werden.

Dieses Zusammenspiel von Isostasie und Eustasie bestimmt die spät- und nacheiszeitliche Geschichte der Ostsee. In der Entwicklung lassen sich vier Hauptstadien unterscheiden, die durch den Wechsel der Verbindung zum Weltmeer und eine unterschiedliche Salinität charakterisiert sind: Baltischer Eisstausee, Yoldiameer, Ancylussee und Litorinameer. Sie sind in der Tabelle 2 und der Abb. 2 dargestellt, die auch die Isolinien der heutigen Höhen ihrer Strandlinien enthalten. Als jüngste Stadien werden das Limneameer und das Myameer abgetrennt, die Abwandlungen des Litorinameeres darstellen.

Als das Inlandeis in der Ostseefurche und über Südschweden abschmolz, entstanden zwischen dem Eisrand und den umgebenden Endmoränen oder Hochgebirgen Eisstauseen. Daraus entwickelte sich als erstes Stadium in der spät- und nacheiszeitlichen Geschichte der Ostsee zwischen dem zurückweichenden Eisrand im Norden und der Umgebung der heutigen südlichen und östlichen Ostseeküste der „Baltische Eisstausee" (Abb. 2a). Gleichzeitig gab es eine erste späteiszeitliche Meeresbucht der Nordsee im Skagerrak und im Kattegat.

Während der Zeit des Baltischen Eisstausees dauerten die isostatische Landhebung und der eustatische Wasseranstieg an, wobei zunächst der eustatische Einfluß überwog. Als sich das Eis von den mittelschwedischen Endmoränen zurückzog, entstand hier eine Verbindung zwischen dem Skagerrak und dem bisherigen Binnensee, die ein Eindringen von Salzwasser in die Ostsee, vor allem in die Umgebung von Stockholm und in das Gotland-Becken, ermöglichte. Die übrigen Gebiete wurden brackig. Dieses Ostseestadium mit einem salzig-brackigen Meer zwischen dem Eisrand im Norden und dem südlichen und östlichen Küstenraum wird als „Yoldia-Meer" bezeichnet, benannt nach der Muschel *Yoldia arctica* (heute *Portlandia arctica*). Zeitweise gab es auch eine Meeresstraße zum Weißen Meer (Abb. 2b).

Tabelle 2. Stadien der Geschichte der Ostsee

Stadium	Zeit [Jahre vor heute]	Wasser	Leitformen (Mollusken)
Baltischer Eisstausee	vor 10 000	süß	–
Yoldiameer	10 000 bis 9 250	salzig-brackig	*Yoldia arctica*
Ancylussee	9 250 bis 7 100	süß	*Ancylus fluviatilis*
Litorinameer	7 100 bis 4 000	salzig-brackig	*Littorina litorea*
Limneameer	4 000 bis 1 500	brackig	*Limnea ovata*
Myameer	seit 1 500	brackig	*Mya arenaria*

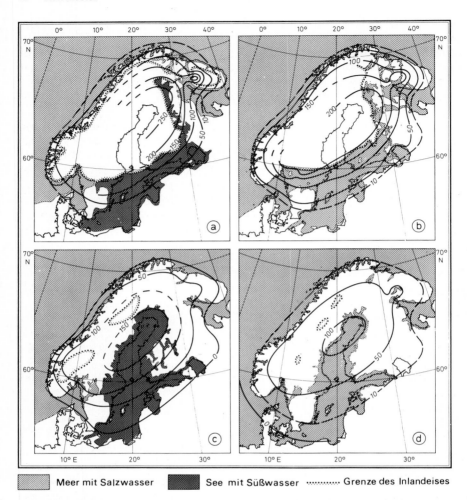

Abb. 2a–d. Entwicklung der nacheiszeitlichen Ostseestadien. **a** Baltischer Eissee, **b** Yoldiameer, **c** Ancylussee, **d** Litorinameer. (Nach Sauramo 1958)

Später überwog der isostatische Anstieg des Festlandes die eustatische Wasserstandshebung. Die Meeresstraßen zwischen Ostsee und Weltmeer wurden unterbrochen, die Ostsee wieder ein Binnensee und süßte aus. Reste des Inlandeises bedeckten nur noch die nördlichen Gebirgsregionen, der Eisrand bildete an keiner Stelle mehr das Ufer. Die Süßwasserschnecke *Ancylus fluviatilis* wurde zur charakteristischen Leitform. Dieser „Ancylussee" hatte in seinen Küstenumrissen bereits viel Ähnlichkeit mit der heutigen Ostsee (Abb. 2c).

Das Gebiet der westlichen Ostsee war zur Zeit des Ancylussees noch Festland. Der Ancylussee hatte mehr Wasserzufluß, als durch Verdunstung verzehrt wurde. Der Abfluß erfolgte anfangs über Mittelschweden. Nach der weiteren isostatischen Hebung dieses Gebietes verlagerte sich der Abfluß nach Süden. Die Wassermassen bildeten einen großen Fluß, der sein Bett tief auskolkte. Die Spuren erkennt man am Ostseeboden noch heute in der Kadett-Rinne in der Darßer Schwelle sowie den Rinnen im Fehmarnbelt und Großen Belt.

Im jüngsten Stadium der Geschichte der Ostsee, das vor etwa 7000 Jahren begann, hatte der jetzt schnelle Anstieg der Weltmeerspiegels ein Niveau erreicht, das auch die Überflutung der westlichen Ostsee ermöglichte. Das salzhaltige Nordseewasser drang in die Beltsee und bis in den bisherigen Ancylussee vor. Es bildete sich ein salzig-brackiges Meer, dessen Leitform die Schnecke *Littorina litorea* wurde. Von ihr leitet sich der Begriff „Litorinameer" ab (Abb. 2d). In den letzten 4000 Jahren setzte eine leichte Aussüßung ein. *Littorina litorea* zog sich zurück, die Brackwasserschnecke *Limnea ovata* („Limneameer") drang ein. Seit 1500 Jahren breitet sich auch die Sandklaffmuschel *Mya arenaria* („Myameer") aus.

3.2 Küstentypen

Reinhard Lampe

Das äußerst vielgestaltige Erscheinungsbild der Küsten des baltischen Meeres hat seine Ursache in dem für Europas Küsten einzigartigen Zusammentreffen von mehreren – die Morphologie, Dynamik und Ökologie wesentlich bestimmenden – Faktoren:

- der Art und Lagerung des die Küsten aufbauenden Gesteins,
- der Erhaltung geologisch alter und der Entstehung erdgeschichtlich sehr junger Reliefformen und ihrer unterschiedlichen Kombination sowie
- der relativen Bewegung der Küste gegenüber dem Meeresspiegel.

So gehört der schwedisch-finnische Bereich gänzlich zur geologischen Einheit des Baltischen Schildes und wird aus präkambrischen Magmatiten (Erstarrungsgesteinen wie Granit oder Basalt) und Metamorphiten (metamorphen Gesteinen wie Gneisen und Glimmerschiefern) aufgebaut, die von dichten Kluftnetzen durchzogen sind. Soweit überhaupt je vorhanden, sind auf diesem Grundgebirge aus magmatischen und metamorphen Gesteinen (dem sog. Kristallin) lagernde jüngere Deckschichten inzwischen weiträumig abgetragen worden, da der Baltische Schild seit vielen Millionen Jahren durch eine Aufstiegstendenz gekennzeichnet ist und daher meist als Abtragungsgebiet fungierte. Vor allem während der Zeitabschnitte mit tropisch-humiden Klimabedingungen war die in die Tiefe vordringende Verwitterung sehr intensiv und führte zur Einrumpfung und Einebnung des bestehenden Reliefs. So entstanden auf dem Baltischen Schild zu unterschiedlichen Zeiten und in unterschiedlichen Höhenlagen mehrere Flachlandschaften oder

Fastebenen (engl. peneplains), die für den Reliefcharakter großer Teile des svekofennischen Raumes verantwortlich sind.

Während des Eiszeitalters (Pleistozän, 2,3 Mio. bis 10 000 Jahre v.h.) war der Baltische Schild Entstehungs- und Abtragungsgebiet des das Relief dieser Fastebenen noch überschleifenden und in den Schwächezonen der Kluftnetze ausräumenden Inlandeises. Mit dem endgültigen Abschmelzen und Schwinden des Eises war die Bildung einer meist nur geringmächtigen Glazialschuttdecke und die Entstehung von Vollformen wie Osern (wallartigen Schmelzwasserablagerungen aus Sanden und Kiesen), Kames (in Schmelzwasserstauseen entstandenen sandig-kiesigen Akkumulationskörpern) und Drumlins (in Eisbewegungsrichtung angeordneten tropfenförmigen Sedimentkörpern aus Grundmoränenmaterial) verbunden. Infolge der Druckentlastung während und nach dem Eisabbau setzte eine radial vom Rand zum ehemaligen Vereisungszentrum hin zunehmende Aufstiegsbewegung ein, die – wenn auch abgeschwächt – bis heute anhält und im Bereich der Bottenwiek noch bis zu 1 cm/Jahr beträgt. Das heißt die Erdkruste hebt sich dort gegenüber dem Meeresspiegel in 100 Jahren um 1 m (vgl. Kap. 3.1). Die höchstgelegenen Zeugen ehemaliger Küstenlinien befinden sich in Nordschweden in über 300 m Höhe. Da der Weltmeeresspiegel seinerseits seit dem Ende des Pleistozäns in mehreren Phasen ebenfalls um etwa 100 m gestiegen ist (wobei die Ostsee jedoch erst seit etwa 8500 Jahren dauerhaft mit ihm kommuniziert) und gegenwärtig jährlich weitere 1,3 mm hinzukommen, ist die absolute Landhebung sogar noch höher anzusetzen.

Damit verbunden ist eine nur kurzzeitige Einwirkung des Meeres auf den die Küste bildenden Landabschnitt, ehe dieser ihm wieder entzogen wird. Eine Reliefveränderung des anstehenden Kristallins ist unter diesen Umständen nicht zu erwarten. Lediglich die dünnen Moränendecken werden umgelagert und teilweise zu Strandwällen zusammengespült, die als Zeichen früherer Meeresspiegelstände in häufig großer Zahl oberhalb der heutigen Küstenlinie anzutreffen sind.

Ganz andere Bedingungen finden wir an der südlichen Ostseeküste. Hier ist das Kristallin nicht nur von z. T. mächtigen Deckgebirgsschichten überlagert, der gesamte Raum war im Pleistozän auch das Akkumulationsgebiet, in dem das Inlandeis mächtige Glazialschuttdecken in Form von Grund- und Endmoränen oder sandigen Eisstausee-Sedimenten ablagerte.

Zeitgleich entstandene Uferlinien, die in Schweden in mehreren Metern Höhe über dem heutigen Meeresspiegel liegen, befinden sich in der Kieler Bucht beispielsweise ebensoviele Meter unter diesem. Durch den postglazialen isostatischen Ausgleichsprozeß wird das Ostseebecken wie eine wassererfüllte Schüssel auf der einen Seite angehoben, wodurch die andere zunehmend unter Wasser gerät. Der das gesamte Becken gleichermaßen erfassende Meeresspiegelanstieg mildert den Trockenlegungsprozeß im Norden und verstärkt den Transgressionsvorgang im Süden (Abb. 3).

Alle diese Umstände wirkten und wirken sich entscheidend auf die Entstehung und Ausbildung der Küsten aus, wobei je nach den Einflußfaktoren charakteristische Formen und Gestalten entstanden, die als Küstentypen be-

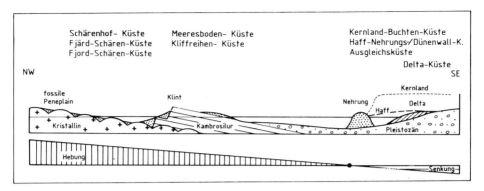

Abb. 3. Prinzipskizze der räumlichen Anordnung und Korrelation von Küstentyp, Aufbau des Untergrundes und isostatischer Ausgleichsbewegung. Dargestellt ist ein verallgemeinertes, nicht maßstabsgerechtes Profil von Småland nach dem Frischen Haff

schrieben werden können (Abb. 4). Als solche soll hier die großräumige Grundrißgestalt verstanden werden, wie sie aus topographischen Karten auch kleiner Maßstäbe entnommen werden kann (Abb. 5). Im Unterschied dazu beschreibt die Küstenform den auch innerhalb eines Typs häufig wechselnden Aufriß, durch den eine Flachküste sich von einer Steil- oder Verlandungsküste unterscheidet (vgl. Kap. 3.3; Abb. 3). Beide Charakteristiken geben gemeinsam wichtige Hinweise auf die Art und den Umfang der gegenwärtig ablaufenden Reliefbildungsprozesse, wie sie in Tabelle 3 den verschiedenen Küstentypen zugeordnet sind.

Ausgangspunkt für die Entstehung einer **Schärenhofküste** ist die Existenz einer sanft in Richtung Meer einfallenden Rumpffläche, die während des Pleistozäns durch freie Glazialerosion von Verwitterungsbildungen befreit und in eine Rundhöckerlandschaft verwandelt wurde. Nach dem Abschmelzen des Eises und dem Anstieg des Wasserspiegels ertrank dieses Relief teilweise, taucht aber seit dem Überhandnehmen der isostatischen Ausgleichsbewegungen über den Wasserspiegelanstieg aus dem Meer wieder auf. Die Wasserfläche erscheint daher mit einer Vielzahl kreisförmiger Inseln und Inselchen – den Schären – übersät, die vor dem Festland einen bis mehrere zehn Kilometer breiten Gürtel – den Schärenhof (schwedisch skärgård) bilden. Innerhalb dieses Gürtels nehmen die Landfläche und die Höhe der Inseln ebenso wie die Dichte der Vegetation auf diesen Inseln ab, bis schließlich am Rande des Schärenhofes nur noch flache, nackte Felsbuckel aus dem Wasser ragen. Die Wasserflächen zwischen den Schären folgen in ihrem Verlauf weitgehend dem Netz von Klüften und Brüchen, welche schon bei der Entstehung der Peneplain als Leitbahnen der Verwitterung und später bei der Überformung durch das Inlandeis als bevorzugte Ausräumungszonen fungierten.

Neben diesen gewöhnlichen Felsschären existieren auch solche, die aus pleistozänem Lockermaterial aufgebaut sind und im Laufe der Zeit eine in-

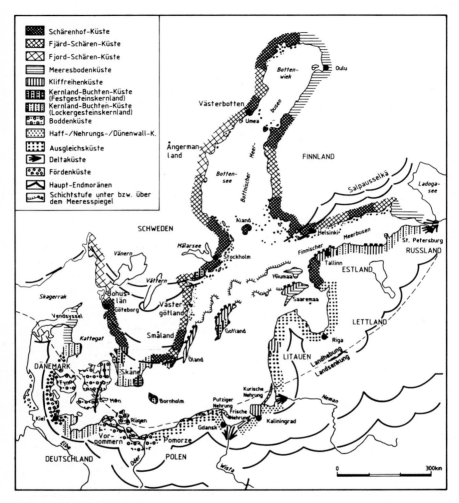

Abb. 4. Küstentypen der Ostsee und ihre geographische Verbreitung. (Nach Klug 1985, verändert)

tensive Formänderung durch die materialversetzenden Kräfte des Meeres erleiden.

Schärenhofküsten sind im Ostseeraum fast nur im Bereich des Baltischen Schildes anzutreffen, am Südgestade läßt sich nur noch der Westestnische Kleininselarchipel dazurechnen, doch treten hier schon ausgeprägte Mischformen mit anderen Küstentypen auf. Am besten ausgebildet sind die Schärenhöfe von Stockholm, den Ålandinseln und Südwestfinnland. Allein im Stockholmer Gebiet beträgt die Zahl der Inseln etwa 24 000.

Tabelle 3. Küstentypen der Ostsee und ihre morphogenetische Charakterisierung

Küstentyp	gegenwärtige Relief-bildungsprozesse	langfristige Hebung (+) bzw. Senkung (−)	aufbauendes Gestein
Schärenhof-K. Fjärd-Schären-K. Fjord-Schären-K.	nahezu ohne marine Formung	+/++	Kristallin, Moränenmaterial
Meeresboden-K.	abrasiv (durch Abtragung) bis akkumulativ (durch Anhäufung) mit geringer Intensität	+/++	Meeressande, -tone, Moränenmaterial
Kliffreihen-K.	ohne bis stark abrasiv	−/+	Festgestein, Moränenmaterial
Kernland-Buchten-K.	gering akkumulativ in Buchten	−/+	Festgestein im Kern-land, Sande, Gerölle in Buchten
Kernland-Buchten-K.	gering bis stark abrasiv an Kernländern, akkumulativ in Buchten	−/+	Moränenmaterial im Kernland, Sande, Geröll in Buchten
Boddenküste	wie oben, an Binnenküste überwiegend phytogene Verlandung (durch Pflanzenverwachstum)	−/+	wie oben, an Binnen-küsten auch Torf
Haff-Nehrungs-K./ Dünenwall-K.	stark akkumulativ, inten-sive äolische Überprägung (durch Windeinwirkung), an Binnenküste überwie-gend phytogene Verlandung	−/0	Sande, an Binnen-küsten auch Torf
Ausgleichsküste	abrasiv/akkumulativ z. T. äolische Überprägung, Strandseen	−/+	Moränenmaterial, Sande
Deltaküste	marin-fluviatile Akku-mulation, z. T. äolische Formung, Altwasserbildung mit Verlandung	−/+	Sande, Flußschlick, Torf
Fördenküste	abrasiv/akkumulativ	−	Moränenmaterial, Sand, Geröll

Der **Fjärd-Schären-Typ** unterscheidet sich vom vorhergehenden dadurch, daß als weiteres Gestaltelement relativ schmale, langgestreckte Wasserflächen hinzukommen, die auf ertrunkene Talunterläufe zurückgehen und als Fjärd bezeichnet werden. Besonders ausgeprägt ist diese Kombination an der Blauen Küste (Blå Kusten) von Östergötland. Im Habitus sehr ähnlich ist der **Fjord-Schären-Typ**. Beide – Fjärd und Fjord – sind durch dirigierte Glazialerosion umgestaltete Flußläufe. Je größer der relative Höhenunterschied zwischen ehemaligem Talboden und umgebendem Plateauniveau war, desto größere Kraft erlangte die Exaration (Ausschürfung durch Glet-

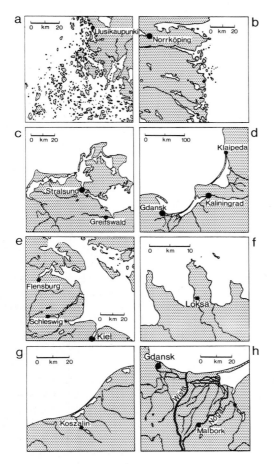

Abb. 5a–h. Grundrißgestaltung einiger charakteristischer Küstentypen der Ostsee. **a** Schärenhofküste in Südwest-Finnland, **b** Fjärd-Schären-Küste in Mittelschweden, **c** Boddenküste in Nordostdeutschland, **d** Haff-Nehrungsküste im früheren Ostpreußen, **e** Fördenküste in Norddeutschland, **f** Kernland-Buchten-Küste in Nordestland, **g** Ausgleichsküste in Nordpolen, **h** Deltaküste in Nordostpolen (Weichselmündung)

scher). Erst als der Eiskörper sich nach Passage der dirigierten Strecke wieder frei ausbreiten konnte, ließ auch die Übertiefung der Täler nach. Im Zentrum der Fjorde wird daher eine viel größere Wassertiefe beobachtet als an ihrem Ausgang zum Meer. Am Gullmarsfjord in Bohuslän z. B. beträgt die Wassertiefe im Zentrum 142 m, auf der nach außen hin abgrenzenden Schwelle dagegen nur 35 m. Fjorde sind an der Ostsee nur in zwei Gebieten Schwedens anzutreffen: in Bohuslän und – noch ausgeprägter – in Ångermanland an der Hohen Küste (Höga Kusten). Die dänischen Fjorde haben mit den namensgleichen morphologischen Formen nichts gemein.

Bei den drei genannten Typen handelt es sich dagegen um auftauchende Felsbuckelreliefs alter Fastebenen, die in unterschiedlichem Maße durch dirigierte Exaration modifiziert worden sind.

Abweichend davon tritt in Nordwestfinnland im Bereich der Bottenwiek ein Küstentyp auf, dessen Erscheinungsbild maßgeblich durch den auftauchenden Meeresboden bestimmt wird. Schären sind selten, die Küste ist offen, flach und ähnelt der Marsch. Da die Landhebung hier bis zu 10 mm/Jahr erreicht, wird die Uferlinie auf der flach einfallenden Oberfläche Ostbottniens schnell meerwärts verschoben, gefolgt von einsetzender Vertorfung auf den gerade erst trocken gefallenen Flächen. Selbst die reichliche Schlamm- und Sandfracht der einmündenden Flüsse kann nicht zu typischen Deltabildungen aufgeschüttet werden. Die Landhebung läßt die Schwemminseln schnell trockenfallen und verlegt die Flußmündung Jahr für Jahr weiter. Je nach Material und Beschaffenheit des auftauchenden Meeresbodens kann es sich um Tonebenen, blockreiche Sand- und Geröllfelder bis hin zu schärenartigen Moränenkuppen handeln. Dieser Typ wird als **Meeresbodenküste** bezeichnet, was mißverständlich ist, weil im baltischen Hebungsgebiet alle heutigen Küsten ehemaligen Meeresboden darstellen. Er findet sich überall dort im Hebungsgebiet, wo das Buckelrelief der kristallinen Gesteine mehr oder weniger tief unter pleistozänem oder holozänem Material begraben ist. Neben dem großräumigen Vorkommen an der Nordostküste der Bottenwiek sollen hier Küstenabschnitte im inneren Finnischen Meerbusen, auf den Inseln Hiiumaa, Saaremaa, Gotland und Öland dazugezählt werden. Auch im Norden der Jütischen Halbinsel bestimmt aufgrund der Zugehörigkeit zum Hebungsgebiet Meeresboden – vor allem die Ablagerungen des Yoldia- und des Litorina-Meeres (s. Kap. 3.1) – weiträumig das Landschaftsbild. Da diesem Küstentyp ein charakteristischer Grundriß fehlt, treten vielerorts Mischformen auf. Übergänge gibt es vor allem zu den Typen der Schärenhof-, Kernland-Buchten- (Finnland, Estland) und Ausgleichsküste (Dänemark).

Auf den präkambrischen Gesteinen des Baltischen Schildes kamen im Kambrium-Silur sandig-tonige sowie karbonatische Gesteine zur Ablagerung, die in nachfolgenden Festlandszeiten zu einer flach nach Südosten einfallenden Schichtstufenlandschaft umgestaltet wurden. Landschaftsbestimmend sind zwei Schichtstufen, die von widerstandsfähigen, bankigen Kalken gebildet werden. Ihre als Klint (auch Glint) bezeichneten Traufseiten ziehen sich entlang der West- und Nordwestküsten der Inseln Öland, Gotland und Saaremaa sowie der nordestnischen Küste. Allerdings ist der Klint heute infolge der Landhebung z. T. mehrere Kilometer von der Küste entfernt, so daß die früher oft gebrauchte Bezeichnung Klintküste nur für wenige Abschnitte tatsächlich zutrifft. Wo er aber bis an das Meer herantritt, bildet er eine sogenannte **Kliffreihenküste.**

Derartige Kliffreihen finden wir auch an der samländischen Halbinsel; hier baut aber glazigenes und glazifluviales Material die hochaufragenden Küsten auf. Unter dem Moränenmaterial lagert die berühmte „Blaue Erde" – ein Tertiärton, der auf sekundärer Lagerstätte Bernstein in so großen Mengen enthält, daß freigespülte Steine seit altersher in dieser Gegend gesammelt oder gefischt wurden und seit 1913 bei der Ortschaft Jantarnyj (früher Palmnicken) das „Gold des Nordens" auch im Tagebau gefördert wird.

Kliffreihen aus präkambrischen Gesteinen wiederum sind für die Nordküste der Insel Bornholm sowie für einige Küstenabschnitte von Schonen typisch. Mit Nordwest- und Südost-Streichen bricht hier entlang einer als Tornquist-Teisseyre-Linie bezeichneten Verwerfungszone der Baltische Schild ab. Die präkambrischen Gesteine, die im Norden an der Oberfläche anstehen, werden südlich dieser Zone von mehreren Kilometer mächtigen Sediment- und Vulkanitserien verhüllt. Innerhalb der Verwerfungszone sind einige langgestreckte, schmale Grundgebirgsschollen als tektonische Horste herausgehoben worden und durchstoßen die paläo- und mesozoischen Deckschichten. Wo diese Grundgebirgsaufragungen auf das Meer treffen, entstehen Kliffreihen, die aber wegen ihres kleinräumigen Auftretens und ihrer Vergesellschaftung mit weiten, sandakkumulierenden Buchten besser zum folgenden Küstentyp gezählt werden sollen.

Charakteristisch für die gesamte südliche Ostseeküste von Dänemark bis Rußland ist das Vorherrschen von glazigenem Moränenmaterial, welches vom Inlandeis in unterschiedlich hoher Lage gegenüber dem heutigen Meeresspiegel akkumuliert wurde. End- und viele Grundmoränen liegen deutlich über diesem, Gletscherzungenbecken und Schmelzwassertäler sind dagegen im Zuge des postpleistozänen Spiegelanstiegs überflutet worden. Im Ergebnis dieses teilweisen Ertrinkens der Moränenlandschaft bildeten sich nicht überflutete „Kern"-Länder, die vom Meer abradiert und zurückverlegt wurden, wobei als Küstenform die Steilküste vorherrscht. Das Abbruchmaterial wird mit der Strömung verfrachtet und im Stromschatten, d.h. in den Buchten wieder abgelagert, wobei entweder das Innere der Bucht aufgefüllt und der Küstenverlauf dadurch insgesamt ausgeglichen oder diese durch einen sich vom Kernland vorschiebenden Sandhaken mehr oder weniger abgeschnürt werden kann. Je nachdem, wie weit der Prozeß im einzelnen fortgeschritten ist, unterscheiden wir mehrere miteinander verwandte Küstentypen:

Die engsten Beziehungen zum ehemaligen Glazialrelief weist die **Fördenküste** auf. Die Förden sind überflutete, schmale und tiefe Zungenbecken oder von Schmelzwässern unter dem Eis gebildete Tunneltäler, die landseitig von Endmoränen umrahmt werden. Die zwischen den Förden aufragenden Moränen bilden aktive Kliffreihen, deren Abbruchmaterial in einigen Fällen einspringende Buchten abriegeln konnte (Schlei-Haff, Bottsand, Graswarder u. a.). Der Grad des Küstenausgleichs blieb aber gering. Deutlich größer ist er schon bei der **Boddenküste** auf den dänischen Inseln sowie der Küste Vorpommerns. Bodden (im Dänischen Vik oder Fjord) sind flache, breite Gletscherzungenbecken oder tiefliegende Grundmoränen, die vom Meer bis an die sie umgebenden Hochlagen überflutet wurden, wobei in einer ersten Phase ein Archipel entstand. Mit Verlangsamung der Transgression vor ca. 6000 Jahren setzte, von den Inseln – den Kernländern – ausgehend, die Bildung von sanft geschwungenen Haken und Nehrungen ein, wodurch die Inseln miteinander verbunden und die überfluteten Becken weitgehend wieder vom Meer abgeriegelt wurden. Es entstand somit eine Doppelküste, die sich zur Ostsee als **Kernland-Buchten-Küste**, zu den abgeschnürten Wasserflächen als unfertige, tief gegliederte und wegen des geringen Seeraumes durch Pflanzen in Verlandung begriffene Boddenküste darstellt. Eng verwandt mit der Boddenküste – wenn auch in der Dimension bedeutender – ist die **Haff-Nehrungs-Küste**, wie sie am formvollendetsten an den drei großen Haffen von Weichsel, Nogat und Memel (Neman) und den zugehörigen Akkumulationen der Putziger, Frischen und Kurischen Nehrung anzutreffen sind. Die gewaltigen Sedimentmengen, die größtenteils aus dem Abbruch benachbarter Kliffstrecken, aber auch der Fracht der Flüsse entstammen, wurden nicht nur für den Aufbau und Vortrieb der Nehrungssockel [allein die litorinazeitlichen Sandablagerungen der Halbinsel Hel (= Putziger Nehrung) sind 60 m mächtig] verwendet, durch Windeinwirkung entstanden auch ausgedehnte Dünenmassive, die auf der Kurischen Nehrung Höhen bis 70 m erreichen. Die Haff-Nehrungs-Küste stellt damit zugleich eine **Dünenwallküste** dar, deren Wanderdünen in historischer Zeit mehrere Dörfer unter sich begraben haben.

Das letzte Glied in dieser Reihe von Küstentypen mit zunehmend geglättetem Verlauf ist die **Ausgleichsküste**. Vorsprünge der Grund- und Endmoränen werden durch Abtragung (abrasiv) zurückverlegt und mit dem aufgearbeiteten Material einspringende Buchten und Flußmündungen aufgefüllt oder nehrungsartig unter Bildung von Strandseen mit davorlagernden Dünenwällen (z. B. bei Leba) abgeschlossen. Kleinräumig betrachtet ist dieser Küstentyp weit verbreitet und überall im glazialen Akkumulationsgebiet in nicht zu großer Entfernung von der Nullinie der Küstenhebung bzw. -senkung zu finden. Landschaftsbestimmend ist er an der polnischen Küste westlich der Putziger Nehrung sowie zwischen Klaipeda und Riga bis hin zur Bucht von Pärnu, wobei in Gebieten mit flach einfallenden Grundmoränen sich bei zunehmender Hebungstendenz Übergänge zu einer Meeresbodenküste bemerkbar machen.

Die **Deltas** der sedimentreichen Flüsse bilden einen eigenen morphologischen Typ einer breiten Übergangszone zwischen Land und Meer mit Schwemminseln und verlandenden Altwassern und Restseen. Wie andere Küstentypen auch, sind sie an ein bestimmtes Regime der Küstenlinienverschiebung gebunden und treten deshalb vorzugsweise im Bereich der Landsenkung (Weichsel-, Nogat-, Memel-Delta) oder geringer -hebung (Newa-Delta) auf.

Weitere Informationen finden sich bei Hupfer 1981; Hurtig 1963; Klug 1985; Lampe 1992; Weitze 1988.

3.3 Dynamik der Küste

Klaus Schwarzer

Die Zone beiderseits der Uferlinie, in der sich durch Brandungsvorgänge Feststoff, Wasser und Luft mischen, und die von den Kräften des Meeres fortwährend umgestaltet wird, ist ein relativ schmaler Übergangsraum zwischen Land und Meer. Sie spiegelt zudem einen Bereich wider, in den der Mensch in jüngster Zeit vermehrt eingreift (Küstenschutz, Anlage von Hä-

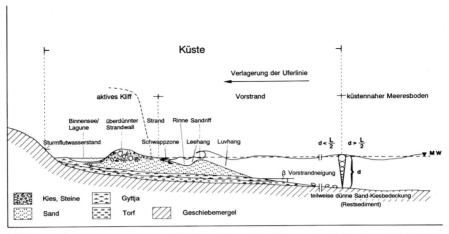

Abb. 6. Charakteristisches Querprofil für Steil- und Flachküstenabschnitte der südlichen Ostseeküste mit den typischen morphologischen Küstenelementen

fen, Tourismusindustrie etc.). Erscheinen uns Landschaftsformen im Binnenland als etwas Beständiges, so unterliegt demgegenüber gerade der Küstenstreifen einem ständigen Formen- und Gestaltswandel. Veränderungen nach Sturmfluten sind dabei am auffälligsten, aber auch dem Beobachter, der einzelne Küstenabschnitte immer nur wieder sporadisch besucht, fallen fortwährende Wandlungen auf. Es ist das stete Streben nach einer Gleichgewichtseinstellung zwischen den Wirkungen des **einlaufenden Seegangs** (Brandung und Strömungen), den **morphologischen Formen** (Sandriffe, Rinnen, Strand; Abb. 6) und der **sedimentologischen Ausbildung des Meeresbodens** (Feinsand-, Grobsand-, Kiesbedeckung etc.), das als Antrieb für diese ständigen Umgestaltungen wirkt.

Landwärts erstreckt sich der Küstenbereich bis zu einer Uferentfernung, die dem höchstmöglichen Wasserstand ohne Sicherung durch Küstenschutzmaßnahmen entspricht (Abb. 6). In der südwestlichen Ostsee wird diese Linie durch die Sturmflut von 1872 mit einem Wasserstand von ca. + 3,00 m MW (MW = mittlerer Wasserstand) markiert. Die seewärtige Erstreckung des Küstenstreifens reicht bis zu einer Wassertiefe, in der die Orbitalbewegungen der Oberflächenwellen beginnen, den Meeresboden als Auslöser für Sedimentbewegungen zu beeinflussen. Die Basis dieser Wellen liegt in einer Tiefe, die in etwa der halben Wellenlänge entspricht. Der Durchmesser der Orbitalbewegungsbahnen der Wasserteilchen beträgt dann nur noch 4 % ihrer Größe an der Wasseroberfläche. Die Orbitalgeschwindigkeiten werden entsprechend klein.

Oberflächenwellen können in der Ostsee bei einer maximalen **Windwirklänge** (Fetch) von ca. 300 sm (sm = Seemeile), wie sie zwischen der Ålandsee und der Pommerschen Küste auftritt, mittlere Längen bis zu 80 m erreichen (vgl. Kap. 4.3). Für den überwiegenden Teil der Ostsee liegt jedoch aufgrund des begrenzten Fetches und den damit kürzeren Wellen der Bewegungsbeginn der Sedimente in Wassertiefen von ca. −20 m bis −25 m MW. Ist die landwärtige Abgrenzung der Küste demnach problemlos festzulegen, so variiert deren seewärtige Ausdehnung für unterschiedliche Gebiete in den Grenzen von 10er Metern bis zu Kilometern. Letztere hängt im wesentlichen von der Vorstrandneigung (tan β, vgl. Abb. 6) und der Exposition zur effektiven Windrichtung und damit von der Länge der winderzeugten Oberflächenwellen ab.

Mit Annäherung an die Küste und damit der Berührung des Meeresbodens von der Wellenbasis, beginnt die Umformung der Orbitalbahnen in flachliegende Ellipsen, bis schließlich die Wasserteilchen bei weiter abnehmender Wassertiefe fast in einer Ebene hin- und herschwingen. Dieser Vorgang bewirkt eine Abnahme der Fortpflanzungsgeschwindigkeit der Wellen. Da sich hierbei die Wellenperiode nicht ändert, müssen zwangsläufig die Wellenkämme näher aneinanderrücken – sie werden höher und steiler. Es kommt zu einer asymmetrischen Geschwindigkeitsverteilung der Orbitalbewegungen der Wasserteilchen in den Wellen, bei der eine kurzzeitige auflandige Geschwindigkeitskomponente einer schwächeren, dafür aber länger andauernden, seewärts gerichteten Komponente gegenübersteht (Abb. 7). Relativ gröberes Material wird dadurch bei Überschreiten der kritischen Geschwindigkeit für den Bewegungsbeginn der jeweils vorliegenden Korngrößen landwärts, feinere Kornfraktionen werden seewärts verfrachtet, und zwar immer zu den Bereichen, in denen sie sich im Gleichgewicht mit den jeweils angreifenden Kräften befinden. Fortwährende Änderungen der Seegangsbedingungen führen daher zu einem ständigen Materialtransport.

Überschreitet bei weiterer Annäherung der Wellen an das Ufer die Horizontalkomponente der Orbitalgeschwindigkeit die Wellenfortschrittsgeschwindigkeit, so verlassen die Wasserteilchen die Orbitalbahnen, und die

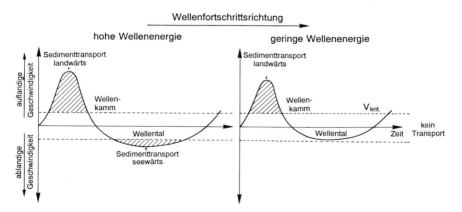

Abb. 7. Transportwirkung einer verformten Welle. Durch die Asymmetrie der Orbitalbewegungen steht eine kurzzeitige auflandige Geschwindigkeitskomponente einer schwächeren, dafür aber länger andauernden, seewärtigen Komponente gegenüber. Grobes Material wird landwärts – feines seewärts verfrachtet

Welle schlägt auf die vor ihr liegende Wasserfläche auf. Ein landwärts gerichteter Wassermassentransport wird induziert. Dies geschieht, wenn das
Verhältnis von Wellenhöhe zu Wellenlänge den Wert 1:7 – die Grenzsteil-
heit – überschreitet bzw. der von den Flanken eines Wellenkammes gebildete Winkel 120° unterschreitet. Für flaches Wasser (d < L/20, d = Wassertiefe,
L = Wellenlänge) liegt die theoretische Grenze für das Brechen der Wellen
bei einem Verhältnis von Wellenhöhe : Wassertiefe = 0,78. Oberhalb dieses
Wertes sind die Wellen nicht stabil.

Die in den Wellen gespeicherte Energie wird beim Brechvorgang teilweise
umgewandelt und es entstehen **Brandungslängs- und Querströmungen**.
Treten letztere gebündelt auf, werden sie als **Ripströmungen** bezeichnet
(Abb. 8). Es sind vornehmlich diese Längs- und Querströmungen gepaart
mit Wasserstandsschwankungen (vgl. Kap. 4.3), die zu den Veränderungen
an den Küsten in Form von Aufbau und Wachstum von **Höftländern,
Strandwällen, Strandhaken** und **Barriereinseln**, Rückgang von Steilküsten
und Dünenketten, Überflutung von Niederungen sowie Veränderlichkeit
von Stränden und Vorständen in geologisch äußerst kurzen Perioden führen.

Aufgrund der besonderen geologischen Voraussetzungen kommt den
Prozessen von Abtrag und Anlandung in den relativ zum derzeitigen Meeresspiegel gelegenen Hebungsgebieten der mittleren und nördlichen Ostsee
eine wesentlich geringere Bedeutung zu als in den Senkungsgebieten von der

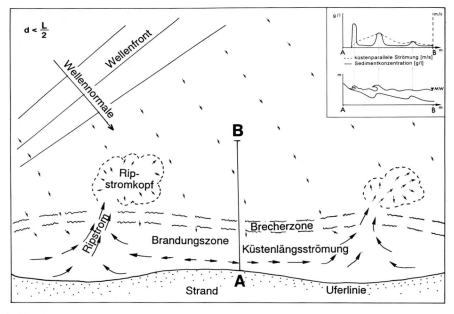

Abb. 8. Modell der küstennahen Strömungsverhältnisse. (Modifiziert nach Shepard u. Inman 1950)

südwestlichen bis zur südöstlichen Ostsee (vgl. Abb. 1). So bestehen weite Bereiche der Küsten Finnlands und Schwedens aus kristallinem Grundgebirge bzw. paläozoischen Gesteinen mit einer teilweise nur dünnen Bedeckung quartären Materials (Voipio 1981). Es gibt zwar an der finnischen Küste Sedimentumlagerungen im Küstenbereich, da von den Flüssen herantransportiertes Material durch die Küstenströmungen verteilt wird bzw. Welleneinwirkung die küstennahen Bereiche der Meeresbodenküste erodiert (vgl. Kap. 3.2), zu generellen Landverlusten kommt es jedoch nicht, sondern im Gegensatz dazu wächst der Küstenbereich Finnlands aufgrund der isostatischen Ausgleichsbewegungen jährlich um bis zu 10 km^2 (Liedtke 1992). Ein die Küstendynamik in diesem Bereich stark einschränkender Faktor ist zudem die langanhaltende Vereisung vom späten Herbst bis zum Frühjahr. Lediglich an der Südküste Schwedens werden intensivere Sedimentumlagerungen und lokal Küstenrückgangsraten bis zu 1 m/Jahr beobachtet.

Von Dänemark bis zum Baltikum mit Ausnahme der Nordküste Estlands ist nahezu die gesamte Südwest- bis Südostküste aus quartären und rezenten Sedimenten aufgebaut. **Niederungen** alternieren mit **Kliff- und Dünenküsten,** Abtragungsbereiche wechseln mit Anlandungsgebieten. Je nach Materialverfügbarkeit bilden sich dabei charakteristische Strand- und Vorstrandprofile aus (vgl. Abb. 6).

Die Kliffs an der südlichen Ostseeküste weichen generell zurück. Kannenberg (1951) ermittelte für den Bereich Schleswig-Holsteins eine mittlere Rückgangsrate für den Zeitraum von 1875 bis 1950 von ca. 22 cm/Jahr. Sterr (1988) aktualisiert diese Zahlen für einige Kliffabschnitte und kommt für den Zeitraum von 1972 bis 1987 auf Raten von 35 bis 40 cm/Jahr. Der Küstenrückgang in Mecklenburg-Vorpommern beträgt derzeit im Mittel 34 cm/Jahr. Sturmereignisse wirken dabei in der Weise, daß Wellen und Strömungen die am Fuß eines Steilufers befindliche Halde aus abgerutschtem und erodiertem Material aufarbeiten und teilweise fortspülen. Die Kliffböschung wird übersteilt, und aufgrund dieser starken Neigung rutscht erneut Material nach, das beim nächstfolgenden Hochwasser aufgearbeitet und abgeräumt wird. Bleiben in Abhängigkeit von der Korngröße bei diesen Prozessen die relativ gröberen Komponenten (Steine und Blöcke) aus dem Abbruch zunächst auf dem Strand liegen, so werden die feineren Bestandteile seewärts verfrachtet. Sand- und Kiesfraktionen verteilen sich in der Küstenzone, Schluff- und Tonanteile werden durch die vorherrschenden Strömungen abgeführt und kommen in den ruhigeren Zonen als Schlicksediment zum Absatz (vgl. Kap. 3.4).

Sowohl das aufgearbeitete Material aus dem Kliffabbruch als auch Sediment vom Seegrund werden bei derartigen Sturmereignissen küstenparallel verfrachtet und an geeigneter Stelle – zumeist vor Niederungen – zu Strandwällen aufgeworfen. Die Höhe der zum überwiegenden Teil aus der Stein- und Kiesfraktion aufgebauten Strandwälle richtet sich nach dem jeweiligen Hochwasserstand. Durch den Vergleich der Höhen gestaffelt und in Transportrichtung versetzt hintereinanderliegender Strandwälle (Abb. 9)

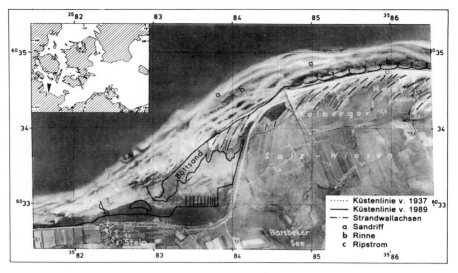

Abb. 9. Hakenwachstum des Bottsandes (östl. Kieler Außenförde). Das Luftbild zeigt die Küstenlinie von 1937 im Vergleich zu der Vermessung von 1989. Einem Vorbau in die Bucht hinein mit einer Rate von 18 m/Jahr steht eine Rückverlegung des Hakenhalses gegenüber. (Schwarzer 1994)

lassen sich demnach Aussagen über die Wasserstandsverhältnisse bei den entsprechenden Sturmereignissen treffen.

Ist ein Strandwall entstanden, so setzt bei ausreichender Sedimentverfügbarkeit auf ihm sehr rasch **Dünenbildung** ein (vgl. Abb. 6). Starker Wind treibt trockenen Sand aus dem Strand- und Vorstrand zunächst über ebene Flächen. Läßt der Wind etwas nach, können bereits kleine Unebenheiten, die sowohl durch die rauhe Kies- und Steinoberfläche als auch durch einen einsetzenden Pflanzenwuchs vorhanden sind, Anlaß zu Strömungsschwankungen bieten, die zu lokalen Sandablagerungen führen. Sind die entstehenden Transportformen weniger als 10 m lang und nur bis zu 1 m hoch, werden sie noch als Rippeln bezeichnet. Erst ab 10 m Länge, dann aber schon ab 0,1 m Höhe spricht man von Dünen.

Bei sehr flach geneigten Vorsträmden genügen bereits geringe Wasserstandserniedrigungen, um die Sandausblasungsflächen drastisch zu erhöhen. Regressionsphasen, wie sie in der jüngeren Vergangenheit der Ostsee vorgekommen sind, z.B. folgte nach einem Meeresspiegelhochstand um Chr. Geb. eine Regression um bis zu 80 cm um ca. 1000 n. Chr. (Winn et al. 1986), waren somit gleichzeitig Phasen verstärkter Dünenbildung. Kurzfristige Wasserstandsschwankungen, wie sie bei Stürmen aus west- bis südwestlichen Richtungen mehrmals im Jahr an der westlichen und südlichen Ostseeküste vorkommen, fördern ebenfalls das Sedimentangebot für eine Dünenbildung.

Die räumliche Ausdehnung von Dünengebieten nimmt von der südwestlichen zur südöstlichen Ostseeküste zu. Handelt es sich auf den dänischen Inseln und an der schleswig-holsteinischen Küste noch um recht kleine Areale, so sind sie in Mecklenburg-Vorpommern (Darß, Usedom) bereits wesentlich ausgeprägter, bevor bei Leba (Polen) mit dem 935 ha großen Wanderdünengebiet im Slowinski-Nationalpark eines der größten zusammenhängenden Düneareale Europas vorkommt. Die Dünen erreichen hier bei einer Höhe von ca. 30 m Wandergeschwindigkeiten bis zu 10 m/Jahr. In dem Maße, wie sich neue Dünen bilden, wird das in ihnen akkumulierte Material dem Vorstrand entzogen. Bei Bilanzierungen des Sedimenthaushaltes für ein Küstengebiet sind daher die in den Küstendünen enthaltenen Sedimentmassen mit einzubeziehen.

Dominierende Elemente im Seebereich sind die vor Kliff- und Niederungsküsten auftretenden Akkumulationszonen der **Sandriffe** (im weiteren Text als „Riff" bezeichnet, vgl. Abb. 6, Abb. 9). Das Material für ihren Aufbau stammt sowohl von der Aufarbeitung des Seegrundes mit dem anschließenden, bereits beschriebenen landwärtigen Transport durch die Welleneinwirkung als auch aus dem Abbruch aktiver Kliffs. Einer Rückverlegung der Küste folgte in der Regel das gesamte Riffsystem. Diese Riffzonen, die aus mehreren, nahezu parallel verlaufenden und gelegentlich mehrere Kilometer langen Einzelriffen bestehen können, erreichen küstennormale Ausdehnungen, die zwischen zehn und mehreren hundert Metern schwanken (vgl. Abb. 9). Die Anzahl der Riffe ist abhängig von der Menge angelieferten Sedimentes sowie von der Neigung des Vorstandes. Je flacher dieser seewärts einfällt, um so höher ist die Riffanzahl, die bei genügender Sedimentzufuhr bis zu 10 ansteigen kann. Vom Ufer seewärts nimmt ihr gegenseitiger Abstand voneinander zu, bei gleichzeitiger Erhöhung der Distanz zwischen der Wasseroberfläche und den Riffkämmen. Reichen die innersten Riffe manchmal fast bis an die MW-Linie heran, so kann der Kamm des äußersten Riffes je nach Exposition zur effektiven Windrichtung in Wassertiefen zwischen −1 m bis −5 m MW liegen, z. B. in der östlichen Kieler Bucht (Probstei) mit einer effektiven Fetchlänge von ca. 60 km bei −1,5 m, an der Nordküste Polens mit einer effektiven Fetchlänge von ca. 500 km bei −4,5 m. Die Basisbreite dieser Riffe nimmt ebenfalls vom Ufer ausgehend in Richtung See zu und erreicht Werte bis zu 200 m bei einer Kammhöhe der Riffe über dem Seegrund von teilweise mehreren Metern.

Die Entstehung, die Form und der Aufbau der Riffzonen wird primär durch das Zusammenspiel von Hydrologie und Sedimentverfügbarkeit kontrolliert. Die einzelnen Riffe sind entsprechend einer hydrodynamisch bedingten Sedimentabfolge aufgebaut. In den den Welleneinwirkungen am stärksten ausgesetzten Zonen, den Kämmen, befindet sich relativ gröberes Sediment, entlang der Luvhänge wird das Material mit zunehmender Wassertiefe relativ feiner bei gleichzeitiger Einengung des Kornspektrums. In den Rinnen befinden sich oft geringmächtige Lagen von Kiesen und Steinen, die als Restsedimente des häufig unmittelbar unterlagernden Geschiebemergels zu deuten sind. Das die Riffe der Ostsee primär aufbauende Kornspektrum schwankt je nach Energieeinwirkung und Sedimentverfügbarkeit zwischen 0,125 mm bis 0,300 mm.

Hohe und lange Wellen brechen bereits auf den äußeren Riffen, kleinere Wellen laufen dagegen nahezu unbeeinflußt über sie hinweg, und es kommt erst über den inneren Strukturen zum Brechvorgang und damit zur Energieumsetzung. Unter Sturmbedingungen können sich sämtliche Riffe binnen weniger Stunden um Dekameter seewärts verlagern (Aagaard u. Greenwood 1993). Die anschließende Reorganisation in das alte Muster während ruhigerer Wetterlagen beansprucht einen Zeitraum von mehreren Wochen. Durch diesen natürlichen Energieabbau bereits vor dem Uferstreifen aufgrund des Einstellens der Riffe auf unterschiedliche Wellenklimata kommt diesen Strukturen eine wesentliche Bedeutung als natürliches und äußerst effektives Küstenschutzelement zu.

Gemeinsam mit dem Strand sind die Riffe die Zonen der durch das Wellenbrechen induzierten maximalen **Energieumsetzung**. Nun liegt die Wellennormale der Brandungswellen in den seltensten Fällen senkrecht zu den Riffen bzw. dem Strand, sondern gewöhnlich bildet sie einen von 90° abweichenden Winkel. Es kommt daher zu gerichteten Strömungen, die jeweils von der Wellenanlaufrichtung und der Küstenform abhängen. Auf diese Weise können in einem Küstengebiet bei sich ändernden Windrichtungsverhältnissen die Transportrichtungen in relativ kurzen Zeitabschnitten wechseln. Überwiegt jedoch der Energieeintrag einer bestimmten Windrichtung, so zeigt auch der über einen längeren Zeitraum resultierende Transport eine vorherrschende Richtung (vgl. Abb. 9), der in Buchten immer buchteinwärts gerichtet ist, da grundsätzlich auch die Wellen in die Buchten einlaufen. Für weite Bereiche der südwestlichen bis südöstlichen Ostsee dominiert ein durch die Westwinde geprägter, nach Osten gerichteter Sedimenttransport (Abb. 10).

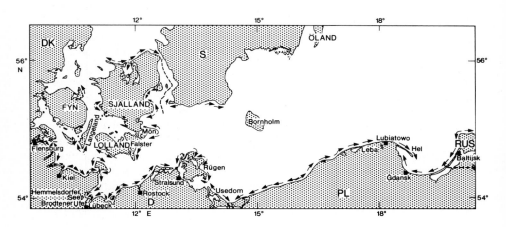

Abb. 10. Schematisierter Sedimenttransport entlang der südwestlichen Ostseeküste

Haken wie der Bottsand, der Graswarder, die Halbinseln Zingst und Hela sowie die Frische und Kurische Nehrung sind eindrucksvolle Beispiele für einen gerichteten Sedimenttransport. Grundvoraussetzung für die Entstehung derartiger Hakensysteme ist jedoch ein ausreichendes Sedimentangebot, das von den Brandungsströmungen aufgenommen und weiterverfrachtet werden kann. Zudem muß genügend und geeignetes Sediment für die anschließend einsetzende Dünenentwicklung verfügbar sein. Sowohl aus dem Rückgang aktiver Steilküsten als auch aus der **Abrasion** (Abtragung) des Seegrundes wird das notwendige Material bereitgestellt, wobei mal die eine und mal die andere Sedimentquelle überwiegt (Gurwell 1989). So kann für das Vorwachsen des Bottsandes, der seit 1937 mit einer mittleren Rate von 18 m/Jahr voranschreitet (vgl. Abb. 9), kein Kliff als Sedimentlieferant angenommen werden, da weiter östlich in annehmbarer Entfernung keines vorhanden ist. Andererseits ist z. B. das Abschließen der Hemmelsdorfer Förde (Lübecker Bucht) in der Vergangenheit sicherlich erst durch das Zurückschneiden des Brodtener Ufers mit Raten von mehr als 1 m/Jahr möglich geworden (Köster 1961). Auch das von beiden Flanken wechselseitige Zuschütten der 18 km breiten Swinepforte (Odermündung) wurde nur möglich durch das Zurückschneiden der bis zu 60 m bzw. 90 m hohen Kliffs auf Usedom und Wolin. Gleiche Mechanismen der Buchtenabriegelung führten zur Entstehung der heutigen Bodden an den Küsten Mecklenburg-Vorpommerns.

Hakenwachstum und **Küstenrückverlegung** verlaufen zeitlich parallel (vgl. Abb. 9). Dabei kann es zu einer Rückverlagerung des gesamten Hakensystems kommen. Nun gibt es den Mechanismus des Abschlusses von Lagunen, wie wir ihn heute z. B. bei dem Bottsand beobachten, schon seit dem Zeitpunkt, als sich der zunächst rasche Meeresspiegelanstieg vor ca. 6000 Jahren verlangsamte und die Küstenausgleichsprozesse einsetzten. Daher beobachten wir heute am Ostseeboden vor den Niederungsküsten häufig Torfe und Halbfaulschlamme (Gyttjen), die sich ehemals in geschützten Lagunen abgelagert haben (vgl. Abb. 6). Diese Torfe, die häufig in nur wenige Meter tiefem Wasser bis zu 1 km Entfernung vor einzelnen Niederungsküsten zu finden sind, können bis zu 1 m hohe senkrechte Kanten ausbilden. Unter Sturmbedingungen setzt verstärkt an diesen Kanten die Erosion durch die Welleneinwirkung ein, und so findet man nach derartigen Ereignissen häufig bis zu dezimetergroße, plattige Torfgerölle auf dem Strand.

Die besonderen Bedingungen der Ostsee, Landhebung im Norden und Absinken im Süden, spielen für langfristige, die gesamte Küste betreffende Sedimentbilanzen eine wesentliche Rolle. Während im nördlichen Bereich der Ostsee durch den isostatischen Effekt ältere Sedimente wieder aufgearbeitet werden und erneut in den Stoffkreislauf eingehen, werden im südlichen Teil der Ostsee Sedimentmassen durch die Senkungstendenz und den küstennormalen Transport dem Kreislauf entzogen.

3.4 Morphologie und Bodenbedeckung

ROLF KÖSTER und WOLFRAM LEMKE

Bodenformen und Bodenbedeckung der Ostsee sind das Ergebnis der Ent-
stehungsgeschichte. Sie entstanden auf der Grundlage alter, teilweise vor
mehr als 1 Mrd. Jahren angelegter geologischer Strukturen, die in der langen
nachfolgenden Entwicklung und vor allem durch das Inlandeis der pleisto-
zänen Vergletscherungen weitgehend geprägt wurden. Für den heutigen
Zustand ist insbesondere die jüngste Vereisung, die Weichselvereisung, von
Bedeutung. Ihre Gletscher folgten einer durch die vorhergegangenen Vereisungen geformten Bahn etwa entlang der heutigen Längsachse der Ostsee.
Anstehende Gesteine und der Gletscherschutt wie die Schmelzwasserablagerungen der früheren Eiszeiten wurden aufgearbeitet, im Eis transportiert
und schließlich in Form verschiedener glaziigener Sedimente wieder abgelagert.

In Abhängigkeit von den geologischen Strukturen im Untergrund und
der Gletscherdynamik entstand eine Reihe von Becken- und Schwellenstruk-
turen, die in ihrer Gesamtheit prägend für die **Bodengestalt** der heutigen
Ostsee sind. Ein Profil in der Längsachse (Abb. 11) veranschaulicht die Abfolge der Becken mit den größten Tiefen der Schwellen sowie den Maximaltiefen der Becken. Hiervon leitet sich der Vorschlag von Wattenberg (1949)

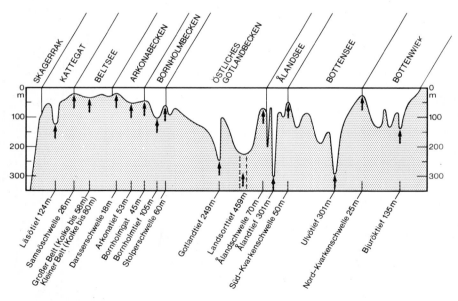

Abb. 11. Bodenprofil in der Längsachse der Ostsee mit Tiefen der Becken und Schwellen in m.
Lage des Profils s. Abb. 12

für eine natürliche Einteilung der Ostsee ab (Abb. 12). Hier ist auch die Lage
des Längsschnittes in Abb. 11 eingetragen.

Die größte Wassertiefe wird im Landsort-Tief südlich von Stockholm mit
459 m angetroffen. Wassertiefen von mehr als 200 m sind auf eng begrenzte
Bereiche beschränkt, z. B. auf das Åland-Tief (301 m), das Ulvö-Tief (301 m)
und das Gotland-Tief (249 m). Das Teilbecken mit der größten mittleren
Wassertiefe befindet sich in der östlichen Gotlandsee.

Wichtiger als die Becken mit den maximalen Wassertiefen sind für die
Ostsee als Gesamtsystem die zwischen den einzelnen Teilbecken liegenden
Schwellen. Sie bestimmen den Wasseraustausch und damit eine Vielzahl
von physikalischen und chemischen Prozessen. Für die Wirkung der
Schwellen sind nicht die flachsten Bereiche entscheidend, sondern die
größten Tiefen der Rinnen innerhalb der Schwellen. Sie bestimmen die
Quantität und Beschaffenheit des über die Schwellen strömenden Wassers.
Im Übergangsbereich zwischen Nord- und Ostsee bilden die Drogden- und
Darßer Schwelle die Hindernisse für einen ungehemmten Wasseraustausch.

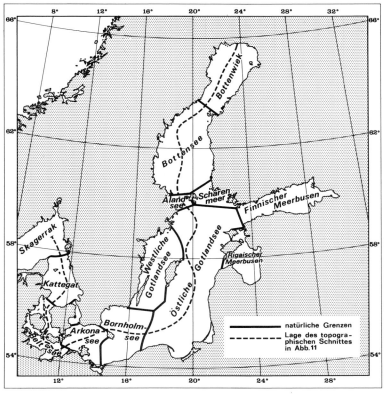

Abb. 12. Die natürliche Gliederung der Ostsee nach Wattenberg (1949) und die Lage des Längsschnittes in Abb. 11.

Mit ihren Maximaltiefen von 7 bzw. 18 m sorgen sie dafür, daß salz- und sauerstoffreicheres Wasser aus der Nordsee nur unter besonderen Bedingungen in größeren Mengen Zutritt zu den tiefen Ostseebecken findet.

Das in Kap. 3.1 erwähnte geologisch geringe Alter der Ostsee hat zur Folge, daß der heutige Meeresboden noch weithin von voreiszeitlichen oder eiszeitlichen Ablagerungen gebildet wird. Unter der nördlichen Ostsee stehen am Boden wie an den Küsten vorwiegend alte und harte Gesteine des Präkambrium und des Altpaläozoikum an (Abb. 13). Hier, nahe am Nährgebiet des Inlandeises, überwog die eiszeitliche Abtragung, so daß die Auflagerung lockerer Ablagerungen gering ist. Der Untergrund der südlichen Ostsee und der Südküste besteht überwiegend aus lockeren eiszeitlichen Ablagerungen über älteren, teilweise verfestigten Sedimenten.

Die heutige Ostsee bedeckt somit Teile sehr unterschiedlicher geologischer Einheiten wie den Baltischen Schild, die Osteuropäische Tafel und das Norddeutsch-Polnische Becken. Eine wichtige geologische Grenze im Unter-

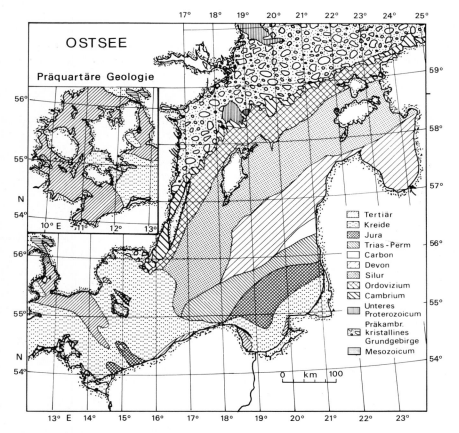

Abb. 13. Geologische Karte des Präquartärs für den südlichen Teil der Ostsee. (Nach Winterhalter et al. 1981)

grund des südlichen Ostseeraumes ist die Tornquist-Teyssere-Zone. Sie verläuft etwa vom westlichen Polen über Bornholm nach Südschweden und trennt das alte Hebungsgebiet des Skandinavischen Schildes und die Osteuropäische Tafel von der mit paläozoischen, mesozoischen und teilweise mit känozoischen Sedimenten gefüllten Norddeutsch-Polnischen Senke. Im Bereich dieser tiefen Beckenstruktur mit maximalen Sedimentmächtigkeiten von mehr als 6000 m liegen die deutsche und ein großer Teil der polnischen Ostseeküste.

Im Vorfeld der vorpommerschen Küste sowie südlich der Halbinsel Schonen und an der Ostseite der dänischen Inseln besteht der voreiszeitliche Untergrund weithin aus Schichten der Oberkreide. Besonders eindrucksvoll treten diese an der Küste in den Kliffs von Rügen und Mön zutage. Weiter nach Südwesten sind als jüngste präquartäre Bildungen vorwiegend tertiäre Sedimente anzutreffen.

Als eiszeitliches Sediment am Boden der mittleren und südlichen Ostsee ist **Geschiebemergel** weit verbreitet. Es handelt sich um eiszeitlichen Gletscherschutt. Sein Korngrößenspektrum reicht von Ton über Sand und Kies bis zu Steinen, den Geschieben. Neben vielen nordischen Geschieben zeichnen sich die Geschiebemergel am Ostseegrund häufig durch ihren Reichtum an lokalen Geschieben der näheren Umgebung aus. So findet man z. B. im Geschiebemergel der Darßer Schwelle oftmals zahlreiche Schreibkreidegeschiebe, deren Durchmesser bis zu einigen Metern reichen kann. In den feinsten Fraktionen überwiegen dagegen Tonminerale.

Am Ostseeboden westlich von Bornholm sind mindestens zwei unterschiedliche Geschiebemergelhorizonte mit größerer regionaler Verbreitung nachgewiesen worden. Nach den Aufschlüssen in den küstennahen Landgebieten kann mit bis zu vier verschiedenen Geschiebemergeln gerechnet werden. Sie stammen alle aus der jüngsten Vereisung, der Weichselvereisung.

Mit dem Abschmelzen des Eises begann die in Kap. 3.1 beschriebene wechselvolle Entwicklung der verschiedenen Ostseestadien, die sich in der Abfolge der Sedimente deutlich zeigt. Beim Rückzug der Weichsel-Gletscher bildeten sich in ihrem Vorfeld mit Schmelzwasser gefüllte Eisstauseen aus. Hier konnte sich Schmelzwasser der Gletscher sammeln, die mitgeführte Fracht – vom Sand bis zur suspendierten tonigen „Gletschertrübe" – kam zur Ablagerung. Die feinsandig-siltig-tonigen Abfolgen werden als **Bändertone** oder **Warwen** bezeichnet. Sie zeigen oft deutliche Jahresschichten. Im Sommer schmolzen größere Eismengen, und die Strömungsgeschwindigkeiten im Wasser nahmen zu. Entsprechend konnte auch Feinsand verfrachtet und abgelagert werden. Diese Sommerlagen sind hell und wechsellagern mit siltig-tonigen und deshalb dunkleren Winterlagen aus Zeiten geringer Wasserbewegung.

Durch Auszählung der Warwen ist es möglich, die Ablagerungsrate der betreffenden Sedimente zu bestimmen. Die Warwentone haben weite Verbreitung, ihre Ablagerungsräume folgten dem zurückweichenden Eisrand. Durch regionalen Vergleich der Warwenabfolgen gelang es de Geer in der ersten Hälfte dieses Jahrhunderts, einen „Bändertonkalender" für Schweden in den letzten etwa 15 000 Jahren aufzustellen. Neuere Untersuchungen konnten zeigen, daß diese Altersbestimmungen eine hohe Genauigkeit erreicht haben.

Die ältesten Warwentone entstanden in kurzzeitig existierenden kleineren Becken in Dänemark und Norddeutschland und in größeren in Südschweden. Die lokalen Sedimentationsräume in Südschweden und im südlichen Ostseeraum wuchsen allmählich zum ausgedehnten Baltischen Eisstausee zusammen. In den tiefen Becken der Ostsee, aber auch im Bereich zwischen Fehmarn und Arkona sind die Warwentone weit verbreitet. In den Randbereichen des Baltischen Eisstausees, wie z. B. in der Faxe-Bucht, entwickelte sich statt dessen unter den Bedingungen höheren Energieeintrages in Küstennähe eine sandige Riffsedimentation. Zur Erklärung der Riffbildung wird auf Kap. 3.3 verwiesen.

Nach Kögler u. Larsen (1979) bestehen die Warwentone des westlichen Bornholm-Beckens nahezu ausschließlich aus weichem Ton oder schluffigem Ton mit geringmächtigen Schlufflagen, die ebenfalls Ton, aber auch gröbere Körner enthalten können. Der Anteil der Sandfraktion ist allgemein gering. Die Karbonatgehalte variieren zwischen 6 und 10 %, während der Anteil an organischem Kohlenstoff weniger als 0,75 % beträgt. Nach Neumann (1981) erreicht die Tonfraktion in den Warwentonen des Arkonabeckens sogar zwischen 80 und 90 Gewichtsprozente.

Mit der Öffnung der Wasserstraße zwischen Kattegat und Ostsee über die mittelschwedischen Seen kam es mit dem Yoldia-Meer zu einem ersten kurzzeitigen Eindringen von Salzwasser in das Gebiet um Stockholm und in die westliche Gotlandsee. Aus dieser Zeit stammen graue, siltig-tonige Sedimente. Unter dem Einfluß des Salzwassers endete die Ablagerung von Warwen, sie entstanden nun nur noch in den ausgesüßten Randbereichen.

Als die mittelschwedische Meeresverbindung zum Kattegat durch die Landhebung verschlossen wurde, süßte das Ostseebecken wieder vollständig aus, nun entstand der Ancylussee. Die vorherrschenden Ablagerungen sind wieder siltig-tonige Sedimente, häufig enthalten sie schwarze Flecken und Schichten von chemisch instabilen Eisenmonosulfiden. Sie sind im Gegensatz zu den Tonen des Baltischen Eisstausees kaum geschichtet und meist sehr weichplastisch. Die Gehalte an organisch gebundenem Kohlenstoff bewegen sich zwischen 0,5 und 1,0 % (Kögler u. Larsen 1979), können jedoch im Arkonabecken bis zu mehr als 4 % ansteigen (Neumann 1981). In den Randbereichen des Arkonabeckens sind Gyttjen und Torfe, also Ablagerungen ancyluszeitlicher ufernaher Moore, mit eingelagerten Siltlamellen verbreitet.

Der westliche Ostseeraum war zur Zeit des Ancylussees noch Teil des Festlandes (vgl. Abb. 2c in Kap. 3.1). Hier konnten sich große Flußsysteme entwickeln, und Seen hatten eine weite Verbreitung. Deshalb sind die ancyluszeitlichen Ablagerungen im Gebiet zwischen Großem Belt und Arkonabecken sehr vielgestaltig. Neben sandigen und siltigen Folgen, die teilweise Pflanzenreste enthalten, werden hier Torfe sowie Torf- und Kalkgyttjen angetroffen (Winn et al. 1982; Lange 1984). Im Fehmarn-Belt ist das kilometerbreite Entwässerungstal des Ancylussees mit flachseismischen Methoden unter einer jungen Schlickbedeckung weithin zu verfolgen. Es wird von ausgedehnten Moorflächen begleitet.

Nach Einsetzen des schnellen eustatischen Wasseranstieges in der Litorinatransgression konnte das Meer über den Großen Belt in das westliche Ostseegebiet eindringen, weite Teile der Ostsee wurden marin oder brackig. Nun begann auch an den Küsten der westlichen und südlichen Ostsee die marine Erosion mit der Bildung von Steilufern ebenso wie mit dem Aufbau von Strandwällen, Haken und Nehrungen (s. Kap. 3.3).

Die **gegenwärtige Sedimentation** in der Ostsee wird durch unterschiedliche Prozesse bestimmt. Erosion und Transportvorgänge im Küstenraum erfolgen vorrangig durch die Bodenreibung der Orbitalbewegung der Wellen, die Brandung und die Brandungslängsströme. Sie verlieren mit zunehmender Wassertiefe an Bedeutung. Seewärts werden vor allem Strömungen, die durch das Windfeld oder Dichteunterschiede zwischen Wasserkörpern unterschiedlicher Herkunft hervorgerufen werden, wirksam. Feinkörniges Material aus der Küstenerosion wird ebenso wie von Flüssen eingetragenes Feinmaterial in Suspensionsform weit in die Ostsee hinaus verfrachtet. So wird eine weiträumige Verteilung möglich. Neben dem klastischen Material aus mineralischen Bruchstücken älterer Gesteine gelangen auch Reste der marinen Lebewesen in das Sediment und werden dort mehr oder weniger stark zersetzt.

Das Zusammenspiel dieser Vorgänge mit den Bodenformen und den verfügbaren Materialien führt zu einer typischen Verteilung der Korngrößen und damit zur Bildung der für die heutige Ostsee charakteristischen **Sedimenttypen**. Der eiszeitliche Geschiebemergel hat große Bedeutung als Ausgangsmaterial für die Neubildung von Sedimenten. Dank seines sehr breiten Korngrößenspektrums ist die Bildung aller in diesem Klima möglichen neuen Sedimente gegeben.

In den flacheren Meeresgebieten, d.h. an den Beckenrändern und in Küstennähe sowie auf den Schwellen zwischen den tiefen Becken wird das heutige Geschehen von Abtragungs- und Transportprozessen bestimmt. Im Wirkungsbereich von Wellen und Strömungen werden die leicht erodierbaren Bestandteile des Geschiebemergels ausgewaschen und forttransportiert. Als Ergebnis bleiben auf der Oberfläche des Geschiebemergels seine groben Bestandteile liegen. Diese vor der Küste und auf Schwellen weit verbreiteten Restsedimente vermindern oder verhindern eine weitere Erosion.

Die Vorkommen mariner **Sande** finden sich in der westlichen Ostsee vor allem entlang der Küsten sowie auf größeren Flächen in der Kieler und der Oderbucht sowie zwischen Mecklenburger Bucht und Arkonabecken. Die Korngrößen dieser Sande variieren entsprechend dem verfügbaren Ausgangsmaterial und der Art, Intensität und Dauer der jeweiligen Transportprozesse. Als Beispiel für die Sedimentverteilung gibt die Abb. 14 eine Übersichtsdarstellung.

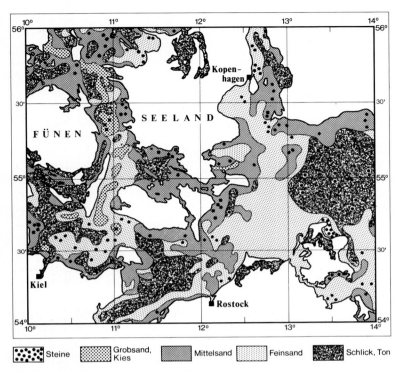

Abb. 14. Bodenbedeckung in der westlichen Ostsee. (Nach Pratje 1948)

In den tiefen Becken mit ruhigem Wasser kommt feinstkörniger Absatz zur Ruhe, der **Schlick**. Eine nähere Betrachtung zeigt sehr schnell, daß die Eigenschaften des Schlickes in einem weiten Bereich schwanken können. Die Einordnung des Begriffes „Schlick" in die gängigen Klassifizierungsschemata für Sedimente bereitet deshalb gewisse Schwierigkeiten. Die klastischen Bestandteile, also die mineralischen Körner, machen vielfach etwa 90 % des Trockengewichtes aus. Sie gehören von der Korngröße her in den Siltbereich. Der Anteil von tonigen bzw. sandigen Beimengungen verändert sich in Abhängigkeit von der Größe und Tiefe der jeweiligen Ostseebecken. So enthält der Schlick in den tiefsten Teilen der Mecklenburger Bucht noch 8,5 % Feinsand, während dessen Anteil im Bornholm-Becken oder der Danziger Bucht nur noch 0,4 % beträgt (Kolp 1966). Gleichzeitig nimmt der Tongehalt des Schlicks mit zunehmender Größe und Tiefe des betreffenden Meeresgebietes zu.

Die wichtigste Quelle für die organische Substanz im Schlick ist das Plankton, wobei insbesondere die jährliche Frühjahrsblüte den Haupteintrag verursacht (s. Kap. 6.2.1). Nach Winterhalter et al. (1981) übersteigen die Akkumulationsraten des Schlicks in der Ostsee nur selten den Wert von 0,2 mm pro Jahr. Salonen et al. (1992) geben für das Gotlandtief einen Betrag von 1 mm pro Jahr an. Für den Zentralteil der Mecklenburger Bucht beträgt die rezente Akkumulationsrate nach Lange (1984) 1,5 mm pro Jahr. In Abhängigkeit von den lokalen Gegebenheiten können allerdings beträchtliche Abweichungen von den genannten Werten auftreten. So ermittelte Pustelnikovas (1992) für das Kurische Haff eine Akkumulationsrate von 2,9 bis 3,6 mm pro Jahr.

Der typische Ostseeschlick hat eine olivgraue Färbung, weist aber an der Oberfläche oftmals eine graubräunliche Oxidationsschicht auf. Dazwischen findet man normalerweise eine schwarz-graue Reduktionszone. Oft ist aber durch relativ hohe Gehalte an organischer Substanz der Sauerstoffbedarf bei den vor allem bakteriell gesteuerten Zersetzungsprozessen sehr hoch. Wenn der in den Becken verfügbare Sauerstoff nicht ausreicht, kann der Schwefelwasserstoffspiegel aus dem Sediment bis in die Wassersäule aufsteigen und so zur Bildung völlig anoxischer Bedingungen führen. Die Schlicke z. B. der Eckernförder Bucht und der Flensburger Förde haben weit überdurchschnittliche Gehalte an Ton und organischer Substanz.

Zu den aktuellen Umweltproblemen in der Ostsee gehört, daß als Folge der zunehmenden Überdüngung des Wassers die Phytoplanktonproduktion ansteigt (s. Kap. 6 u. 7.3.1).

Der hohe Anteil von organischem Kohlenstoff im Schlick (bis zu 10 % der Trockensubstanz) bedingt eine Reihe von besonderen Sedimenteigenschaften. Er bewirkt z. B. eine erhöhte Kapazität der Schlicke für die Bindung von Fremd- und Schadstoffen. Darüber hinaus wird ein Teil der organischen Substanz durch bakterielle Tätigkeit zu Methan und teilweise Kohlendioxid umgesetzt. Die Anreicherung dieser Gase im Sediment hat Auswirkungen auf die akustischen Eigenschaften. Akustische Untersuchungsmethoden haben heute eine große Bedeutung. Sie erlauben, Sedimentschichten am Meeresboden zu unterscheiden und die Schichtgrenzen zu verfolgen.

In gasreichen Sedimenten stößt dieses Verfahren jedoch auf Grenzen. So erscheinen z. B. in akustischen Profilen aus dem Arkonabecken häufig Abschnitte mit erhöhter Reflektivität im hangenden Schlick und abtauchenden bzw. völlig verschwindenden liegenden Schichtgrenzen. Hier kann das festere Sediment unter dem Schlick auf diesem Wege nicht mehr erfaßt werden. Die flächenhafte Verbreitung dieses Phänomens, d.h. des „Verschwindens" von unter Schlick liegenden tieferen Reflektoren, wurde u. a. von Hinz et al. (1969/1971) als **„Beckeneffekt"** beschrieben. In verschiedenen Bereichen, so z. B. im Arkonabecken und in der Mecklenburger Bucht, ist es aufgrund dieses Effektes bis heute nicht gelungen, die gasreichen Schlicke akustisch zu durchdringen.

Eine Besonderheit von ehemals landnahen Rinnenbereichen und Flußmündungen ist eine Ablagerung siltigen, sehr festen Materials von brauner bis schwarzer Färbung. Es weist einen hohen Anteil von organischen Resten auf. Besonders charakteristisch ist dabei das massenhafte Auftreten von Muschelschalen *(Cerastoderma edule)*. Bublitz u. Lange (1979) bezeichnen dieses typische Sediment als **Litorinaklei** aus der frühen Zeit der Transgression.

4 Meteorologie und Ozeanographie

Meteorologie und Ozeanographie stehen in einer vielfältigen Wechselwirkung von physikalischen Prozessen. Daraus resultiert ein großer Einfluß auf das Klima, der besonders stark in den meeresnahen Gebieten ist. Man unterscheidet daher ozeanisches von kontinentalem Klima, die beide im Ostseeraum aufgrund seiner geographischen Lage wirksam sind. Im folgenden werden Klima und Witterung sowie die physikalische Ozeanographie behandelt.

4.1 Klima und Witterung

Eberhard Hagen

„Unter Klima verstehen wir den mittleren Zustand und gewöhnlichen Verlauf der Witterung an einem gegebenen Orte. Die Witterung ändert sich, während das Klima bleibt." (Köppen 1931). Diese Definition zeigt, daß mehrere Wetterereignisse die Witterung bilden und viele Witterungsabläufe das Klima ergeben.

Zu den „Witterungselementen" gehören die breitenabhängige Sonneneinstrahlung und die physikalische Beschaffenheit der Unterlage. Beide verursachen ein charakteristisches Bild der atmosphärischen Zirkulation und damit eine typische Verteilung der Wetterelemente wie z.B. Luftdruck, Lufttemperatur, Feuchtegehalt, Windrichtung und Windgeschwindigkeit, Niederschlag und Bewölkung. Veränderungen in der Sonneneinstrahlung und der Land-Meerverteilung führten in verschiedenen geologischen Epochen zu Klimaänderungen.

Nach dem vertikalen Temperaturprofil, wie es sich beispielsweise aus Messungen mit frei aufsteigenden Radiosonden ergibt, kann man eine **Einteilung der Atmosphäre** in verschiedene Stockwerke vornehmen (Abb. 15).

Die untere Schicht, in der sich die sichtbaren Wetterereignisse abspielen, wird als Troposphäre bezeichnet. In ihr beträgt die Temperaturabnahme mit der Höhe im Mittel 0,65 K/100 m (K = Kelvin = absolute Temperatur). In dieser etwa 10 km hohen Schicht ist die Hauptmenge des Wasserdampfes enthalten. Dabei ist die unterste Schicht mit einer Dicke von etwa 1500 m dem unmittelbaren Temperatureinfluß der Erdoberfläche ausgesetzt. Außerdem wirken hier die „Rauhigkeitselemente" der Unterlage als Reibungsgrößen auf allen Luftströmungen. Daher wird diese unterste Schicht auch als

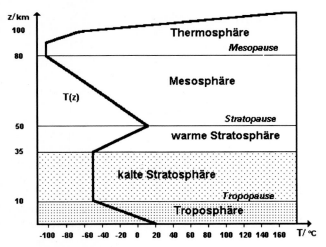

Abb. 15. Einteilung der atmosphärischen Stockwerke durch das vertikale Temperaturprofil T(z)

Grund- oder Bodenreibungsschicht bezeichnet. Hier werden häufig Temperaturzunahmen mit der Höhe, sogenannte Inversionen, mit scharf ausgeprägter Dunstobergrenze festgestellt. Die obere Begrenzung der Grundschicht wird als Peplopause bezeichnet (Schneider-Carius 1953).

Die Troposphäre wird an ihrer Obergrenze durch die Grenzschicht der Tropopause abgeschlossen. Nach oben schließen sich die kalte und warme Stratosphäre an. Sie werden durch die Grenzschicht der Stratopause von der Mesosphäre getrennt. Die Mesopause trennt die Mesosphäre von der hoch hinaufreichenden Thermosphäre.

Die Höhenlage der Tropopause beträgt am Äquator etwa 17 km und an den Polen etwa 9 km. Diese Richtwerte schwanken im Jahresverlauf um mehrere Kilometer. Die meridionale Neigung dieser Grenzschicht ist nicht stetig, sondern hat ihre kräftigsten Gradienten in den gemäßigten Breiten zwischen 35° N und 65° N. Dieses Gebiet wird auch als planetarische Frontalzone (Polarfrontzone) bezeichnet.

Etwa sieben Zehntel der Erdoberfläche sind mit Wasser bedeckt. Die Atmosphäre wird „von unten" erwärmt, das Meer hingegen an der Meeresoberfläche, also „von oben". Die Meere unterscheiden sich von den Landflächen durch die Einheitlichkeit ihrer geringen Rauhigkeit bezüglich der Windeinwirkung und durch völlig andere optische Eigenschaften hinsichtlich ihrer „Beheizbarkeit" durch die Sonneneinstrahlung.

Permanente Temperaturgegensätze zwischen niederen und höheren Breiten sowie zwischen Land und Meer erzeugen Gradienten im Luftdruck und damit Wind. Außerdem ist das Wärmespeicherungsvermögen des Wassers sehr viel größer als das des Festlandes. Bei gleicher Wärmeabsorption oder Wärmeabgabe erwärmt oder kühlt sich das Wasser nur etwa halb so schnell ab wie die Luft. Der Eintritt der höchsten und tiefsten Lufttemperaturen verschiebt sich daher im Tagesgang über See um 1 bis 2 Stunden und im Jahresgang um 1 bis 2 Monate. Die positive Strahlungsbilanz, d. h. der Wärmegewinn ist größer als der Wärmeverlust, fördert die Erwärmung und verlangsamt die Abkühlung der Wasseroberflächen. Das große Wärmespeicherungsvermögen des Wassers bewirkt eine effektivere Wärmeaufnahme im Sommer oder am Tage und eine kräftigere Wärmeabgabe im Winter oder in der Nacht. Tägliche und jahreszeitliche Schwankungen fast aller „Klimaelemente" weisen daher über dem Meer geringere Amplituden auf als über Land.

Über dem Atlantisch-Europäischen Raum können nach Scherhag (1948) nur zwei Hauptluftmassen mit unterschiedlichen Eigenschaften auftreten, die Polar- (P) und die Tropikluft (T). Je nachdem, ob diese Luftmassen über Land- oder über Meeresflächen entstehen, werden maritime (m) oder kontinentale (c) Luftmassen unterschieden. In den maritimen Tropikluftmassen (mT) bildet sich wegen der hohen Luftfeuchtigkeit oft starker Dunst und Nebel. Die Polarluft ist durch sehr niedrige Feuchtewerte und gute Sichtwei-

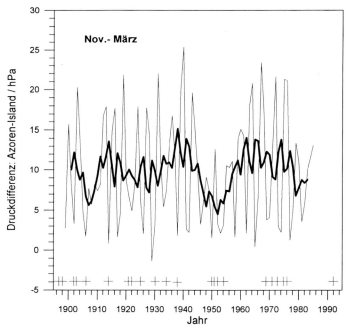

Abb. 16. Zwischenjährliche Schwankungen der winterlichen (November–März) Differenz im Bodenluftdruck (in hekto-Pascal) zwischen dem Azorenhoch im Süden und dem Islandtief im Norden als „Zonalindex" für Änderungen in der Intensität der Westwinde gemäßigter Breiten. Dargestellt sind Mittelwerte, die auf täglichen Beobachtungen basieren (dünne Linie), und fünfjährig übergreifende Mittel (dicke Linie) im Vergleich zu den 22 wichtigsten Salzwassereinbrüchen (Kreuze). (Nach Matthäus u. Franck 1992)

ten von mehr als 50 km erkennbar. Durch die jahreszeitliche Meridionalwanderung des Sonnenstandes werden mit dem Wind die Luftmassen über veränderte Einstrahlungs- und Bodenbedingungen geführt. Dadurch treten in gemäßigten Breiten im Sommer tropische und im Winter polare Luftmassen in vielfältiger Variation auf. Die beiden Hauptluftmassen werden zwischen 35° N und 65° N von der Polarfrontzone getrennt. Sie hat mit eingebettetem Westwindband generell einen west-östlichen Verlauf. Die großen Temperaturunterschiede beiderseits der Frontalzone können nur aufrechterhalten werden, wenn eine Strömungsanordnung vorhanden ist, die beide Luftmassen gegeneinander führt. Daran ist eine bestimmte Luftdruckverteilung mit Tief- und Hochdrucklagen gebunden. Im Bodendruck wird über dem Nordatlantik ein schachbrettartiges Grundmuster beobachtet. Daran sind vier permanent vorhandene Aktionszentren beteiligt. Diese sind das Islandtief im Nordosten, das Azorenhoch im Südosten, das Neufundlandhoch im Nordwesten und das Bermudatief in Südwesten.

Zwischenjährliche Variationen in der Intensität der Westwinde werden über dem Nordatlantik durch die meridionale Druckdifferenz zwischen dem Azorenhoch und dem Islandtief beschrieben. Dieser Druckunterschied, auch Index der Zonalzirkulation genannt, zeigt mehrjährige Zyklen mit scheinbaren Perioden zwischen drei und sieben Jahren. Seine Variationen werden nach Bjerknes (1962) als Bestandteil der Nordatlantischen Oszillation (NAO) aufgefaßt (Abb. 16). Der Nordatlantik, die Nord- und Ostsee gehören hinsichtlich ihrer meteorologischen Anregungsfelder zusammen.

4.1.1 Das Wetter

REINER TIESEL

Aus der allgemeinen Zirkulation der Atmosphäre über der Nordhemisphäre resultiert für Nord- und Mitteleuropa, und somit auch für den Ostseeraum, eine vorherrschend westliche Höhen- und Bodenströmung. Dieses permanente westliche Höhenwindfeld befindet sich in etwa 5 km Höhe (500 hPa) und liegt im Mittel über Zentral- und Südskandinavien. Vor allem sind es die Lage, die Stärke und die Krümmung dieser Westwinddrift in der Höhe, die entscheidend die Klima- und Wetterprozesse über der Ostsee mitgestalten. Am Boden bestimmt überwiegend das beständige Tiefdrucksystem bei Island und weniger der stationäre Hochdruckkomplex bei den Azoren das Wettergeschehen. Infolge der weiten geographischen Ausdehnung der Ostsee ergeben sich unterschiedliche klimatische Regionen. Im West- und Südteil überwiegen auch in Bodennähe westliche Luftströmungen mit atlantischem Tiefdruckwetter. In der vertikal mächtigen Westwindströmung sind Tiefs mit ihren Fronten und Zwischenhochkeile eingelagert, die in der Regel sehr rasch von West nach Ost über den Ostseeraum hinwegziehen. Sie gestalten den Witterungsablauf wechselhaft und unbeständig. Das heißt, es ist bei einer rasch wechselnden, meist starken Bewölkung mit zeitweisen Nie-

derschlägen im allgemeinen kühl und windig. Aus der westlichen Boden-
und Höhenwindströmung resultiert durch den ständigen Zustrom feucht-
kühler Luftmassen des Nordatlantiks und der Nordsee die starke maritime
Beeinflussung der westlichen und südlichen Ostsee. Im Ost- und Nordteil
schwächt sich die maritime Westwindströmung am Boden und in der Höhe
durch Reibungs- und Austrocknungsprozesse ab, vor allem durch die Luv-
und Leewirkungen des blockierenden norwegischen Gebirges. Im Winter
sind es meist östliche Strömungen mit kontinentalen Festlandsluftmassen,
die das Wetter bestimmen. Damit wird das Klima der Ostsee in ihrem Ost-
und Nordteil besonders im Winter zunehmend kontinentaler. Als Folge
werden die Winter im Norden, insbesondere nach der Vereisung des Bottnischen Meerbusens, oft sehr streng. Im Sommer bilden allerdings trockene
Kontinentalströmungen aus Osteuropa und anhaltende subtropische Hochdruckwetterlagen die Ausnahme.

Folglich ergibt sich für die gesamte Ostseeregion ein **Misch-** oder **Über-
gangsklima**, wobei in der westlichen und südlichen Ostsee Meeresklima und
in der östlichen und nördlichen Ostsee feucht-winterkaltes und damit zunehmend kontinentaleres Klima vorherrschen.

Während die Ostseeküste durch das **Küstenklima** bei auflandigem Wind
maritim und bei ablandigem Wind kontinental beeinflußt wird, herrscht auf
den Inseln reines maritimes Klima vor. Halbinseln, Haff- und Boddengebie-
te werden durch die zusätzlichen Wasserräume der Küste und des Hinterlandes vorwiegend maritim beeinflußt. Bei starken Landwindströmungen
macht sich allerdings der kontinentale Einfluß bemerkbar.

Die sich in der Küstenregion bei ruhiger Witterung einstellenden eigen-
bürtigen Wetterprozesse verstärken durch Seewind das maritime Klima.
Hierbei kann die Beeinflussung bei starkem dynamischem Wettergeschehen
bis etwa 10 km ins Hinter- und Binnenland reichen. Ist die Ostsee im Winter
zugefroren, so herrscht auch in diesen Gebieten Kontinentalklima vor.

Der Charakter der **Sommer- und Winterabläufe** ist sehr differenziert.
Abb. 17 zeigt die Kältesummen (Summe der negativen winterlichen Tagesmitteltemperaturen) und damit die Strenge und Milde der Ostseewinter seit
1890/91. Deutlich heben sich die Winter 1928/29, 1939/40, 1941/42, 1946/47
und 1962/63 hervor. Bei einer Kältesumme über 350 K (Hupfer 1981) fror in
diesen Wintern selbst die südliche und westliche Ostsee zu. Immer wieder
gibt es längere Zeiträume mit milden bis sehr milden Wintern. Das Auftreten kalter Winter in einem Rhythmus von etwa 8 Jahren seit 1920 konnte
statistisch nachgewiesen werden (Stellmacher u. Tiesel 1989).

In Abb. 18 kennzeichnet die Wärmesumme (Summe der positiven Differenzen zwischen sommerlichen Tagesmitteltemperaturen und der doppelten
Jahresmitteltemperatur) die Kühle und Wärme der Ostseesommer seit 1891.
Sehr deutlich zeichnen sich die Sommer 1992 und 1994 als die wärmsten
Sommer seit 1891 ab. Während z. B. die Sommer 1909 und 1962 durch ihre
extreme Kühle auffallen, kann man – neben den Jahrhundertsommern 1992
und 1994 – die Sommer von 1921, 1947, 1959 und 1975 als sehr warm bezeichnen. Wiederholt war bei den warmen Sommern ein Monat besonders

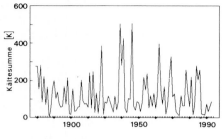

Abb. 17. Kältesummen der Winter von 1890/91 bis 1993/94 in der westlichen Ostsee (Warnemünde)

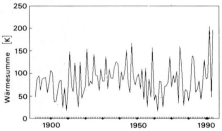

Abb. 18. Wärmesummen der Sommer von 1891 bis 1994 in der westlichen Ostsee (Warnemünde)

heiß, wie der August 1975 und der Juli 1994. Allerdings ist das Auftreten sehr warmer Sommer ähnlich selten wie Eiswinter in dieser Region.

Die starke maritime Beeinflussung der Ostsee-Küstenregion hat ein für den Menschen angenehmes **Bio- und Urlaubsklima** zur Folge. Vor allem die Land- und Seewindzirkulation trägt zu einer ständigen Luftdurchmischung des Küstensaumes bei. Sie verhindert damit das Auftreten gesundheitsschädigender, stagnierender Großwetterlagen mit Föhn, Schwüle oder Smog. Im unmittelbaren Küstenbereich findet ein thermischer Ausgleich statt, indem bei warmer ablandiger Windströmung kaltes Auftriebswasser an der Küste emporquillt und bei kühler auflandiger Brise das warme Oberflächenwasser an die Küste gedrückt wird (s. Kap. 4.2). Eine weitere Ursache für das gesunde Strandklima ist, daß die frische Seebrise nicht nur eine angenehme feuchte Kühle bewirkt, sondern auch mit Salzpartikeln und Jod angereichert und auch frei von Schmutzteilchen, schädlichen Spurengasen und Pollen ist.

Wenn sich das Land- und Seewindsystem einstellt oder zusammenbricht, kommt es wiederholt an der Küste zu raschen Windrichtungs- und Windgeschwindigkeitsänderungen zwischen warmem Landwind und feucht-kühler Seebrise. Auch diese natürliche Luftdusche wirkt sich sehr günstig auf die Gesundheit des Menschen, unter anderem durch Stärkung seines Immunsystems, aus.

Das mittlere **Luftdruck**feld der Ostsee ist im Jahresverlauf größeren Schwankungen unterworfen. Im Winter besteht zwischen dem Island-Tief und dem Alpenraum ein starkes Luftdruckgefälle. Im Frühjahr wird der hohe Druck im Süden abgebaut. Damit schwächen sich die Druckgegensätze ab. Gleichzeitig steigt der Luftdruck im Norden an und sinkt im Süden, so daß, vor allem im April, nur schwache Gegensätze existieren. Anschließend steigt der Luftdruck kontinuierlich bis zu einem Maximum zwischen Mitte und Ende Mai weiter an. Im Sommer bestehen im Norden oft geringe Luftdruckdifferenzen, im Westen und Süden beeinflussen stärkere Luftdruckgegensätze das Wettergeschehen. Zum Herbstbeginn verstärkt sich dann durch Luftdruckanstieg im Süden wieder das Gefälle, und im Oktober beginnt sich der unruhige winterliche Typ des Luftdruckfeldes durchzusetzen.

Über der Ostsee treten alle **Wind**richtungen auf, wobei Südwest und West am häufigsten (bis 25 %) sind. Die niedrigsten mittleren Windgeschwindigkeiten werden im Mai und Juni mit 4 bis 5 m/s und die höchsten im Dezember mit 7 bis 9 m/s beobachtet. Klimatologisch besteht über der offenen Ostsee, besonders wegen der geringeren Reibung, im allgemeinen ein um 1 bis 2 Windstärken (Beaufort) stärkerer Wind als über dem Binnenland. In Abhängigkeit von der Streichlänge treten in der westlichen und südlichen Ostsee bei Ost- und Nordostwinden und in der zentralen Ostsee bei Südwestwinden häufig markante Verstärkungen des mittleren Windes auf. Der Südostteil ist der windschwächste Raum. Im Nordteil stellen sich vorwiegend im Winter häufig östliche Winde ein.

Orographisch (durch das Bodenrelief) verstärkte Winde treten an den Luv-Küsten auf. Vor allem dann, wenn es sich um Steilküsten wie Nordrügen und Bornholm oder topographische Meerengen wie den Fehmarnbelt handelt. So bewirkt u. a. die trichterförmige Windverstärkung des Fehmarnbelt bei Nordwestwind (300°), daß Warnemünde die höchsten Windgeschwindigkeiten der deutschen Ostseeküste aufweist. Andererseits verursachen die nicht so häufig auftretenden starken Nordostwinde im Westteil nicht nur Sturmfluten, sondern auch kräftige Küstenwindverstärkungen, besonders in der Pommerschen und Kieler Bucht.

Durch die häufig eintretende und länger anhaltende monsunale Westwindwetterlage ist der Juli der windstärkste Monat des Sommers. Der stärkste mittlere Wind in der südlichen Ostsee herrscht im Dezember, während im Januar am häufigsten Orkane auftreten. Der Wind ist gekennzeichnet durch einen raschen Wechsel seiner Richtung und Stärke. Die sehr schnelle Winddrehung von Südwest auf Nordwest und sehr kräftige Böigkeitszunahme beim Durchzug der Höhenkaltfront (Trog) eines mit seinem Kern nördlich vorbeiziehenden Sturms oder Orkans gehört mit zu den gefährlichsten Wettererscheinungen der Ostsee. Der Wind ist auch der Motor für viele ozeanologische Prozesse wie Sturmhoch- und Sturmniedrigwasser, Salzwassereinbrüche (Matthäus et al. 1993), Seiches (vgl. Kap. 4.3) und Seebären (durch Gewitterböen angeregte fortschreitende lange Wellen).

Die langjährigen Jahresmittel der **Lufttemperaturen** weisen eine hohe Differenzierung auf. So beträgt die Jahresmitteltemperatur in Warnemünde 8,4 °C, in Helsinki oder St. Petersburg nur rund 4,5 °C. Ähnlich unterschiedlich ist die jährliche Schwankungsbreite der Temperatur, die im Südwesten 18 K, im Nordosten bis 28 K beträgt (Heyer 1977). In dieser Unterschiedlichkeit des thermischen Regimes spiegelt sich auch die starke Wechselwirkung und damit der kräftige Energieaustausch zwischen der Ostsee und der darüberliegenden Luft wider.

Die starke thermische Beeinflussung hat zur Folge, daß das nach dem Winter noch kalte Ostseewasser ein kaltes Frühjahr und einen kühlen Sommerbeginn in der Küstenregion hervorruft. Umgekehrt verzögert der Wärmevorrat der Ostsee den Winterbeginn.

Abb. 19 macht den verzögerten Sommerbeginn im Juni deutlich. Das thermische Maximum des Sommers wird erst Ende Juli/Anfang August, also rund 5 Wochen nach dem Sonnenhöchststand im Juni, erreicht.

In der Darstellung sind auch die markanten Ostseesommer-Singularitäten, also typische Großwetterlagen mit feucht-kühlen und warmen Witterungsperioden in bestimmten Zeiträumen, erkennbar. So zählen zu den Kaltluftrückfällen der sommerlichen Jahreszeit die „Eisheiligen" (10. bis 14. 5.), die „Schafskälte" (etwa 10. bis 20. 6.) und die Schlechtwetterperiode des „Siebenschläfers" (Max. 10. bis 20. 7.).

Die anhaltende Tiefdruckwetterperiode im Juli, die sich häufig nach einer mitteleuropäischen Hitzeperiode Ende Juni/Anfang Juli als monsunale Ausgleichsströmung und damit eine Art globales Seewindsystem Nordatlantik-Mitteleuropa einstellt, verschiebt deutlich das thermische Maximum in den Spätsommer. Gleichzeitig führt diese „mitteleuropäische Regenzeit" auch dazu, daß der Juli der niederschlagsreichste und windigste Sommermonat ist.

Abb. 20 zeigt die Verzögerung des Wintereintritts im Dezember durch die noch relativ warme Ostsee. Während sich die Kaltluftmaxima zum Jahreswechsel und zum Monatswechsel Januar/Februar einstellen, tritt die eigentliche Hochwinterperiode erst Mitte/Ende Februar ein. Neben dem „Weihnachtstauwetter" – nach einem häufigen Kaltlufteinbruch – verhindert der sich Mitte bis Ende Januar einstellende Warmlufteinbruch einen kompakten Hochwinter. Beim Vergleich eines mittleren Sommers und Winters zeichnet sich zeitlich eine ähnliche Entwicklung ab. Im Mittel ist der 1. August der wärmste und der 1. Februar der kälteste Tag des Jahres.

Bewölkung, Sonnenscheindauer und Luftfeuchte weisen im Verlauf des Jahres im Ostseeraum ein breites Spektrum auf. Während im West- und Südteil die mittlere Bedeckung 6/8 beträgt, liegt sie im Nordostteil im Durchschnitt bei 4/8. Die mittlere tägliche Sonnenscheindauer im Jahresdurchschnitt liegt bei 4 bis 6 Stunden.

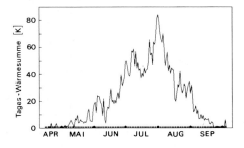

Abb. 19. Mittlerer thermischer Verlauf der Ostseesommer von 1947 bis 1994 (Warnemünde)

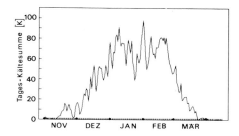

Abb. 20. Mittlerer thermischer Verlauf der Ostseewinter von 1946/1947 bis 1993/1994 (Warnemünde)

Der wolkenärmste, sonnenscheinreichste und strahlungsintensivste Monat ist der Juni mit 8 bis 11 Stunden mittlerem Sonnenschein täglich. Ursache hierfür ist nicht nur der hohe Sonnenstand, sondern sind auch die häufig auftretenden Hochdruckwetterlagen und das noch meist kalte Ostseewasser, das Quellwolkenbildung verhindert. Die stärkste Bewölkung und die geringste Sonneneinstrahlung stellen sich im Dezember ein, hervorgerufen durch wiederholtes Tiefdruckwetter und die eigenständige Wolkenbildung über der noch relativ warmen Ostsee nach Kaltlufteinbrüchen. So beträgt die durchschnittliche Tagessonnenscheindauer im Dezember nur etwa 0,8 Stunden. Westliche Atlantikluftmassen führen allgemein starke und vertikal mächtige Bewölkung in den Ostseeraum. Trockene und vielfach kontinentale Luftmassen aus Ost- und Nordeuropa haben generell geringe Bewölkung und eine hohe Strahlungsintensität zur Folge.

Im Frühjahr tritt, im Gegensatz zum Herbst, bei instabilen Wetterlagen und auflandigem Wind die Quellwolkenbildung vorrangig im Binnenland und nicht an der Küste auf. Die Bewölkung des Seewindzirkulationssystems erfaßt nur den unmittelbaren Küstensaum. Bei starken West- und Nordwestwinden führen Leeprozesse des norwegischen Gebirges im Ostseeraum wiederholt zu Wolkenarmut und erhöhter Sonneneinstrahlung. Gekoppelt an die Extremwerte der Bewölkung und Strahlung sind auch das Minimum der relativen Luftfeuchte im Mai und Juni und das Maximum im Dezember und Januar. Das langjährige Mittel der relativen Luftfeuchte über der Ostsee schwankt zwischen 75 und 90 %.

Die mittlere jährliche **Niederschlags**menge liegt zwischen 400 und 800 mm/Jahr. Während in den Monaten Februar und März bei oft noch kalten und stabilen Großwetterlagen die geringsten Niederschläge auftreten, zeichnet sich das Niederschlagsmaximum im Juli ab. Die Ursache liegt in der regenreichen, monsunartigen Weststromung, die sich häufig von Mitte bis Ende Juli besonders über dem südlichen Ostseeraum einstellt. Das spiegelt sich auch deutlich in der Regenwahrscheinlichkeit wider, die vom 14. bis 21. 7. über 65 % und am 15. und 16. 7. rund 75 % beträgt. Entsprechend niedrig ist die Tagessonnenscheindauer mit nur rund 5 Stunden.

Im allgemeinen sind die Niederschlagsmengen im Spätsommer bis Frühwinter an der Küste und im Hinterland durch die eigenständigen Niederschlagsprozesse der Ostsee stärker als über dem Binnenland. Durch ihre starke eiszeitliche Gliederung treten an der Küste und auf den Inseln, vorwiegend durch Staueffekte an Steilküsten bedingt, häufig stärkere Niederschläge auf als über der reibungsarmen freien Ostsee.

Im Winterhalbjahr gehen die Niederschläge, in Abhängigkeit von der geographischen Breite und somit auch von der Tempratur der Kaltluftmasse und dem Vereisungszustand der Ostsee, von der flüssigen in die feste Phase über.

Lage, Intensität und zyklonale oder antizyklonale Krümmung des westlichen Höhenwindfeldes über Nord- und Mitteleuropa bestimmen im allgemeinen die großräumigen Bodenprozesse des **Ostseewetters**. Während die Wechselwirkung bei starken dynamischen Wettervorgängen, wie z. B. durchziehenden Sturmwirbeln, meist gering bleibt, ist ihre Einflußnahme bei schwächeren Wetterprozessen oft recht kräftig. So trägt eine kalte Ostsee – besonders im Frühjahr – zur Stabilisierung der Wetterlage bei, indem sie z. B. Tiefs mit ihren Fronten abschwächt.

Im Spätsommer und Frühherbst regeneriert die warme Ostsee oft schwache Tiefausläufer durch Einspeisung von Wärmeenergie. So können sich vor allem vom Norden einlaufende schwache Kaltfronten über der zentralen Ostsee zu schweren Luftmassengrenzen entwickeln, die manchmal mit Seegewittern und Sturmböen auf die Küste übergreifen. In der nördlichen und östlichen Ostsee entstehen oft „Frontenfriedhöfe", weil sich die atlantischen Fronten während ihrer Ostverlagerung, insbesondere beim Überqueren des norwegischen Gebirges, durch Reibungsprozesse und trockene Festlandsluft wesentlich abschwächen. Allerdings bilden sich diese Fronten vorwiegend im Winter vor dem Zufrieren zu Ostsee-Konvergenzen um. Diese Wetterscheiden können sich über die ganze Ostsee erstrecken und für längere Zeit das Wetter bestimmen.

Das norwegische Gebirge nimmt durch seinen Luv- und Lee-Effekt stärkeren Einfluß auf das Ostseewetter. Bei starken Nordwestwinden reichen selbst bei Tiefdruckwetter die dynamischen Absinkprozesse und damit die wolkenarmen Zonen bis in die westliche und südliche Ostsee. Unter bestimmten Bedingungen bildet sich dann auch eine Skagerrak-Zyklone aus, die sich oft aus ihrem Ursprungsraum löst und als wetterbestimmendes Tief in den westlichen Ostseeraum zieht.

Das **Insel- und Küstenwetter** unterscheidet sich oft deutlich vom Wetter über der freien Ostsee. In Abhängigkeit von Orographie und Topographie ergeben sich an der Küste oder über Inseln eigenständige Wettervorgänge. Ursache hierfür sind vorwiegend die Temperaturunterschiede zwischen Wasser und Land, Luv- und Leevorgänge sowie Düsen- und Eckeneffekte, besonders an Steilküsten und Erhebungen. Auf den Inseln tritt der stärkste Wind auf. Die Bewölkung und damit die Niederschläge sind im allgemeinen geringer als über der Küste, weil sich auf dem kleinen Inselareal meist keine eigenständige Konvektionsbewölkung (Seewindbewölkung) ausbildet. An einigen Inseln verhindert auch eine kalte Auftriebsströmung (z. B. Hiddenseestrom) eine zusätzliche Labilisierung der unteren Luftschichten.

Die kräftigste luftmasseneigene Wetterentwicklung ist die Ausbildung der **Ostseezyklone** (Tiefdruckgebiet) (Tiesel 1984). Diese spezifische Zyklone gehört zur Kategorie der thermischen Tiefs. Sie bildet sich vorwiegend im Winter aus, wenn über der freien Ostsee nach starken Kaltlufteinbrüchen, meist aus Nordosteuropa, starke Wärmeströme zwischen Wasser und Luft entstehen, die im Meeresniveau Luftdruckfall verursachen. Bei der Ostseezyklone handelt es sich um ein seltenes, kurzlebiges, frontenloses Meso-Tief mit sehr hohem Kerndruck und geringer Vertikalausdehnung, das als Lage- und Bahntyp auftritt. Die wenig wetterwirksame stationäre Ostseezyklone prägt sich vorwiegend im Gebiet der südlichen Ostsee, in der Mecklenburger Bucht und der Pommerschen Bucht aus.

Die instationären Ostseezyklonen greifen dagegen als energiereiche, „blizzardartige" Kleinwirbel von Nordosten auf die Küste und das Binnenland Norddeutschlands über. Dort können sie besonders in der Küstenregion schwere winterliche Unwetter hervorrufen. Infolge ihrer urplötzlichen und meist nächtlichen Entwicklung im zentralen Ostseeraum inmitten kräftiger Hochdruckwetterlagen und wegen ihrer Nichterfassung durch die Vorhersagemodelle bewirken die Ostseezyklonen nicht selten Fehlvorhersagen des Wetters.

Der wichtigste Wetterprozeß der Ostsee, der sich tagsüber an Ort und Stelle bei windschwachen und strahlungsintensiven Hochdruckwetterlagen ausbildet, ist das **Land- und Seewindsystem**. Dieses spezielle Windsystem des Küstenbereiches entsteht in Abhängigkeit des Temperaturunterschiedes zwischen Wasser und Land und des bestehenden Gradientwindes.

Heizen sich vormittags die Küste und das Hinterland stark auf, entsteht über diesen Gebieten in den unteren Luftschichten durch die aufsteigende warme Luft an der Erdoberfläche Luftdruckfall, während sich darüber, bedingt durch die Thermik, hoher Luftdruck einstellt. Das daraus folgende bodennahe Luftdruckgefälle Wasser–Land führt zu einer auflandigen Ausgleichsströmung, dem Seewind. Diese zum Land gerichtete Bodenwindströmung verursacht über der Wasseroberfläche durch Absinken ein flaches Hoch und darüber relativ tiefen Luftdruck. Aus dem daraus resultierenden Luftdruckgefälle in der Höhe entsteht eine Gegenströmung, die den Zirkulationskreislauf dieses eigenständigen Windsystems schließt.

Typisch für den Seewind ist seine Seewindfront, die sich über der Ostsee formiert, und die sich durch zunehmendes Kräuseln des Wassers bemerkbar macht. Mit ihrem raschen Übertritt auf das Küstengebiet ändern sich nicht nur schlagartig Windrichtung und Windgeschwindigkeit, sondern es findet ein lokaler Übergang vom kontinentalen zum maritimen Wetter statt. Bei stark ausgeprägten Zirkulationen entsteht vor allem über der Küste durch die dortige Thermik die charakteristische Seewindbewölkung, aus der aber nur bei besonders starker Ausprägung ein leichter Regenschauer fällt.

Die Seewindbewölkung unmittelbar an der Küste ist bei diesen Hochdruck-Wetterlagen ein vertrautes Bild. Allerdings bildet sie sich durch unzureichende Thermik über schmalen Küsten- und Inselarealen oder über stark bewaldeten Küstenregionen oft nicht aus. Auch deshalb haben diese Küstenbereiche eine höhere Sonnenscheindauer und damit ein höheres Strahlungsangebot als das Küstenhinterland.

Am späten Nachmittag bricht meist das Seewindsystem zusammen und damit auch die Seewindbewölkung. Setzt sich danach noch eine warme Landwindströmung durch, dann treten erst abends die Tageshöchsttemperaturen an der Ostseeküste auf.

Am intensivsten bildet sich das Seewindsystem, das sich im Mittel bis 200 m in die Höhe und etwa 300 m seewärts und bis 500 m landwärts erstreckt, in den Hochdruckwetterperioden im Mai und Juni aus, wenn die Ostsee noch relativ kalt ist.

Typisch ist, daß sich ein schwacher, küstenparalleler Gradientwind tagsüber nur im Küstensaum merklich verstärkt, während über der offenen See die windschwache Situation bestehen bleibt.

Zu keiner Seewindbildung kommt es bei Hochdruckwetterlagen mit kräftigem ablandigen Wind, z. B. an der südlichen Ostseeküste bei Südostwetterlagen, wenn ein starkes Gradientwindsystem (ab Windstärke 5 Bft) das lokale Windsystem überkompensiert. Aus dem „Kampf" der beiden Windsysteme resultiert dabei häufig eine starke Richtungsböigkeit und Geschwindigkeitsänderung des Küstenwindes. Der Landwind dieses lokalen Windsystems entsteht nur im Spätsommer und Herbst bei ruhigen Hochdruckwetterlagen und vor allem nachts und morgens, weil dann die Temperaturgegensätze zwischen der noch warmen Ostsee und dem sich bereits stärker abkühlenden Küstensaum am stärksten sind. Allerdings ist der Landwind gegenüber dem Seewind in der Regel nur schwach ausgeprägt. Schwächt sich nachmittags bis abends der vormittags einsetzende Seewind wieder ab, bleibt mit großer Sicherheit die stabile Hochdruckwetterlage auch am nächsten Tag noch erhalten.

Bei ruhigen und stabilen Hochdruckwetterlagen kann sich über der Ostsee in den Nacht- und Morgenstunden eine eigenbürtige Wolkendecke, der sogenannte Ostsee-Stratocumulus, ausbilden. Diese spezifische **Ostseebewölkung** entsteht in etwa 100 bis 300 m Höhe an einer flachen feucht-labilen Seeinversion, über der sich eine trocken-stabile Luftschicht befindet. Löst sich diese Inversionsbewölkung in den Vormittagsstunden durch die einsetzende Strahlung und Thermik unter wellenförmigen Schwingungsprozessen auf, herrscht den ganzen Tag über sonniges Wetter.

Besonders stark ist die Bewölkung, wenn sie sich über der relativ warmen Ostsee stets neu bildet und die vormittags einsetzende Thermik die Ostsee-Inversion nicht zerstört. Dann kommt es bei stärkerem auflandigem Wind dazu, daß die ständig auf das Land zudriftende Bewölkung sich tagsüber nur über dem wärmeren Hinterland auflöst, während der Küstensaum ganztägig stark bewölkt oder bedeckt bleibt, bei geringer Niederschlagsneigung.

Vorwiegend von Juli bis September entwickeln sich unter bestimmten Bedingungen über der warmen Ostsee, dann besonders nachts und morgens, **Ostseegewitter.** Die wichtigste Voraussetzung für deren Ausbildung ist eine feucht-labile Schichtung bis in etwa 10 km Höhe. Die durch Wärmeströme eingespeiste Energie führt vor allem nachts zu dieser Labilisierung und über starke Quellwolkenbildung zu Schauern und Gewittern.

In seltenen Fällen können sich bei sehr labilen Wetterlagen auch **Ostsee-Tromben** (Wind- und Wasserhosen) ausbilden. Hierbei brechen von einer über der warmen Ostseeluft liegenden spezifisch schwereren Kaltluftmasse großräumige Luftpakete unter einer rüsselförmigen Verwirbelung bis zur Wasseroberfläche durch. Dort, wo der Wassertornado die Wasseroberfläche erreicht, entsteht ein sehr gefährlicher Trombenfuß.

Der typische **Ostsee-Nebel** entsteht, wenn bei ruhigen und stabilen Wettersituationen über die noch kalte Ostsee eine feuchte Warmluftmasse geführt wird. Durch Abkühlung kommt es zu einer raschen Kondensation und damit zur Nebelbildung. Bei einsetzendem auflandigem Wind, oft gekoppelt an die Seewindfront, entstehen an der Küste gefährliche Seenebel-Einbrüche. Obgleich diese nur etwa 300 m binnenwärts reichen, geht die Sicht in dem sehr dichten Seenebel – bedingt durch die feine Wassertröpfchenstruktur – manchmal unter 10 m zurück. Durch kalte Wasserauftriebsströmungen entstehen Nebelbänke, die sich bei stärker werdendem Wind meist durch Koagulation der Tröpfchen auflösen.

Über der Ostsee kommt es auch zur Bildung von Dampfnebel, der beim Überströmen von Kaltluft über warme Wassermassen entsteht. Der an die darüberliegende kältere Luft durch Verdunstung abgegebene Wasserdampf kondensiert dabei zu feinen Wassertröpfchen. Eine spezielle und selten auftretende Form des Dampfnebels ist das „Rauchen" der Ostsee. Kennzeichnend für diesen **Seerauch** ist seine flockige Struktur und seine Vertikalerstreckung von meist nur 1 bis 2 m.

Grundvoraussetzungen für die Ausbildung des Seerauchs, der nur in Küstennähe auftritt, sind eine Temperaturdifferenz von etwa 12 K zwischen Wasser- und Lufttemperatur, eine feuchte, ablandige Windströmung zwischen 2 bis 5 Windstärken (Bft) und eine flache feucht-labile Luftschichtung unmittelbar über der Wasseroberfläche. Aus diesen Gründen tritt der Seerauch im allgemeinen nur bei einer stabilen winterlichen Hochdruckwetterlage und vorwiegend vormittags, nicht aber bei Windstille und starker bodennaher Turbulenz mit Windgeschwindigkeiten von über 6 Bft auf. Die flockige Struktur des Seerauches ist darauf zurückzuführen, daß die in Richtung See abtriftenden Nebelschwaden vorrangig auf der Luv-Seite der Wellen entstehen. Auf der windzugewandten Seite der Welle sind Wärmeströme und Verdunstung wegen der höheren Schubspannungsgeschwindigkeit um ein Vielfaches höher als auf der dem Wind abgewandten Seite der Welle (Tiesel u. Foken 1987).

4.2 Wasserhaushalt und Strömungen

WOLFGANG FENNEL

Die Ostsee wird gelegentlich als großes Ästuar oder als Fjord bezeichnet, da sie als nicht sehr tiefes, vom Ozean durch flache Schwellen und Meerengen getrenntes Becken mit erheblicher Süßwasserzufuhr die übliche Definition für Ästuare oder flache Fjorde erfüllt.

Es gibt praktisch keine hinreichend permanenten Strömungen, die in sinnvoller Weise mit einem Namen versehen werden könnten. Nur im Kattegat, also schon im Übergangsgebiet zur Nordsee, existiert eine persistente Strömung, der Baltische Strom. Diese Strömung ist durch ihren verminderten Salzgehalt deutlich nachweisbar und wird durch den Süßwasserüberschuß der Ostsee angetrieben. Im Skagerrak findet der Baltische Strom seine Fortsetzung als Norwegischer Küstenstrom.

Aufgrund der starken vertikalen Dichteschichtung des Ostseewassers, die durch die Änderung von Salzgehalt und Temperatur mit der Tiefe bedingt ist, ähnelt die Dynamik der mesoskalen Strömungsmuster eher der eines kleinen Ozeans als der eines großen Ästuars.

Der **Wasserhaushalt der Ostsee** wird durch fünf Komponenten bestimmt: Die Flußwasserzufuhr (F), den Einstrom aus der Nordsee (E), den Niederschlag (N) und die Verdunstung (V) über der Ostsee sowie den Ausstrom (A) zur Nordsee. Die Gesamtbilanz läßt sich also durch die Beziehung

$$F + N - V = A - E \tag{1}$$

darstellen.

Die dominierende Größe im Wasserhaushalt ist der Abfluß von Süßwasser aus dem Einzugsgebiet, das mit einer Gesamtfläche von 1 729 000 km^2 viermal größer ist als die Fläche der Ostsee (vgl. Abb. 110). Die Flußwasserzufuhr ist in den einzelnen Teilen der Ostsee sehr unterschiedlich. In Tabelle 4 ist der mittlere jährliche Flußeintrag für die zehn größten Flüsse auf der Grundlage vierzigjähriger Messungen von 1950 bis 1990 zusammengefaßt (Bergström u. Carlsson 1993). Bemerkenswert ist die herausragende Stellung

Tabelle 4. Süßwassereintrag der zehn größten Flüsse

Fluß/Land	Abfluß [km³/Jahr]
Newa/Rußland	77,6
Weichsel/Polen	33,6
Düna/Lettland	20,8
Memel/Litauen	19,9
Oder/Polen	18,1
Götaälv/Schweden	18,1
Kemijoki/Schweden	17,7
Angermanälven/Schweden	15,4
Luleälv/Schweden	15,3
Indalsälven/Schweden	14,0

der Newa. Im Jahresverlauf gibt es ausgeprägte Schwankungen in der Flußwasserzufuhr. Das Minimum wird im Februar und das Maximum im August
erreicht. Das gesamte Volumen der Flußwasserzufuhr F beträgt etwa
483 km^3 pro Jahr mit zwischenjährlichen Schwankungen von +/- 30 km^3.

Meßtechnisch relativ schwer zu erfassen sind die Niederschläge N und die
Verdunstung V direkt über der Ostsee. Beide Größen weisen starke regionale und jahreszeitliche Variationen auf, die auch von der Eisbedeckung im
Winter abhängen. Abschätzungen ergaben Niederschläge von 640 mm/Jahr
und eine Verdunstung von 500 mm/Jahr. Bezogen auf die Oberfläche der
Ostsee folgt daraus N = 266 km^3/Jahr und V = 207 km^3/Jahr. Die Differenz
ergibt einen effektiven Beitrag von etwa 60 km^3 pro Jahr (Henning 1988).
Damit gelangt im Jahresmittel eine Süßwassermenge von etwa 540 km^3 in
die Ostsee, das sind fast 2,5 % ihres Wasservolumens.

Das Ostseewasser besitzt aufgrund seines niedrigeren Salzgehaltes eine
geringere Dichte als das salzreiche Wasser der Nordsee. Dieser Dichteunterschied erzeugt ein Druckgefälle, das zum Vordringen von Salzwasser in Bodennähe führt. Während das salzarme Oberflächenwasser durch Öresund
und Großen Belt praktisch ungehindert in das Kattegat gelangt, wird der
Einstrom salzreichen Bodenwassers in die eigentliche Ostsee durch untermeerische Schwellen behindert. Von besonderer Bedeutung sind dabei die
Drogden-Schwelle im Öresund und die Darßer Schwelle, deren minimale
Satteltiefe nur 7 m beziehungsweise 18 m betragen.

Meteorologische Einwirkungen führen zur Vermischung dieser Wassermassen und damit zur Bildung des für die Ostsee typischen Brackwassers.
Die Vermischungsprozesse werden vor allem durch Wind und Wärmeaustausch an der Meeresoberfläche angetrieben: Die Einwirkung von Wind erzeugt Seegang, wobei brechende Wellen kleinskalige Turbulenzen bilden,
die wie Rührwerke einen Teil der Wassersäule völlig durchmischen. Dabei
wird auch aus den tieferen Schichten Wasser mit höherem Salzgehalt in das
Oberflächenwasser eingemischt.

Konvektive Prozesse, die durch Abkühlung ausgelöst werden, tragen
ebenfalls zur Vermischung unterschiedlicher Wassermassen bei und führen
zur Bildung einer homogenen Deckschicht, deren Dicke von der den Seegang erzeugenden Windstärke und dem Wärmefluß durch die Meeresoberfläche abhängt. Bedingt durch die jahreszeitlichen Temperaturänderungen
der Atmosphäre besitzt die Konvektion einen ausgeprägten Jahresgang und
bestimmt daher wesentlich das saisonale Verhalten der Schichtungsverhältnisse.

Ein weiterer wichtiger Faktor bei der Umbildung von Wassermassen sind
mesoskale Strömungsprozesse, die sowohl durch Wind als auch durch horizontale Dichteunterschiede angetrieben werden können und mit ihren
raum-zeitlichen Strukturen wie große horizontale Rührwerke wirken. Besonders wichtig sind Auftriebsprozesse vor Küsten oder an unterseeischen
Hindernissen, wobei es häufig zur Bildung von Fronten und Ablösung von
Wirbeln kommt.

Nordsee   Ostsee   Süßwasserzufuhr

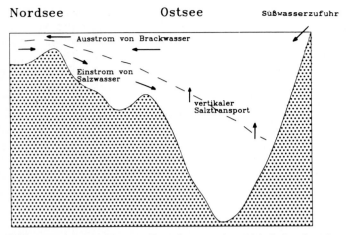

Abb. 21. Schematische Darstellung der ästuarinen Zirkulation der Ostsee

Für den Wasserhaushalt ist die Einmischung von salzreichem Tiefenwasser in die Oberflächenschicht von entscheidender Bedeutung, weil dadurch ein effektiver aufwärts gerichteter Salztransport entsteht. Die eingemischte Salzmenge verläßt dann mit dem ausströmenden Brackwasser die Ostsee. Da die langjährigen Beobachtungen zeigen, daß der Salzgehalt in der Ostsee praktisch konstant bleibt, muß also salzreiches Wasser in Bodennähe ständig nachfließen. Die Verhältnisse sind in Abb. 21 skizziert.

Diese Überlegungen erlauben eine grobe Bilanzierung des Ein- und Ausstromes. Die Erhaltung der Gesamtwassermenge in der Ostsee wird durch die Beziehung (s. Gl. 1) ausgedrückt. Da die Gesamtmenge des Salzes ebenfalls in etwa erhalten bleibt, muß außerdem die Relation $S_e E = S_a A$ bestehen, wobei S_e der Salzgehalt des einströmenden und S_a der des ausströmenden Wassers ist. Bezeichnen wir die gesamte Süßwasserzufuhr mit Q, d.h. $F + N - V = Q$, so ergeben sich die Beziehungen

$$E = \frac{S_a}{S_e - S_a}\, Q \qquad \text{und} \qquad A = \frac{S_e}{S_e - S_a}\, Q. \qquad \begin{matrix}(2)\\(3)\end{matrix}$$

Aus- und Einstrom hängen also von der Süßwasserzufuhr und den Salzgehaltsunterschieden ab (Knudsen Theorem). Wählen wir typische Werte für den nördlichen Teil des Kattegats, $S_e = 33\ \permil$ und $S_a = 20\ \permil$, so folgt mit $Q = 540\ \text{km}^3$ ein jährlicher Einstrom von $E = 830\ \text{km}^3$ und ein Ausstrom von $A = 1370\ \text{km}^3$.

Die im jährlichen Mittel aus- und einströmenden Wassermengen sind also erheblich größer als die reine Süßwasserzufuhr. Die Jahresmittelwerte sind jedoch im Jahresverlauf von erheblichen Schwankungen überlagert. Daher kann der Wasserhaushalt nur durch die Einbeziehung der ozeanographischen Prozesse in der Ostsee verstanden werden.

Die Untersuchung der **Strömungen** ist eine zentrale Aufgabe der physikalischen Ozeanographie. Das Verständnis der Strömungsvorgänge ist für verschiedene interdisziplinäre Probleme und praktische Anwendungen von großer Bedeutung. Erwähnt seien beispielsweise die physikalische Steuerung biologischer Prozesse, der Transport und die Verteilung des mit Flußwasser eingetragenen gelösten und partikulären Materials sowie Sedimentations- und Resuspensionsprozesse. Auch die Beurteilung und die Vorhersage der Ausbreitung von giftigen Algen oder von Schadstoffen, die in das Meer eingeleitet oder durch ein Schiffsunglück freigesetzt werden, erfordert ein genaues Verständnis der Strömungsdynamik.

Die bereits erwähnte hohe Variabilität der Strömungen in der Ostsee erschwert die Erfassung von Strömungsmustern mit Hilfe von verankerten Strömungsmessern. Neue Perspektiven haben sich in den 80er Jahren durch moderne akustische Strömungsmesser, die vom fahrenden Forschungsschiff Stromprofile aufnehmen können, sowie durch Fernerkundung mit Satelliten eröffnet. Die Kopplung von Messungen mit Computermodellen ermöglicht eine neue Qualität der Wechselwirkung von Theorie und Beobachtung auch in der Ozeanographie der Ostsee.

Die Strömungen werden durch drei Mechanismen, den Wind, die Wasserstandsdifferenzen und die horizontalen Dichtedifferenzen, angetrieben.

Obwohl Stürme über der Ostsee häufig vorkommen, ist der über einen längeren Zeitraum gemittelte Wind sehr schwach. Die typische Dauer einer Wettersituation beträgt meist nur wenige Tage. Bevor sich eine windgetriebene Strömung dauerhaft etablieren kann, wird bereits eine neue Stromverteilung angeregt. Charakteristisch sind nicht stationäre Strömungen, sondern dauernde Umstellung der Strömungsmuster.

Die Wasserstands- und die horizontalen Dichtedifferenzen ergeben sich in erster Linie aus der Süßwasserzufuhr, sind teilweise aber auch durch den Wind bedingt. So kann z.B. ein großräumiges Windfeld Wassermassen an den Küsten anstauen. Beim Nachlassen des Windes führt dieser Windstau zur Anregung von Ausgleichsströmungen.

Aufgrund der großräumigen Verteilung des Salzgehalts des Oberflächenwassers kann man auf eine sehr schwache mittlere Strömung in der Ostsee schließen, die einen beckenweiten Wirbel mit einer Wasserbewegung gegen den Uhrzeigersinn bildet. Die Geschwindigkeiten sind etwa von der Größenordnung 1 cm/s und durch direkte Messungen praktisch nicht nachweisbar. Die Ursache dieser beckenweiten Zirkulation ist der Süßwasserüberschuß. Diese Wasserbewegung wird im Sund gebündelt und bildet im Kattegat den bereits erwähnten Baltischen Strom.

Die oben angeführten Antriebsmechanismen haben eine unterschiedliche Bedeutung in der Beltsee, also dem Übergangsbereich zwischen Ostsee und Nordsee und in der eigentlichen Ostsee. Aufgrund der Verengung des Seegebietes im Bereich der Beltsee spielen neben windgetriebenen Strömungen die durch Wasserstandsunterschiede zwischen Ostsee und Nordsee bedingten Ausgleichsströmungen eine besondere Rolle. So werden zum Beispiel im

Großen Belt und Fehmarnbelt auch bei Windstille häufig hohe Strömungsgeschwindigkeiten gemessen.

Die Strömungen in den großen Becken der eigentlichen Ostsee werden vor allem durch den Wind angeregt. Von Bedeutung ist aber auch der Zustrom von Flußwasser. Das ins Meer fließende Süßwasser führt in der Nähe der Flußmündungen zur Anhebung des Wasserstandes und baut wegen seines geringeren Salzgehaltes Dichteunteschiede zum umgebenden Seewasser auf. Dadurch können ebenfalls Strömungen entstehen. Wegen der weiträumigen geographischen Verteilung der Flüsse entlang der Ostseeküste ist die dynamische Bedeutung des Flußwasserzustroms nicht sehr groß. Eine interessante Vergleichsmöglichkeit bietet der Saint-Lawrence-Strom in Nordamerika, der etwa die gleiche Menge Süßwasser freisetzt wie alle Ostseeflüsse zusammen. Im Unterschied zur Ostsee führt diese lokal konzentrierte Süßwasserzufuhr im Golf von Saint Lawrence zu einer küstengeführten Strömung, dem Gaspe-Strom.

Die Entwicklung von Strömungen wird durch die Erdrotation wesentlich beeinflußt. Die typischen horizontalen Skalen der mesoskalen Strömungsmuster sind in etwa durch den sogenannten internen Rossby Radius bestimmt, der durch durch die vertikale Schichtung der Dichte $\rho(z)$, Trägheitsfrequenz f und Wassertiefe H festgelegt wird.

Die vertikale Schichtung wird durch die Brunt-Väisäla-Frequenz N^2 charakterisiert.

$$N^2 = -\frac{g}{\rho_0}\frac{d}{dz}\rho(z) \tag{4}$$

Hier ist g die Erdbeschleunigung und ρ_0 eine Referenzdichte. Die Trägheitsfrequenz f wird durch die Corioliskraft bestimmt, die wegen der Kugelgestalt der Erde von der geographischen Breite abhängt. Für die Ostsee folgt $f = 1{,}2 \cdot 10^{-4}\ s^{-1}$. Die zugehörige Trägheitsperiode beträgt $T_f = 2\pi/f = 14{,}5$ h.

Der interne Rossby-Radius ist näherungsweise durch

$$R_i = \frac{\langle N \rangle H}{f\pi} \tag{5}$$

definiert. Dabei bedeutet $\langle N \rangle$ die über die Wassersäule gemittelte Brunt-Väisäla-Frequenz.

In der Ostsee beträgt der Rossby-Radius je nach Jahreszeit und Region etwa 2 bis 7 km (Fennel et al. 1991). Diese Variationsbreite ergibt sich aus den unterschiedlichen Tiefen der Ostseebecken und aus den jahreszeitlichen Schwankungen der vertikalen Temperatur- und Salzgehaltverteilungen.

Ein plötzlich einsetzender Wind erzeugt zunächst in der Deckschicht Schwingungsbewegungen mit der Trägheitsfrequenz f und einen resultierenden Wassermassentransport in der gesamten Deckschicht senkrecht zur Windrichtung (auf der Nordhalbkugel rechts), der als Ekman-Transport bekannt ist. Die Schwingungsbewegungen werden als Trägheitsoszillationen bezeichnet und wurden in den 30er Jahren in der Ostsee entdeckt und untersucht (Gustafson u. Kullenberg 1936).

Eng verbunden mit den Trägheitsschwingungen sind Trägheitswellen, die zum Beispiel durch Behinderung der Trägheitsschwingungen an räumlichen Begrenzungen des Seegebietes angeregt werden und zu einer hohen Variabilität der Strömungsprozesse im Frequenzbereich oberhalb der Trägheitsfrequenz führen. Eine eindrucksvolle Messung von Trägheitsbewegungen, verbunden mit einer Vertiefung der Deckschicht durch eine Serie von Stürmen, ist durch Krauss (1981) beschrieben worden.

Zum Verständnis der Anregung von Strömungen unterhalb der Trägheitsfrequenz spielt der Ekman-Transport eine Schlüsselrolle. Dieser Wassermassentransport in der Deckschicht wird durch die Küsten aufgehalten. Das führt bei küstenparallelem Wind zum Auftrieb oder Absinken der Wassermassen in einem küstennahen Bereich, dessen Breite durch den internen Rossby-Radius charakterisiert ist. Dabei entsteht ein küstennormaler Dichteunterschied und somit ein Druckgefälle (Druckgradient). Die Bewegung der Wasserteilchen folgt aber nicht dem Druckgefälle, sondern wird wegen der Corioliskraft nach rechts angelenkt, d.h. die Strömung verläuft parallel zu den Linien gleichen Druckes. Diese Form der Flüssigkeitsbewegung bezeichnet man in der Meteorologie und Ozeanographie als geostrophische Strömung. Auf diese Weise entsteht eine kräftige, gebündelte Küstenströmung, ein sogenannter Küstenstrahlstrom.

Das Abblocken des Ekman-Transportes an der Küste führt außerdem zu einer entgegengerichteten Ausgleichsströmung unterhalb der Deckschicht. Trifft diese tiefreichende Wasserbewegung auf topographische Hindernisse am Meeresboden, so werden Wellenprozesse angeregt, und es können sich Wirbel bilden. In der flachen Beltsee führen insbesondere die bereits erwähnten, durch Wasserstandsdifferenzen angetriebenen Ausgleichsströmungen zu topographisch gesteuerten Strömungsmustern.

In Abb. 22 sind diese Verhältnisse am Beispiel einer Berechnung der Strömung in der Beltsee mit Hilfe eines numerischen Modells dargestellt. Die Simulation zeigt die Strömungen in 3 m Tiefe als Reaktion auf einen Westwind nach 24 h (Abb. 22 oben). Die nach rechts abgelenkte Ekman-Strömung fern von der Küste und die Herausbildung eines Küstenstrahlstromes vor der Küste Mecklenburg-Vorpommerns sind deutlich zu erkennen. Verbunden mit dem Westwind ist ein Anstau von Wassermassen im Kattegat und ein Zurückweichen des Wassers in der eigentlichen Ostsee. Das dabei entstandene Druckgefälle führt im Großen Belt und im Sund zu erhöhten Geschwindigkeiten. In der Simulation flaut der Wind innerhalb der nächsten 24 Stunden ab. Dadurch überwiegen die aus der eigentlichen Ostsee zurückflutenden Wasserbewegungen die windgetriebenen Strömungen, und es entstehen topographisch gesteuerte Wirbel in der Mecklenburger und Kieler Bucht (Abb. 22 unten).

Die Simulationen demonstrieren auch die Veränderlichkeit der Strömungsverhältnisse in der westlichen Ostsee. Langjährige Strömungsmessungen auf der Darßer Schwelle zeigen, daß die Häufigkeiten des Ein- und Ausstroms in Bodennähe etwa gleich sind, während im oberen Bereich der Wassersäule Ausstrom dominiert (Francke 1983). Dazu ist in Abb. 23 die

Richtungscharakteristik des prozentualen Anteils der Strömungsbeträge in vier Meßtiefen auf der Darßer Schwelle dargestellt. Die Variabilität der Strömung ist mit Hilfe einer vierwöchigen Zeitreihe der Strömungsvektoren

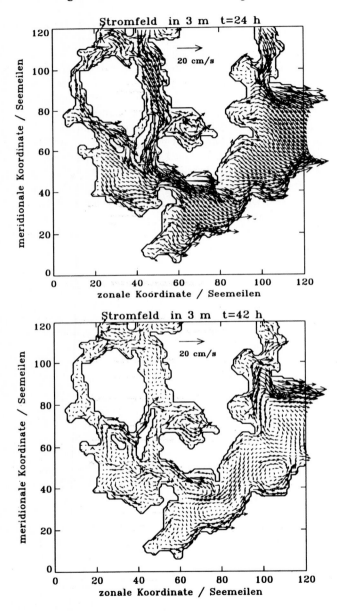

Abb. 22. Simulation der Oberflächenströmung in der westlichen Ostsee in 3 m Tiefe mit Hilfe eines numerischen Modells nach 24 und 42 Stunden

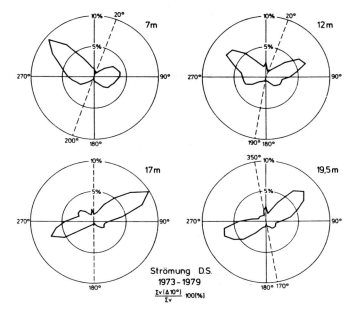

Abb. 23. Richtungscharakteristik der Strömung auf der Darßer Schwelle in vier Meßtiefen. Dargestellt ist der prozentuale Anteil der Strömungsbeträge. (Nach Francke 1983)

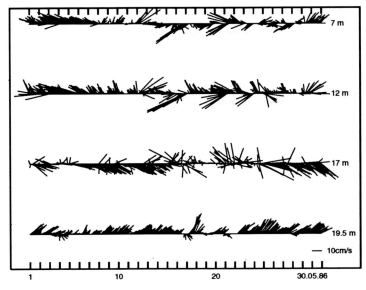

Abb. 24. Zeitreihe der Strömungsvektoren in vier Tiefen auf der Darßer Schwelle im Mai 1986

für vier Meßtiefen in Abb. 24 illustriert. Strömungsmessungen im Fehmarn-
belt zeigen ebenfalls, daß Aus- und Einstrom in der Wassersäule erheblich
variieren (Lange 1975).

Ein indirekter Nachweis der räumlichen Strukturen von Strömungsmustern ist mit Hilfe von Fernerkundungsverfahren möglich. Abb. 25 zeigt eine
Satellitenaufnahme der Oberflächentemperatur der westlichen Ostsee am
5. 7. 1989. Die Situation entspricht einer windstillen Phase nach einem kräftigen Nordostwind. Man erkennt deutlich die Reste des Kaltwasserauftriebs
vor der Küste Mecklenburgs und die Herausbildung von Wirbeln in der
Mecklenburger und Kieler Bucht.

Durch abrupte Änderungen der Küstenform kann der bereits erwähnte
Küstenstrahlstrom gestört werden. Das führt zur Anregung neuer Bewe-
gungsformen, den sogenannten Kelvinwellen. Diese Wellen sind ebenfalls
eine Konsequenz der Corioliskraft und breiten sich stets so aus, daß die Kü-

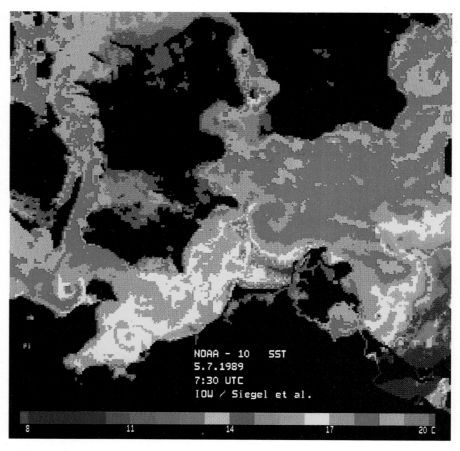

Abb. 25. Satellitenaufnahme der Wasseroberflächentemperatur in der westlichen Ostsee

ste rechts liegen bleibt. Kelvinwellen können das Anwachsen des Küstenstrahlstroms stoppen und Strömungen aus dem Anregungsgebiet exportieren.

Zuströmendes Flußwasser breitet sich ebenfalls in Form von Kelvinwellen entlang der Küste aus. Durch die Überlagerung von windgetriebenen Strömungen und Flußwasserzustrom werden je nach Richtung und Stärke des Windes die Flußwasserfahnen an die Küste gedrängt oder in die offene See abgelenkt. Daher kann die Kombination von wind- und dichtegetriebenen Strömungen zu komplexen Strukturen der Flußwasserfahnen führen. Ein Beispiel ist mit Hilfe einer Satellitenaufnahme der Chlorophyll-Verteilung in der eigentlichen Ostsee vom 12. 4. 1979 in Abb. 26 dargestellt. Die Chlorophyll-Verteilungen markieren insbesondere die Flußwasserfahnen, die wegen der hohen Nährstofffrachten zu verstärktem Wachstum von Phytoplankton beitragen.

Über die bodennahen Strömungsprozesse in den tieferen Becken der eigentliche Ostsee ist noch relativ wenig bekannt. Das lag zum Teil auch an der komplizierten politisch-seerechtlichen Konstellation im Ostseeraum, die Forschungsarbeiten, insbesondere das Ausbringen von verankerten Stationen, in fremden ökonomischen Zonen sehr erschwerten.

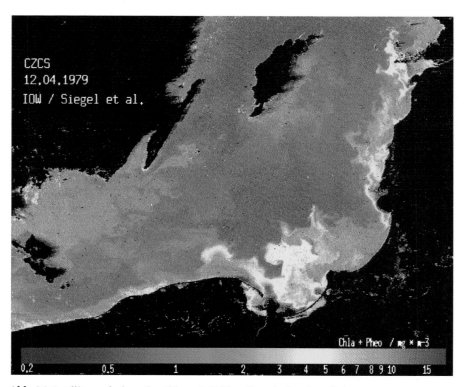

Abb. 26. Satellitenaufnahme der Chlorophyll-Verteilung in der eigentlichen Ostsee

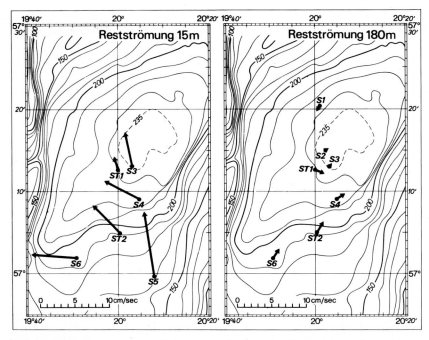

Abb. 27. Restströmungen im östlichen Gotlandbecken. (Nach Dietrich u. Schott 1974)

Direkte Strömungsmessungen wurden 1967 und 1970 im Gotlandbecken durchgeführt (Hollan 1969; Dietrich u. Schott 1974). In Abb. 27 ist die über 17 Tage gemittelte Strömung in 15 m und 180 m Tiefe dargestellt. Die mittleren Strömungen sind mit 8 cm/s in der Deckschicht und 1 cm/s im Tiefenwasser recht klein. Die durch die Mittelwertbildung herausgefallenen Trägheitsschwingungen und -wellen können aber kurzzeitig zu erheblich größeren Strömungsamplituden führen.

Ein weiteres Merkmal der Wasserbewegung in größeren Tiefen sind Wirbelmuster, die im Gotlandbecken im Tiefenbereich von 100 bis 150 m häufig gefunden werden. Die Signatur dieser linsenartigen Wirbel besteht vor allem in einer Temperaturabweichung von etwa 0,5 bis 0,7 °C gegenüber dem umgebenden Wasser (Elken et al. 1989). Die Rotationsgeschwindigkeiten, die sich aus der geostrophischen Beziehung von Druckgradienten und Strömungsgeschwindigkeit abschätzen lassen, betragen etwa 5 bis 10 cm/s. Ein Beispiel für die Darstellung eines Wirbels anhand seiner Temperatursignatur ist in Abb. 28 gegeben. Die Ursachen für die Herausbildung dieser Wirbelmuster sind noch nicht aufgeklärt. Es wird vermutet, daß sich beim Überströmen der Stolper Rinne, die das Bornholm-Becken vom Gotlandbecken trennt, sowie durch Wechselwirkung von windgetriebenen Strömungen mit dem Bodenrelief entstehen.

Durch die Wechselwirkung von Trägheitsschwingungen mit Hindernissen am Meeresboden können kräftige Strömungssignale in Bodennähe angeregt werden. Indirekte Hinweise auf starke bodennahe Strömungen ergeben sich aus den Sedimentationsmustern. Variationen der Dicke von abgelagerten Feinsedimenten weisen auf Strömungen hin, die zur Aufwirbelung des Materials führen. Häufig gefundene Auswaschungen mit Skalen von einem halben Rossby-Radius am Fuße unterseeischer Hindernisse geben Hinweise auf topographisch geführte Strahlströme. Mit Hilfe eines Echogramms ist ein Beispiel für die Auswaschung von Feinsedimenten an einer kräftigen Änderung der Bodentopographie in der Mecklenburger Bucht in Abb. 29 dargestellt. Wiederholte Aufnahmen der Sedimentverteilungen im Gotlandbecken ergaben, daß sich Sedimentmuster völlig umstellen können, was auf „unterseeische Stürme" hinweist (B. Winterhalter, persönl. Mitteilung).

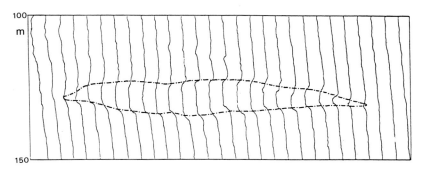

Abb. 28. Nachweis eines linsenartig geformten Wirbels in der Wasserschicht zwischen 120 und 140 m Tiefe im Gotlandbecken. Dargestellt ist eine Serie von benachbarten Temperaturprofilen mit einem räumlichen Abstand von etwa 100 bis 150 m. (Nach Elken et al. 1989)

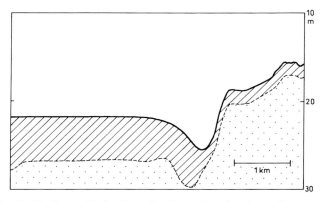

Abb. 29. Echogramm aus der Mecklenburger Bucht. Der schraffierte Bereich spiegelt die Verteilung von Feinsedimenten wider, die den Geschiebemergeluntergrund (punktiert) bedecken

4.3 Wasserstandsschwankungen und Seegang

HANS ULRICH LASS UND LORENZ MAGAARD

In diesem Abschnitt sollen Schwankungen des Wasserstandes betrachtet werden, die in Zeitbereichen von etwa einer Sekunde bis zu einem Monat stattfinden. Im Gegensatz zu der durch Gezeiten dominierten Nordsee wird der Wasserstand der Ostsee überwiegend durch die Windverhältnisse bestimmt. Die maximalen Abweichungen vom mittleren Wasserstand liegen dabei unter jenen der Nordseeküste. Wegen der meistens höher gelegenen Küstengebiete stellen extrem hohe Wasserstände an der Ostseeküste eine geringere Bedrohung der Bevölkerung dar als an der Nordseeküste, wenn auch die Sachschäden durch Sturmfluten ein beträchtliches Ausmaß annehmen können. Als Beispiel für extreme Wasserstände seien die Werte für Kiel angegeben (Ostsee-Handbuch IV. Teil, 1967. Deutsches Hydrographisches Institut Hamburg). Hier wurde der bisher niedrigste beobachtete Wasserstand am 4. 10. 1860 mit 2,29 m unter dem mittleren Wasserstand festgestellt, während der bisher höchste am 13. 11. 1872 mit 2,97 m über dem Mittelwert beobachtet wurde. Das Bundesamt für Seeschiffahrt und Hydrographie in Hamburg gibt für die westliche Ostsee Sturmflutwarnungen heraus, wenn Wasserstände von 1,50 m oder mehr über dem Mittel zu erwarten sind.

Zum Verständnis der **Gezeiten** der Ostsee soll zunächst auf deren Ursachen und allgemeine Eigenschaften eingegangen werden. Auf den Bahnen des Mondes um die Erde und der Erde um die Sonne stehen zwei Kräfte im Gleichgewicht, die Anziehungskraft der Massen (Gravitation) sowie die Zentrifugalkraft. Dieses Gleichgewicht gilt aber nur für die Schwerpunkte der Himmelskörper exakt. An den anderen Punkten verbleiben kleine Restkräfte, deren Größe und Richtung von der gegenseitigen Stellung der drei Himmelskörper, der Erdrotation sowie der geographischen Position abhängen.

Die die Gezeiten verursachenden Kräfte kann man formal durch die Summe von Teilkräften mit verschiedenen periodischen Verläufen darstellen, deren Glieder man als Tiden oder Partialtiden bezeichnet. Jede dieser Tiden ruft im Meer eine Auslenkung der Meeresoberfläche mit der ihr eigenen Periode hervor, die als direkte astronomische Tide oder Gezeit bezeichnet wird. Diese lokal angeregten Wasserstandsänderungen breiten sich von jedem Punkt als überlagernde fortschreitende Wellen aus, die sich unter dem Einfluß der ablenkenden Kraft der Erdrotation (Corioliskraft) und der äußeren Berandung des Wasserkörpers zu einer Drehwelle (Amphidromie) formen. Der Wellenkamm (Orte gleichzeitigen Hochwassers) läuft mit der Periode der Gezeit um das Zentrum der Amphidromie. Abb. 30 zeigt die Darstellung einer Amphidromie. Die Flutstundenlinien (ausgezogene Linien) geben die Lage des Wellenkamms zu verschiedenen Zeiten wieder. Die geschlossenen gestrichelten Kurven verbinden Orte mit gleichem Tidenhub.

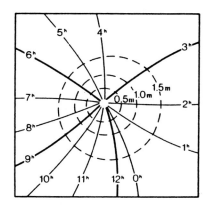

Abb. 30. Darstellung einer Amphidromie

Dabei nehmen die Hübe mit wachsendem Abstand vom Zentrum Z zu. Bei Z selbst ist der Hub gleich Null.

Die Verteilung der Amphidromien und damit die Eigenschaften einer Gezeit sind stark von der Form und Bodentopographie des betreffenden Meeresgebietes abhängig und daher in verschiedenen Meeren sehr unterschiedlich. Die sinusförmige Wasserstandsschwankung, die eine Gezeit an jedem Ort des Meeresgebietes hervorruft, ist durch die Gezeitenperiode sowie durch ihre Amplitude (halber Tidenhub) und Phase festgelegt. Die beiden letzteren Größen bezeichnet man (nach geeigneter Normierung) als die harmonischen Konstanten der betrachteten Gezeit an dem betreffenden Ort. Sie können aus langfristigen Wasserstandsbeobachtungen berechnet werden.

Bei der Betrachtung der Gezeiten der Ostsee beschränken wir uns auf die vier wichtigsten Tiden, das sind diejenigen Glieder in der Darstellung der gezeitenerzeugenden Kräfte, die die größten Beträge aufweisen. Diese bezeichnet man als M_2-Tide (Periode 12,42 h), S_2-Tide (12,00 h), K_1-Tide (23,93 h) und die O_1-Tide (25,82 h). Die M_2- und S_2-Tide bezeichnet man als halbtägige, die K_1- und O_1-Tide als eintägige Tide. Für diese Tiden sind die harmonischen Konstanten für eine große Zahl von Küstenorten der Ostsee berechnet worden (Lisitzin 1943, 1944; Magaard u. Krauss 1966).

Die Summe der Amplituden der halbtägigen Gezeiten überschreitet nicht 12 cm, und diejenige der eintägigen Gezeiten bleibt stets unter 15 cm. Damit ist klar, daß die Gezeiten der Ostsee für die Schiffahrt, den Küstenschutz und andere praktische Belange ohne Bedeutung sind. Für die ozeanographische Wissenschaft sind sie jedoch durchaus von Interesse.

Die Gezeiten der Ostsee sind Mitschwingungsgezeiten der Nordsee, welche durch Gezeitenwellen erzeugt werden, die sich vom Skagerrak durch die dänischen Meerengen ausbreiten. Die M_2-Tide erreicht am Eingang des Skagerraks einen Hub von weniger als 0,5 m. Da die in der Ostsee beobachteten Amplituden der M_2-Tide kleiner als die im Kattegat sind, reagiert die eingeschlossene Wassermenge als schwingungsfähiges Gebilde (Seiches) offenbar nicht resonant auf diese Anregung. Dagegen beobachtet man, daß die Amplitude der eintägigen Tide in mehreren Teilgebieten der Ostsee größer ist als im Kattegat. Die Ostsee reagiert offenbar resonant auf die Anregung durch die eintägige Gezeit.

Das Wasser in abgeschlossenen Meeren oder halboffenen Meeresbecken der Tiefe H, deren Länge L wesentlich größer ist als ihre Breite, ist in der Lage, **resonante Schwingungsformen** auszuführen.

Wenn das Wasser durch eine störende Kraft aus dem mittleren Niveau (Ruhelage) herausgebracht wird, breitet es sich in dem Becken in Form einer langen Welle mit einer Phasengeschwindigkeit $c = (g H)^{1/2}$ aus. Erreicht die Welle die festen Ränder des Beckens, wird sie reflektiert und überlagert sich mit der ursprünglichen Welle. In Abhängigkeit von der Form des Beckens gibt es jedoch „ausgezeichnete" Wellen, die bei der Überlagerung von einlaufender und reflektierender Welle stehende Wellen bilden. In diesem Fall ist die scheinbare Phasengeschwindigkeit gleich Null, und die Punkte, an denen die Meeresoberfläche gar nicht (Schwingungsknoten) oder maximal (Schwingungsbauch) ausgelenkt wird, sind fixiert. Dabei sind verschiedene Schwingungsformen möglich, die man als **Eigenschwingung oder Seiche** erster Ordnung, zweiter Ordnung usw. bezeichnet. In einem abgeschlossenen rechteckigen Becken ist die Bedingung für die Ausbildung stehender Wellen, daß die Beckenlänge ein ganzzahliges Vielfaches n der halben Wellenlänge der anregenden langen Welle beträgt. Abb. 31 zeigt die Eigenschwingungen 1. bis 3. Ordnung in einem geschlossenen rechteckigen Becken. Über die Phasengeschwindigkeit der langen Welle ist dann die Periode Tn der Eigenschwingung der Ordnung n durch die sogenannte Meriansche Formel gegeben zu $T_n = 2L / n(gH)^{1/2}$. Dabei ist $g = 9,81$ m/s^2 die Erdbeschleunigung.

In einem halboffenen Becken der gleichen Abmessungen wird dagegen eine stehende Welle erzeugt, wenn ein ganzzahliges Vielfaches der Viertel-Wellenlänge gleich L ist. Die Perioden der Eigenschwingungen eines solchen Beckens betragen das Doppelte der entsprechenden Perioden des geschlossenen Beckens.

Hat man es mit einem Meeresbecken beliebiger Form zu tun, so überlagern sich die Eigenschwingungen verschiedener Teilbecken wie gekoppelte Pendel und bilden ein resultierendes System von Seiches. Die Perioden und Formen der Eigenschwingungen lassen sich durch komplizierte numerische Verfahren berechnen. Für die Ostsee wurden solche Berechnungen durch Neumann (1941), Krauss u. Magaard (1962) sowie Wübber u. Krauss (1979) durchgeführt. Hier muß man im wesentlichen zwei verschiedene Schwingungssysteme unterscheiden. Das eine wird durch die Ostsee ohne den Bottnischen Meerbusen gebildet, das andere umfaßt die gesamte Ostsee einschließlich des Bottnischen Meerbusens. Für das System „Westliche Ostsee – Finnischer Meerbusen" sind die Perioden der Seiches erster bis dritter Ordnung $T_1 = 27,7$ h, $T_2 = 23,8$ h und $T_3 = 13,4$ h, für die gesamte Ostsee erhält man $T_1 = 31,0$ h, $T_2 = 26,4$ h, $T_3 = 22,4$ h. Die Eigenperiode des Seiches zweiter Ordnung des Systems „Westliche Ostsee – Finnischer Meerbusen"

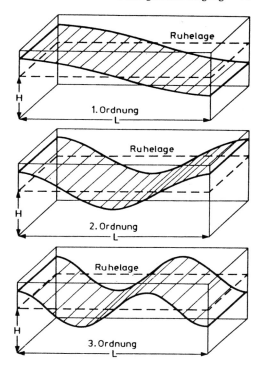

Abb. 31. Seiches 1. bis 3. Ordnung in einem rechteckigen Becken

liegt mit $T_2 = 23,8$ h der ganztägigen Gezeit sehr nahe. Dies ist der Grund für die regionale Verstärkung der Amplitude der ganztägigen Gezeit gegenüber dem Kattegat.

Eigenschwingungen der Ostsee können durch Luftdruckunterschiede und windbedingte Schrägstellung der Meeresoberfläche erzeugt werden. Dabei ist der Einfluß des Windes dominierend. Dieser übt auf die Meeresoberfläche eine Kraft aus, die als tangentiale Schubspannung des Windes bezeichnet wird und deren Betrag mit dem Quadrat der Windgeschwindigkeit anwächst. Dadurch tritt bei auflandigem Wind ein erhöhter Wasserstand an der Küste auf, der Windstau genannt wird, während ablandiger Wind zu einer Erniedrigung führt. Die Wasserstandsänderung ist dabei direkt proportional der Schubspannung und damit dem Quadrat der Windgeschwindigkeit sowie der Strecke, über die der Wind auf das Wasser einwirken kann (Wirklänge des Windes, englisch: fetch). Sie ist umgekehrt proportional der Wassertiefe. Nordost- und Südwestwinde finden in der Ostsee besonders große Wirklängen vor, an deren Enden relativ flache Gebiete liegen (Westliche Ostsee, Ostteil des Finnischen Meerbusens, Bottenwiek). Winde aus diesen Richtungen können daher in den genannten Gebieten besonders große Wasserstandsschwankungen hervorrufen. Die charakteristischen zeitlichen Änderungen der meteorologischen Felder erfolgen innerhalb von ein bis zwei Tagen. Die typische Abmessung der meteorologischen Drucksysteme beträgt rund 1000 km und ist damit von der gleichen Größe wie die Längsausdehnung der Ostsee. Die meteorologischen Kräfte regen daher vor allem Seiches erster Ordnung an. Aufgrund ihres zufälligen und intermittierenden zeitlichen Verlaufs werden diese Seiches jedoch nur ereignishaft angeregt. Die Schwankungen des Wasserstandes, die mit ihnen verbunden sind, können an den Enden der Schwingungssysteme bis zu 1 m betragen und sind meist nach wenigen Perioden abgeklungen. Der Wasserstand wird besonders hoch (Sturmflut), wenn der anregende Windstau über eine oder mehrere Perioden mit der Eigenfrequenz der Grundschwingung der Ostsee variiert.

Werden Wasserstandsschwankungen in einem Becken durch zeitlich variable Kräfte angeregt, die längere Zeitskalen haben als die erste Eigenperiode, reagiert das Becken auf diese Anregung quasistatisch. Dies ist z. B. der Fall, wenn eine langanhaltende Wasserstandserhöhung im Kattegat gegenüber dem Wasserstand in der Ostsee auftritt. Diese Wasserstandsdifferenz erzeugt einen in die Ostsee gerichteten Transport, der solange andauert, bis sich der Wasserstand dem des Kattegats angeglichen hat. Die damit verbundene Änderung des Wasservolumens pro Zeiteinheit ist gleich dem in diesem Intervall durch die Belte und den Sund transportierten Wasser, vermehrt um die Süßwassermenge, die der Ostsee pro Zeiteinheit durch die Flüsse sowie der aus der Differenz zwischen Niederschlag und Verdunstung über der gesamten Ostsee resultierenden Wassermengen zugeführt wird. Der räumlich gemittelte Wasserstand der Ostsee führt Schwankungen um annähernd ± 0,5 m in einem Zeitraum von 1 bis 2 Monaten aus. Diese Wasserstandsdifferenz von ungefähr einem Meter kann sich je nach Phasenlage verstärkend oder abschwächend auf die oben beschriebenen Sturmfluten auswirken.

Die charakteristische Zeit für den Ausgleich der Wasserstände von Kattegat und Ostsee wird bestimmt durch die Oberfläche der Ostsee und die Eigenschaften des dynamischen Prozesses, der bei gegebener Wasserstandsdifferenz den Wassertransport durch die dänischen Meerengen bestimmt. Wenn der Transport durch Kelvinwellen geregelt wird, beträgt die Ausgleichszeit ungefähr 12 Tage. Diese Zeit stimmt gut mit der von Lass u. Schwabe (1990) während des Salzwassereinbruchs 1975/1976 bestimmten Zeit überein. Um salz- und sauerstoffreiches Wasser aus dem Kattegat bis über die Darßer Schwelle zu transportieren, muß innerhalb der Ausgleichszeit ein Wasserteilchen durch die in der Beltsee herrschende mittlere Strömung über diese Strecke transportiert werden. Lass (1988) hat gezeigt, daß dazu im Kattegat eine mehr als 10tägige Wasserstandserhöhung von über 0,3 m erforderlich ist. Der Einstrom endet mit dem Ausgleich der Wasserstandsdifferenz zwischen Kattegat und Ostsee. Zieht man in Betracht, daß der Anstieg des Wasserstands im Kattegat durch starke Westwinde erzeugt wird, so ist zu verstehen, daß der Einstrom von salzreichem Wasser in die Ostsee ein seltenes Ereignis ist, da die erforderliche Andauer starker Westwinde nicht mit der typischen Zeitskale der über die Nord- und Ostsee ziehenden Sturmtiefs übereinstimmt.

Als **Seegang** werden kurzperiodische Wasserstandsschwankungen bezeichnet, die auf winderzeugten Oberflächenwellen in einem Periodenbereich von 0 bis etwa 30 Sekunden basieren. Die durch den Seegang geprägte Meeresoberfläche erscheint dem Betrachter als ein zufälliges Muster von Wellenbergen und -tälern, das wenig Ähnlichkeit mit regulären Wellenzügen hat, wie z. B. die von einem fahrenden Schiff erzeugten Bug- und Heckwellen. Die komplizierte Oberflächenstruktur der winderzeugten Wellen kann man aus der Überlagerung sinusförmiger Oberflächenwellen zufälliger Wellenhöhe H (senkrechter Höhenunterschied zwischen Wellenberg und Wellental) und einem begrenzten Intervall von Wellenlängen L (Abstand zwischen benachbarten Wellenbergen) sowie Perioden T (Zeitraum zwischen dem Durchgang zweier aufeinanderfolgender Wellenberge an einem festen Ort) mit zufälliger Phasenlage konstruieren. Dieses stochastische Gemisch sinusförmiger Wellen wird Wellenspektrum genannt. Die Zufälligkeit der Amplituden und Phasen der einzelnen Wellen des Spektrums erzeugt bei ihrer Überlagerung eine Oberflächenstruktur, die in ihren Einzelheiten nicht vorhersagbar ist. Die Wellenparameter der Komponenten des Seegangsspektrums haben jedoch determinierte Beziehungen zueinander, wie sie für reine Sinuswellen gelten. Dies ermöglicht statistische Aussagen über die Eigenschaften des Seegangs.

Die Beziehung zwischen der Phasengeschwindigkeit c = L/T, der Wellenzahl k = 2*pi/L und der Wassertiefe h ist die Dispersionsrelation

$$c^2 = g \, / \, k \tanh kh \qquad\qquad (6)$$

Für tiefes Wasser (kh $\gg$ 1) wird die Dispersionsbeziehung näherungsweise $c^2 = g \, / \, k$. Die Phasengeschwindigkeit der Tiefwasserwellen nimmt mit wachsender Wellenlänge zu. Bei einer Wellenlänge von 20 m beträgt c ungefähr 5 m/s. Im flachen Wasser (kh $\ll$ 1) geht die Dispersionsrelation in die der Flachwasserwellen $c^2 = g^{\cdot h}$ über. Flachwasserwellen breiten sich unabhängig von der Wellenlänge mit der gleichen Phasengeschwindigkeit aus, die mit abnehmender Wassertiefe geringer wird.

Ein an der Meeresoberfläche befindliches markiertes Wasserpartikel bewegt sich unter Einfluß eines sich ausbreitenden Wellenfeldes auf einer Kreisbahn, deren Durchmesser die Wellenhöhe H ist. Die Geschwindigkeit des Teilchens ist gleich dem Umfang des Kreises, dividiert durch die Wellenperiode. Bei Tiefwasserwellen nimmt der Radius des Kreises und damit die Partikelgeschwindigkeit exponentiell mit der Tiefe ab. In einer Wassertiefe, die der halben Wellenlänge entspricht, beträgt die Partikelgeschwindigkeit nur noch 4 % ihres Wertes an der Meeresoberfläche. Diese Tiefe wird näherungsweise als die untere Wirkungsgrenze der Oberflächenwellen angesehen. Bei Flachwasserwellen gehen die Bahnen der Wasserteilchen mit Annäherung an den Boden in Ellipsen über. Am Meeresboden ist die Bewegung rein horizontal. Die Partikelgeschwindigkeit der Flachwasserwellen ist am Boden im allgemeinen so groß, daß Sediment aufgewirbelt werden kann und an Bodenunebenheiten Turbulenzen entstehen. Dabei wird der Welle Energie entzogen und die entsprechende spektrale Komponente des Seegangs gedämpft.

Der Mechanismus der Anregung des Seegangs durch den Wind ist in seinen Grundzügen bekannt. Danach verursachen turbulente Druckschwankungen des Windfeldes anfänglich kleine Auslenkungen der Meeresoberfläche, die sich vom Ort ihrer Entstehung als Wellen ausbreiten. Diese werden dadurch verstärkt, daß der relativ zur Oberfläche einer propagierenden Welle wehende Wind durch Unterdruck über dem Wellenkamm und Überdruck im Bereich des Wellentals die Amplitude der Welle vergrößert. Nichtlineare Wechselwirkung zwischen den verschiedenen Teilen des Wellenspektrums führt dem niederfrequenten Bereich Energie aus dem hochfrequenten Bereich des Spektrums zu. Dieser Mechanismus bewirkt ein Anwachsen der Wellenamplitude und eine Verbreiterung des Spektrums mit der Wirkungsdauer des Windes. Eine Welle kann nur anwachsen, bis die Wellenhöhe ein Siebtel ihrer Länge beträgt. Dann wird sie instabil und bricht, wobei die überschüssige Energie in Form von Turbulenz der Deckschicht des Meeres zugeführt wird. In diesem Fall bezeichnet man die spektrale Komponente des Seegangs als gesättigt. Da die Phasengeschwindigkeit der Tiefwasserwellen mit zunehmender Periode wächst, gibt es eine Periode im Wellenspektrum, deren Phasengeschwindigkeit gleich der Windgeschwindigkeit ist. Wellen mit dieser und größerer Periode können keine Energie aus dem Wind extrahieren. Bei einer gegebenen Windgeschwindigkeit sind die Perioden und Wellenlängen des Windwellenspektrums daher nach oben begrenzt. Sie verschieben sich jedoch mit zunehmender Windstärke zu größeren Werten. Die Windwellen mit maximaler Periode benötigen zum Auswachsen eine immer längere Wirkungsdauer und Streichlänge des Windes.

Der Seegang in den tiefen Bereichen der Ostsee wird neben der Windgeschwindigkeit vor allem durch die Wirkungsdauer des Windes oder seine Streichlänge begrenzt. In der zentralen Ostsee sind bei einer maximalen Streichlänge von 300 sm 7 Bft die höchste Windstärke, deren Seegang in 24 h noch ausreifen kann.

In den flacheren Teilen der Ostsee, der Beltsee, wird das Seegangsspektrum zusätzlich dadurch begrenzt, daß die Wellen mit einer Länge von mehr als dem Doppelten der Wassertiefe durch Bodenreibung eliminiert werden. Der Seegang erscheint in diesen Gebieten daher kürzer und niedriger als im tiefen Wasser. Die meßbaren Eigenschaften des Seeganges werden durch statistische Parameter beschrieben. Die mittlere Höhe des ausgereiften Seegangs in der zentralen Ostsee beträgt 4,5 m, die entsprechende Wellenlänge 80 m und ihre Periode 8,7 s. Angaben über mittlere und extreme Seegangsparameter für die westliche Ostsee findet man im Ostsee-Handbuch IV. Teil 1967 des Deutschen Hydrographischen Instituts in Hamburg und bei Bruns (1955). Wellenhöhen des ausgereiften Seegangs in der südlichen Ostsee sind für verschiedene Windgeschwindigkeiten und -richtungen in einem Wellenatlas (Anonym 1979) angegeben.

4.4 Temperatur, Salzgehalt und Dichte

WOLFGANG MATTHÄUS

Die Temperatur- und Salzgehaltsverteilung und damit die Dichteverhältnisse werden einerseits durch die beträchtliche Flußwasserzufuhr infolge der geographischen Lage der Ostsee im Übergangsgebiet zwischen ozeanischem und kontinentalem Klima der gemäßigten Breiten und andererseits durch den stark eingeschränkten Wasseraustausch mit dem offenen Ozean bestimmt (s. Kap. 4.1).

Die Flußwasserzufuhr ist verantwortlich für die positive Wasserbilanz der Ostsee (s. Kap. 4.2). Aus diesem Überschuß entsteht ein Oberflächen- und damit Druckgefälle zu den Ostseeausgängen, das im langzeitigen Mittel zu einem Ostsee-auswärts gerichteten Strom von salzärmerem Wasser in der Oberflächenschicht führt. Da die vertikal gemittelte Dichte des Ostseewassers kleiner als diejenige des Kattegatwassers ist, verursacht dieses Ostsee-einwärts gerichtete Druckgefälle in der Tiefe einen salzreichen Kompensationsstrom, der um so kräftiger ausgebildet ist, je stärker der Ausstrom in der Deckschicht ist. Das über die Belte und den Sund in die Ostsee gelangende salzreichere Wasser breitet sich entsprechend seiner Dichte in den tieferen Wasserschichten aus. Da beide Wasserarten im allgemeinen auch unterschiedliche Temperaturen aufweisen, existiert ganzjährig eine stabile thermohaline Schichtung, die durch einen als Sprungschicht bezeichneten Dichteübergang die Wassersäule in spezifisch leichteres salzärmeres Oberflächen- und schweres salzreicheres Tiefenwasser trennt. Diese charakteristischen Wassermassen haben unterschiedliche physikalische und chemische Eigenschaften.

Die **thermohaline Schichtung** des Ostseewassers unterliegt räumlichen und zeitlichen Veränderungen (Dietrich 1950; Matthäus 1977; Franck 1985). Im Winter ist im allgemeinen eine einfache Schichtung vorhanden, wobei die permanente Sprungschicht das salzarme kalte Winterwasser vom salzreicheren wärmeren Tiefenwasser trennt (Abb. 32). In den flachen westlichen Teilgebieten ist eine Schichtung im Wechsel mit homogenen Verhältnissen zu erwarten. In den flachen Randgebieten der zentralen Ostsee besteht dagegen kaum eine Schichtung. Mit fortschreitender Erwärmung des Oberflächenwassers im Frühjahr entwickelt sich in 20 bis 30 m Tiefe eine weitere scharfe Sperrschicht, die das warme Deckschichtwasser vom kalten Zwischenwasser trennt, in dem die winterlichen Temperaturen bis zum Einsetzen der Konvektion im Herbst konserviert bleiben.

Im Bornholm- und Gotlandbecken lagert unterhalb der sommerlichen Deckschicht ständig das kalte Zwischenwasser. Unter der permanenten Sprungschicht nehmen Temperatur und Salzgehalt im allgemeinen mit der Tiefe zu. Die kompliziertesten Schichtungsverhältnisse besitzt das Arkonabecken. Das im Winter gebildete Zwischenwasser vermischt sich bereits im späten Frühjahr mit dem umgebenden Wasser. Der zeitweilig im Sommer zu beobachtende Kaltwasserkörper gelangt durch Schwingungsvorgänge aus dem Bornholm- ins Arkonabecken. Unterhalb der salzarmen Deckschicht bzw. des Zwischenwassers sind häufig zeitlich und räumlich begrenzte Einschübe schmaler wärmerer Wasserkörper zu beobachten, die aus der Beltsee über die Darßer Schwelle vordringen. Diese Warmwasserintrusionen mit nur geringen vertikalen Mächtigkeiten lagern sich entsprechend ihrer Dichte innerhalb der Salzgehalts- und Dichtesprungschicht untereinander und können mehrere intermediäre Temperaturmaxima und -minima verursachen. Sie können bis ins Bornholmbecken vordringen und schichten sich dort entsprechend ihrer Dichte ein.

Der generellen Schichtungsstruktur ist eine Mikrostruktur im Dezimeter- bis Millimeterbereich überlagert, die vor allem durch dynamische Vorgänge im Wasserkörper, insbesondere im Bereich der Sprungschichten, erzeugt wird. Während die mittleren vertikalen Gradienten von Temperatur und Salzgehalt in der thermohalinen Sprungschicht im allgemeinen wenige K/m bzw. ‰/m betragen, wurden im Mikrostrukturbereich der sommerlichen Sprungschichten der Belt- und Arkonasee Gradienten von mehr als 100 K/m bzw. ‰/m festgestellt (Prandke u. Stips 1990). In der zentralen Ostsee sind diese Gradienten jedoch eine Größenordnung geringer.

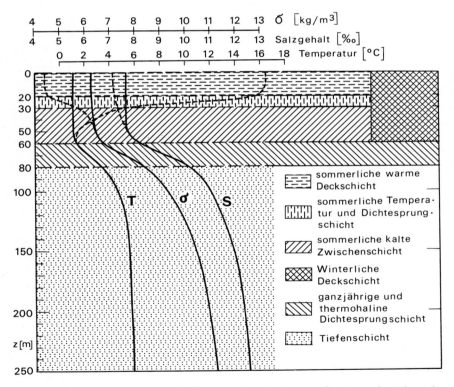

Abb. 32. Typische thermohaline Schichtungsstruktur in der zentralen Ostsee im Winter (ausgezogen) und im Sommer (teilweise gerissen)

Das **Oberflächenwasser** ist annähernd homohalin und hat im Mittel einen Salzgehalt von etwa 25 bis 15 ‰ an den Ostseeausgängen und in der Beltsee und von 8 bis 6 ‰ in der zentralen Ostsee, der zu den inneren Teilen des Finnischen und Bottnischen Meerbusens auf weniger als 2 ‰ zurückgeht. Für detaillierte Angaben zu Horizontalverteilungen von Temperatur, Salzgehalt und Dichte wird auf die Atlanten von Lenz (1971) und Bock (1971) verwiesen. Die Mächtigkeit der nahezu homohalinen Schicht nimmt von 25 bis 30 m im Arkonabecken auf 50 bis 60 m im östlichen Gotlandbecken zu, unterliegt jedoch zeitlichen Variationen.

Das Oberflächenwasser weist charakteristische *Jahresgänge* von Temperatur (Abb. 33) und Salzgehalt auf, die von der Meeresoberfläche ausgehen und durch den jährlichen Gang einer Reihe meteorologischer Elemente bestimmt werden. Der im wesentlichen durch Sonneneinstrahlung und Luft-

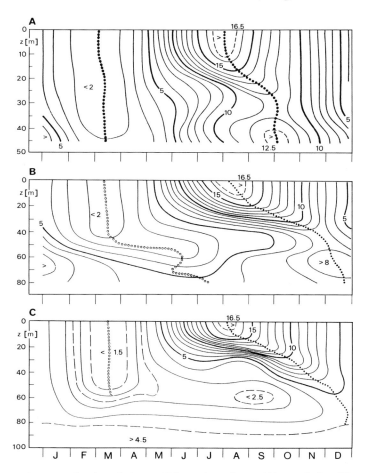

Abb. 33A–C. Mittlerer Jahresgang der thermischen Schichtung im Arkona- (**A**), Bornholm- (**B**) und östlichen Gotlandbecken (**C**) in °C. (Nach Matthäus 1977)

temperatur hervorgerufene Temperaturgang im Wasser (mittlere Jahresschwankung an der Oberfläche 15 bis 16 °C) beeinflußt eine Reihe weiterer Parameter wie z. B. die Dichte (mittlere Jahresschwankung an der Oberfläche der zentralen Ostsee: 1,8 σ-Einheiten), die je nach dem Grad der Abhängigkeit von der Temperatur entsprechende periodische Variationen zeigen.

Der Jahresgang des Salzgehaltes, der durch die jahreszeitliche Änderung der Festlandsabflüsse, der Bildung und des Schmelzens des Eises sowie der Verdunstung und des Niederschlags geprägt wird, weist mit 0,2 bis 0,8 ‰ in der Oberflächenschicht der zentralen Ostsee nur eine geringe Jahresschwankung auf. Diese zeitlichen Variationen erfassen in regional verschiedenem Maße je nach Konvektion, Turbulenz und advektivem Austausch die tieferen Wasserschichten bis zur Salzgehaltssprungschicht und bestimmen so den jahreszeitlichen Gang im thermohalinen Aufbau des Oberflächenwassers. In der Beltsee und im Kattegat erreicht die Jahresschwankung mit 3 bis 6 ‰ deutlich größere Werte (Dietrich 1950; Schott 1966).

Neben den meist dominierenden Jahresgängen treten auch *zwischenjährliche Schwankungen* auf, die eng mit den Veränderungen im Witterungscharakter von Jahr zu Jahr verbunden sind. Durch den Tagesgang der Strahlung werden in Oberflächennähe *Tagesgänge* der Temperatur verursacht, die je nach Konvektion infolge der Abkühlung in den Nachtstunden auch tiefere Schichten erreichen können. *Schwankungen in der Zeitskale von Wochen und Tagen* sind z. B. in der Temperatur zu beobachten, die mit einer Verzögerung von wenigen Tagen der Lufttemperatur folgt. Innerhalb weniger Tage können im zentralen Arkonabecken Temperaturschwankungen bis 10 K im Bereich des kalten Zwischenwassers und Salzgehaltsänderungen von 3 ‰ in der Salzgehaltssprungschicht und in Grundnähe auftreten. Starke Stürme können in der offenen Ostsee innerhalb weniger Tage eine Verlagerung der thermischen Sprungschicht in größere Tiefen hervorrufen (Krauss 1981). Im Übergangsgebiet zur Nordsee werden Salzgehaltsvariationen in diesem Zeitbereich durch die Verlagerungen der Salzgehaltsfronten hervorgerufen. Kurzzeitige *Fluktuationen im Bereich von Stunden und Minuten* sind Auswirkungen der internen Dynamik der Ostsee (Eigenschwingungen, interne Wellen, Wirbel, Auftrieb) und von Wasseraustauschprozessen zwischen den Becken. Am Südwestrand des Arkonabeckens wurden beispielsweise Temperaturfluktuationen bis 10 K in 2 Stunden beobachtet. Auch in der zentralen Ostsee können erhebliche Variationen in der thermischen Schichtung auftreten.

Gegenüber anderen Meeren ist die vertikale und horizontale Durchmischung der Ostsee auch wegen der fehlenden Gezeitenströme erschwert. Die im Herbst und Winter mit der Abkühlung der oberflächennahen Schichten einsetzende Konvektion sowie die Durchmischung infolge des Seegangs, die durch die regelmäßige Vereisung in den nördlichen und östlichen Teilgebieten der Ostsee (s. Kap. 4.5) zusätzlich behindert wird, reichen nur bis in den Bereich oberhalb der halinen Sprungschicht. Das salzreiche aber sauerstoffarme Tiefenwasser ist weitgehend vom Austausch mit dem gut durchlüfteten Oberflächenwasser ausgeschlossen.

Da die Vertikalzirkulation infolge der stabilen Dichteschichtung eingeschränkt und der Austausch durch die permanente Sprungschicht ganzjährig weitgehend unterbunden ist, werden die Variationen im **Tiefenwasser** im wesentlichen durch advektive Prozesse hervorgerufen. Aber auch die Horizontalzirkulation ist im Tiefenwasser durch die kaskadenförmig angeordnete Beckenstruktur der Ostsee behindert. Das bei gewöhnlichen Einstromlagen häufiger hervorgerufene und in kleinen Mengen vor sich gehende schubweise Eindringen salzreichen Wassers in die Ostsee – als Intrusion bezeichnet – ist daher nur regional begrenzt von Bedeutung. Länger andauernde Einstromlagen können in *Salzwassereinbrüchen* kulminieren, bei denen unter spezifischen meteorologischen und ozeanographischen Bedingungen große Wassermengen hohen Salzgehaltes (bis 230 km³, 17 bis 25 ‰) über die Darßer und Drogden-Schwelle in die Ostsee gelangen (Matthäus u. Franck 1992) und zur Umschichtung und Erneuerung des Tiefenwassers in den einzelnen Becken führen.

Bis Mitte der 70er Jahre traten Salzwassereinbrüche relativ häufig auf. Seitdem ist ihre Häufigkeit und Intensität erheblich zurückgegangen, und zwischen 1983 und Anfang 1993 hat es überhaupt keine derartigen Ereignisse gegeben, was auch für die chemisch-biologischen Bedingungen in der Ostsee unterhalb der permanenten Sprungschicht erhebliche Konsequenzen hatte. Die Ursachen für das Ausbleiben von Salzwassereinbrüchen sind in langfristigen Variationen der atmosphärischen Zirkulation im atlantisch-europäischen Raum zu suchen.

Die Ausbreitung des salzreichen Tiefenwassers erfolgt auf dem Talweg durch die Ostsee über das Bornholmsgat und entgegen dem Uhrzeigersinn um die Insel Gotland, wird aber durch das Bodenrelief verzögert. Die Ausbreitungsgeschwindigkeit ist außerdem von der Dichte und Menge des eingeströmten Wassers und den Bedingungen in den einzelnen Tiefenbecken abhängig, so daß die zeitliche Verschiebung zwischen den Salzwassereinbrüchen in die Ostsee und ihre Auswirkungen in den zentralen Becken einige Monate bis über ein Jahr betragen kann. Etwa 73 % des gesamten Wasseraustausches erfolgt über die Darßer Schwelle, so daß ihr eine Schlüsselstellung für die Beurteilung der Bedingungen im Tiefenwasser der zentralen Ostsee und ihrer zeitlichen und räumlichen Veränderungen zukommt.

Arkona- und Bornholmbecken liegen relativ nahe am flachen Übergangsgebiet zwischen Nord- und Ostsee. Deshalb zeigt deren Tiefenwasser im wesentlichen advektiv bedingte *Jahresgänge* von Temperatur (Matthäus 1977) und Salzgehalt (Franck 1985). Im Tiefenwasser der zentralen Ostsee fehlen jedoch jahreszeitliche Variationen (vgl. Abb. 33). Hier werden die Veränderungen durch den Wechsel zwischen den Umschichtungen nach Salzwassereinbrüchen und den *Stagnationsperioden,* wie sie für weitgehend gegen das offene Weltmeer abgeschlossene Seegebiete mit starker Dichteschichtung typisch sind, geprägt (vgl. Abb. 34). Im Verlaufe von Stagnationsperioden gehen Salzgehalt und Dichte im Tiefenwasser stets zurück. Die Tem-

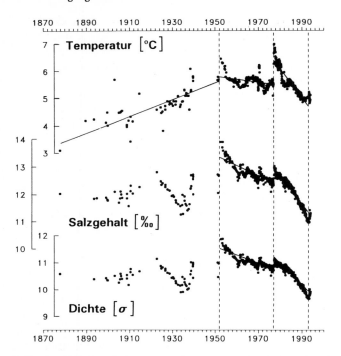

Abb. 34. Langzeitvariationen von Temperatur, Salzgehalt und Dichte im 200-m-Horizont des Gotlandtiefs. (Nach Matthäus 1990a, ergänzt)

peratur kann sowohl rückläufig sein als auch ansteigen, je nachdem, zu welcher Jahreszeit der Salzwassereinbruch erfolgt ist.

Aus Untersuchungen an Sedimenten ist bekannt, daß die Ostsee in ihrer Entwicklungsgeschichte wechselnd limnische und marine Bedingungen mit allen Übergangsstufen aufwies (s. Kap. 3.1). Im Laufe der Jahrtausende sind daher erhebliche Schwankungen in der Temperatur und im Salzgehalt der Ostsee aufgetreten. Erst mit Beginn regulärer Messungen seit Ende des letzten Jahrhunderts sind exaktere Aussagen über **Langzeitveränderungen** möglich. Dabei werden Temperatur und Salzgehalt in erster Linie durch die großräumigen klimatischen Veränderungen beeinflußt.

Seit Beginn dieses Jahrhunderts bis Ende der 70er Jahre wies der Salzgehalt im Oberflächenwasser im Mittel einen signifikanten positiven Trend auf. Auch im Tiefenwasser der zentralen Ostsee wurde eine von der Tiefe abhängige, regional unterschiedliche signifikante Zunahme von Temperatur, Salzgehalt und Dichte beobachtet. Diesen säkularen Trends waren Variationen mit kürzeren Perioden überlagert (Abb. 34), wobei für den Zeitraum von 1952 bis in die 70er Jahre für diese Größen meist ein signifikanter Rückgang festgestellt wurde. Trendanalysen der Stabilität der Schichtung bestätigen für das gesamte Tiefenwasser eine beträchtliche Abnahme seit

1952. Auch die Stabilität der Sprungschicht weist seit 1952 einen signifikanten Rückgang auf, so daß der Austausch zwischen Oberflächen- und Tiefenwasser im Mittel erleichtert wurde.

Der Salzwassereinbruch im Januar 1993 unterbrach die längste und in ihren Veränderungen gravierendste Stagnationsperiode, die bisher in der Ostsee beobachtet wurde (Matthäus 1990a). Im Tiefenwasser des östlichen Gotlandbeckens wurde während dieser Stagnationsperiode ein drastischer Rückgang von Temperatur, Salzgehalt und Dichte festgestellt. Zu Beginn der Stagnation wurden mit mehr als 8 ‰ die höchsten Oberflächensalzgehalte und in Grundnähe mit 7,4 °C die höchsten Temperaturen gemessen. Die Anfang 193 im Bodenwasser des Gotlandtiefs beobachteten Salzgehalte und Dichten (11,1 ‰ bzw. 9,7 σ-Einheiten) waren die niedrigsten in diesem Seegebiet seit Beginn der Messungen. Im Verlaufe der Stagnationsperiode kam es im Oberflächensalzgehalt zu einem Rückgang von etwa 1 ‰ und im 200-m-Horizont des Gotlandtiefs zu einem Rückgang der Temperatur um etwa 2 °C, des Salzgehaltes um 2 ‰ und der Dichte um 1,5 σ-Einheiten.

4.5 Eisverhältnisse

Klaus Strübing

Die **saisonale Vereisung** der Ostsee wirkt in erheblichem Maße auf menschliche Aktivitäten ein. In einem bis zu siebenmonatigen Zeitraum (November bis Mai) werden Küsten- und Seeverkehr, Fischerei und Off-shore-Arbeiten behindert, eingeschränkt oder gefährdet. Eine wesentliche Rolle spielt sie auch im Rahmen der Wechselwirkungsprozesse Atmosphäre – Meeresoberfläche. Gerade die winterkalten Meeresräume der gemäßigten Breiten mit saisonaler Eisbedeckung werden wegen ihres starken Verkehrsaufkommens besonders durch die Eisbildung betroffen. So können in strengeren Wintern (wie zuletzt 1986/87) mehr als 15 000 Schiffsbewegungen durch das Eis negativ beeinflußt werden. Zeitweise sind dann 20 bis 25 leistungsstarke Eisbrecher im Einsatz, um die eisbedingten Behinderungen so gering wie möglich zu halten und eine durchgehende Winterschiffahrt zumindest für hinreichend leistungsstarke und eisverstärkte Handels- und Fährschiffe zu gewährleisten.

Aufgrund der Auswirkungen der Eisverhältnisse für die Schiffahrt hat man schon frühzeitig von seiten der Anliegerstaaten Eisdienste eingerichtet, die jeweils ein umfangreiches Netz von Beobachtungsstationen aufgebaut haben. So werden an zahlreichen deutschen Küstenstationen seit dem Winter 1896/97 regelmäßig **Eisbeobachtungen** durchgeführt. Sie sind wesentlicher Bestandteil des seit 1922 erscheinenden „Eisberichts", des Amtsblattes des Bundesamtes für Seeschiffahrt und Hydrographie (BSH). Diese Eisbeobachtungen, die seit 1928 in dem zwischen den Ostseeanrainern vereinbarten Baltic Ice Code (in letzter Fassung ab 1981/82 gültig) international einheitlich erfolgen, bilden die Grundlage für alle statistischen Untersuchungen der

Eisbedeckung. Dazu gehören z. B. die Tabellen in den Seehandbüchern des BSH über das Eisvorkommen in den Ostseehäfen und ihren Zufahrten (BSH 1991a) ebenso wie die Zusammenfassungen der Beobachtungen in Saison-übersichten, für 30jährige Normalperioden oder andere vergleichbare Zeit-abschnitte (BSH 1991b, 1994; Seinä u. Peltola 1991; Westring 1993) sowie in neueren Eisatlanten (SMHI u. FIMR 1982; FIMR 1988). Eine Auswahl von Eisangaben enthält die Tabelle 5.

Die Eisverhältnisse in Randgebieten des Eisvorkommens wie der Ostsee zeichnen sich durch eine große zeitliche und räumliche Veränderlichkeit der Intensität der Eiswinter von Jahr zu Jahr aus, wie sie in Abb. 35 deutlich wird. In extrem starken Eiswintern wie z. B. 1946/47 kann kurzfristig die ge-samte Wasserfläche der Ostsee von 415 000 km^2 eisbedeckt sein, während in sehr schwachen Wintern wie zuletzt 1988/89 und 1991/92 nur maximal 50 000 bis 55 000 km^2 (etwa 12,5 %) eisbedeckt sind (vgl. Abb. 36). Diese Veränderlichkeit ist größtenteils von meteorologischen Faktoren abhängig und erschwert entsprechend Mittel- und Langfristprognosen erheblich. Der Verlauf und die Stärke der Vereisung wird wesentlich von der Häufigkeit und Andauer der verschiedenen Großwetterlagen gesteuert, unter denen generell die Eisbildung hemmende (Westlagen) und fördernde Typen (Ost-lagen) zu unterscheiden sind. Zu den letzteren gehören die stationären Hochdrucklagen mit den Kernen über dem Nordmeer, Fennoskandien und über Rußland. Oceanographische Faktoren wie die Oberflächentemperatur oder der Wärmeinhalt der Wassersäule können zwar auf die Eisbildung modifizierend wirken, indem sie z. B. nach einem zu warmen Herbst die

Tabelle 5. Eisvorkommen in der Ostsee (Beobachtungsperiode 1960/61 bis 1989/90). Die Daten beziehen sich auf die Jahre mit Eis in der 30jährigen Periode

Beobachtungs-gebiet	Winter mit Eis		Beginn der Vereisung			Ende der Vereisung			Anzahl der Tage mit Eis		
	A	%	früh.	mittl.	spät.	früh.	mittl.	spät.	min.	mittl.	max.
Skagen, See	11	37	3. 1.	24. 1.	20. 2.	10. 1.	5. 3.	26. 3.	2	15	30
Bülk, See	10	33	9. 1.	21. 1.	22. 2.	26. 1.	5. 3.	28. 3.	1	31	78
Warnemünde, See	13	43	25. 12.	11. 1.	17. 2.	5. 1.	3. 3.	27. 3.	1	25	66
Stralsund, Hafen	24	80	23. 11.	3. 1.	24. 2.	28. 1.	9. 3.	12. 4.	1	54	110
Rönne, Fahrwasser	8	27	21. 1.	10. 2.	22. 2.	25. 1.	18. 3.	29. 3.	5	25	39
Swinoujście, See	21	70	17. 12.	12. 1.	3. 3.	2. 1.	3. 3.	6. 4.	1	28	85
Gdynia, See	21	70	18. 12.	14. 1.	3. 3.	3. 1.	10. 3.	6. 4.	2	23	68
Riga – Mersrags	25	83	18. 12.	16. 1.	23. 3.	10. 3.	12. 4.	9. 5.	1	67	123
Hanko, Hafen	29	97	9. 12.	7. 1.	7. 2.	29. 12.	12. 4.	3. 5.	1	71	124
Helsinki, Hafen	30	100	22. 11.	18. 12.	1. 2.	13. 2.	21. 4.	8. 5.	30	106	148
Helsinki-Lcht.Tm.	27	90	12. 12.	16. 1.	19. 2.	21. 3.	17. 4.	16. 5.	36	70	120
Kronstadtbucht	30	100	5. 11.	27. 11.	2. 1.	19. 3.	20. 4.	15. 5.	95	140	173
Märket (Ålandsee)	22	73	31. 12.	31. 1.	3. 3.	20. 2.	2. 4.	23. 5.	4	48	121
Umeå, Hafen	30	100	14. 11.	14. 12.	27. 2.	17. 2.	18. 4.	13. 5.	20	125	160
Nordvalen (See)	30	100	29. 11.	29. 12.	12. 2.	17. 2.	8. 5.	2. 6.	35	135	170
Luleå, Hafen	30	100	30. 10.	24. 11.	19. 12.	3. 5.	13. 5.	23. 5.	150	175	195
Oulu, Hafen	30	100	15. 10.	5. 11.	2. 12.	19. 4.	5. 5.	29. 5.	150	175	210
Malören (See)	30	100	2. 11.	6. 12.	22. 1.	5. 5.	25. 5.	6. 6.	117	163	202
Kemi, Hafen	30	100	15. 10.	3. 11.	20. 11.	6. 5.	16. 5.	31. 5.	171	189	207

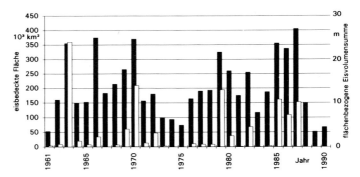

Abb. 35. ■ Eisbedeckte Fläche (10^3 km^2) im gesamten Ostseeraum zum Zeitpunkt der maximalen Eisausdehnung (nach Seinä u. Peltola 1991) sowie □ die flächenbezogene Eisvolumensumme (m) für die deutsche Ostseeküste in der Klimaperiode 1961 bis 1990. (Nach Koslowski 1989; Koslowski u. Löwe 1994)

Eisbildung regional verzögern, prägend sind sie wegen der geringen Wassertiefen und damit des eingeschränkten Wärmeinhalts der Ostsee jedoch nicht.

Langanhaltende Kaltlufteinbrüche kühlen das Wasser ab, bis im Küstengebiet und anschließend je nach Stärke und Länge der Frostperiode in den angrenzenden Seegebieten und zuletzt auch auf offener See das erste Eis entsteht. Die sog. Eisvorbereitungszeit ist durch die Zahl aufeinanderfolgender Tage mit negativen Tagesmitteln der Lufttemperatur definiert, die der Eisbildung vorausgehen. Palosuo (1979) hat darüber hinaus für bestimmte Seegebiete die Kältesumme (Summe der negativen Tagesmitteltemperaturen < −1 °C) bestimmt, die sich bis zum Einsetzen des Gefrierprozesses akkumuliert haben muß. Mit Hilfe dieser Daten wurde versucht, den Beginn der **Eisbildung** vorherzusagen. Diese Verfahren können jedoch nur mittlere Angaben mit ziemlich großer Schwankungsbreite liefern, da die Länge der Abkühlungsperiode der Wassersäule bis zur Eisbildung u. a. nicht nur von der Dauer und Intensität der Frostperiode abhängt, sondern auch stark von den Windverhältnissen und der Luftfeuchtigkeit sowie vor allem von der Wassertemperatur zu Beginn einer Frostperiode bestimmt wird. Diesen Zusammenhängen versuchen die modernen thermodynamischen Untersuchungen und Eisvorhersagemodelle gerecht zu werden. Die Einrichtung hydrometeorologischer Meßnetzstationen sowie die Ergebnisse meteorologischer und ozeanographischer Modelle liefern hierfür wertvolle Eingangsdaten.

Tabelle 5 zeigt, daß die Eisbildung im Mittel etwa Anfang November an der Nordküste der Bottenwiek und Ende des Monats im östlichsten Teil des Finnischen Meerbusens beginnt. Die frühesten Termine können jeweils zwei bis drei Wochen davor liegen. Die Bottenwiek ist in der Regel in der letzten Januardekade vollständig mit dauerhaftem Eis bedeckt. Wie die Abb. 36 zeigt, tritt im Nordteil des Bottnischen Meerbusens und im östlichen Finni-

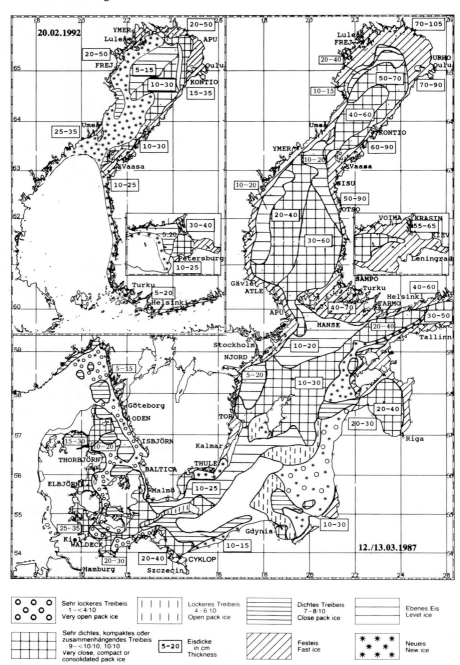

Abb. 36. Eisverhältnisse zum Zeitpunkt der maximalen Eisausdehnung in einem sehr starken Eiswinter (12./13. 3. 1987) sowie in einem sehr schwachen Eiswinter (20. 2. 1992). (Nach Eiskarten des BSH)

schen Meerbusen jedes Jahr Eis auf. Dies ist sonst nur noch in den Küstengewässern südwärts bis etwa 57°30' N sowie im Kurischen und Frischen Haff der Fall. In durchschnittlichen Jahren ist zum Zeitpunkt der maximalen Eisausdehnung, der vorwiegend zwischen dem 10. Februar und dem 20. März liegt, der nördliche Ostseeraum inklusive des Rigaischen Meerbusens vollständig eisbedeckt. Der südliche Eisrand verläuft dann in der Nördlichen Ostsee auf etwa 59° N und erstreckt sich entlang den Küsten weiter südwärts. In den übrigen Gebieten des Ostseeraumes ist zumindest zeitweise eine Küstenvereisung ausgebildet. Nur in strengen Wintern wie zuletzt 1962/63, 1969/70, 1978/79 sowie 1984/85 bis 1986/87 kommt es dort auch über mehrere Wochen hinweg zu einer Eisbedeckung der Seegebiete. Hierbei ist zu beachten, daß die Vereisung in diesen Fällen von Norden nach Süden sowie aus den westlichen Seegebieten (Kattegat, Beltsee, Westliche Ostsee) nach Osten fortschreitet. Der Wärmevorrat der südöstlichen Ostsee ist am größten und wird somit zuletzt aufgebraucht, so daß dieses Seegebiet nur selten vereist.

Das **Ende der Vereisung** wird vom Verlauf des Schmelzvorgangs im Frühjahr bestimmt, bei dem die rasch zunehmende Sonneneinstrahlung die entscheidende Rolle spielt. Sturmperioden, die zum Eisaufbruch und der Drift von Eisfeldern führen, können den Vorgang beschleunigen, an den Luvküsten jedoch durch Eispressungen vorübergehend noch zu einer Verschlechterung der Eislage führen. In der Bottensee und im Finnischen Meerbusen ist das Eis durchschnittlich Mitte April abgeschmolzen, die Bottenwiek wird erst in der zweiten Maihälfte vollständig eisfrei, in strengeren Wintern auch erst Anfang Juni. Die mittlere Anzahl der Tage mit Eis beträgt 190 in der nördlichsten Bottenwiek und bis zu 140 im östlichen Finnischen Meerbusen. Dagegen sind es im Bereich der westlichen Ostsee nur bis zu etwa 30 Tage. Die Unterschiede zwischen den Extremwerten sind teilweise beträchtlich, und zwar überwiegend in Gebieten mit geringerer Eishäufigkeit (vgl. Tabelle 5).

Das Eis des (nördlichen) Ostseeraumes entspricht in seiner Beschaffenheit nicht dem Meereis, wie es sich im offenen Ozean mit Salzgehalten über 32 ‰ bildet. Wegen des geringen Salzgehalts im Bottnischen und Finnischen Meerbusen (< 6 ‰) werden dort beim ungestörten Gefrierprozeß nur geringe Mengen Salzlauge zwischen den Eiskristallen eingelagert, so daß das Eis meist klar und hart ist. Von großer Bedeutung ist die Schneedecke, die das Eis bedeckt. Sie kann zum einen als Wärmeisolator wirken und damit die Zunahme der Eisdicke einschränken, zum andern bildet sie aber bei Durchfeuchtung und Gefrieren eine zusätzliche Eisschicht. Das Maximum der Eisdicke tritt meist im März ein. Nach Leppäranta u. Seinä (1985) erreicht das ebene Schärenfesteis an der Nordküste der Bottenwiek im Mittel 80 cm, maximal 120 cm, in den Kvarken werden im Mittel etwa 50 cm erreicht, im Schärenmeer 40 cm und im Finnischen Meerbusen 40 bis 70 cm. In der westlichen Ostsee sind nur in den extrem strengen Wintern Dicken von 50 bis 70 cm beobachtet worden. Die Eiskarten in Abb. 36 enthalten weitere Angaben für die extremen Wintertypen. Preßeisrücken, die für die

Passierbarkeit der Schiffsrouten entscheidend sind, erreichen auf See Segelhöhen von maximal 3 bis 4 m, während ihr Unterwasserteil, der Kiel, das 5- bis 7fache davon betragen kann.

In der Vergangenheit haben sehr eisreiche Winter wie 1923/24, 1928/29, 1939/40, 1941/42, 1946/47, 1955/56 und 1962/63 im Bereich der westlichen Ostsee immer zur zeitweisen Unterbrechung der Schiffahrt geführt. Im Nordteil des Bottnischen Meerbusens wurden die Häfen noch bis zur schweren Saison 1969/70 in jedem Winter für mehrere Monate geschlossen. Der Ausbau der Eisbrecherflotten sowie die zunehmende Anzahl von eisverstärkten Fähr- und Handelsschiffen mit hoher Maschinenleistung haben die Auswirkungen der späteren starken Eiswinter (1978/79, 1984/85 bis 1986/87 – vgl. Abb. 35) inzwischen deutlich verringert. Hinzu kommen bessere Beobachtungsmethoden wie die Verwendung von Satellitendaten, die die notwendigen Eisinformationen für den optimalen Einsatz der Eisbrecher erheblich verbessern (Strübing 1978, 1990).

Außergewöhnliche Umstände können jedoch weiterhin – wie z. B. im Winter 1978/79 – zu kurzfristigen Blockierungen der inneren Kieler Bucht einschließlich des Nord-Ostsee-Kanals führen, auch für große eisverstärkte (Fähr-)Schiffe. Mit dem vom 13. bis 15. Februar 1979 dauernden schweren Schneesturm wurde das an den Küsten und auf See bereits vorhandene 20 bis 30 cm dicke Treibeis zusammen mit den Schneemassen, die sich in dem kalten Seewasser nicht mehr auflösten, an den Küsten und in den Förden zu einem breiten Gürtel aus 3 bis 4 m dickem Eis (sog. festgestampften Eis, jammend brash barrier) zusammengepreßt. Etwa 100 Seeschiffe waren darin innerhalb kürzester Zeit eingeschlossen und weitere im Kanal blockiert, da sich die Schleusentore in Kiel-Holtenau zeitweise nicht öffnen ließen. Der Verkehr ruhte für nahezu eine Woche.

5 Chemie

Jan C. Duinker

Hauptziele der meereschemischen Forschung sind die Analyse der Konzentrationen sowie die Untersuchung der Reaktionen von im Meerwasser in Lösung oder in partikulären Formen vorhandenen chemischen Stoffen. Etwa zweidrittel der Elemente des Periodischen Systems sind von Natur aus im Meerwasser enthalten. Die Verteilung vieler chemischer Komponenten (Nährstoffe wie Phosphat, Nitrat, gelöster Sauerstoff) wird von biologischen Vorgängen gesteuert: Primärproduktion setzt gelöste Nährstoffe in lebendiges Material um, dabei wird Sauerstoff freigesetzt. Bei der Respiration wird Sauerstoff verbraucht, und es werden Nährstoffe freigesetzt. Dies kann zu Sauerstoffdefiziten führen. Solche Untersuchungen der Wechselwirkung zwischen biologischen und chemischen Prozessen gehörten vor einigen Jahrzehnten zu den wichtigsten Aufgaben der Meereschemiker. Die Kap. 5.1.2 und 5.1.3 sind diesen wichtigen Themen gewidmet.

Die Ostsee ist ein dankbares Untersuchungsgebiet für die Meereschemie. Es bestehen starke vertikale und horizontale Gradienten in Salzgehalt, Temperatur und Redoxbedingungen. Viele chemische Vorgänge werden dadurch angetrieben. Das Verhalten von Spurenelementen wird durch das Auftreten der für die Ostsee charakteristischen Redoxkline (Chemokline) stark beeinflußt. Hierbei treten einzigartige Phänomene auf, die in Kap. 5.1.4 beschrieben werden. Flüsse und – wie in den letzten Jahren bekannt geworden ist – auch die Atmosphäre sind die wichtigsten Quellen für Stoffe in der Ostsee. Transport aus der Nordsee spielt eine geringere Rolle. Einerseits führt dies zu den von den ozeanischen Werten abweichenden Verhältnissen der Hauptkomponenten des Meerwassers (Kap. 5.1.1), andererseits ist Ostseewasser stark durch chemische Stoffe vom Land beeinflußt.

Neben anorganischen Komponenten kommen auch organische Stoffe natürlichen Ursprungs vor. Sie sind abiotischen und biotischen Abbauprozessen ausgesetzt. Die Zusammensetzungen und Abbauprozesse solcher Stoffklassen werden in Kap. 5.2 behandelt. Die bedeutenden Effekte von anthropogenen Schadstoffen auf das Ökosystem der Ostsee werden in Kap. 7.3 diskutiert.

Die vorliegenden Zusammenfassungen der meereschemischen Untersuchungen der Ostsee zeigen, daß die Meereschemie sich in den letzten 10 bis 20 Jahren als eigenes Fachgebiet entwickelt hat. Eigene Fragestellungen, die nicht mehr wie früher ausschließlich der Erklärung ozeanographischer und biologischer Prozesse dienten, führten dazu, daß die Meereschemie ein stark expandierendes Fachgebiet ist. Hierbei spielt die Entwicklung neuer leistungsfähiger Methoden eine wichtige Rolle.

5.1 Anorganische Komponenten

5.1.1 Ionenanomalien

Klaus Kremling

Die Meereschemiker wissen heute, daß alle in der Erdkruste auftretenden Elemente auch gelöst im Ozean anzutreffen sind, allerdings in sehr unterschiedlichen Konzentrationen. So bilden nur 11 Elemente (bzw. ihre Verbindungen) des Periodensystems mehr als 99 % des Salzgehaltes. Es sind Natrium (Na^+), Kalium (K^+), Magnesium (Mg^{2+}), Calcium (Ca^{2+}), Strontium (Sr^{2+}), Chlor (Cl^-), Schwefel (SO_4^{2-}), anorganischer Kohlenstoff (HCO_3^-/ CO_3^{2-}; der überwiegende Teil liegt im Meerwasser als HCO_3^- vor – in der Ostsee zwischen etwa 95 und 99 %), Brom (Br^-), Bor ($B[OH]_3$) und Fluor (F^-). Sie werden auch als Hauptbestandteile des Meersalzes bezeichnet. Ihre verhältnismäßig hohen Konzentrationen werden im Ozean durch chemische und biologische Prozesse nicht meßbar beeinflußt, so daß ihr relatives Verhältnis zueinander hier weitgehend konstant ist. In der Ozeanographie ist es üblich, die relative Zusammensetzung dieser „konservativen" Elemente als „chlorinity" – Verhältnis ihrer Konzentration (g/kg) anzugeben; einmal, weil die „chlorinity" (Cl in ‰) mit den Halogeniden Cl^- und Br^- mehr als 50 % des Salzgehaltes umfaßt und zum andern, weil die analytische Bestimmung des Cl-Wertes durch Fällungstitration mit Silbernitrat relativ leicht durchzuführen ist.

In Brackwassergebieten wie der Ostsee kann diese Konstanz der Ionenverhältnisse aber nicht vorausgesetzt werden. Hauptargumente hierfür sind:

- der hohe Anteil an Regen- und Flußwässern (deren chemische Zusammensetzung sich erheblich von der des ozeanischen Wassers unterscheiden kann);
- die aufgrund des Salgehaltes wesentlich geringeren Konzentrationen der Hauptbestandteile in der Ostsee (und damit die potentielle Möglichkeit, daß biologische Prozesse hier doch zu saisonalen Veränderungen führen können);
- die besonderen hydrographischen Bedingungen dieses Meeresgebietes (Stagnationsphasen mit der Akkumulation chemischer Verbindungen im Tiefenwasser und auftretende Redoxereignisse);
- die unvollständige Durchmischung von Wasserkörpern unterschiedlicher Herkunft.

Der Nachweis von Ionenanomalien in der Ostsee, d.h. Abweichungen von den ozeanischen Cl-Verhältnissen, konnte für Calcium und Hydrogenkarbonat bzw. die Alkalinität, die die größten relativen „Überschüsse" aufweisen, schon früh erbracht werden (z. B. Gripenberg 1937; Wittig 1940). Diese Untersuchungen sind dann auf andere Elemente ausgedehnt worden, wobei vor allem von Voipio (1957), Rohde (1966) sowie von Nehring u. Rohde (1967) auch Hinweise auf die Existenz bestehender Anomalien bei Magnesium und Sulfat gefunden wurden.

Die Ausweitung dieser Studien auf die übrigen Hauptbestandteile erfolgte durch Kremling (1969, 1970, 1972). Eine zusammenfassende Darstellung enthält Tabelle 6, in der die Ergebnisse einer 5jährigen Meßreihe aller in Frage kommenden Elemente als Cl-Beziehung aufgelistet worden sind. Dabei ist für die Beurteilung der Frage, ob eine Ionenanomalie der einzelnen Komponenten für das Gesamtgebiet angenommen werden kann (der Vergleich zwischen errechneter Ostsee-Elementkonzentration nach der in Tabelle 6 abgeleiteten Gleichung und der „theoretisch" zu erwartenden Konzentration aufgrund des ozeanischen Cl-Verhältnisses) ein mittlerer Cl-Gehalt von 5 ‰, entsprechend einem Salzgehalt von etwa 9 ‰, zugrundegelegt werden.

Die Meßdaten der Jahre 1966 bis 1970 bestätigten die früheren Ergebnisse, daß **Calcium** und **Hydrogenkarbonat** die größen Anomalien aufweisen. Ursache ist der relativ hohe Ca^{2+}- und HCO_3^--Gehalt der zugeführten Flußwässer, was in den errechneten mittleren Konzentrationen der Zuflüsse von Tabelle 6 zum Ausdruck kommt [g_i(F)-Werte; Spalte 2]. Im Gegensatz zum Calcium tritt beim **Magnesium** nur eine schwach ausgeprägte Anomalie auf. Das liegt einmal an der wesentlich größeren Differenz der Mg^{2+}-Konzentrationen zwischen Meer- und Flußwasser sowie an den relativ niedrigen Mg^{2+}/Cl^--Relationen der meisten Süßwässer (Tabelle 6, Spalte 2).

Eine Anomalie des **Natriums**, des zweithäufigsten Elementes im Meerwasser, läßt sich in der Ostsee statistisch nicht nachweisen; die in Tabelle 6 aufgeführten Standardabweichungen sind weitgehend analytisch bedingt. Sie ist auch nicht zu erwarten, da die Na^+/Cl^--Verhältnisse der Flußwässer allgemein mit 0,4 bis 0,6 in derselben Größenordnung liegen wie der ozeanische Wert, was durch die Untersuchungen in der Newa-Mündung auch für die Ostsee bestätigt werden konnte (Kremling 1969).

Auch bei **Kalium** besteht insgesamt eine gute Übereinstimmung mit dem Cl-Verhältnis des Ozeans, obwohl bei diesem Element in einigen Gebieten der Ostsee deutliche Anomalien auftreten. So konnten sowohl im Tiefenwasser der westlichen Ostsee als auch in der Bornholmsee wiederholt relative Verluste bis zu 0,04 g/kg dieses Elementes festgestellt werden. Ob dies durch einen Ionenaustausch der K^+-Ionen an Tonpartikeln des Wassers verursacht wird, ist unklar. Positive K^+/Cl^--Anomalien treten dagegen im Bottnischen Meerbusen auf, während im Finnischen Meerbusen nahezu ozeanische Relationen vorliegen.

Auch bei **Sulfat** läßt sich aus der ermittelten Gleichung in Tabelle 6 keine Anomalie für das Gesamtsystem ableiten. Allerdings liegt die Streuung (Standardabweichung) der Einzelwerte deutlich über der analytisch bedingten Ungenauigkeit. Sie wird verursacht durch starke, überwiegend positive lokale Anomalien, die wohl auf unvermischte Flußwasseranteile zurückgeführt werden müssen; denn in den stark verdünnten Wässern des Finnischen und Bottnischen Meerbusens konnten SO_4^{2-}/Cl^--Verhältnisse von über 0,145 nachgewiesen werden. Dieser Sulfat-Beitrag der Zuflüsse läßt sich auch in dem ermittelten $g_i(F)$-Wert der Gleichung erkennen (Tabelle 6). Eine signifikante Abnahme der SO_4^{2-}/Cl^--Relationen im Tiefenwasser infolge Schwefelwasserstoffbildung (vgl. auch Kap. 5.1.2), ähnlich wie im Schwarzen Meer, wurde während des Untersuchungszeitraumes nicht beobachtet.

Die restlichen Hauptkomponenten Bromid, Bor und Fluorid zeigen ein unterschiedliches Verhalten. Während **Bromid** keine signifikanten Abweichungen vom ozeanischen Cl-Verhältnis aufweist, liefern die Gesamtanalysen von **Bor** und Fluorid positive Anomalien für die Ostsee (Tabelle 6). Alle analysierten Zuflüsse bzw. Gebiete mit niedrigem Salzgehalt weisen deutlich erhöhte Cl-Verhältnisse dieser Elemente auf. Allerdings existieren auch starke negative Anomalien. So sind zwischen 1968 und 1970 relative Borverluste an insgesamt 20 Positionen der Ostsee gemessen worden. Ob dies auf

Tabelle 6. Aus Meßdaten der Jahre 1966 bis 1970 (Kremling 1969, 1970, 1972) errechnete Beziehung zwischen der Konzentration der Hauptbestandteile C_i (g/kg) und dem „chlorinity"-Gehalt (Cl ‰) der untersuchten Ostseewässer. Die analysierten Wasserproben (ca. 200) entstammen der gesamten Wassersäule und sind überwiegend in der westlichen und zentralen Ostsee genommen worden. Die Auswertung erfolgte nach der Gleichung C_i (g/kg) = g_i (F) + b_i Cl (‰), wobei g_i (F) die mittlere Konzentration der Komponenten in den Zuflüssen der Ostsee darstellt (± 1 Standardabweichung). Außerdem sind die ozeanischen C_i/Cl-Verhältnisse aufgeführt. Weitere Erläuterungen im Text.

Ion	Ostsee		Ozean	
	$g_i(F)$	b_i	g/kg	Positive Anomalie (+)
	mg/kg		‰	Keine Anomalie (0)
Na^+	11,3 ± 23,4	0,5530 ± 0,003	0,5555	0
Mg^{2+}	3,8 ± 2,2	0,0665 ± 0,0004	$0,0662_6$	+
Ca^{2+}				
$(+ Sr^{2+})$	21,0 ± 2,2	0,0206 ± 0,0003[a]	$0,0216_8$[a]	+
K^+	0,1 ± 1,4	0,0204 ± 0,0002	0,0206	0, starke lokale positive u. negative Anomalien
SO_4^{2-}	6,8 ± 3,4	0,1400 ± 0,002	0,1400	0, starke lokale positive Anomalien
HCO_3^-	80,2 ± 4,7	0,0040 ± 0,0006[b]	0,00732[b]	+
Br^-	0,0 ± 0,4	0,00340 ± 0,00004	0,00347	0
$B(OH)_3$	0,7 ± 0,1	0,00128 ± 0,00003	0,00132	+, starke lokale negative Anomalien
F^-	0,07 ± 0,03	0,000061 ± 0,000004	0,000067	+, starke lokale negative u. saisonale Anomalien

g_T = 124,0 ± 37,5

[a] Der Strontiumgehalt (Sr^{2+}) wird üblicherweise bei der Analyse des Calciums mitbestimmt. Seine Konzentration beträgt im Ostseewasser aber nur 2,3 mg/kg (bei einem Salzgehalt von 10 ‰). Eventuelle Anomalien sind deshalb bei der Betrachtung des Ca^{2+}-Gehaltes vernachlässigbar.

[b] Die HCO_3^--Werte entsprechen der Gesamtalkalinität (Gesamt-Anionenkonzentration der im Meerwasser befindlichen schwachen Säuren), unter der vereinfachenden Annahme, daß alle Bestandteile der Alkalinität als HCO_3^- vorliegen.

eine „Maskierung" des Elementes durch Komplexbildung mit Polyhydroxoverbindungen zurückgeführt werden kann, ist bis jetzt ungeklärt.

Noch komplizierter verhält sich **Fluorid**, dessen Konzentration starken räumlichen und zeitlichen Variabilitäten unterworfen sind. So traten während des Untersuchungszeitraumes deutliche jahreszeitliche (Frühjahr/ Herbst) und zwischenjährliche Veränderungen sowie teilweise erhebliche Differenzen zwischen Oberflächen- und Tiefenwasser auf. Es bleibt vorläufig unklar, durch welche Prozesse diese Konzentrationsveränderungen bewirkt werden. In Frage kommen jahreszeitlich bedingte Abweichungen der F^-/Cl^--Verhältnisse in den zugeführten Fluß- und Gletscherwässern, eine massive Beteiligung des Elementes am biologisch-chemischen Kreislauf, möglicherweise durch den Ersatz von OH^--Gruppen in Silikatverbindungen des Wassers bzw. Phytoplanktons, oder eine Ausfällung als Apatit im stagnierenden Tiefenwasser infolge des relativ niedrigen pH-Wertes und der zeitweiligen Phosphatanreicherung (vgl. Kap. 5.1.3).

Eine interessante Größe stellt die in Tabelle 6 ermittelte Gesamtkonzentration der gelösten Salze in den Ostsee-Zuflüssen dar (g_T = 124,0 ± 37,5 mg/kg). Dieser Wert, der durch direkte Dichtemessungen in denselben Wasserproben bestätigt werden konnte (Millero u. Kremling 1976), scheint sich im Laufe dieses Jahrhunderts erheblich vergrößert zu haben, wie der Vergleich mit vorliegenden „historischen" Daten andeutet. Das kann an klimatischen Veränderungen liegen, weil z. B. geringere Niederschlagsmengen im Einzugsgebiet eines Seegebietes zu höheren Salzkonzentrationen in den Flüssen führen oder aber durch anthropogen verursachte Erosionsprozesse hervorgerufen werden, weil z. B. die Deposition von „saurem Regen" wahrscheinlich einhergeht mit einem Konzentrationsanstieg der meisten Hauptbestandteile in den kontinentalen Abflüssen. Die so über längere Zeiträume (analytisch oder durch Dichtemessungen) ermittelte Gesamtkonzentration in den Zuflüssen der Ostsee kann deshalb als ein guter Indikator für langfristig ablaufende chemische Veränderungen in der Zusammensetzung der Hautpkomponenten dieses Brackwassermeers angesehen werden.

5.1.2 Gase

DIETWART NEHRING

Der Gashaushalt des Meeres wird durch den Austausch mit der Atmosphäre sowie durch biochemische Prozesse im Wasser und in den Sedimenten bestimmt. Gase, die aus dem Erdinnern stammen, sind dagegen von untergeordneter Bedeutung.

Beim Austausch zwischen Wasser und Luft stellt sich an der Meeresoberfläche ein Gleichgewicht ein, das vom Partialdruck der Gase in der Atmosphäre sowie von der Temperatur und dem Salzgehalt in der wäßrigen Phase bestimmt wird. Der Einfluß natürlicher Luftdruckschwankungen auf das Sättigungsgleichgewicht ist so gering, daß er vernachlässigt werden kann.

Tabelle 7. Sättigungskonzentrationen des Wassers mit den wichtigsten atmosphärischen Gasen in Abhängigkeit von der Temperatur und dem Salzgehalt. (Nach Kalle 1945, für Sauerstoff ergänzt nach Green u. Carritt 1967)

Temperatur °C	Salzgehalt ‰	Sauerstoff ml/l	Stickstoff ml/l	Kohlendioxid ml/l	Argon ml/l
0	0	10,30	18,10	0,52	0,54
	10	9,60	–	–	–
	20	8,94	–	–	–
	35	8.04	14,04	0,44	0,41
10	0	7,95	14,60	0,42	0,42
	10	7,47	–	–	–
	20	7,01	–	–	–
	35	6,37	11,72	0,31	0,31
20	0	6,38	12,24	0,26	0,20
	10	6,01	–	–	–
	20	5,67	–	–	–
	35	5,20	10,18	0,23	0,18

Wie Tabelle 7 zeigt, verringert sich die Wasserlöslichkeit der Gase mit steigender Temperatur und zunehmendem Salzgehalt. Das Lösungsvermögen nimmt stark zu, wenn Wasser mit reinen Gasen gesättigt wird, im Falle des Sauerstoffs etwa um das Vierfache.

In Abhängigkeit von den Jahresgängen der Wassertemperatur und des Salzgehalts weisen auch die in der Deckschicht der Ostsee gelösten Gase jahreszeitliche Veränderungen auf. Für den Jahresgang des Sauerstoffgehalts gemäß Abb. 37 ist charakteristisch, daß sein Maximum nicht mit den niedrigsten Wassertemperaturen zusammenfällt, sondern zeitlich verzögert auftritt, weil während der Frühjahrsentwicklung des Phytoplanktons große Mengen an Assimilationssauerstoff an das Wasser abgegeben und nur allmählich mit der Atmosphäre ausgetauscht werden.

Sauerstoff (O_2) und **Kohlendioxid** (CO_2) stehen über den Assimilationsprozeß und die Systematmung miteinander in Wechselwirkung. Während CO_2, das über die Kohlensäure mit den Bikarbonat- und Karbonationen des Meerwassers im Gleichgewicht steht, im Überschuß vorliegt, ist der Sauerstoffvorrat begrenzt und kann in der Ostsee zur limitierenden Größe für die Entwicklung aerober Organismen werden.

Der Assimilationsprozeß ist auf die euphotische Schicht beschränkt. Bei diesem Prozeß wird CO_2 verbraucht und O_2 an das Wasser abgegeben. Während der Massenentwicklung des Phytoplanktons im Frühjahr, die für Meere der gemäßigten Klimazone charakteristisch ist, können in der Ostsee bei windarmen Witterungsperioden Sauerstoffsättigungswerte von über 150 %, in ihren hochproduktiven Küstengewässern sogar von über 200 %, auftreten. Unter diesen Bedingungen ist vorübergehend nicht der atmosphärische Austausch, sondern das Lösungsvermögen des Wassers für reinen Sauerstoff die dominierende Einflußgröße.

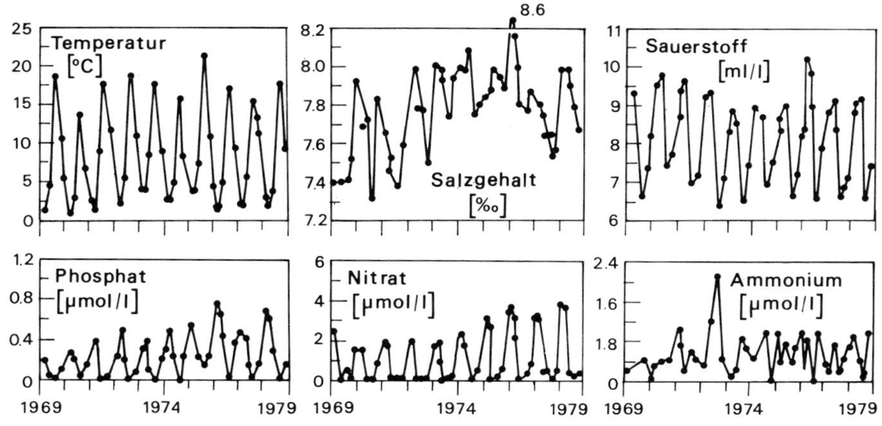

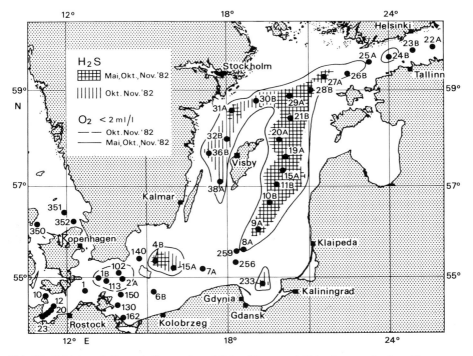

Abb. 37. Zeitreihen von Jahresgängen hydrographischer und chemischer Parameter in der Oberflächenschicht (1 m Tiefe) des Bornholmtiefs

Abb. 38. Gebiete mit Sauerstoffmangel und Schwefelwasserstoff in der grundnahen Wasserschicht sowie wichtige nationale und internationale Stationen des deutschen Umweltüberwachungsprogramms in der Ostsee

Mit der Einstellung des Sättigungsgleichgewichts wird überschüssiger Assimilationssauerstoff an die Atmosphäre abgegeben. Dieser Sauerstoff steht somit nicht mehr für den biochemischen Abbau von organischem Material zur Verfügung. Da die mikrobielle Sauerstoffzehrung in der gesamten Wassersäule erfolgt, entsteht im Tiefenwasser Sauerstoffmangel, wenn der vertikale Austausch durch eine Dichtesprungschicht beeinträchtigt ist. Besonders ungünstig sind in diesem Zusammenhang stagnierende Bedingungen, wie sie in den zentralen Ostseebecken infolge des durch untermeerische Schwellen und die permanente Salzgehaltssprungschicht stark eingeschränkten horizontalen und vertikalen Wasseraustausches auftreten (vgl. Kap. 4.4). Abb. 38 zeigt die Gebiete in der eigentlichen Ostsee, die besonders häufig durch Sauerstoffmangel und anoxische Bedingungen gefährdet sind.

Bei Sauerstoffmangel ($< 0,5$ ml/l) übernehmen zunächst Nitrat und Nitrit die Rolle des Oxidationsmittels bei mikrobiellen Abbauvorgängen. Dieser als Denitrifikation bezeichnete Prozeß führt zur Bildung von molekularem Stickstoff (N_2), wobei als Zwischenprodukt Distickstoffmonoxid (N_2O, Lachgas) entsteht (vgl. auch Abb. 41). N_2O ist nur unter oxischen Bedingungen stabil. Seine vertikale Verteilung ist in der Übergangszone zum anoxischen Milieu durch ein intermediäres Maximum gekennzeichnet. In der Oberflächenschicht der Ostsee sind Konzentrationen bis 0,5 µg/l und im Tiefenwasser bis 1 µg/l zu erwarten (Gundersen et al. 1978; Bange 1992). Infolge des Denitrifikationsprozesses weisen sowohl molekularer Stickstoff als auch N_2O Konzentrationen auf, die geringfügig über dem Wert des atmosphärischen Sättigungsgleichgewichts liegen.

Weitere Sauerstoffdonatoren, die im Meerwasser in Abhängigkeit von den Redoxbedingungen die Stelle des Sauerstoffs einnehmen können, sind Sulfat und Kohlendioxid, in den Sedimenten auch die Oxide des Eisens und Mangans. Bei der mikrobiellen Sulfatreduktion entstehen Schwefelwasserstoff bzw. sulfidische Verbindungen. CO_2 kann durch biochemische Prozesse zu **Methan** reduziert werden. Dieses Gas entsteht auch beim anaeroben Abbau von organischem Material. Zusammen mit anderen Gasen tritt Methan darüber hinaus vereinzelt aus den tieferen Schichten des Ostseeuntergrundes aus, wobei an der Sedimentoberfläche Gaskrater unterschiedlicher Form, sogenannte „pockmarks", entstehen (s. Schmaljohann 1993). Die Methankonzentrationen in der Oberflächenschicht der Ostsee liegen im allgemeinen zwischen 0,06 und 0,10 µg/l, entsprechend 110 bis 160 % Sättigung (Bange 1992).

Methan (CH_4) und **Schwefelwasserstoff** (H_2S) sind typische Faulgase. Infolge seiner Toxizität schränkt H_2S den Lebensraum aerober Organismen ein. Unter ungünstigen Bedingungen sind alle Tiefenbecken der zentralen Ostsee unterhalb 80 bis 125 m Tiefe durch dieses Gas beeinträchtigt (Abb. 38, Abb. 39). Am Ende der bisher längsten Stagnationsperiode im östlichen Gotlandbecken, die von 1977 bis 1993 dauerte, wurden in der grundnahen Wasserschicht (238 m) des Gotlandtiefs extrem hohe Schwefelwasserstoffkonzentrationen von 5,1 ml/l gemessen, in kürzeren Stagnationsperioden wird dagegen 1 ml/l kaum überschritten.

Salzwassereinbrüche, die das stagnierende Wasser verdrängen (vgl. Kap. 4.4), versorgen gemäß Abb. 39 die Tiefenbecken mit Sauerstoff. Im Mai 1977 und danach erst wieder im Mai 1994 war das gesamte Tiefenwasser der Ostsee für kurze Zeit frei von H_2S.

Die Stagnationsperioden im Bornholm- und Danziger Becken sowie im westlichen Gotlandbecken sind im allgemeinen kürzer als im östlichen Gotlandbecken. Sie können auch durch Einstromlagen, die die Kriterien eines Salzwassereinbruchs (Matthäus u. Franck 1992) nicht erfüllen, beendet werden. Von entscheidender Bedeutung ist dabei die „Aussüßung", d.h. ein relativ niedriger Salzgehalt in der grundnahen Wasserschicht. Die O_2-Versorgung des Tiefenwassers im westlichen Gotlandbecken kann auch durch

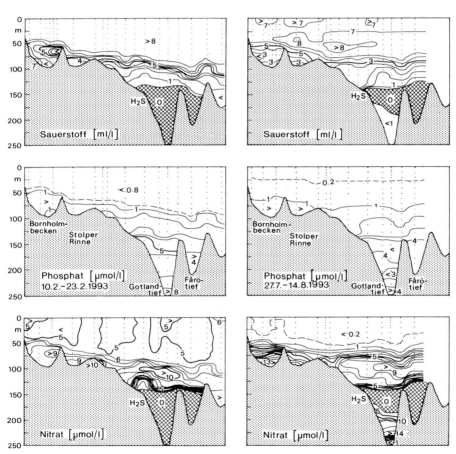

Abb. 39. Vertikalverteilungen chemischer Parameter vor (*links*) und während einer Wassererneuerung (*rechts*) im östlichen Gotlandbecken

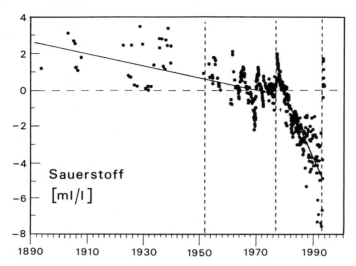

Abb. 40. Langzeitveränderungen des Sauerstoffgehalts in der grundnahen Wasserschicht (200 m Tiefe) des Gotlandtiefs (Schwefelwasserstoff als negative Sauerstoffäquivalente). (Nach Matthäus 1993)

Wassermassen erfolgen, die wegen ihrer zu geringen Dichte nicht bis in die grundnahe Wasserschicht des östlichen Gotlandbeckens vordringen konnten. Nach Passieren dieses Beckens in einer Zwischenschicht, deren Tiefenlage mit 90 bis 120 m angegeben werden kann (vgl. Grasshoff 1974), reicht ihre Dichte jedoch aus, um das salzärmere Bodenwasser im westlichen Gotlandbecken zu verdrängen. Vorstellungen, daß auch die verringerte Schichtungsstabilität den vertikalen Austausch entscheidend erleichtert und damit zur Sauerstoffversorgung des Tiefenwassers beiträgt, sind nicht eindeutig belegt.

Niedrige O_2-Konzentrationen und gelegentliches Auftreten von H_2S werden bei ausgeprägten spätsommerlichen Hochdruckwetterlagen auch in einigen relativ flachen Teilgebieten der Ostsee, wie der Mecklenburger und Kieler Bucht (Ehrhardt u. Wenck 1984), beobachtet. Advektive Prozesse und vertikale Vermischung, die im Herbst einsetzen, führen hier, ebenso wie im Kattegat und Arkonabecken, in jedem Jahr zu einer Sauerstoffversorgung des Tiefenwassers.

Neben jahreszeitlichen und zwischenjährlichen Variationen sind auch hydrographisch-chemische Langzeitveränderungen in der Ostsee vorhanden (vgl. Kap. 4.4 und Kap. 5.1.3). Die in Abb. 40 dargestellte Zeitreihe des Sauerstoffgehalts im Gotlandtief reicht bis ins 19. Jahrhundert zurück. Für diese Darstellung wurde Schwefelwasserstoff gemäß $S^{2-} + 2O_2 = SO_4^{2-}$ in negative Sauerstoffäquivalente umgerechnet.

Im Zeitraum bis 1952 trat H_2S nur kurzzeitig Anfang der 30er Jahre auf. Die darauffolgende Periode war durch starke Fluktuationen im Sauerstoff-

Schwefelwasserstoffgehalt, die mit dem Wechsel von Wassererneuerung und stagnierenden Bedingungen zusammenhängen, gekennzeichnet. In der bisher längsten Stagnationsperiode von 1977 bis 1993 dominierte dagegen die starke Zunahme der H_2S-Konzentrationen.

Salzwassereinbrüche, die das Tiefenwasser der zentralen Ostseebecken in unregelmäßigen Abständen mit O_2 versorgen, sind meteorologisch gesteuert. Die ungewöhnlich lange Stagnationsperiode von 1977 bis 1993 im östlichen Gotlandbecken deutet darüber hinaus auf Klimaänderungen hin, die die Häufigkeit der Salzwassereinbrüche verringert haben und sich daher nachteilig auf das Sauerstoffregime im Tiefenwasser der Ostsee auswirken.

Der Nachweis des zweifellos vorhandenen Einflusses der Eutrophierung auf das Sauerstoffregime der küstenfernen Ostsee ist schwierig und wird allenfalls durch den negativen Sauerstofftrend bis 1977 belegt (Abb. 40). Ein weiterer Hinweis ist das verstärkte Auftreten von H_2S im stagnierenden Tiefenwasser. Andererseits haben Untersuchungen der Redox-Bedingungen in Sedimentkernen ergeben, daß im Gotlandtief bereits im 19. Jahrhundert periodisch H_2S aufgetreten ist, ohne daß anthropogene Aktivitäten dafür geltend gemacht werden können.

Im küstennahen Flachwasserbereich der Ostsee führen die Eutrophierung und der Flußwassereintrag zur Ablagerung autochtonen und allochtonen organischen Materials und damit zu einer zunehmenden Verschlickerung der Sedimente. Dadurch kommt es vor allem im Übergangsbereich Wasser – Sediment zu Sauerstoffmangelsituationen bis hin zur Schwefelwasserstoffbildung, auch wenn die darüberliegende Wassersäule noch ausreichend mit Sauerstoff versorgt ist.

5.1.3 Nährsalze

Dietwart Nehring

Unter dem Begriff „Nährsalze" werden im allgemeinen solche Verbindungen zusammengefaßt, die für die Phytoplanktonentwicklung unerläßlich sind und ihr Ausmaß begrenzen (s. Kap. 6.2.1). Zu den wichtigsten Nährsalzen in der Ostsee gehören Phosphat (PO_4^{3-}) und die anorganischen Stickstoffverbindungen Nitrat (NO_3^-), Nitrit (NO_2^-) und Ammonium (NH_4^+). Gelöstes Silikat (SiO_4^{4-}), das die Kieselalgen für die Bildung ihrer Skelette benötigen, spielt bisher nur im Kattegat und in der Beltsee eine Rolle als limitierende Größe. Wegen der besseren Vergleichbarkeit bei produktionsbiologischen Untersuchungen werden die Nährsalzkonzentrationen zumeist in molaren Einheiten (Masse dividiert durch Molekular- bzw. Atomgewicht) angegeben.

Der marine biochemische Kreislauf des **Phosphors** gemäß Abb. 41 ist verhältnismäßig einfach. Er besteht aus der Bindung von Phosphat durch das Phytoplankton im Assimilationsprozeß und der Mineralisation des dabei entstandenen organisch gebundenen Phosphors.

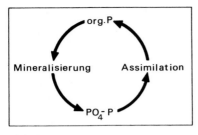 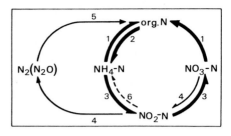

Abb. 41. Schematische Darstellung der Kreisläufe des Phosphors (*links*) und Stickstoffs (*rechts*) im der Ostsee

Da **Stickstoff** in den Oxidationsstufen zwischen −3 bis +5 auftritt, ist der Kreislauf dieses Elements (Abb. 41) komplizierter als der des Phosphors. Unter oxischen Bedingungen wird Nitrat als thermodynamisch stabilste Stickstoffverbindung im Meerwasser angereichert, wenn das Licht die Primärproduktion limitiert. Es entsteht bei der stufenweisen Oxidation von Ammonium- und Nitritstickstoff, der Nitrifikation (3), durch chemoautotrophe Nitrit- und Nitratbakterien. Dieser Prozeß trägt zur Sauerstoffverarmung bei und erreicht daher erst bei niedrigen Sauerstoffkonzentrationen seine höchste Intensität.

Als Oxidationsstufe zwischen Nitrat und Ammonium stellt Nitrit eine verhältnismäßig labile Stickstoffverbindung dar, die bei der Nitrifikation (3) oder Denitrifikation (4) gebildet wird. Ebenso wie Nitrat (1) kann auch Nitrit (1) durch das Phytoplankton verwertet werden.

Ammoniumstickstoff entsteht vor allem beim mikrobiellen Abbau stickstoffhaltiger organischer Substanz. Dieser als Ammonifikation (2) bezeichnete Prozeß ist die erste Stufe der Stickstoffremineralisierung. Unter anoxischen Bedingungen ist Ammonium das Endprodukt des biochemischen Stickstoffabbaus. Diese Verbindung wird auch bei der Autolyse absterbender Zellen an das Meerwasser abgegeben und ist in den Exkretionsprodukten mariner Tiere enthalten. Sie erreicht unter oxischen Bedingungen nur geringe Konzentrationen, weil sie über Nitrit zu Nitrat oxidiert wird (3). Höhere Ammonium- und Nitritkonzentrationen sind unter diesen Bedingungen ein Hinweis auf eine noch nicht überwundene Belastung mit organischem Material. Das Phytoplankton assimiliert Ammoniumstickstoff bevorzugt (1) gegenüber Nitratstickstoff, weil die Reduktion bei der Umwandlung zu Aminostickstoff entfällt.

Die Denitrifikation (4) spielt nur bei Sauerstoffmangel (O_2 < 0,5 ml/l) eine Rolle, ist jedoch für das stagnierende Tiefenwasser der Ostsee sowie die stark mit organischem Material belasteten Sedimente von großer Bedeutung. Dabei kann als Nebenprodukt Distickstoffmonoxid gebildet werden.

Von geringer Bedeutung ist im allgemeinen die Bindung elementaren Stickstoffs (5), zu der einige Cyanobakterien fähig sind, wenn Mangel an anorganischen Stickstoffverbindungen vorliegt, die Primärproduktion aber

noch nicht phosphatlimitiert ist. Dieser Prozeß spielt in der Ostsee eine
wichtige Rolle, wenn nach der Frühjahrsentwicklung des Phytoplanktons
die anorganischen Stickstoffverbindungen aufgebraucht sind, Phosphat aber
noch zur Verfügung steht.

Die Kreisläufe des Phosphors und Stickstoffs werden durch den eingeschränkten horizontalen und vertikalen Wasseraustausch in der Ostsee
modifiziert. Bei ihrer Bilanzierung müssen auch die Re- und Immobilisie-
rungsprozesse in den Sedimenten, der Festlandseintrag sowie der Austausch
durch die Ostseezugänge berücksichtigt werden (vgl. Tabelle 8). Im Falle des
Stickstoffs ist darüber hinaus der atmosphärische Eintrag als NH_3/NO_x von
Bedeutung.

In Abhängigkeit von der Phytoplanktonentwicklung, die in den gemäßigten Breiten durch den Sonnenstand bestimmt wird, weisen auch die Nährsalzkonzentrationen in der Oberflächenschicht der Ostsee ausgeprägte Jahresgänge auf (vgl. Abb. 37). Durch die Massenentwicklung (Blüte) des
Phytoplanktons im Frühjahr verarmt diese Schicht sehr schnell an Phosphat
und Nitrat. Mit der erneuten Lichtlimitation der Primärproduktion im
Herbst erreichen zunächst die Ammonium- und Nitratkonzentrationen, die
als Ausgangs- bzw. Zwischenprodukte der Nitrifikation angesehen werden
können, ihre Maxima, die ansatzweise bereits im Spätsommer im oberen Bereich der Salzgehaltssprungschicht vorhanden sind. Bei den beiden anderen
Nährsalzen, die Endprodukte der Remineralisierung darstellen, ist dies erst
im Winter der Fall. Anders als in den Übergangsgebieten zur Nordsee ver-
harren die Phosphat- und Nitratkonzentrationen in den zentralen und
nördlichen Teilgebieten der Ostsee 2 bis 3 Monate auf ihrem winterlichen
Niveau, so daß sie für Trendabschätzungen geeignet sind.

Unterhalb der permanenten Salzgehaltssprungschicht wird die Verteilung
der anorganischen P- und N-Verbindungen (Abb. 42) durch das Redoxpotential bestimmt, das unter oxischen Bedingungen durch positive und
unter anoxischen Bedingungen durch negative Werte gekennzeichnet ist.
Durch die mikrobielle Denitrifikation (vgl. Kap. 5.1.2 und 6.1.2), die vor allem im stagnierenden Tiefenwasser der zentralen Ostseebecken von großer
Bedeutung ist, verschwinden Nitrat und Nitrit. Mit der Bildung von Schwefelwasserstoff werden jedoch große Mengen an Phosphat (5 bis 10 µmol/l)
zusammen mit zweiwertigem Eisen sowie Ammonium (15 bis 35 µmol/l)
aus den Sedimenten bzw. dem Porenwasser remobilisiert und im Tiefenwasser akkumuliert. Demgegenüber ist der Anteil aus der Remineralisierung
von sedimentierendem organischem Material gering. Bei langen Stagnationsperioden (vgl. Abb. 40, 1977–1993) wird die Freisetzung des Phosphats
durch den remobilisierbaren Vorrat dieser Verbindung in den Sedimenten
kontrolliert (Nehring 1989), so daß sich die Intensität der Phosphatakkumu-
lation nach einiger Zeit deutlich verringert.

Mit der Erneuerung des Tiefenwassers nach Salzwassereinbrüchen und
dem Auftreten oxischer Bedingungen entstehen schwerlösliche Eisenoxid-
hydrate, die einen Teil des Phosphats binden und in den Sedimenten im-
mobilisieren. Außerdem ist das advektiv zugeführte Wasser relativ phos-

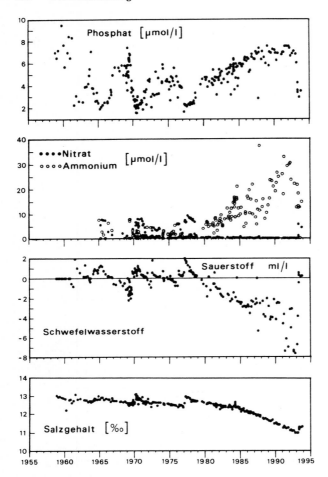

Abb. 42. Langzeitveränderungen hydrographischer und chemischer Parameter in der grundnahen Wasserschicht (200 m Tiefe) des Gotlandtiefs (Schwefelwasserstoff als negative Sauerstoffäquivalente)

phatarm aber nitratreich. Zusammen mit der Nitrifikation des Ammoniumstickstoffs bewirkt die Wassererneuerung daher eine Zunahme der Nitratkonzentration auf 10 bis 15 µmol/l.

In Abhängigkeit vom Anteil ehemals stagnierenden Tiefenwassers können bei einer Wassererneuerung vorübergehend intermediäre Phosphatmaxima und Nitratminima auftreten (vgl. Abb. 39). In der grundnahen Wasserschicht der zentralen Ostseebecken dominieren Veränderungen, die mit dem Wechsel von oxischen und anoxischen Bedingungen als Folge von Wassererneuerung und Stagnation zusammenhängen und mit der „Aussüßung" korrelieren. In Abb. 42 sind daher neben den Phosphat-, Nitrat-

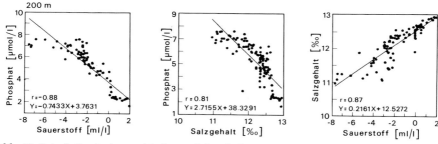

Abb. 43. Korrelation hydrographischer und chemischer Parameter in der grundnahen Wasserschicht (200 m Tiefe) des Gotlandtiefs (Schwefelwasserstoff als negative Sauerstoffäquivalente)

und Ammoniumkonzentrationen auch die Veränderungen in der Sauerstoff-Schwefelwasserstoffverteilung sowie des Salzgehalts dargestellt. Mit Ausnahme des Nitrats, für das aufgrund der Denitrifikation besondere Gesetzmäßigkeiten gelten, werden die engen Beziehungen zwischen diesen Größen in Abb. 43 veranschaulicht.

Plankton enthält Stickstoff und Phosphor in einem molaren Verhältnis von etwa 16:1 (Redfield et al. 1963). Ein ähnliches Verhältnis wird bei Lichtlimitation der Primärproduktion auch bei den anorganischen Stickstoff- und Phosphorverbindungen im Meerwasser angetroffen. Durch Denitrifikationsprozesse im Tiefenwasser, die sich bis in die Oberflächenschicht auswirken, ist dieses Verhältnis in der Ostsee gestört. Bei einem molaren Verhältnis von $N:P = 7$ bis $9:1$ ist die Frühjahrsentwicklung des Phytoplanktons in der euphotischen Schicht zunächst stickstofflimitiert. Der Ausgleich des Stickstoffdefizits erfolgt durch Cyanobakterien, die molekularen Stickstoff verwerten können. Daher wird die Primärproduktion in der Ostsee zunächst durch anorganische Stickstoffverbindungen, später jedoch zunehmend durch Phosphat begrenzt. Als Stickstoffquelle können darüber hinaus auch organische Verbindungen wie Harnstoff oder Aminosäuren fungieren, wenn die anorganischen Stickstoffverbindungen aufgebraucht sind.

Seit Ende der 60er Jahre nehmen die Konzentrationen der anorganischen P- und N-Verbindungen in der Ostsee zu, während der Silikatgehalt abnimmt. Diese Langzeitveränderungen verlaufen zeitlich und regional unterschiedlich (HELCOM 1990; Nehring u. Matthäus 1991). Sie sind vor allem in der zentralen Ostsee signifikant. In den Übergangsgebieten zur Nordsee sowie im Bottnischen, Finnischen und Rigaer Meerbusen erschweren starke Variabilitäten und unzureichendes Datenmaterial ihren Nachweis.

Die gemäß Abb. 44 im Mittel zunehmenden Phosphat- und Nitratkonzentrationen in der winterlichen Oberflächenschicht der zentralen Ostsee sind ein wichtiges Indiz für die Eutrophierung, dem schwerwiegendsten Umweltproblem dieses Brackwassermeeres (s. Kap. 7.3.1). Den Trends sind zyklische Variationen von etwa 3 bis 4, 6 bis 7 und 12 Jahren überlagert. Diese Zyklen werden zurückgeführt auf Schwankungen in der atmosphärischen-

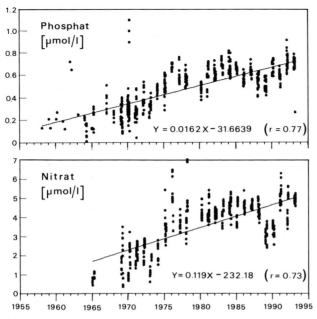

Abb. 44. Langzeitveränderungen wichtiger Nährsalze in der winterlichen Oberflächenschicht (0 bis 10 m Tiefe; Ende Januar bis Anfang April) der östlichen Gotlandsee (Südteil, 6 Stationen)

Zirkulation, die über das Niederschlagsgeschehen Einfluß auf die Flußwasserzufuhr und den ozeanischen Einstrom ausüben.

Der Ostsee werden erhebliche Mengen an P- und N-Verbindungen zugeführt, die aus kommunalen, landwirtschaftlichen und industriellen Quellen stammen. Ihr Eintrag erfolgt durch direkte Abwassereinleitung mit dem Flußwasser sowie über die Atmosphäre. Den Quellen in Tabelle 8 sind die Senken, durch die P- und N-Verbindungen aus der Ostsee entfernt werden, gegenübergestellt. Diese Angaben basieren hauptsächlich auf Hochrechnungen und sind daher unsicher. Darüber hinaus ist eine quantitative Bewertung der Sedimente als Quelle und Senke für Nährsalze problematisch (weitere Angaben in Kap. 7.3.1).

Der landseitige Eintrag von P- und N-Verbindungen aus anthropogenen Quellen ist die alleinige Ursache für die Eutrophierung der inneren und äußeren Küstengewässer, insbesondere im Bereich der großen Flußmündungsgebiete. Für die offene Ostsee kann dies nicht so eindeutig entschieden werden, weil sich hier wegen der größeren Entfernung zur Küste die anthropogenen Einflüsse nur noch gedämpft bemerkbar machen. Außerdem können Fluktuationen infolge meteorologischer Einflüsse und klimatologischer Veränderungen, deren Bedeutung insbesondere für die Nährsalzakkumulationen in der winterlichen Oberflächenschicht nur schwer abzuschätzen ist, eine Rolle spielen.

Tabelle 8. Wichtige Nährsalzquellen (Q) und -senken (S) der Ostsee (Angaben in kg/a). (Nehring 1992)

		Phosphor	Stickstoff
Festlandseintrag,	(Q)	60–70	800–1200
davon atmosphärisch		–	326
Fischerei	(S)	4	20
Schiffsabwässer	(Q)	0,05	0,13
Mikrobielle Denitrifikation	(S)	–	470
Bakterielle N_2-Bindung	(Q)	–	130
Ostseezugänge			
Einstrom	(Q)	10	100
Ausstrom	(S)	10	250

5.1.4 Spurenelemente

KLAUS KREMLING

Mehr als 60 % der natürlich vorkommenden Elemente des Periodensystems treten im Ozean als sogenannte Spurenelemente (SE) auf, d.h. in einem Konzentrationsbereich von < 50 nmol/l (Bruland 1983). Die Anwesenheit dieser Elemente ist natürlich auch im Ostseewasser zu erwarten. Allerdings zeigen die bisherigen Untersuchungen (HELCOM 1987, 1990), daß es aufgrund der besonderen hydrochemischen Bedingungen in diesem Nebenmeer, die durch hohen Flußwasseranteil, zeitweises Auftreten von anaeroben Bedingungen im Tiefenwasser, relativ hohe Konzentrationen von gelösten organischen Substanzen und suspendiertem partikulären Material u.a. gekennzeichnet sind, bei den SE zu erheblichen Abweichungen vom ozeanischen Verhalten kommen kann. Hinzu kommen die anthropogenen Einträge, die zusätzlich zu den natürlichen Quellen über die Atmosphäre und Flüsse sowie durch die kommunalen und industriellen Abwässer der Anrainerstaaten in die Ostsee gelangen (Tabelle 9). Daraus darf aber nicht der Schluß gezogen werden, daß die SE-Konzentrationen im Ostseewasser grundsätzlich und für alle Komponenten höher liegen müssen als im Ozean.

Tabelle 9. Der jährliche Eintrag ausgewählter Spurenelemente aus verschiedenen Quellen in die zentrale Ostsee in Tonnen/Jahr. Die Angaben für den atmosphärischen Eintrag beziehen sich auf den Zeitraum 1986–89 (für Cu von 1985–87), die anderen Angaben auf das Jahr 1990. Das Zeichen > deutet darauf hin, daß aus einigen Gebieten nur unzureichende bzw. überhaupt keine Angaben vorliegen. Die Gesamteinträge sind deshalb wahrscheinlich höher als hier berechnet (HELCOM 1991a, 1993b)

Quelle	Cd	Cu	Pb	Zn
Atmosphäre	44	237	976	2553
Flüsse	> 29	> 392	> 795	> 2384
Kommunale Abwässer	> 0,3	> 28	> 10	> 98
Industrielle Abwässer	> 5,5	> 16	> 27	> 168
Gesamteintrag	> 79	> 673	> 1808	> 5203

Tabelle 10. Konzentrationen (Mittelwerte) einiger ausgewählter Spurenelemente im Oberflächenwasser des Nordatlantiks (> 35°N) und der zentralen Ostsee sowie Grenzwerte der deutschen Trinkwasserverordnung (TVO). Angaben in µg/l

Element	Nordatlantik	Zentrale Ostsee	Grenzwert TVO
Arsen	1,5	0,60	10
Blei	0,02	0,02	40
Cadmium	0,006	0,02	5
Chrom	0,10	0,10	50
Nickel	0,16	0,70	50
Quecksilber	< 0,001	0,003	1

So gibt es auch SE, die in der Ostsee erheblich geringere Gehalte aufweisen (können) als im Weltmeer, z. B. Mo, U und V bzw. Cd und Cu im anoxischen Tiefenwasser (Tabelle 10). Dieses unterschiedliche geochemische Verhalten der SE erfordert deshalb eine individuelle Betrachtungsweise.

Die meisten SE weisen in den Flußwässern höhere Konzentrationen auf als im Meerwasser. Ihre Gehalte nehmen also mit zunehmendem Salzgehalt ab. Ein solches Verhalten läßt sich auch innerhalb der Ostsee für Cd, Cu und Ni beobachten. Ihre Konzentrationen zeigen im Oberflächenwasser zwischen Bottnischem Meerbusen und Kattegat eine kontinuierliche Abnahme um etwa den Faktor 2 bis 3. Das umgekehrte Verhalten läßt sich z. B. für Mo und U nachweisen (Abb. 45). Die Konzentrationen dieser Elemente steigen mit zunehmendem Salzgehalt an, was auf eine Verdünnung des einströmenden Atlantikwassers durch Ostseewasser hindeutet. So erhält man z. B. durch eine Verlängerung der „Salzgehaltskurven" in Abb. 45 auf 35 ‰ die atlantischen Mo- und U-Gehalte.

Eine Besonderheit von bestimmten SE im Ozean (wie As, Cd, Ge, Ni oder Zn) ist ihre enge Verknüpfung mit den **biogeochemischen Kreisläufen** der

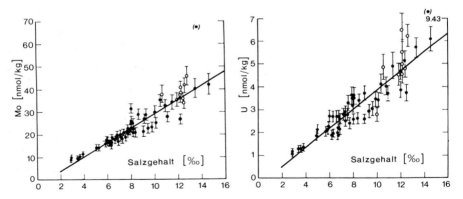

Abb. 45. Beziehung zwischen Salzgehalt und gelösten Molybdän- und Uran-Konzentrationen im Ostseewasser (r = 0,95 bzw. 0,93). Die angedeutete Streuung der Meßpunkte betrifft die analytische Genauigkeit (± 1 Standardabw.); (O) bezieht sich auf H₂S-haltige Wasserproben. (Nach Prange u. Kremling 1985)

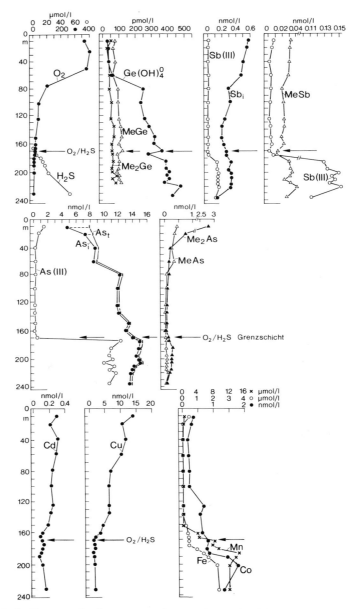

Abb. 46. Hydrochemische Daten und gelöste Spurenelemente im Gotlandbecken vom Juni 1981 (As_t Gesamt-As-Gehalt, As_i anorganischer As-Gehalt, *MeAS* Methylarsinsäure, Me_2-*As* Dimethylarsinsäure, *MeSb* Methylstibinsäure, Me_2Sb Dimethylstibinsäure, *MeGe* Monomethylgermanium, Me_2Ge Dimethylgermanium. Angedeutete Differenz von As_t – As_i entspricht der Summe der Konzentrationen von MeAs und Me_2As). (Nach Andreae u. Froelich 1984 u. Kremling 1983)

Nährsalze Phosphat, Nitrat oder Silikat. Eine solche Beziehung läßt sich in der Ostsee eindeutig nur für das „Paar" Ge/Si beobachten (Andreae u. Froelich 1984). Dabei nimmt man an, daß das Germanium wegen seiner großen chemischen Ähnlichkeit mit Silizium in die Silikatstrukturen der Organismen (z. B. von Datomeen) „aus Versehen" mit eingebaut wird. Auch die Zunahme der Gesamt-Arsengehalte mit der Tiefe (As_t; Abb. 46) deutet auf eine biologische Abreicherung des Elementes in der Oberflächenschicht sowie auf eine partielle (schnelle) Mineralisierung in den größeren Wassertiefen hin. In den Vertikalprofilen der anderen „nährstoffähnlichen" SE läßt sich kein biogener Einfluß erkennen. Das liegt sehr wahrscheinlich einmal an den relativ hohen Backgroundwerten dieser Komponenten in der Ostsee und zum andern wohl an der Tatsache, daß der größte Teil des organischen Materials aufgrund der relativ geringen Tiefen nicht in der Wassersäule, sondern am Meeresboden abgebaut wird (s. Kap. 6.3.3).

Nachhaltige Veränderungen in der Wassersäule zeigen bestimmte Elemente beim Übergang vom aeroben bis ins **anaerobe Milieu**. Als Beispiel sind in Abb. 46 die Ergebnisse eines Vertikalprofils aus dem zentralen Gotlandbecken dargestellt worden. Bezüglich ihres Verhaltens an der Redoxsprungschicht (Chemokline), d.h. beim Übergang vom O_2- ins H_2S-haltige Wasser, lassen sich drei verschiedene Elementtypen erkennen. Cadmium und Kupfer zeigen durch Ausfällung ihrer Sulfide eine starke Konzentrationsabnahme im H_2S-Milieu, die bei Cu bis auf 1/100 der Gehalte im Oberflächenwasser zurückgeht. Bei den vom Redoxpotential abhängigen Elementen Fe, Mn und Co nehmen die Konzentrationen im anaeroben Bereich dagegen stark zu, so bei Fe und Mn bis zum 100fachen, bei Co bis zum 10fachen der Werte in den O_2-haltigen Schichten. Hier sorgen die großen Vorräte an relativ gut löslichen Fe(II)-, Mn(II)- und Co(II)-Verbindungen im anaeroben Sediment bzw. Porenwasser für eine ständige Diffusion dieser Kationen in das sauerstofffreie Tiefenwasser. Im aeroben Teil der Wassersäule kommt es dann zur Bildung und Ausfällung der schwer löslichen Fe(III)-, Mn(IV)- und Co(III)-Oxidhydrate und dadurch zu den beobachteten starken Konzentrationsgradienten an der Redoxsprungschicht.

Die dritte Elementgruppe in Abb. 46 bilden die ebenfalls vom Redoxpotential abhängigen Metalloide Arsen und Antimon. Bei ihnen treten an der Redoxsprungschicht zwar keine großen Änderungen in den Gesamtkonzentrationen auf (As_t bzw. Sb_i; Abb. 46), aber durch die Reduktion der As(V)- und Sb(V)-Verbindungen kommt es zu einer massiven Verschiebung ihrer chemischen Zustandsformen („speciation"). So dominieren im anoxischen Tiefenwasser die dreiwertigen Verbindungen dieser Elemente.

Bei den Untersuchungen in der Ostsee konnten auch metallorganische Verbindungen nachgewiesen werden. Allerdings beschränkt sich ihre Bestimmung im Wasser bisher auf die relativ leicht zu analysierenden Mono- und Dimethyl-Verbindungen von As, Sb und Ge (Abb. 46). Aufgrund der relativ hohen Gehalte an gelösten organischen Verbindungen an der Ostsee (s. Kap. 5.2) kann aber davon ausgegangen werden, daß auch andere Elemente als metallorganische Verbindungen vorliegen, wobei vor allem die

Fulvin- und Huminsäuren wegen ihrer großen Komplexbildungseigenschaften als Liganden in Frage kommen.

Oft wird die Frage gestellt, ob es ein durch Metalle bzw. Metalloide verursachtes Toxizitätsproblem in der Ostsee gibt. Diese Frage läßt sich, was die **akute Toxizität** betrifft, mit einem klaren Nein beantworten. Es gibt keinerlei Symptome für Metallvergiftungen, weder beim Phyto- oder Zooplankton noch bei den höheren Organismen im Ökosystem der Ostsee. Dazu sind die Konzentrationen der SE im Ostseewasser zu niedrig, wie der Vergleich in Tabelle 10 für einige als sehr toxisch geltende Elemente zeigt.

Über die Metallgehalte in Fischen ist ausführlich berichtet worden (HELCOM 1990). Erwähnenswert erscheint hier die Feststellung, daß sich bei Elementen wie Cd, Cu oder Zn die Anreicherungen z. B. beim Hering nur unwesentlich von denen des Atlantiks unterscheiden; bei Hg und Pb sind die Konzentrationen sogar weitgehend identisch. Wenn man einmal die nach der Weltgesundheitsorganisation (WHO) tolerierbare wöchentliche Aufnahme von 0,2 mg Methylquecksilber pro Person zugrundelegt (der überwiegende Teil des Hg im Fisch liegt als CH_3-Hg vor), so müßte man schon Woche für Woche ca. 20 kg Heringe verzehren, um die zulässige Grenze zu überschreiten.

Es gibt allerdings eine Verbindung, die an einigen Küsten, nicht nur in der Ostsee, für Probleme sorgt. Es ist das industriell produzierte Biozid Tributyl-Zinn (TBT), das oft als Antifouling-Komponente bei den Schiffs- und Bootsanstrichen verwendet wird. So hat man in Miesmuscheln der schwedischen Küste TBT-Anreicherungen von bis zu 4 mg/kg Trockengewicht gefunden. Ob die an diesen Muscheln beobachtete Deformierung der Schalen allerdings wirklich durch das TBT verursacht wird, bedarf weiterer Untersuchungen.

Da die durch natürliche und anthropogene Quellen in die Ostsee gelangenden SE (vgl. Tabelle 9) im Gegensatz zu den organischen Begleitstoffen nicht abgebaut werden können, ist eine Überführung in partikuläre Formen und deren **Ablagerungen am Meeresboden** ihre einzige wirkliche Senke, wenn man von dem im Oberflächenwasser aus der Ostsee abtransportierten Anteil oder von der Fischerei einmal absieht. Die umweltrelevanten, d. h. die an den biogeochemischen Prozessen beteiligten Elemente befinden sich dabei fast ausschließlich in den Feinfraktionen der Sedimente, den sog. Schlick- und Schlamm-Sedimenttypen (Korngrößenklassen von < 63 bzw. < 2 μm). Außergewöhnliche Anreicherungen werden vor allem im östlichen Gotlandbecken und in der nördlichen zentralen Ostsee für solche Elemente beobachtet, die vom Plankton in relativ großen Mengen aufgenommen werden, z. B. Cd, danach schnell sedimentieren und am Meeresboden dann schwer lösliche Sulfide bilden (vgl. Abb. 46) (Brügmann u. Lange 1990).

Hinweise darauf, daß sich Metallgehalte in Sedimenten der offenen Ostsee aus lokalisierten Quellen herleiten lassen, sind bisher nicht ausreichend dokumentiert. Derartige „hot spots", die durch Einleitung und Verklappung metallhaltiger Abfälle entstehen, befinden sich vor allem in Küstengebieten. Es ist aber unbestritten unter Geochemikern, daß die Zufuhr von Metallen wie Cd, Cu, Hg, Pb, Zn u. a. in die Ostsee in den vergangenen 100 Jahren beträchtlich angestiegen ist. Das läßt sich aus den in den Sedimenten gemessenen Vertikalgradienten der Metallgehalte deutlich ablesen (Suess u. Erlenkeuser 1975). Interessant ist, daß die mittlere Verweilzeit dieser Elemente in der Ostsee bei < 1 bis ca. 5 Jahren liegt (ICES 1992) und damit weit unterhalb der für den Austausch des Ostseewassers angenommenen Zeit von ca. 35 Jahren. Deshalb kann man davon ausgehen, daß das Schicksal dieser Spurenelemente in den Ostseesedimenten „besiegelt" wird.

5.2 Organische Komponenten

Manfred Ehrhardt

Verglichen mit küstenfernen Gebieten der offenen Ozeane ist das Wasser der Ostsee reich an molekular und kolloidal gelösten organischen Substanzen. Als Maß für die Summe ihrer Konzentrationen benutzt man die Konzentration des gelösten, organisch gebundenen Kohlenstoffs, den man in Anlehnung an den angelsächsischen Sprachgebrauch auch DOC (Dissolved Organic Carbon) nennt. Die gelöste organische Substanz besteht jedoch neben einem überwiegenden Anteil von Kohlenstoff aus – in abnehmender Häufigkeit – weiteren Elementen (Wasserstoff, Sauerstoff, Stickstoff, Schwefel, Phosphor u. a.). Daher ist die Konzentration der gelösten organischen Substanz, der elementaren Zusammensetzung entsprechend, etwas höher als die Konzentration des DOC. Weil die elementare Zusammensetzung der gelösten organischen Substanz in Abhängigkeit vom Ort, der Jahreszeit und der Wassertiefe innerhalb gewisser Grenzen schwankt, gibt es keinen universell benutzbaren Umrechnungsfaktor.

Konzentrationen des DOC sind auf verschiedene Weise ermittelt worden. Allen Methoden gemeinsam ist die Oxidation des in der gelösten organischen Substanz gebundenen Kohlenstoffs zu Kohlendioxid (CO_2), welches durch verschiedene Methoden gemessen werden kann. Zur Oxidation des DOC gibt es chemische und photochemische Verfahren (Wangersky 1993). Neuere Untersuchungen (Sharp et al. 1993) legen jedoch den Schluß nahe, daß diese Verfahren den organisch gebundenen Kohlenstoff nicht vollständig zu CO_2 oxidieren. Dies leistet offenbar nur die Verbrennung der organischen Substanz bei hoher Temperatur in einer Sauerstoffatmosphäre. Nicht auf Hochtemperaturverbrennung beruhende Konzentrationsangaben sind daher mit Vorsicht zu betrachten; sie sind wahrscheinlich zu niedrig.

Bei Verwendung der durch UV-Licht unterstützten Oxidation mit Peroxodisulfat wurden in der Gotlandsee DOC-Konzentrationen zwischen 3 und 4,7 mg/l gemessen (Ehrhardt 1969); sie waren durch starke vertikale Veränderlichkeit gekennzeichnet. Die 1972 in der euphotischen Zone des westafrikanischen Auftriebsgebietes gemessenen Konzentrationen waren nur etwa halb so hoch.

Die gelöste organische Substanz besteht überwiegend aus einem als mariner Humus oder **Gelbstoff** bezeichneten Gemisch außerordentlich vieler, meist kompliziert aufgebauter Verbindungen, denen Strukturelemente wie alkoholische und in geringerem Umfang auch phenolische OH-Gruppen, Carboxylgruppen, Amidbindungen und aliphatische Kohlenstoffketten gemeinsam sind. Manche dieser Verbindungen können offenbar sehr stabile, komplexe Verbindungen eingehen mit Übergangsmetallen wie Kupfer, Eisen und Nickel (vgl. Kap. 5.1.4). Die Lichtabsorption der Gelbstoffe steigt mit abnehmender Wellenlänge kontinuierlich ab. Sie gibt dem Substanzgemisch seine charakteristische, schmutziggelbe Farbe, dem das Ostseewasser – wie auch das Wasser anderer huminstoffreicher Meeresgebiete – seine grünliche Farbe verdankt. Sie kommt durch additive Farbmischung mit dem Blau des reinen Wassers zustande.

Innerhalb der Gelbstoffe unterscheidet man eine Gruppe von Verbindungen, welche sich nur in wäßrigem Alkali lösen (marine Huminstoffe), und solche, die sowohl in Säure als auch in Alkali löslich sind (marine Fulvinstoffe). Die Molekulargewichte dieser Verbindungen reichen von einigen Hundert bis zu einigen Hunderttausend, so daß zu ihnen sowohl molekular als auch kolloidal gelöste Stoffe gehören. Ihre Vielfalt ist so groß, daß es bisher kein Verfahren gibt, sie zu trennen und einzeln zu untersuchen.

In der Ostsee stammen die Gelbstoffe sowohl aus dem Wasser der Flüsse, deren jährlicher Zustrom ca. 2,2 % ihres Wasservolumens ausmacht, als auch aus Exsudaten des Phytoplanktons. Die dem Flußwasser entstammenden Komponenten sind terrestrische Humusstoffe, welche von Mikroorganismen vor allem aus dem Lignin des Holzes gebildet werden. Das Phytoplankton gibt einen erheblichen Teil der durch Photosynthese gebildeten organischen Substanz an das Wasser ab; etwa 7 % im jährlichen und 10 % im täglichen Mittel wurden von Lignell (1990) in der nördlichen Ostsee ermittelt. Marine Mikroorganismen bauen davon weniger als die Hälfte kurz nach der Exkretion ab. Der verbleibende Teil wird durch Reaktionsfolgen, die vermutlich auch durch den ultravioletten Anteil des Sonnenlichtes ausgelöst werden, in die von Mikroorganismen kaum mehr abbaubaren Gelbstoffe umgewandelt. Mopper u. Stahovec (1986) beschrieben Experimente, bei denen Sonnenlicht aus marinen Gelbstoffen niedermolekulare, von Mikroorganismen abbaubare Carbonylverbindungen wie Formaldehyd, Acetaldehyd, Aceton und Glyoxalat freisetzte. Es scheint, als führte die photochemische Bildung der Gelbstoffe zu Strukturen, welche mit wachsender Komplexität auch photochemisch wieder zerlegt werden können.

Eine weitere, vor allem für skandinavische Küstengewässer wichtige Quelle kompliziert zusammengesetzter Stoffgemische sind die **Abwässer der holzverarbeitenden Industrie.** In ihnen sind viele, durch Chlorbleiche entstandene, chlorierte organische Verbindungen enthalten, von denen ein großer Teil chemisch noch nicht identifiziert werden konnte. Zu den bekannten Verbindungen gehören isomere Trichlorguajakole, das sind am aromatischen Kern chlorierte, einfach methylierte 1,2-Diphenole. Ihre Struktur verrät die Herkunft aus dem Lignin des Holzes. Auch chlorierte

Phenole sind gefunden worden. Messungen im Wasser schwedischer Flüsse zeigten, daß diese 1987/1988 jährlich ca. 3700 Tonnen halogenierte organische Verbindungen dem Ostseewasser zuführten. Allerdings ließ eine gute Korrelation (r = 0,8–0,9) mit DOC und Huminstoffen vermuten, daß sich unter ihnen nicht nur industrielle Abfallprodukte, sondern auch natürliche, halogenierte organische Verbindungen befanden. Die Konzentrationen des als „Adsorbable Organic Halogen" (AOX) gemessenen Stoffgemisches stiegen von ~10 µg/l im nördlichen über von ~20 µg/l im südlichen Bottnischen Meerbusen auf 40 bis 50 µg/l in der Gotlandsee und dem Kattegat an (Enell et al. 1989).

Verglichen mit den komplexen und chemisch nur unvollkommen charakterisierten Gelbstoffen ist die Summe der Konzentrationen chemisch definierter, einzelner organischer Verbindungen im Ostseewasser gering. Unter ihnen überwiegen Produkte niedrigen Molekulargewichts der Biosynthese wie Aminosäuren, Zucker und Fettsäuren. Von 23 einzelnen **Aminosäuren** fanden Dawson u. Gocke (1978) im Bornholmbecken, in der Danziger Bucht und dem Gotlandbecken Gesamtkonzentrationen zwischen 13,0 und 38,6 µg/l. Serotonin, Glycin und Alanin herrschten in den meisten Fällen vor. Mopper et al. (1980) maßen die Konzentrationen von 9 verschiedenen **Monosacchariden** in küstennahen Bereichen der Kieler Bucht. Glucose und Fructose stellten den größten Anteil an den Gesamtkonzentrationen zwischen 0,13 und 0,29 µmol/l entsprechend ca. 23 bis 194 µg/l (berechnet als Hexosen mit MG = 180 Dalton). Gocke et al. (1981) fanden 1977 im Frühjahr 9,63 µg/l Glucose im Wasser der Kieler Bucht gelöst. Osterroht (1993) bestimmte die Konzentrationen von 27 verschiedenen gesättigten, ungesättigten, gradkettigen und verweigten **Fettsäuren** mit 7 bis 22 C-Atomen in über größere Fahrtstrecken in allen Gebieten der Ostsee durch kontinuierliche, adsorptive Anreicherung integrierten Proben. Am häufigsten vertreten waren Laurin-, Myristin-, Palmitolein-, Palmitin-, Öl- und Stearinsäure. Ihre einzelnen Konzentrationen lagen im Bereich von 0,1 bis 1 nmol/l, die Summen der Konzentrationen aller gemessenen Säuren zwischen 1 und 5 nmol/l. Die deutlich höheren Konzentrationen der Fettsäuren mit gerader relativ zu solchen mit ungerader Anzahl von C-Atomen belegen ihren überwiegend, wenn nicht ausschließlich, rezent biosynthetischen Ursprung.

Unter den anthropogenen, d.h. vom Menschen mobilisierten und/oder synthetisierten organischen Verbindungen stellt die Gesamtmenge der nicht rezent biosynthetisierten **Kohlenwasserstoffe** im Ostseewasser den größten Anteil. Diese vor allem aus Rohöl und seinen Raffinaten stammende Stoffgruppe ist ähnlich reich an einzelnen Verbindungen wie die Gelbstoffe. Grob unterscheidet man in der Reihenfolge ihrer Häufigkeit in Rohölen aliphatische, cycloaliphatische und aromatische Kohlenwasserstoffe. Manche der aliphatischen Kohlenwasserstoffe werden auch von marinen Organismen synthetisiert und sind daher leicht mikrobiell abbaubar. Da sich von den genannten Verbindungsgruppen die Aliphaten, auf die Anzahl der C-Arome bezogen, am schlechtesten in Wasser lösen, sind sie oft trotz ihres Überwiegens im Erdöl im Wasser geringer konzentriert als die Aromaten. Diese wiederum müssen nicht immer aus Erdöl, sondern können auch aus unvollständiger Verbrennung stammen. Einzelheiten ihrer Strukturen lassen mit Einschränkungen Rückschlüsse zu auf ihre Herkunft. Die alkylsubstituierten, kondensierten Aromaten aus Erdöl werden bakteriell und photochemisch schneller abgebaut als die überwiegend unsubstituierten, pyrogenen Aromaten, so daß auch die löslichen Rückstände eines Erdöls sich allmählich in ihrer Zusammensetzung pyrogenen Aromatengemischen annähern (Ehrhardt et al. 1992).

Zur relativ einfachen Messung der Gesamtkonzentrationen von löslichen Erdölrückständen macht man sich zu Nutze, daß die in ihnen vertretenen, aber in biosynthetisierten Kohlenwasserstoffgemischen weitgehend fehlenden aromatischen Kohlenwasserstoffe im UV-Licht fluoreszieren. Die hierauf beruhende, für Überwachungszwecke angewandte Methode kann nicht zwischen fossilen und pyrogenen Aromaten unterscheiden. Außerdem erfaßt sie polare Verbindungen unbekannter Struktur und Herkunft (Theobald 1989). Die Angaben über Gesamtkonzentrationen an gelösten Ölrückständen sind daher vermutlich oft zu hoch. Konzentrationen einzelner, meist aromatischer Kohlenwasserstoffe lagen im Bereich einiger ng/l. Ihre chemischen Identitäten wurden massenspektrometrisch ermittelt. Relativ hohe Konzentrationen (~1 ng/l) der beiden isomeren Methylnaphthaline und des Dibenzothiophens deuteten auf fossilen Ursprung hin. Im Bereich der höher kondensierten Verbindungen waren jedoch unsubstituierte aromatische Kohlenwasserstoffe wie Acenaphthen, Fluoren, Phenanthren, Fluoranthen, Pyren bei Konzentrationen von < 1 ng/l häufiger als ihre Alkylderivate, was nach dem oben Gesagten zum mindesten teilweisen pyrogenen Ursprung nahelegt. Abb. 47 zeigt die von 1980 bis 1987 durch UV-Fluoreszenzmessungen ermittelten Konzentrationen von Rückständen fossiler Brennstoffe im Wasser der Ostsee (Poutanen 1988).

Weitere im Ostseewasser im Konzentrationsbereich von 10^{-9} bis 10^{-12} g/l vertretene, anthropogene organische Verbindungen sind die zur Stoffgruppe der Pestizide gehörenden **chlorierten Kohlenwasserstoffe** wie DDT, Eldrin, Dieldrin und isomere Hexachlorcyclohexane (Lindan) sowie als Holzschutz- und Flammenschutzmittel und Dielektrikum in Kondensatoren verwendete polychlorierte Biphenyle (PCBs) und polychlorierte Naphthaline. Hierzu gehören ferner aus dem Abbau von Tensiden stammende isomere Nonylphenole und die als Weichmacher verwendeten Phthalsäureester. Ihre Analytik und Quantifizierung setzt einen erheblichen Aufwand voraus, so daß kaum verläßliche Konzentrationsangaben zu erhalten sind. Polychlorierte Dibenzofurane und polychlorierte Dibenzodioxine konnten zwar in Sedimenten und einigen Organismen im Konzentrationsbereich von 10^{-12} g/g Naßgewicht quantifiziert werden, nicht jedoch im Wasser wegen der dort noch weit niedrigeren Konzentrationen. Durch regulative Maßnahmen seit den 80er Jahren sind auch die Konzentrationen der übrigen polychlorierten Verbindungen im Wasser der Ostsee inzwischen bis nahe oder jenseits der analytischen Nachweisgrenze gesunken (HELCOM 1990).

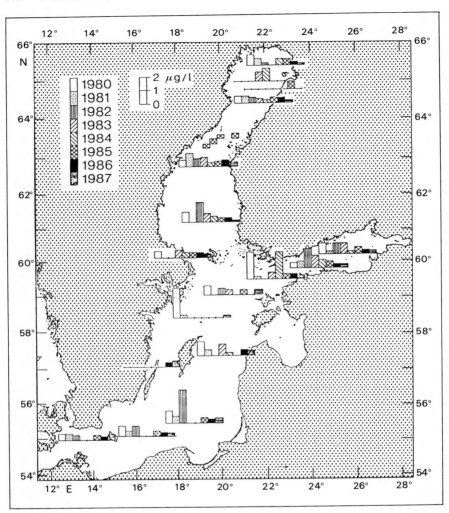

Abb. 47. Gesamtkonzentrationen der gelösten Kohlenwasserstoffe (gemessen durch UV-Fluoreszenz) während der Zeit von 1980 bis 1987. (Nach Poutanen 1988)

6 Biologie und Ökologie

Gerhard Rheinheimer

Der entscheidende Faktor für die Pflanzen- und Tierwelt der Ostsee ist der Salzgehalt. In dem sehr jungen Brackwassermeer konnte sich kaum eine eigenständige Flora und Fauna entwickeln. Die meisten Organismen sind über die Nordsee eingewandert. Im nördlichsten Teil gibt es noch einige eiszeitliche Relikte, die hier von ihrem Hauptverbreitungsgebiet in der Arktis isoliert wurden. Mit abnehmendem Salzgehalt geht die Zahl der marinen Arten immer weiter zurück. Das wird besonders deutlich in der zentralen Ostsee, wo die Salinität nur noch zwischen 5 und 12 ‰ liegt. In diesem Bereich können sich auch nur wenige Süßwasserorganismen behaupten. Für sie ist der Salzgehalt wiederum zu hoch. Bei den meisten von ihnen stellen 3 ‰ die Grenze dar. So finden sich Süßwasserarten vor allem in den Küstenbereichen mit starken Zuflüssen, aber auch in der nördlichen Bottenwiek und im östlichsten Teil des Golfs von Finnland. Die marinen und auch die limnischen Arten stoßen in der Ostsee immer irgendwo an ihre Verbreitungsgrenzen, so daß sie hier empfindlicher gegenüber natürlichen und anthropogenen Streßfaktoren sind als in den Kerngebieten ihrer Verbreitung.

Die kleinsten „echten" Lebewesen sind die **Bakterien**, deren Zahl und Biomasse im oberflächennahen Wasser besonders des Küstenbereiches sowie in den oberen Sedimentzonen ihre Maxima haben. Im übrigen zeigen sie relativ große Unterschiede ihrer Menge und Aktivität, vor allem dort, wo eine starke Schichtung auftritt. Die Bakterien spielen eine entscheidende Rolle bei den Stoffumsetzungen in Wasser und Sedimenten. Infolge ihrer raschen Vermehrung vermochten sich bei ihnen im Gegensatz zu den höher entwickkelten Organismen viel mehr Brackwasserformen auszubilden. Diese können einen beträchtlichen Anteil an der Mikrobengemeinschaft stellen.

Zu den nur mit Hilfe des Mikroskops erkennbaren Lebewesen gehört auch der größte Teil des im Wasser schwebenden pflanzlichen und tierischen **Planktons**. Die Phytoplankter sind die wichtigsten Primärproduzenten organischer Substanz, die dann zu einem beträchtlichen Teil den Zooplanktern als Nahrung dient. Das auf und in den Sedimenten lebende **Benthos** besteht ebenfalls aus Mikroorganismen, Pflanzen und Tieren. Das Phytobenthos ist auf die flachen Bereiche besonders in Ufernähe beschränkt, wo noch genügend Licht zur Photosynthese den Boden erreicht. Das Makrophytobenthos ist die Domäne des Tangs – also der großen Algen – und der Seegräser, die tierischen Bewohnern eine Nahrungsgrundlage bieten. Die tieferliegenden lichtarmen Sedimente können nur Mikroben und Tiere besiedeln. Diese werden von Änderungen des Sauerstoffgehalts und dem Auftreten von Schwefelwasserstoff stark beeinflußt. Schließlich kann ein fast nur noch von Mikroorganismen besiedeltes Sulphuretum (Schwefelwasserstoffbiotop) entstehen.

Das **Nekton** umfaßt Tiere, die im Wasser aktiv zu größeren Ortsbewegungen befähigt sind. Hierher gehören vor allem Meeresfische. Von größter Bedeutung für die Fischerei sind Dorsch, Sprotte und Hering. Wanderfische wie Lachs und Meerforelle gehen zum Laichen in die Flüsse, während der Aal dazu in den Atlantik zieht. In den salzarmen Bereichen der Ostsee kommen regelmäßig Süßwasserfische vor, wie sie auch in den benachbarten Binnengewässern leben.

Sehr artenreich ist die **Vogelwelt**, die von den Salinitätsunterschieden wenig betroffen wird. Überall an den Küsten gibt es Brutgebiete von Seevögeln. Bei fast allen handelt es sich um Bodenbrüter. Während der Zugzeit, besonders im Herbst, lassen sich oft große Ansammlungen beobachten. In kälteren Wintern suchen zahlreiche Vögel noch eisfreie Gebiete der westlichen Ostsee auf. Die Bestände der wenigen Arten von **Meeressäugetieren** sind in den letzten Jahrzehnten stark zurückgegangen und bedürfen strenger Schutzmaßnahmen.

Bis in die Mitte dieses Jahrhunderts standen die Beschreibung der Pflanzen und Tiere sowie Untersuchungen über ihre Lebensweise im Vordergrund des Forschungsinteresses. Seitdem hat man sich bevorzugt mit den vielfältigen Zusammenhängen zwischen den hydrographischen und chemischen Faktoren und der Gesamtheit der Lebewesen – also dem Ökosystem der Ostsee – befaßt.

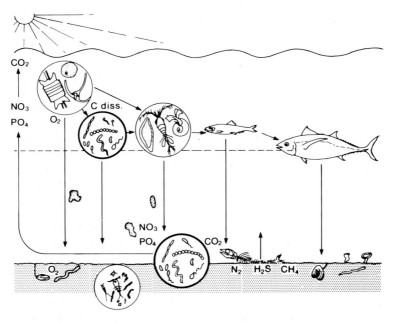

Abb. 48. Nahrungsnetz der Ostsee. Die Bakterien werden von dickeren Kreisen umrahmt

Es stellt ein Wirkungsgefüge von Lebewesen und deren anorganischer Umwelt dar, das bis zu einem gewissen Grade zur Selbstregulation befähigt ist. Innerhalb des Ökosystems nehmen die **Nahrungsketten** und **Nahrungsnetze** eine beherrschende Stellung ein. Diese werden hauptsächlich durch Räuber-Beute-Beziehungen der beteiligten Organismen bestimmt. Die vor allem vom Phytoplankton produzierte organische Substanz wird zu einem Teil in gelöster Form von Bakterien aufgenommen und als partikuläres Material über das „Grazing" der Zooplankter in das Nahrungsnetz eingebracht (Abb. 48). Unter geeigneten Bedingungen spielen bakterienfressende Nanoflagellaten dabei eine wichtige Rolle. Man spricht dann von einer Mikrobenschleife (microbial loop).

Da fast alle Komponenten des Ökosystems durch die Weitergabe von Energie miteinander verbunden werden, ist die quantitative Erfassung der Energieflüsse von großer Bedeutung. Sie wird auch in Zukunft ein wichtiges Forschungsthema bleiben.

6.1 Mikroorganismen

Gerhard Rheinheimer

Mikroorganismen sind zwar alle mikroskopisch kleinen Lebewesen – doch aus methodischen Gründen sollen hier nur die **Bakterien, Pilze** und **Viren** betrachtet werden. Die Cyanobakterien, einzellige Algen, Protozoen und die kleinsten Metazoen werden in Kap. 6.2 behandelt.

Bakterien, Pilze und Viren sind ihrem Bau nach sehr unterschiedlich, zeigen aber im marinen Bereich vielfältige Beziehungen, die die Darstellung in einem gemeinsamen Kapitel rechtfertigen. Die Bakterien sind Prokaryonten. Diese haben eine wenig differenzierte Morphologie, die bei den meisten Formen auf Kugel und Zylinder zurückgeführt werden kann. Sie besitzen keinen richtigen Zellkern – die DNS befindet sich in ringförmiger Anordnung im Cytoplasma. Sie verfügen jedoch über eine große physiologische Vielfalt und vermögen sehr schnell zu wachsen. Die eukaryotischen Pilze zeigen größere morphologische Unterschiede und kompliziertere Fortpflanzungsverhältnisse. Sie haben echte Zellkerne, die von einer Membran umgeben sind. Die Viren stellen keine vollkommenen Organismen dar. Sie besitzen nur jeweils einen Nucleinsäuretyp und können sich nur innerhalb von lebenden Zellen vermehren.

Wie in anderen Gewässern kommen die Mikroorganismen in der Ostsee überall vor. Sie finden sich sowohl im freien Wasser als auch in den Sedimenten sowie als Aufwuchs von Schwebstoffen, Pflanzen und Tieren. Als Symbionten, Kommensalen und Parasiten mariner Lebewesen spielen sie ebenfalls eine wichtige Rolle.

Der größte Teil der Bakterien und sämtliche Pilze sind C-heterotrophe Organismen. Das heißt, sie benötigen organische Stoffe pflanzlicher oder tierischer Herkunft als Nahrung, die sie unter günstigen Bedingungen zu ihren Ausgangsstoffen Kohlendioxid, Wasser und einigen anorganischen Salzen abzubauen vermögen. Wenn bei dieser Remineralisierung der organischen Substanz auch farblose Algen, Protozoen und Metazoen beteiligt sind, kommt doch den Bakterien die größte Bedeutung dabei zu. Vor allem durch ihre Tätigkeit werden die im Minimum befindlichen Pflanzennährstoffe Nitrat und Phosphat immer wieder freigesetzt und stehen so dem Phytoplankton stets von neuem bei der Produktion von organischer Substanz zur Verfügung. Sie spielen also beim Kreislauf der Stoffe eine hervorragende Rolle – und ebenso bei der Selbstreinigung verschmutzter Wasserkörper. Ein Teil der von den Bakterien aufgenommenen organischen Stoffe wird von diesen in Biomasse umgewandelt und dient dem Zooplankton als wichtige Nahrungsquelle.

Neben den heterotrophen kommen chemoautotrophe Bakterien vor, die nur anorganische Nährstoffe benötigen.

Weiterführende Literatur: Rheinheimer (1991).

6.1.1 Verteilung der Bakterien, Pilze und Viren

GERHARD RHEINHEIMER

Über Zahl und Biomasse der Bakterien in den verschiedenen Bereichen der Ostsee liegen bereits umfangreiche Daten vor. Weit weniger weiß man darüber bei Pilzen und Viren. Die artenmäßige Bestimmung der Bakterien ist jedoch nach wie vor schwierig und sehr aufwendig und daher nur in begrenztem Umfang möglich. Deshalb wird neben den Gesamtzahlen mitunter auch die Menge der zu verschiedenen physiologischen Gruppen gehörenden Formen wie eiweißabbauende Bakterien, Zellulosezersetzer, Nitrifikanten, Desulfurikanten u. a. bestimmt.

Die **Gesamtbakterienzahl** wird direkt durch Auszählung der Bakterienzellen unter dem Mikroskop ermittelt. Die zuverlässigsten Ergebnisse lassen sich mit der epifluoreszenzmikroskopischen Methode unter Verwendung von Polycarbonatfiltern erzielen (vgl. Abb. 53). Die Gesamtbakterienzahlen bewegen sich in der Ostsee zwischen einigen hunderttausend und mehreren Millionen in 1 ml Wasser. Allerdings werden lebende aktive und inaktive ebenso wie tote Zellen erfaßt. Daher wird gelegentlich die Zahl der aktiven Zellen gesondert bestimmt. Das kann mit einer Farbreaktion (Reduktion eines Tetrazoliumsalzes zu rotem Formazan in den Zellen mit aktivem Elektronentransportsystem) oder mit Hilfe der Mikroautoradiographie erfolgen. Einfacher zu bestimmen ist die **Saprophytenzahl**, die man durch Auszählen der z. B. auf Pepton-Hefeextrakt-Agar wachsenden Kolonien gewinnen kann (daher auch Koloniezahl).

Abb. 49 gibt für diese drei Parameter ein Beispiel aus der Kieler Förde. Die Saprophyten nehmen leicht angreifbare Nährstoffe wie Eiweiß und einfache Kohlenhydrate rasch auf und vermehren sich entsprechend schnell. Deshalb stellen sie trotz ihres geringen Anteils an der Gesamtbakterienzahl von etwa 10 bis 0,1 % einen wichtigen Indikator für Belastungen, z. B. durch kommunale Abwässer, dar. In der Ostsee durchgeführte Parallelbestimmungen zeigten, daß die Gesamtbakterienzahlen sowohl räumlich als auch zeitlich viel geringere Schwankungen aufweisen als die Saprophyten. So konnte bei Schnittfahrten von der relativ stark belasteten Kieler Förde in die vergleichsweise saubere Mitte der Kieler Bucht eine Abnahme der Gesamtbakterienzahl auf etwa die Hälfte festgelegt werden, während die Saprophytenzahl auf ein Fünfzigstel zurückging (Abb. 50). Auch anderenorts liegt der

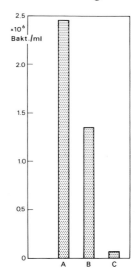

Abb. 49. *A* Gesamtbakterienzahl 100 %, *B* Anzahl der Bakterien mit aktivem Elektronentransportsystem 55 %, *C* Saprophytenzahl = 2,8 % einer Wasserprobe aus der Kieler Förde im Mai

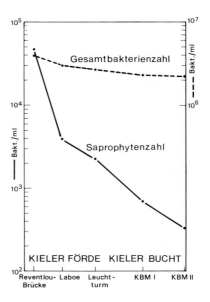

Abb. 50. Gesamtbakterien- und Saprophytenzahl auf einem Schnitt von der Kieler Förde in die weniger belastete Kieler Bucht im Sommer

Bakteriengehalt des Wassers in Küstennähe meist höher als in der offenen See. Grundsätzlich ist er am größten, wo eine starke Zufuhr von Nährstoffen vom Land erfolgt. Das sind neben Flußmündungen die Förden und Bodden. Im einzelnen sind die Verhältnisse natürlich sehr unterschiedlich – so wird man in den Förden und Bodden mit geringem Wasseraustausch in der Regel sehr hohe Bakterienmengen finden. Das gilt z. B. für die Schlei, die nur eine schmale Verbindung mit der freien See hat (vgl. Kap. 6.6), während in der weit geöffneten Eckernförder Bucht sich kaum höhere Werte als in der westlichen Ostsee ermitteln lassen.

Trotz beträchtlicher hydrographischer Unterschiede zeigte die Gesamtbakterienzahl in 5 m Wassertiefe bei einem Schnitt auf der Mittellinie der Ostsee von der Bottenwiek bis in die Kieler Bucht im Spätsommer 1982 nur relativ geringe Schwankungen. Die Werte lagen durchweg zwischen 3 und 4 Mio. Zellen pro ml. Dagegen waren die mittleren Zellvolumina im Bottnischen Meerbusen deutlich höher (0,145 μm^3) als in der Gotland- und Bornholmsee (0,094 und 0,091 μm^3). Die bakterielle Biomasse bewegte sich zwischen 184 und 117 μg C/l. Größere Unterschiede fanden sich bei den Saprophytenzahlen, die von der Bottenwiek zur Gotland- und Bornholmsee von durchschnittlich 7790 auf 690 und 670 abnahmen und in der Beltsee wieder auf 2470 pro ml anstiegen (Gocke u. Rheinheimer 1991a). Wesentlich niedrigere Werte bestimmten Gocke u. Hoppe (1982) in der mittleren Ostsee vor der Frühjahrsplanktonblüte.

Die vertikale **Bakterienverteilung** hängt weitgehend von der Schichtung des Wassers ab, die ihre Ursachen vor allem in Unterschieden von Temperatur und Salzgehalt hat (Kap. 4.4 und 6.1.3). Der Grenzbereich zwischen zwei Wasserkörpern sehr unterschiedlicher Dichte stellt für absinkende Mikroben und feine Detritusteilchen ein Hindernis dar. Deshalb können sich hier Bakterien durch Sedimentation, aber auch durch stärkere Vermehrung infolge der günstigeren Nahrungsbedingungen anreichern (Abb. 51). In den Förden ist das Wasser ebenfalls oft mehr oder weniger stark geschichtet. Dadurch wird die Vermischung von verschmutztem Oberflächenwasser mit dem Tiefenwasser erschwert. Dies hat zur Folge, daß der Bakteriengehalt in der Deckschicht nicht selten um eine Größenordnung höher ist. Durch Stürme kommt es aber immer wieder zu einer vollständigen Durchmischung des Wassers und zu einer Reinigung der Förden durch Eindringen von sauberem Ostseewasser. Der Bakteriengehalt geht entsprechend zurück, und es gibt zunächst kaum Unterschiede zwischen Oberfläche und Tiefe. Jedoch nehmen die Bakterien in der Deckschicht rasch wieder zu, während ihre Zahl im Tiefenwasser nur langsam ansteigt.

Häufig ist der Bakteriengehalt unmittelbar über dem Meeresboden verhältnismäßig groß, da hier durch das Absinken von organischem Material günstige Nahrungsbedingungen herrschen (vgl. Kap. 6.3.3). In flachen Küstenbereichen wird mitunter Sediment aufgewirbelt, das vorübergehend zu einer starken Zunahme der Bakterienmenge im Wasser führen kann. In der zentralen Ostsee finden sich – wie in anderen küstenferneren Meeresgebieten – die Maxima in der photischen Zone, meist in 10 bis 20 m Tiefe. Darunter nehmen die Bakterien stark ab. In der Chemokline, der Grenzzone zwischen sauerstoff- und schwefelwasserstoffhaltigem Wasser, erfolgt ein Anstieg der bakteriologischen Werte. Dann kommt es zu einem abermaligen Rückgang, der bei der Gesamtbakterienzahl weniger ausgeprägt ist als bei der Saprophytenzahl. In Bodennähe nehmen beide Parameter wieder zu (vgl. Abb. 59). Nach Gast u. Gocke (1988) ist der Anteil der großen Zellen im H_2S-haltigen Tiefenwasser besonders hoch und wirkt sich entsprechend auf die bakterielle Biomasse aus.

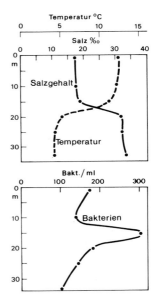

Abb. 51. Salzgehalt und Temperatur sowie Bakteriengehalt (Saprophytenzahl) mit Maximum im Bereich der Sprungschicht im Kattegat im Juni

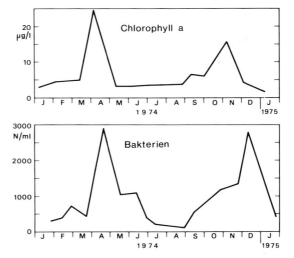

Abb. 52. Jahresgang der Chlorophyll-a-Konzentration als Maß für die Phytoplanktonmenge und Saprophytenzahl in der Kieler Bucht

Der Bakteriengehalt des Ostseewassers weist auch im Laufe der Jahreszeiten Schwankungen auf. So fanden sich in der Beltsee bei monatlichen Untersuchungen im Sommer etwa doppelt so hohe Gesamtbakterienzahlen wie im Winter. Die Saprophytenzahlen zeigten zwei Maxima – eines im Frühling (April/Mai) und ein zweites im Herbst (Oktober/November). Die höchsten Saprophytenzahlen treten hier also erst nach den Produktionsmaxima des Phytoplanktons auf, und zwar immer dann, wenn ein großer Teil des Frühjahrs- bzw. Sommerplanktons abstirbt (Abb. 52). Das Saprophytenminimum findet sich im Sommer, wenn die Phytoplanktonkonzentration infolge von Nährstoffmangel und lebhafter Freßtätigkeit der Zooplankter gering ist (vgl. Kap. 6.2.1). Niedrige Werte gibt es auch im Winter (Januar/Februar). In stark belasteten Bereichen wie z.B. in der Nähe von Flußmündungen oder Abwassereinleitungen kann dagegen das Maximum der Saprophyten im Winter auftreten. Das ist auf die bei niedrigen Wassertemperaturen günstigeren Ernährungsverhältnisse und längere Überlebensdauer der hier zu einem beträchtlichen Teil aus Abwässern stammenden Saprophyten zurückzuführen (Rheinheimer 1977, 1991).

Leider wissen wir nur wenig darüber, was für Bakterien in der Ostsee vorkommen, denn eine vollständige artenmäßige Analyse liegt bislang noch nicht vor. So kann hauptsächlich etwas über die hier vorhandenen **morphologischen** und **physiologischen Gruppen** ausgesagt werden. Die meisten Ostseebakterien sind stäbchen- oder kommaförmige Zellen, die sich mit einer oder mehreren Geißeln fortbewegen können. Häufig sind auch unbegeißelte Stäbchen und Kokken, während spiralförmige Spirillen seltener auftreten (Abb. 53). Nach unseren derzeitigen Kenntnissen scheinen Angehörige der Gattungen P*seudomon*as, *Flavobacterium, Achromobacter* und *Vibrio* weit verbreitet zu sein. Aber auch von den vier Grundtypen abweichende Formen kommen in der Ostsee vor. So finden sich gestielte Bakterien wie *Caulobacter* und *Hyphomicrobium.* Bereits vor fast 150 Jahren entdeckte

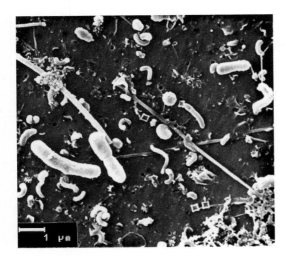

Abb. 53. Bakteriengemeinschaft in der westlichen Ostsee im Juni 1994 (REM Aufn. H. Sich)

der berühmte dänische Naturforscher Ørstedt im Sund den büschelig auf Algen wachsenden *Leucothrix mucor*, und Ferdinand Cohn beschrieb 1865 das Schwefelbakterium *Beggiatoa mirabilis* aus der Kieler Förde. Es handelt sich dabei um Fäden aus zahlreichen Zellen, in denen sich oft Schwefeltröpfchen befinden. Sie können auf dem Meeresboden kriechen. Weiter leben in der Ostsee Actinomyceten, Myxobakterien und Spirochaeten sowie in ihren Randgebieten verschiedene photosynthetische Purpur- und Chlorobakterien. In der Beltsee treten besonders im Spätherbst und Frühling Stäbchen auf, die stern- oder raupenförmige Zellaggregate bilden.

Noch vielfältiger als ihre Morphologie ist die **Physiologie** der Bakteriengemeinschaft. Die größte Gruppe stellen die proteolytischen Bakterien, die Eiweißstoffe und deren Bausteine zersetzen. Weiter gibt es Mikroorganismen, die Zucker, Stärke, Fette, Alkohole, organische Säuren, Kohlenwasserstoffe, Phenole, Zellulose, Chitin u. a. abbauen. Einige Bakterien sind auf einen oder wenige Stoffe spezialisiert – andere hingegen vermögen sehr verschiedene Substanzen anzugreifen. Mehrere Arten können Nitrat (*Shewanella putrefaciens*) oder Sulfat (*Desulfovibrio desulfuricans*) reduzieren. In der westlichen Ostsee kommen Leuchtbakterien (vor allem *Photobacterium phosphoreum*) vor. Nach Schulz (1987) gelangen sie im Darm von Dorsch und Wittling aus der Nordsee hierher. Sie werden mit dem Kot ausgeschieden und können sich im tieferen Wasser entsprechend anreichern. Außer diesen C-heterotrophen Bakterien leben in der Ostsee auch chemoautotrophe Nitrifikanten. Die Nitritbakterien oxidieren Ammonium zu Nitrit und die Nitratbakterien dieses zu Nitrat. Sie finden sich vor allem im sauerstoffhaltigen Wasser unterhalb der photischen Zone und an der Oberfläche von Sandsedimenten, den Bereichen also, wo die stärkste Nitrifikation erfolgt. Sulfurikanten, wie die *Thiobacillus*-Arten, leben vor allem in der Grenzzone von O_2- und H_2S-haltigem Wasser. Letzteres oxidieren sie zu Sulfat. *Thiobacillus denitrificans* kann dazu Nitrat verwenden und spielt in der zentralen Ostsee bei der Denitrifikation eine bedeutende Rolle (Brettar u. Rheinheimer 1991).

Wichtig sind die unterschiedlichen **Salzansprüche**, die eine Einteilung in Süßwasser-, Brackwasser- und Meeresbakterien gestatten. In der westlichen und mittleren Ostsee gibt es hauptsächlich halophile Meeres- und Brackwasserbakterien, die sich optimal bei Salzgehalten zwischen 25 und 40 bzw. 5 und 20 ‰ entwickeln. Die ersteren haben also in der Ostsee keine günstigen Lebensbedingungen, so daß ihr Anteil nach Osten abnimmt. In der nördlichen Ostsee kommen auch in größerer Zahl salztolerante Süßwasserbakterien vor. Diese wachsen zwar am besten in Süßwassermedien – vertragen jedoch gut Salzkonzentrationen bis 50 ‰. Trotz dieser weitgehenden Salztoleranz nehmen sie aber erst bei Salzgehalten unter 8 ‰ deutlich zu. Im übrigen Ostseewasser unterliegen sie offenbar der Konkurrenz der halophilen Brackwasserbakterien, so daß ihr Anteil selbst in Küstengewässern oft gering bleibt, obwohl hier eine ständige Infektion mit Süßwasserbakterien vom Land her erfolgt.

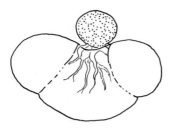

Abb. 54. Niederer Pilz (*Thraustochytrium kinnei*) aus der westlichen Ostsee auf Kiefernpollen

Hinsichtlich der **Temperaturansprüche** gibt es ebenfalls Unterschiede. So finden sich neben mesophilen auch psychrophile Bakterien, die bei niedrigen Temperaturen am besten gedeihen. Ihre Optima liegen unter 20 °C, und sie können sich noch bei 0 °C und darunter entwickeln.

In der Ostsee lebt auch eine größere Anzahl von **Pilzen**. Unter den Phycomyceten (Algenpilzen) sind es vor allem Angehörige der Saprolegniales und Chytridiales. Bei der Mehrzahl handelt es sich um sehr einfach gebaute Formen, die meist aus einem feinen Bläschen auf oder im Substrat bestehen, in das einige winzige Rhizoiden entsandt werden (Abb. 54). Es wächst zu einem Zoosporangium heran und entläßt schließlich zahlreiche, lebhaft bewegliche Zoosporen, die der Verbreitung dienen. Großenteils handelt es sich um halophile Organismen. Viele dieser niederen Pilze sind obligate oder fakultative Parasiten von Algen oder kleinen Tieren. Es gibt aber auch rein saprophytische Formen, die sich von abgestorbenem pflanzlichen und tierischen Material ernähren.

Auch höhere Pilze kommen in der Ostsee vor. So können praktisch überall Hefen nachgewiesen werden, bei denen es sich in der Regel um salztolerante Süßwasserformen handelt. Besonders groß ist die Arten- und Individuenzahl in abwasserbelasteten Gebieten. Höher entwickelte Ascomyceten (Schlauchpilze) und diesen nahestehende Deuteromyceten (*Fungi imperfecti*) sind ebenfalls vertreten. Bei den meisten handelt es sich wieder um salztolerante Formen, die sich vielfach auf abgestorbenem Holz oder Algen entwickeln. Sie bauen großenteils Zellulose und Lignin ab und spielen eine wichtige Rolle bei der Zerstörung von Holzbauten im Wasser.

Viren finden sich in der Ostsee in größerer Menge, als noch vor kurzem angenommen wurde. Das gilt besonders für die Bacteriophagen, die Bakterien befallen. Dabei handelt es sich meist um DNS-Viren. Sie bestehen hauptsächlich aus Nucleinsäuren – also genetischem Material, das von einer Hülle aus Protein, dem Capsid, umgeben wird. Oft sind sie in Kopf und Schwanz differenziert und besitzen zum Teil Tentakeln. Ähnlich gebaut sind die Cyanophagen, die Cyanobakterien (Blaualgen) befallen. Auch in Pilzen, Algen, niederen und höheren Tieren wurden Viren gefunden. Diese vermögen, ebenso wie bestimmte Bakterien und Pilze, bei ihren Wirten Krankheiten hervorzurufen und können Epidemien verursachen.

6.1.2 Mikrobielle Stoffumsetzungen

Klaus Gocke

Die Beziehungen zwischen der Größe von Produktion und Mineralisation der organischen Substanz sind von fundamentaler Bedeutung für den Stoffkreislauf in marinen Biotopen. Die Bedeutung der Bakterien für die Mineralisationsprozesse ist seit langem bekannt, seit relativ kurzer Zeit erst weiß man dagegen, daß die Bakterien auch als Sekundärproduzenten eine wichtige Rolle im Gewässer spielen. Sie nehmen eine zentrale Stellung im sog. „microbial loop" ein, dem komplexen Zusammenwirken von Mikroorganismen und Prozessen, das für die Umwandlung von gelöster organischer Substanz in partikuläres organisches Material und für dessen Einschleusung in die pelagische Nahrungskette verantwortlich ist. (Azam et al. 1983).

Ausschlaggebend für unser jetziges Wissen über Struktur und Funktion der mikrobiellen Komponente des Ökosystems war die Entwicklung neuer Methoden. Besonders zu nennen sind hier die epifluoreszenzmikroskopische Zählung zur Bestimmung der Gesamtbakterienzahl und deren Biomasse sowie die Verwendung von Radiotracern, mit deren Hilfe spezielle bakteriell bedingte Stoffumsetzungen und die **bakterielle Sekundärproduktion** gemessen werden können. Ist letztere bekannt, so läßt sich auch der gesamte, durch Bakterien hervorgerufene Abbau der organischen Substanz berechnen. Dazu wird vielfach angenommen, daß die bakterielle Wachstumseffizienz etwa 50 % beträgt. Wenn die Bakterien z. B. 10 µg organischen Kohlenstoff aus dem Medium aufnehmen, bilden sie hieraus ≈5 µg Zellkohlenstoff und veratmen die restlichen 5 µg C_{org} zur Gewinnung von Energie für ihre Stoffwechselprozesse.

Die Ostsee zeigt eine große jahreszeitliche Variabilität hinsichtlich der Primärproduktion. Da die Bakterien – in ihrer überwiegenden Mehrheit C-heterotrophe Organismen – auf die Lieferung organischer Substanzen angewiesen sind, ist zu erwarten, daß eine enge zeitliche Beziehung zwischen ihnen und dem Phytoplankton zumindest auf den landfernen Stationen besteht. In der Regel erfolgt ein Anstieg der bakteriellen Sekundärproduktion mit der Frühjahrsblüte der Algen. Das Maximum wird etwa zwei Wochen nach dem Phytoplanktonmaximum erreicht. Danach findet vielfach ein Abfall im Frühsommer statt, dem im Spätsommer bei höheren Temperaturen und dem Auftreten der Cyanobakterien (Blaualgen) in der Regel ein erneuter Anstieg folgt (s. Abb. 52). Die Entwicklung eines Herbstmaximums der Bakterienproduktion hängt von den klimatischen Begebenheiten der einzelnen Jahre ab (Kuparinen u. Kuosa 1993). Im Bottnischen Meerbusen mit seinen ungünstigeren Wetterbedingungen tritt dieses Herbstmaximum nicht auf, dagegen wird es regelmäßig in der südlichen Ostsee beobachtet. Die saisonalen Unterschiede der bakteriellen Sekundärproduktion (Abb. 55) können beträchtlich sein. In der Kieler Bucht wurden im Sommer Maximalwerte von 0,8 µg C/l/h und im Winter Minima gemessen, die nahe der Meß-

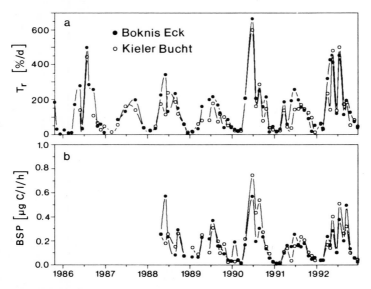

Abb. 55 a, b. Jahresgänge der Umsatzraten von Glukose (**a**) und der bakteriellen Sekundärproduktion (**b**) in 2 m Tiefe in der westlichen Ostsee. (Nach Giesenhagen 1993)

grenze lagen (Giesenhagen 1993). Ebenso deutlich ausgeprägt sind die jahreszeitlichen Variationen der Umsatzraten niedermolekularer gelöster organischer Verbindungen (Abb. 55). Die gesamte Spannbreite der Umsatzraten von Glukose im Ostseeraum liegt zwischen 4300 % pro Tag (in der hocheutrophen Schlei) und ca. 1 % pro Tag (im Winterwasser der zentralen Ostsee). Das entspricht Umsatzzeiten, die im ersten Fall nur 33 Minuten, im zweiten dagegen mehr als 3 Monate betragen.

Die Jahresgänge der bakteriellen Sekundärproduktion von relativ nahe beieinander liegenden Stationen können deutlich voneinander abweichen. So wurde der oben beschriebene Frühsommerabfall zwar im Fehmarn Belt, nicht jedoch am Ausgang der Eckernförder Bucht (Boknis Eck) beobachtet (Giesenhagen 1993). Hierfür ist unter anderem der unterschiedlich große Eintrag allochthonen organischen Materials verantwortlich. Dadurch kann auf der landnäheren Station Boknis Eck die Kopplung Primärproduktion – bakterielle Sekundärproduktion weniger eng sein (Abb. 56). Eine derartige Entkoppelung beider Parameter wird auch aus dem Bottnischen Meerbusen beschrieben, wo ein hoher terrestrischer Eintrag vorliegt (Heinänen 1992).

Im Mittel wurde in den Jahren 1988 bis 1992 auf der Station Boknis Eck 30 g C/m²/a und im Fehmarn Belt 27 g C/m²/a an Bakterienbiomasse produziert (Giesenhagen 1993). Das sind grob gerechnet ungefähr 20 % der Jahresprimärproduktion. Setzen wir eine Wachstumseffizienz von 50 % voraus, so nehmen die Bakterien ca. 40 % der von den Algen (netto) produzierten Substanz auf, von denen sie die Hälfte in bakterielle Biomasse umwandeln

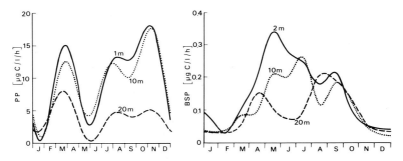

Abb. 56. Mittlerer Jahresgang der potentiellen Primärproduktion (PP) in den Jahren 1986 bis 1992 und der bakteriellen Sekundärproduktion (BSP) am Ausgang der Eckernförder Bucht (Boknis Eck). (Horstmann 1993; Giesenhagen 1993)

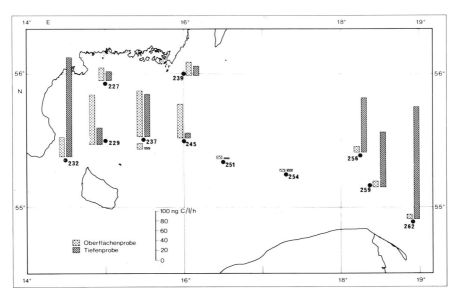

Abb. 57. Regionalverteilung der maximalen Aufnahmegeschwindigkeit von Glukose zwischen dem 2. und 6. Mai 1975. (Das untere Säulenpaar auf Stat. 237 stellt die am 26. April 1975 gemessenen Werte dar.)

und die andere Hälfte mineralisieren. Lahdes et al. (1988) kommen zu ähnlichen Werten für eine allerdings 150 m tiefe Station am Eingang des Golfs von Finnland. Einen großen Teil ihres Nahrungsbedarfs (bis 50 % und mehr) in der photischen Zone decken die Bakterien über die Aufnahme von exudiertem organischem Material.

In einem Meeresgebiet mit regional so unterschiedlichen klimatischen, hydrographischen und chemischen Faktoren ist zu erwarten, daß sich dieses

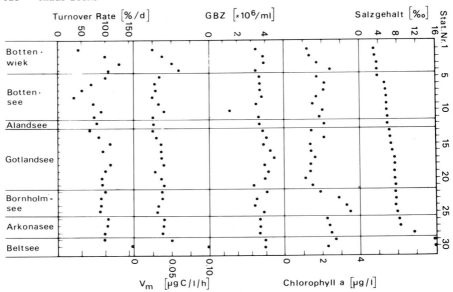

Abb. 58. Regionale Verteilung von Salzgehalt, Chlorophyll a, Gesamtbakterienzahl (GBZ), maximaler Aufnahmegeschwindigkeit (V_m) und Turnover Rate (T_r) von Glukose in 5 m Tiefe zwischen Bottenwiek und Beltsee (Kieler Bucht)

in der **horizontalen Verbreitung** der bakteriologischen Parameter widerspiegelt. Das ist besonders der Fall im zeitigen Frühjahr, wenn in einigen Gebieten die Frühjahrsblüte noch nicht stattgefunden hat oder erst in der Anfangsphase ist, während sie sich in anderen Gebieten bereits auf ihrem Höhepunkt oder schon danach befindet (Abb. 57). Im ersten Fall liegen in der Deckschicht noch die niedrigen Winterwerte der Bakterienzahl und -aktivität vor, in benachbarten Zonen sind sie dagegen deutlich erhöht infolge der verstärkten Zurverfügungstellung organischer Substanz durch die Primärproduktion (Gocke u. Hoppe 1982). Der entgegengesetzte Sonderfall kann dagegen im Spätsommer beobachtet werden. So wurden auf einem Transekt in 5 m Wassertiefe zwischen dem nördlichen Bottnischen Meerbusen und der Kieler Bucht vergleichsweise geringe regionale Unterschiede bei jedoch deutlich erhöhten Werten angetroffen. Erst in der Beltsee nahm speziell die bakterielle Aktivität erheblich zu (Abb. 58). Die bessere und wahrscheinlich gleichmäßige Versorgung der Bakterien mit organischem Material im Spätsommer dürfte für diese relative Uniformität in weiten Bereichen der offenen Ostsee verantwortlich sein (Gocke u. Rheinheimer 1991a). Spätere Untersuchungen in den gleichen Monaten haben allerdings gezeigt, daß die häufig fleckenhafte Verteilung der Cyanobakterien auch zu ausgeprägten kleinräumigen Unterschieden in der Bakterienverteilung führen kann. Bei der Bakterienzahl und Biomasse gibt es nur geringe Unterschiede zwischen der offenen See und den Küstengebieten. Erheblich größer sind jedoch die Unterschiede bei der bakteriellen Sekundärproduktion.

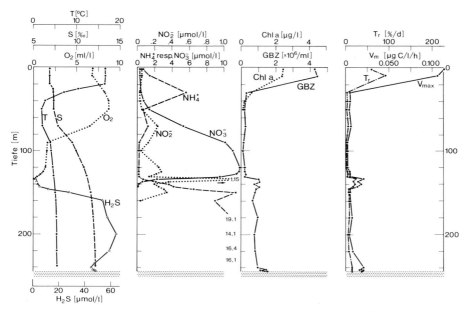

Abb. 59. Vertikalverteilung der Gesamtbakterienzahl und -aktivität (Umsatzrate und max. Aufnahmegeschwindigkeit von Glukose) in Abhängigkeit vom Phytoplankton (Chlorophyll a) und physikalisch-chemischen Parametern im Gotlandtief (August 1986)

Von besonderem Interesse in der Ostsee ist die **vertikale Verteilung** der Mikroorganismen. Normalerweise finden sich die höchsten Bakterienzahlen und -aktivitäten in der durchmischten Deckschicht der Gewässer, speziell in der photischen Zone, da hier die Versorgung der auf organische Substanz angewiesenen Bakterien durch die Primärproduzenten am besten ist. Unterhalb dieser Schicht geht die Bakterienzahl deutlich zurück. Sie steigt oft in unmittelbarer Sedimentnähe wieder an, da das Nährstoffangebot hier durch Diffusion oder Sedimentumschichtung durch das Makrozoobenthos zunehmen kann. Hiervon wird aber nur die unmittelbare Kontaktzone im Zentimeterbereich beeinflußt. Erst bodennahe Wasserströmungen, die genügend stark sind, um zu einer Resuspendierung des Sedimentes zu führen, können auch in größerem Abstand vom Sediment noch zu einem Anstieg der bakteriellen Parameter führen. Letzteres wurde speziell im Bornholm-Gatt beobachtet.

Diese „normale" Verteilung mit hohen Werten in der Deckschicht und niedrigen im Tiefenwasser ist für weite Teile der Ostsee typisch (Rheinheimer et al. 1989). Lahdes et al. (1988) fanden in der nördlichen Ostsee, daß auf die oberen 30 m einer insgesamt 150 m tiefen Station fast 70 % der gesamten bakteriellen Aktivität (Substratabbau und Sekundärproduktion) entfielen. Die zentrale Gotlandsee stellt jedoch eine interessante Ausnahme von dieser Regel dar (Abb. 59). Nach dem größeren Einbruch O_2-reichen

Wassers von 1977 verlor die Tiefenwasserschicht dieses Gebietes langsam ihren Sauerstoff. Bereits 1979 trat Schwefelwasserstoff durch bakterielle Reduktion des Sulfates auf und nahm in den folgenden Jahren bis auf Konzentrationen um ca. 200 μmol/l in der Wassersäule zu (vgl. Kap. 5.1.2). In der Folge entwickelte sich in der Grenzschicht zwischen O_2- und H_2S-haltigem Wasser, der sogenannten Chemo- oder Redoxkline, eine interessante Bakterien- und Protozoenpopulation mit relativ hohen Zahlen und Aktivitäten. Die Rolle der Primärproduzenten übernehmen hier in erster Linie diejenigen Bakterien, die die Energie zum Aufbau ihrer Zellbestandteile aus der Oxidation von reduzierten Schwefelverbindungen beziehen (Abb. 60). Die CO_2-Dunkelfixierung (als Maß für die chemoautotrophe Bildung organischer Substanz) in dieser Schicht betrug 1986 maximal 50 mg $C/m^3/d$. Damit lag sie bei etwa 50 % des Maximalwertes der Primärproduktion. Detmer et al. (1993) fanden im Jahre 1991 eine Dunkelfixierung von sogar 53 mg $C/m^3/d$. Ob diese hohen Werte eine Ausnahme bilden, mag dahingestellt sein, denn 1988 wurden maximal nur 15 mg $C/m^3/d$ gemessen.

Die Bakterienproduktion in der **Chemokline** bildet die Grundlage eines mikrobiellen Nahrungsnetzes mit heterotrophen Nanoflagellaten als Primärkonsumenten. 1988 wurden hier ca. 1500 heterotrophe Nanoflagellaten pro ml gezählt, während oberhalb und unterhalb dieser Schicht nur ca. 200 bis 300 dieser Organismen vorhanden waren (Galvao 1990). Interessant ist weiterhin, daß die mikrobiell bedingten Stoffumsetzungen hier mit erhöhter Geschwindigkeit ablaufen. Die Umsatzraten von gelöster Glukose und Acetat betrugen 20 bzw. fast 100 % pro Tag, d.h. die Pools dieser beiden Substrate wurden in fünf Tagen bzw. an einem Tag einmal umgesetzt. Im Winterwasser dagegen betrugen die Werte nur 1 bis 3 %/d. Hier brauchten die Bakterien demnach zwischen drei und einem Monat, um die im Wasser gelöste Glukose und Acetat einmal umzusetzen.

Oben wurde die Produktion der chemoautotrophen Bakterien in der Chemokline mit der Primärproduktion der Algen in der photischen Schicht

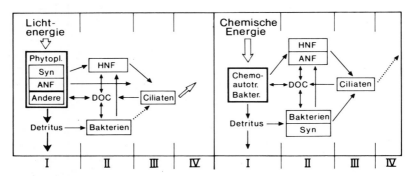

Abb. 60. Schema des mikrobiellen Netzes in der photischen Deckschicht und der Chemokline der Ostsee. Syn = Synechococcus, ANF = autotrophe Nanoflagellaten, HNF = Heterotrophe Nanoflagellaten. (Nach Detmar et al. 1993, verändert)

gleichgesetzt. Strenggenommen ist dieses jedoch nur dann richtig, wenn die reduzierten anorganischen Verbindungen (in erster Linie das H_2S) „jungfräulichen" Ursprungs sind, wie dies z. B. in den heißen Quellen des Pazifiks der Fall ist. In der Ostsee ist das H_2S jedoch hauptsächlich durch bakterielle Sulfatreduktion entstanden, wozu wiederum organisches Material notwendig ist, das direkt oder indirekt in der photischen Zone gebildet wurde. Das bedeutet, daß die Chemosynthese von der Primärproduktion abhängt und letztlich auch nur eine Sekundärproduktion darstellt.

Die bakterielle dissimilatorische **Sulfatreduktion** stellt einen wichtigen Abbauweg der organischen Substanz dar. Ist die Sauerstoffversorgung unzureichend, kann eine „anaerobe Respiration" eintreten, bei der das organische Material mit SO_4^{2-} als Elektronenakzeptor abgebaut und letzteres dabei zu H_2S reduziert wird. Hierbei kommt es zu einer vollständigen Mineralisation der organischen Substanz und nicht nur, wie man früher annahm, zu einem Abbau bis zum Acetat. Da in der Ostsee die Sedimente gewöhnlich vollständig anoxisch oder nur in einer dünnen oberen Schicht oxisch sind, spielt die Sulfatreduktion eine bedeutende Rolle im Stoffkreislauf. Besonders deutlich ist das dort, wo sich das H_2S im Tiefenwasser anreichert (z. B. im Gotland-Tief zwischen 1979 und 1993). Aber auch in den Rinnensystemen der Kieler Bucht führen gelegentlich längere sommerliche Stagnationsperioden zu einer Anreicherung von H_2S. Bei einsetzenden Westwinden mit nachfolgenden Auftriebserscheinungen (vgl. Kap. 4.2) kann das H_2S-haltige Wasser in die Ostseeförden eindringen. Dieses führte 1982, 1986 und 1988 zu Fischsterben in der Kieler Förde, vor allem durch die dadurch bewirkte plötzliche Sauerstoffzehrung.

In der zentralen Ostsee (Gotland-Tief) sind die Sulfatreduktionsraten im Sediment nur relativ gering und im darüber liegenden anoxischen Wasserkörper gar nicht meßbar. Eine einfache Überschlagsrechnung zeigt aber, daß auch hier dieser Prozeß von großer Bedeutung ist. Danach befanden sich 1984 etwa 5 mol/m² H_2S in der Wassersäule. Gemäß der vereinfachten Abbaugleichung $2\ CH_2O + SO_4^{2-} \rightarrow 2\ CO_2 + 2\ H_2O + S^{2-}$ ist 1 Mol Sulfat equivalent zu 2 Mol organischem Kohlenstoff. Demnach wurden mindestens 120 g C/m² seit dem Wassereinbruch von 1977 bis zum Jahre 1984 durch sulfatreduzierende Bakterien abgebaut. Dies entspricht fast der dort jährlich von den Primärproduzenten aufgebauten organischen Substanz, stellt aber mit Gewißheit eine Unterbestimmung dar, denn die insgesamt gebildete Menge an H_2S dürfte erheblich höher gewesen sein. Ein Teil des entstandenen H_2S wird nämlich als Pyrit im Sediment festgelegt, ein weiterer Teil chemisch und schließlich eine sicherlich bedeutende Menge (s. oben) auf biologischem Wege durch chemoautotrophe schwefel-oxidierende Bakterien (hauptsächlich Thiobacillen) wieder zu Sulfat oxidiert.

Anorganische Stickstoffverbindungen sind einer der wichtigsten Faktoren, die die Primärproduktion im aquatischen Milieu limitieren. Dies gilt sowohl für die Ostsee als auch für die meisten anderen Meeresgebiete. In oxischen Wasserkörpern kommt es zu einem geschlossenen Kreislauf des Stickstoffs. Dieser wird aus seinen organischen Verbindungen als NH_4^+ freigesetzt (**Ammonifikation**), kann darauf zu Nitrit und Nitrat oxidiert (vgl. Kap. 5.1.3) und schließlich vom Phytoplankton (und vielen Bakterien) wieder in die organische Substanz eingebaut werden. Zur Ammonifikation ist ein großer Teil der Meeresbakterien in der Lage, die anschließende Nitrifikation (Nitritation und Nitratation) erfolgt dagegen durch wenige Spezialisten vornehmlich aus den Gattungen *Nitrosomonas* und *Nitrobacter,* denen die Oxidation der Stickstoffverbindungen die notwendige Energie für ihre chemoautotrophe Lebensweise liefert. Das Vorliegen von großen Konzentrationen von NO_3 neben kleinen Mengen von NH_4 in oxischen Wasserkörpern unterhalb der photischen Schicht ist ein klarer Hinweis auf die Tätigkeit der nitrifizierenden Bakterien. Die Oxidationsraten in der Ostsee sind allerdings gering, so daß ihre direkte Messung in der Regel nicht möglich ist.

In der zentralen Ostsee liegt ein beträchtlicher Teil des Wasserkörpers unterhalb von 60 bis 70 m, d. h. unter der permanenten Halokline. Da diese eine wirksame Barriere gegen die vertikale Zumischung von Sauerstoff darstellt, kommt es zu mehr oder minder ausgeprägten O_2-Defiziten. Wenn die Sauerstoffkonzentration unter einen Schwellenwert von 0,2 ml O_2/l fällt, können zahlreiche Bakterien eine dissimilatorische Reduktion des Nitrates durchführen (Rheinheimer 1991). Hierbei kann Nitrat bis zum molekularen Stickstoff reduziert werden (**Denitrifikation**), wobei meist organische Substanzen die Elektronendonatoren bilden und dabei vollständig mineralisiert werden.

In der Ostsee ist die Denitrifikation ein wichtiger Stoffwechselweg im Kreislauf der organischen Substanz. Die maximalen Denitrifikationsraten im Tiefenwasser der westlichen zentralen Ostsee liegen bei 2,8 μg N/l/d. Modellrechnungen erbrachten einen mittleren Wert von 0,5 μg N/l/d (Rönner 1985). Die Ergebnisse dieser Berechnungen lassen vermuten, daß ca. 80 % der Denitrifikation im Sediment und 20 % in Bereichen der Wassersäule mit niedrigen O_2-Gehalten stattfinden. In der Chemokline der Gotlandsee konnte nachgewiesen werden, daß neben der organischen Substanz auch H_2S als Elektronendonator für die Denitrifikation dienen kann (Brettar u. Rheinheimer 1991). Die besten Bedingungen für die Denitrifikation finden die Bakterien jedoch in solchen Wasserkörpern, wo ein niedriger O_2-Gehalt, hohe Nitratkonzentrationen und eine gute Versorgung mit organischen Substanzen zusammentreffen. Denitrifikationsbedingte Verluste belaufen sich in der Ostsee auf 470 000 t N pro Jahr. Dieses sind 55 % des gesamten Stickstoffeintrages in die Ostsee (Rönner 1985). Damit stellt die bakterielle Denitrifikation einen effektiven Mechanismus zur Reduzierung der Stickstofffrachten, die aus natürlichen und anthropogenen Quellen in die Ostsee gelangen, dar.

6.1.3 Abbau von partikulärem Material

HANS-GEORG HOPPE

Der Abbau der partikulären Substanzen ist von fundamentaler Bedeutung für den Kreislauf der Elemente in Gewässern. Störungen des Partikelabbaus können durch Trübung und Schlammbildung den Charakter und Nutzwert eines Meeresgebietes entscheidend verändern. Eintrag, Bildung und Abbau von Partikeln sind in der Ostsee von besonderem Interesse, da wegen der geringen Wassertiefe zeitlich und räumlich eine enge Rückkopplung zwischen diesen Prozessen besteht. Der Eintrag von partikulärem Material erfolgt einerseits durch Zuflüsse vom Festland und andererseits durch die autochthone Primärproduktion des Phytoplanktons in der Deckschicht des Meeres und der Makroalgenbestände an geeigneten Küstenstandorten. Der mittlere Gehalt an Partikeln im Tiefenprofil der zentralen Ostsee beträgt etwa 0,5 bis 1 mg/l (Ingri et al. 1991), der Anteil des organischen Materials davon macht ca. 50 % aus. Alle diese Materialien unterliegen Abbauprozessen, da sie Bakterien und Pilzen als Nahrung dienen und durch den Zellmetabolismus veratmet, remineralisiert oder inkorporiert werden. Natürlich tragen auch partikelfressende Tiere zum Abbau bei, sie unterliegen jedoch ihrerseits nach dem Absterben der mikrobiellen Zersetzung und stellen somit eine Zwischenstufe im Abbauprozeß dar. Anorganische Komponenten von Partikeln (Fe, Mn) werden auch durch chemische Prozesse im Wasser freigesetzt. Bestimmte Voraussetzungen können die Intensität des Abbaus von Partikeln beeinflussen:

- Veränderung der Partikelgröße, z.B. durch Zerreibung von Makroalgen im Küstensand, Aggregatbildung von Mikroalgen, die deren Sinkgeschwindigkeit erhöht,
- Veränderungen der Oberfläche durch Adsorption von gelöstem organischem Material und durch bakteriellen Bewuchs,
- Abundanz und metabolische Aktivität der Bakterien.

In der Ostsee werden einige der allgemeinen Abbaukriterien durch Besonderheiten beeinflußt, die sich von der Morphometrie, Hydrographie, dem Klima und den Lebensgemeinschaften dieses Binnenmeeres ableiten. Ein wichtiger Faktor, der die Effektivität des Partikelabbaus in der Wassersäule beeinträchtigt (der Abbau von organischem Material im Sediment wird in Kap. 6.3.3 beschrieben), ist durch die geringe Tiefe der Ostsee gegeben (vgl. Kap. 3.4). Die für den Abbau zur Verfügung stehende Residenzzeit sedimentierender Partikel in der Wassersäule ist daher nur kurz (einige Tage), so daß, im Gegensatz zu tiefen Meeren, noch relativ nährstoffreiche Partikel den Boden erreichen (Giesenhagen u. Hoppe 1991; Abb. 61 und 62). Stürme können in flachen Gebieten bis auf den Boden einwirken und eine Resuspension von abgelagertem Material herbeiführen. Deshalb zeichnet sich die bodennahe Wasserschicht zeitweilig durch eine erhöhte Abbauaktivität aus.

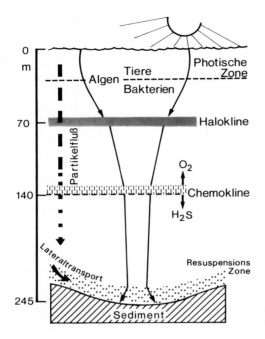

Abb. 61. Schematische Darstellung des Partikelgehaltes und der wichtigsten Abbauzonen partikulärer organischer Substanz in der Wassersäule der Ostsee

Eine hydrographische Besonderheit der Ostsee ist die Ausbildung einer stabilen und permanenten Dichtediskontinuität (Halokline) in 30 bis 70 m Wassertiefe (Abb. 61). Sie deckt mit einer Ausdehnung von 84 000 km^2 fast 40 % der Fläche der Ostsee ab. Die Zunahme der Wasserdichte mit der Tiefe bewirkt eine Verzögerung der Sedimentation; leichte Partikel können im Bereich der Halokline in der Schwebe gehalten werden. Diese Vorgänge führen zu einer Verlängerung der Residenzzeit von sedimentierenden Partikeln, was an einem deutlichen Abbausignal in der Sprungschicht zu erkennen ist (Gast u. Gocke 1988).

Der Abbau des allochthonen Eintrags, also die **Partikelfracht der Flüsse**, beschränkt sich auf den Küstenbereich und deren Sedimente. Allerdings

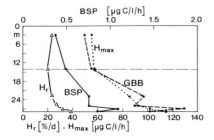

Abb. 62. Tiefenprofile verschiedener Abbauparameter in der westlichen Ostsee. Hydrolyserate des Proteingehaltes (H_r%/d), maximale Hydrolysegeschwindigkeit für Proteine (H_{max}, µg C/l/h), bakterielle Sekundärproduktion (BSP, µg C/l/h) und Gesamtbakterienbiomasse (GBB, µg C/l). Alle Parameter zeigen einen deutlichen Anstieg in der Wasserschicht über dem Grund. (Nach Giesenhagen u. Hoppe 1991

kann es in den Rinnensystemen zu einer Akkumulation solcher Partikel und Weiterverfrachtung in größere Tiefen kommen. Diesem Prozeß des Lateral-transportes (Abb. 61) unterliegen natürlich auch die aus der produktiven Deckschicht auf den Meeresboden sedimentierenden Partikel.

Die morphologischen und hydrographischen Charakteristika der Ostsee begünstigen die Akkumulation von relativ frischem organischen Material in den Senken und durch dessen Abbau die Entstehung von anoxischen oder sulfidischen Wasserkörpern über dem Sediment. Dieses Phänomen tritt generell häufig in seenartigen Küstenlagunen auf, im marinen Bereich wurde es nur in wenigen Binnenmeeren beobachtet (Ostsee, Schwarzes Meer, Hudson Bay sowie dem Cariaco-Graben in der Karibik). Das **Vorkommen von H_2S** im Wasser hat einen bedeutenden Einfluß auf den Abbau sedimentierender Partikel. Tiere kommen als Abbaukonkurrenten zu den Bakterien unter diesen Bedingungen nur noch in der Übergangszone zum oxischen Wasserkörper in Betracht. Der bakterielle Abbau der Partikel wird verzögert (Abb. 61), und die Mineralisierung ist nicht so vollständig wie unter oxischen Bedingungen. Dafür können verschiedene Gründe angeführt werden:

- Bei schnell sedimentierenden Partikeln ist die Zeit für einen Austausch der angehefteten Bakterien, die einen oxischen Metabolismus haben, gegen anaerobe Bakterien zu kurz. Dieser erfolgt erst im Sediment. Solche Materialien werden also in sulfidischem Wasser wenig abgebaut und erreichen das Sediment in relativ unverändertem Zustand. Eine Ausnahme bilden Kotballen, in die anaerobe Bakterien eingeschlossen sind und größere Partikel, die in ihrem Inneren anoxische Verhältnisse aufweisen. In großen Detritusaggregaten („marine snow") kann es zur Bildung anoxischer und sulfidischer Mikrozonen mit entsprechender Bakterienbesiedlung kommen, selbst wenn diese Partikel von oxischem Wasser umgeben sind. Untersuchungen mit Mikroelektroden haben gezeigt, daß die anoxische Zone bis an die Oberfläche der Partikel vordringen kann (Jørgensen et al. 1990).
- Extrazelluläre hydrolytische Enzyme, die von angehefteten Bakterien während der Passage durch den oxischen Teil der Wassersäule gebildet wurden, werden bei dem Eintritt in die sulfidische Zone zu etwa 70 % inaktiviert. Diese bakteriellen Enzyme bauen makromolekulare Naturstoffe ab und bewirken eine Auflösung der Partikel. Außerdem ist der Grad der Hemmung der verschiedenen an diesem Prozeß beteiligten Enzyme durch H_2S unterschiedlich, so daß nicht nur die Effizienz, sondern auch die Qualität des Abbaus verändert wird (Hoppe et al. 1990).
- Ein weiterer Aspekt, der Veränderungen des Abbauprozesses sedimentierender Partikel in sulfidischen Bereichen der Ostsee betrifft, leitet sich von den besonderen stoffwechselphysiologischen Eigenschaften der anaeroben Bakterien ab. Gärungen bewirkende Mikroorganismen, Nitratreduzierer (Denitrifikanten) und Sulfatreduzierer (Desulfurikanten), die unter solchen Bedingungen dominieren, setzen die anfallenden Substrate

meistens mit einer geringeren Wachstumseffizienz um als Bakterien, die gelösten Sauerstoff veratmen. Die Gärer liefern in der Regel die relativ energiearmen Ausgangsprodukte für die anaeroben Atmer, welche die Endmineralisierung herbeiführen. Unter sulfidischen Bedingungen wird der biochemische Weg bis zum Endabbau durch mehrere spezielle Reaktionen, die von verschiedenen Bakterienpopulationen ausgeführt werden, verlängert. Dies kann zur Folge haben, daß der Abbau der auf kurzer Strecke sedimentierenden Partikel unvollständig bleibt. Die hier angeführten Faktoren können zu einer Verzögerung des Partikelabbaus in sulfidischem Wasser führen. Sie sind jedoch noch wenig erforscht. Als Hypothese kann davon ausgegangen werden, daß es nach der Etablierung einer großen sulfidischen Wasserzone über dem Sediment zu einer weiteren Stimulierung der H_2S-Bildung im Sediment kommt, die in der Rückkopplung wiederum den Partikelabbau im Wasser beeinträchtigt.

• Das Klima (vgl. Kap. 4.1) reguliert durch das Lichtangebot die photoautotrophe Partikelbildung und durch die Wassertemperatur auch die bakterielle Abbauintensität. Diese Faktoren wirken sich hauptsächlich auf den Partikelabbau in der durchmischten Deckschicht des Wassers aus, die direkt der Klimaeinwirkung ausgesetzt ist. Im Frühjahr nimmt zunächst die Lichtintensität zu und danach die Wassertemperatur, im Herbst nehmen diese Faktoren in gleicher Reihenfolge ab. Diese Verhältnisse können im Frühjahr in der Deckschicht zu einer Verzögerung des Abbaus abgestorbener Planktonteilchen führen, die im Sommer und Herbst nicht zu bemerken ist. In einem finnischen Meeresgebiet erfolgte bei Wassertemperaturen von 1 bis 4 °C eine Verzögerung des mikrobiellen Abbaus der vorausgegangenen Phytoplanktonblüte um 14 Tage. Die Mineralisierung betrug nur 20 bis 40 % von der Primärproduktion gegenüber 80 % in der Sommerperiode.

Der **mikrobielle Abbau** von Partikeln wird von den physikalisch-hydrographischen Voraussetzungen, hauptsächlich aber auch durch die chemische Qualität der Partikel, die Aggregatbildung sowie die Zahl und Aktivität der Bakterien beeinflußt. Im Oberflächenwasser der Kieler Bucht wurde festgestellt, daß nur etwa 1 bis 20 % der gesamten Bakterien an Partikeln festgeheftet sind, der Durchschnittswert im Jahresgang beträgt 8,2 % (Kim 1985; Abb. 63). Andererseits waren von den vorhandenen Saprophyten, abhängig von der Jahreszeit, 7 bis 63 % an Partikeln zu finden (Hoppe 1984).

Hinsichtlich der **Aggregatbildung** wird in der Ostsee ein Phänomen beobachtet, das Schiffspassagieren bei der Überfahrt im Spätsommer stets ins Auge fällt: die Akkumulation von Cyanobakterien-Flocken an der Wasseroberfläche. Die Matrix dieser Partikel besteht aus *Nodularia-spumigena*-Filamenten, die sich aufgrund ihrer Spiralisierung miteinander verhaken und mehrere Zentimeter große Flocken bilden (vgl. Kap. 6.2.1). Das Mikrobiotop ist mit einer großen Anzahl von Bakterien und Protozoen besiedelt, und es verfangen sich darin auch größere Organismen wie Krebslarven und Rotatorien. Die Flocken sedimentieren in der Anfangsphase jedoch nicht auf

Abb. 63. Jahresgang der partikulären organischen Substanz (POM, mg/l), der Gesamtbakterienbiomasse (GBB, µg C/l) und der Biomasse der angehefteten Bakterien (BAB, µg C/l) in der Kieler Förde. Die angehefteten Bakterien bauen die organischen Partikel ab, ihre Entwicklung zeigt eine starke Ähnlichkeit mit der Kurve des Partikelgehaltes. (Nach Kim 1985)

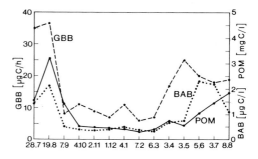

den Boden, sondern sie schweben aufgrund des Auftriebs von eingeschlossenen Gasblasen an die Wasseroberfläche. Die Bakterienzahl an den Filamenten einer einzigen Flocke mittlerer Größe (0,25 cm^3) beträgt etwa $7,5 \times 10^8$ Zellen, was der Konzentrierung der Bakterien aus ca. 0,76 l Wasser entspricht. Die Bakterien ernähren sich offenbar von der hohen Exsudation organischer Stoffe in den Agregaten, die 57 % der Primärproduktion betragen kann (Hoppe 1981). Mit zunehmendem Alter der Flocken sterben Teile der Filamente ab und werden von den in der umgebenden Schleimhülle befindlichen Bakterien abgebaut. Strukturelemente der Filamente können jedoch noch längere Zeit überdauern. Der Endabbau dieser Komponenten, deren Aussehen ihre Herkunft kaum noch erkennen läßt, findet wahrscheinlich in den Sedimenten statt.

Der **biochemische Abbau** von Partikeln erfolgt durch extrazelluläre hydrolytische Enzyme, die von Bakterien gebildet werden und membrangebunden vorliegen. Bei guter Ernährungslage können auch Protozoen mit ihren Verdauungsenzymen, die dann in freier Form ausgeschieden werden, zum Abbau beitragen. Untersuchungen mit Wasser aus einer eutrophierten Ostseeförde haben ergeben, daß die hydrolytische Enzymaktivität von Bakterien, die an Partikel angeheftet sind, pro Zelle etwa 12mal so groß ist wie die Enzymaktivität einer freien Bakterienzelle aus dem umgebenden Wasser (Kim 1985). Durch die hohe Enzymaktivität der angehefteten Bakterien werden größere Mengen von Molekülen aus den Partikeln herausgelöst, als gleichzeitig von diesen Bakterien aufgenommen werden können. Damit tragen die angehefteten Bakterien zur Ernährung der freien Bakterien aus der Umgebung der Partikel bei.

Diese Erscheinungen sind natürlich nicht auf die Ostsee beschränkt. Aufgrund ihrer morphologischen und hydrographischen Charakteristika bestehen dort jedoch besondere Möglichkeiten, die den Prozeß des bakteriellen Partikelabbaus begünstigen. Es gibt in der Ostsee verschiedene Bereiche, in denen sich Partikel anreichern. Das ist der Fall in eutrophierten Förden, bei denen durch Barrieren der Wasseraustausch mit der offenen See behindert wird, und flachen Lagunen, die nur einen schmalen Durchlaß zum Meer haben. Hinzu kommen die Salzgehalts-Sprungschicht, die bodennahe Wasserschicht und die Chemokline (H_2S-O_2-Grenzschicht), in der lebende Partikel absterben und damit dem mikrobiellen Abbau zugänglich werden. In diesen Zentren des Partikelabbaus (vgl. Abb. 61) treten stets z. T. stark erhöhte Werte für die extrazelluläre Enzymaktivität und die Substrataufnahme der Bakterien auf. Gegenüber weniger partikelhaltigem Wasser wird eine besonders starke Zunahme der Proteaseaktivität beobachtet (vgl. Abb. 62); in Abhängigkeit von der Partikelzusammensetzung und den Umweltbedingungen können aber auch andere Enzymaktivitäten (α- und β-Glucosidase, Chitinase, Lipase) stark ansteigen. In der Folge führt die Aktivitätssteigerung des enzymatischen Partikelabbaus zu einer Stimulation der bakteriellen Stoffaufnahme und der Bakterienproduktion (vgl. Kap. 6.1.2).

Einen meßbaren Effekt des Partikelabbaus stellt die Veränderung des **C:N-Verhältnisses** in der partikulären organischen Substanz während der Sedimentation dar. Nach Rönner (1985) steigt das C:N-Verhältnis im Landsort-Tief (459 m) von 6,9 in der euphotischen Zone auf 9,1 im Tiefenwasser an. Dies spricht für eine Abnahme insbesondere von organischen Stickstoffverbindungen während der Sedimentation, die mit der hohen Proteaseaktivität korreliert. Auch in den Sedimenten spiegelt sich offenbar noch der Partikelabbau in Abhängigkeit von der Sedimentationsstrecke wider. So erfolgte im Oberflächensediment entlang eines Tiefengradienten von 47 bis 130 m in der zentralen Ostsee eine Veränderung des C:N-Verhältnisses von 8,2 auf 10,1. Es ist von verschiedenen Autoren der Versuch gemacht worden, den Abbau des organischen Materials (das ursprünglich in der photischen Zone gebildet oder dort eingetragen wurde) auf dem Weg der Sedimentation bis zum Meeresboden zu quantifizieren: Demnach beträgt der Abbau 66 % (Elmgren 1984) oder 83 % (Rönner 1985) für den Abbau von N-Verbindungen. Diese Werte unterliegen natürlich großen jahreszeitlichen und lokalen Schwankungen und sind daher nur als Anhaltspunkte zu betrachten.

Obgleich der Partikelabbau methodisch nur schwer zu erfassen ist, deuten die Ergebnisse neuerer Untersuchungen darauf hin, daß dieser Prozeß in verschiedenen Bereichen der Ostsee von entscheidender Bedeutung für die Entwicklung der Bakterien und die Rückführung anorganischer Nährstoffe innerhalb der Nahrungskette ist. Aufgrund der speziellen Morphometrie und Hydrographie können sich Umwelteinflüsse besonders gravierend auf den bakteriellen Partikelabbau und damit den Zustand der Ostsee auswirken.

6.2 Plankton

Jürgen Lenz

Die Artenzusammensetzung des Planktons ist weitgehend von den besonderen hydrographischen Bedingungen der Ostsee bestimmt. Planktonorganismen sind als im Wasser driftende Lebensgemeinschaften in höherem Maße als andere Pflanzen- und Tiergruppen dem vorherrschenden Strömungsregime unterworfen. So können im Kattegat heimische Arten bis in die mittlere Ostsee vordringen und umgekehrt Organismen der Gotlandsee bis ins Kattegat gelangen. Das Salzgehaltsgefälle von der südwestlichen bis zur nordöstlichen Ostsee beträgt fast 30 ‰. Der Einfluß auf die Artenanzahl oder Diversität ist sehr anschaulich in dem Schema von Remane (Abb. 64) dargestellt. Ein charakteristisches Phänomen des **Brackwassers** ist das Artenminimum bei 5 bis 7 ‰. Aber auch die übrigen von Remane (1958) aufgestellten Brackwasserregeln gelten für Planktonorganismen, so die Größenreduktion mariner Arten und die Submergenz von der Oberfläche in die Tiefe.

Die geologische Geschichte der Ostsee spiegelt sich in dem Vorkommen arktischer Phyto- und Zooplanktonarten wider. Ihre Einwanderung geht wahrscheinlich auf die Zeit des Yoldia-Meeres vor rund 10 000 Jahren zurück, als die Ostsee sowohl zum Skagerrak als auch zum Weißen Meer eine offene Verbindung hatte. Marine Arten sind vermutlich von Westen und limnische über die finnische Seenkette von Osten her eingewandert. Wegen des, erdgeschichtlich gesehen, ephemeren Charakters des Brackwassers gibt es generell nur wenige echte Brackwasserarten. Die Ostsee hat sogar einen endemischen Zooplanktonkrebs, die aus dem Süßwasser stammende Cladocere *Bosmina coregoni maritima*, hervorgebracht. Sie dominiert im sommerlichen oberflächennahen Plankton der mittleren Ostsee (Arndt 1964).

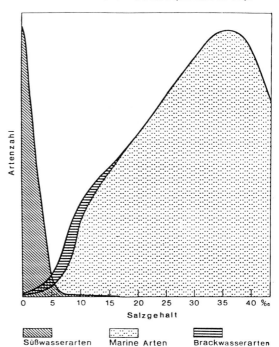

Abb. 64. Die Abhängigkeit der Artenvielfalt vom Salzgehalt. (Nach Remane 1940, verändert)

Süßwasserarten   Marine Arten   Brackwasserarten

Die Abgeschlossenheit der Ostsee und die geringe Wassertiefe im Übergangsgebiet zur Nordsee haben vor allem beim Zooplankton zu einem Ausschluß ganzer systematischer Gruppen geführt, obwohl vereinzelte Exemplare als „Irrgäste" in die westliche Ostsee gelangen können. Zu diesen nicht im Ostseeplankton vertretenen Gruppen gehören die einzelligen Foraminiferen und Radiolarien sowie die pelagischen Mollusken, die Ostracoden und Salpen. Euphausiaceen und große Calaniden (Copepoden) kommen noch bis ins Kattegat vor, wo sie in den tiefen Rinnen die für die tägliche Vertikalwanderung benötigten Tiefen vorfinden. Ihr Fehlen in der eigentlichen Ostsee hat große ökologische Konsequenzen, da dadurch die Hauptkonsumenten der Frühjahrsblüte des Phytoplanktons ausfallen. Das hat zur Folge, daß im Gegensatz zu der nördlichen Nordsee und dem Nordatlantik die Frühjahrsblüte überwiegend sedimentiert und damit nicht in das pelagische, sondern in das benthische Nahrungsnetz eingeht.

Die Lebenswelt des Ostseeplanktons reicht von Bruchteile eines Mikrometers messenden Bakterien bis zu 30 cm großen Ohrenquallen. Die Größenskala umspannt 6 Größenordnungen, betrachtet man die dritte Dimension, die Biomasse, sind es sogar 18 Größenordnungen. Schon allein aus methodischen Gründen bei der Probennahme und Weiterverarbeitung der Stichproben ist es notwendig, eine **Größenklassifizierung** vorzunehmen. In den letzten anderthalb Jahrzehnten hat sich die folgende, frühere Klassifizierungen erweiternde Einteilung nach Sieburth et al. (1978) eingebürgert: Pico- (0,2–2,2 µm), Nano- (2–20 µm), Mikro- (20–200 µm), Meso- (0,2–20 mm), Makro- (2–20 cm) und Megaplankton (20–200 cm). Zusätzlich wird häufig der Begriff Ultraplankton (< 5 µm) verwendet. Die Organismengröße hat eine große ökophysiologische Bedeutung, da alle Stoffwechselprozesse wie Respiration, Exkretion, Wachstum und Vermehrung eine Potenzfunktion des Zell- oder Körpergewichts sind. Bei vergleichbaren Bedingungen können daher kleine Organismen viel schneller wachsen als große. Der Vorsprung wird mit steigender Temperatur zusätzlich gefördert. Diese Konsequenzen sind von ausschlaggebender Bedeutung für das mit der Jahreszeit wechselnde Verhältnis zwischen dem sog. mikrobiellen und klassischen Nahrungsnetz (Lenz 1992).

6.2.1 Phytoplankton

JÜRGEN LENZ

Nach dem gegenwärtigen Kenntnisstand bevölkern rund 6000 marine Phytoplanktonarten, deren systematische Einteilung 15 Klassen und 475 Gattungen umfaßt, den Weltozean mit seinen Randmeeren. In der Ostsee findet man jedoch nur ca. 4 bis 5 %, dennoch sind fast alle 15 Algenklassen vertreten, einige allerdings nur mit einzelnen Arten (Edler et al. 1984; Pankow 1990). Diese Artenarmut beruht auf der geographischen Lage der Ostsee, nämlich ihrer Zugehörigkeit zu der boreal/arktischen Klimazone, und dem Brackwassermilieu. Nur wenige marine Arten tolerieren einen Salzgehalt unterhalb von 10 ‰, wie er für das Oberflächenwasser der eigentlichen Ostsee typisch ist. Von den vorkommenden Arten hat schätzungsweise wiederum nur ein Fünftel, das wären etwa 50 bis 60, eine größere ökologische Bedeutung, indem sie in den regional und saisonal unterschiedlichen Phytoplanktongemeinschaften als dominante Arten hervortreten. Prägenden Charakter haben die Diatomeen und Dinoflagellaten als Vertreter des marinen Planktons auf der einen Seite und die aus dem Süßwasser stammenden Blaualgen und Grünalgen auf der anderen Seite.

Die **Blaualgen** (Cyanophyceen) werden wegen ihres prokaryotischen Zellaufbaus – sie besitzen noch keinen abgegrenzten Zellkern – den Bakterien zugeordnet und daher häufig als Cyanobakterien bezeichnet. Unter den in der Ostsee vorkommenden Blaualgen findet man die kleinsten und größten Vertreter des gesamten Größenspektrums des Phytoplanktons, das vom Pico- bis zum Mesoplankton reicht (vgl. Kap. 6.2). Die Zellen der Gattung *Synechococcus* liegen im Größenbereich von 1 µm und können nur mit Hilfe der Epifluoreszenzmikroskopie auf speziellen Filtern gezählt werden. Die büschelförmigen und verknäuelten Zellkolonien von *Aphanizomenon flosaquae* und *Nodularia spumigena*, die zu den sommerlichen Charakterarten der mittleren und östlichen Ostsee gehören, erreichen dagegen Millimeterbis Zentimetergröße. Ein aufmerksamer Beobachter kann sie im klaren Wasser mit bloßem Auge erkennen. Sie ähneln im Wasser treibenden Staubfusseln oder Sägespänen. Die Blaualgen haben ihren Namen nach den blauen akzessorischen Photosynthesepigmenten, der Phycocyaninen, erhalten. Sie besitzen jedoch auch rote (Phycoerythrine) und gelbe (Xanthophylle) Pigmente, die ihnen eine andere Färbung verleihen können. So haben die beiden genannten Arten eine mehr gelblichbraune Farbe. Gasvakuolen befähigen sie, ihr spezifisches Gewicht zu verändern. So tendieren die Kolonien dazu, sich bei ruhigem Wetter infolge eines leichten Auftriebs an der Wasseroberfläche anzusammeln. Dort werden sie dann durch Oberflächenströmungen infolge von Konvektionsströmungen (Langmuir-Zirkulation) zu feinen Streifen und als Folge von langen internen Wellen zu meterbreiten und kilometerlangen Bändern zusammengetrieben, die weithin sichtbar sind. Diese Ansammlungen der Blaualgenkolonien sind sogar in Satellitenbildern zu erkennen, und sie können dazu dienen, die mesoskalige Turbulenz der Wassermassen sichtbar zu machen. Die gelbbraune Färbung der streifen- und fleckenförmigen Algenansammlungen hat schon häufig Segler veranlaßt, an aufgestiegenes Senfgas aus Munitionsversenkungsgebieten zu glauben.

Der Begriff Phytoplankton kann auf zweierlei Weise definiert werden. Die naheliegendste und am häufigsten verwendete systematische Definition basiert auf der morphologischen Zugehörigkeit zu einer bestimmten Algenklasse. Die Alternative ist die physiologische Definition. Sie setzt die Fähigkeit, Photosynthese betreiben zu können, voraus und ist damit an das Vorhandensein von Chlorophyll gebunden. Die physiologische Definition ist aus ökologischer Sicht von großer Bedeutung, denn sie entscheidet darüber, ob ein einzelliger Organismus zu den Primär- oder Sekundärproduzenten gehört. Ein gutes Beispiel für eine heterotrophe, tierische Lebensweise bietet der bis in die westliche Ostsee vorkommende, mit 0,5 bis 1 mm Durchmesser relativ große Dinoflagellat *Noctiluca scintillans*. Er lebt rein heterotroph und ernährt sich durch Phagozytose, also die Inkorporation von Phytoplanktern und anderen Einzellern. Wie sein Name besagt, erzeugt er das aus szintillisierenden Einzelblitzen bestehende Meeresleuchten, das man an ruhigen Sommerabenden bei leichten Bewegungen des Wassers beobachten kann. Eine andere heterotrophe Dinoflatellatenart *Protoperidinium steinii*, die ebenfalls bis zur Beltsee vorkommt, erzeugt ein diffuses, phosphoreszierendes Leuchten. Sie wurde vor etwa 150 Jahren in der Kieler Förde von einem Arzt, Dr. Michaelis, der an der Kieler Universität lehrte, entdeckt.

Ein Gegenbeispiel von einem tierischen Organismus, der physiologisch und ökologisch als Phytoplankter einzustufen ist, finden wir in dem Ciliaten *Mesodinium rubrum*, der vor allem in der nordöstlichen Ostsee eine größere Rolle spielt. Er lebt in obligater Symbiose mit autotrophen Algenzellen, die als Zooxanthellen in das Protoplasma eingebettet sind und ihn mit ihren Photosyntheseprodukten ernähren. Bei den Zooxanthellen handelt es sich nicht wie bei den symbiotischen Algen in Korallen und anderen Cnidariern um Dinoflagellaten (*Symbiodinium*), sondern interessanterweise um stark reduzierte Cryptophyceen-Zellen.

Phytoplanktonalgen vermehren sich in erster Linie vegetativ durch Zweiteilung. Die meisten Arten weisen zu bestimmten Jahreszeiten ihre maximale Entfaltung auf. Man kann daher zwischen Kaltwasserformen, die im Frühjahr vorherrschen, und Warmwasserformen, die im Sommer und Herbst auftreten, unterscheiden. Jede Art hat eine festgelegte Überlebensstrategie ausgebildet, die dafür sorgt, daß sie jedes Jahr in der für sie optimalen Jahreszeit wieder zur Stelle ist. Eine Möglichkeit, die für holoplanktische Arten gilt, die vor allem in der Hochsee leben, besteht darin, die Population zwischen den Blütezeiten durch wenige Individuen gewissermaßen auf Sparflamme weiterbestehen zu lassen. Genaueres ist darüber noch nicht bekannt. Man weiß jedoch, daß Ruhestadien vorkommen, die den vegetativen Zellen morphologisch gleichen und die man äußerlich nicht voneinander unterscheiden kann. Ein wesentlicher Faktor für solche im Wasser schwebenden Ruhestadien ist daher, daß sie sehr gut austariert sind, damit sie nicht in größere Tiefen absinken, die unterhalb der winterlichen Vertikaldurchmischung liegen. In der mittleren Ostsee reicht diese Durchmischung bis in 60 bis 80 m Tiefe.

Viele Arten, die die flachen Küstenmeere bewohnen, haben eine meroplanktische Lebensweise ausgebildet, die ihr Überleben von einem Jahr zum nächsten sichert. Am Ende der Blütezeit werden **Dauerstadien** oder Zysten gebildet, die auf den Meeresboden absinken. Dort keimen sie im nächsten Jahr wieder aus oder auch innerhalb der Wassersäule, nachdem sie durch Strömungen und winderzeugte Turbulenz aufgewirbelt worden sind.

Zahlreiche Diatomeenarten aus den in der Ostsee vertretenen Gattungen *Thalassiosira*, *Rhizosolenia*, *Chaetoceros*, *Fragilaria* und *Achnanthes* bilden verkieselte Dauerstadien aus. Sie werden teilweise im Sediment begraben und können dann zusammen mit Diatomeenschalen und anderen kieselhaltigen Zellen wie den Stomatozysten, den Dauerstadien von Chrysophyceen, sowie den Skeletten des heterotrophen Silicoflagellaten *Ebria* als Mikrofossilien in Sedimentkernen Auskunft über die Artenzusammensetzung früherer Planktongemeinschaften geben. So wurde in einem Sedimentkern aus der westlichen Gotlandsee eine relative Zunahme planktischer Brackwasserarten während der letzten 100 Jahre gefunden, was auf einen Eutrophierungsprozeß hindeutet.

Eine Reihe von Dinoflagellaten bildet Dauerzysten aus. Ihre aus Zellulose bestehende Wandung ist durch die Einlagerung von Sporopollenin verstärkt und besitzt dadurch eine hohe Festigkeit und Überlebensdauer. Eine systematische Erfassung der in der Ostsee zu findenden Zysten steht erst am Anfang. Eine erste Bestandsaufnahme in der Kieler Bucht förderte keimungsfähige Zysten von Arten zu Tage, die in langjährigen Planktonanalysen aus diesem Gebiet bisher noch nicht gefunden wurden (Nehring 1994a).

Auch Blaualgenarten bilden Dauerstadien aus, die sogenannten Akineten. Für die jährliche Rekrutierung der beiden koloniebildenden Arten *Aphanizomenon* und *Nodularia* gibt es zwei Hypothesen, die Überwinterung durch auf den Meeresboden abgesunkene Akineten oder durch im Tiefenwasser schwebende Fäden, die durch Auftriebsvorgänge im Frühjahr wieder in die euphotische Zone gelangen.

Die Ostsee ist bekannt für ihre eiszeitliche **Reliktfauna** (vgl. Kap. 6.3, 6.4). So finden wir auch im Phytoplankton einige Arten, die ihre Hauptverbreitung in der Arktis haben und an die frühere Verbindung zum Eismeer erinnern. Als Beispiel seien vier Diatomeen genannt, die neben der Kälteresistenz eine hohe Salzgehaltstoleranz aufweisen, die sie befähigt, im ausgesüßten Schmelzwasser und damit auch im Brackwasser der Ostsee zu gedeihen. Es handelt sich um *Thalassiosira baltica, Melosira arctica* (früher *M. hyperborea* genannt), *Nitzschia frigida* und *Achnanthes taeniata. Melosira arctica* und *Nitzschia frigida* gehören zu den typischen Eisalgen, die die Unterseite von Eisschollen besiedeln, aber auch im Plankton vorkommen. *Achnanthes taeniata* kann ebenfalls im Eis gefunden werden, trägt jedoch mehr planktischen Charakter. Diese Arten gehören als Kaltwasserflora zum Frühjahrsplankton der Ostsee.

Die **Frühjahrsblüte** (März/April für Kattegat und Beltsee, April/Mai für die mittlere und östliche Ostsee, Juni für die Bottenwiek) wird in allen Regionen in der Regel von Diatomeenarten dominiert (siehe Tabelle am Ende des Buches). Darunter befindet sich auch *Achnanthes taeniata*, die vor allem in der mittleren und östlichen Ostsee hervortritt und dort an erster oder zweiter Stelle steht. In der westlichen Ostsee bis zur Arkonasee ist *Detonula confervacea* die typische Frühjahrsblütenart. Auch *Skeletonema costatum*, die vom Kattegat bis zum Finnischen Meerbusen auftritt, gehört dazu. Interessanterweise finden sich in der mittleren und östlichen Ostsee auch einige Dinoflagellatenarten im Frühjahrsplankton. *Gonyaulax catenata* ist eine Kaltwasserform des Brackwassers (Edler et al. 1984). Die während der Frühjahrsblüte aufgebaute Biomasse spiegelt den Trophiegrad der einzelnen Regionen wider. Der eutrophen, flachen und noch marin bestimmten westlichen Ostsee, deren Einfluß sich bis in die Arkonasee verfolgen läßt, steht die oligotrophe, tiefe und mehr limnische mittlere und östliche Ostsee gegenüber. Der Finnische Meerbusen bildet durch einen höheren Trophiegrad eine Ausnahme.

Nach der Frühjahrsblüte, die durch die Aufzehrung der Nährstoffe beendet wird, folgt eine sogenannte „Nach-Blütenphase" (Post-Spring Bloom-Phase), die durch einen besonders geringen Phytoplanktonbestand gekennzeichnet ist. Während dieser Zeit herrschen kleine Flagellaten vor, in der Kieler Bucht typischerweise der Dinoflagellat *Prorocentrum balticum* (früher *Exuviella baltica*) (Smetacek et al. 1987). Auf diese Zwischenphase folgt die Sommersituation (Juni/September) und vom Oktober bis zum Jahresende die Herbstblüte.

Die **sommerliche Entwicklung** des Phytoplanktons ist gekennzeichnet durch das Vorherrschen von Dinoflagellaten und Blaualgen. Die schon erwähnten koloniebildenden Cyanobakterien *Nodularia spumigena* und *Aphanizomenon flos-aquae* beherrschen die mittlere Ostsee von der Arkonasee bis zum Finnischen Meerbusen, wobei die letztere etwas weiter nach Osten versetzt vorkommt. Aber auch einzelne Diatomeenarten gehören zum typischen Sommerplankton, in der westlichen Ostsee sind es *Cerataulina pelagica* und *Rhizosolenia fragilissima*, während *Thalassionema nitzschiodes* und *Coscinodiscus granii* weiter im Osten stärker hervortreten. In der östlichen Ostsee spielen auch die Cryptophyceen eine größere Rolle. Bemerkenswert ist in der Bottenwiek das Hervortreten des schon erwähnten autotrophen Ciliaten *Mesodinium rubrum*, so benannt nach seinen rötlich gefärbten Chloroplasten.

Im Herbst dominieren Dinoflagellaten und Diatomeen, zum Teil sind es Arten, die schon im Sommer vorherrschten. Unter den neu hinzugekommenen findet sich in einigen Gebieten auch wieder *Thalassiosira baltica*, die uns als Kaltwasserform bereits im Frühjahr begegnet ist. In der östlichen Ostsee behaupten sich die Cryptophyceen bis in den Herbst hinein.

In Abb. 65 ist eine Auswahl typischer Arten der mittleren Ostsee zusammengestellt. Das Größenverhältnis ist nur annäherungsweise, jedoch nicht maßstabgerecht wiedergegeben. Es handelt sich hier um im Lichtmikroskop gut identifizierbare Formen, die in der Regel über 20 µm groß sind und zum Mikroplankton gehören. Zum **Nanoplankton** (Zwergplankton) gehören einige Flagellaten und Cryptomonaden, während unter Ultrananoplankton im Herbst in der Bottenwiek winzige Phytoplankter unter 2 bis 5 µm gemeint sind. Diese Sammelbezeichnungen finden deshalb Verwendung, weil sie Artidentifizierung während der normalen Phytoplanktonanalyse nicht möglich ist. Es kann nur die Größe dieser kleinen Flagellaten, die häufig auch als µ-Flagellaten bezeichnet werden, festgestellt und daraus die Biomasse berechnet werden. Ihre genaue Bestimmung erfordert eine lange Einarbeitungszeit und spezielle Mikroskopiermethoden wie die Epifluoreszenz- und Elektronenrastermikroskopie. Ein bedeutender Vertreter des kleinsten

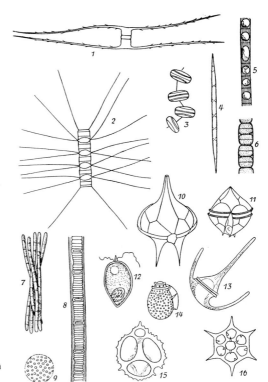

Abb. 65. Eine Auswahl typischer Phytoplanktonarten in der mittleren Ostsee: *1 Chaetoceros danicus, 2 Ch. holsaticus, 3 Thalassiosira baltica, 4 Rhizosolenia hebetata* f. *semispina, 5 Skeletonema costatum, 6 Melosira moniliformis (1–6* Diatomeen), *7 Aphanizomenon flos-aquae, 8 Nodularia spumigena, 9 Coelosphaerium* sp. *(7–9* Blaualgen*), 10 Protoperidinium depressum, 11 P. pellucidum, 12 Prorocentrum micans, 13 Ceratium tripos, 14 Dinophysis baltica, 15 Ebria tripartita* (heterotroph) *(10–15* Dinoflagellaten), *16 Dictyocha speculum* (Dictyochophyceen, *15* u. *16* früher als Silicoflagellaten zusammengefaßt). (Aus Gessner 1957)

Phytoplanktons in der Größenklasse des Picoplanktons ($< 2\ \mu$m) ist die weltweit verbreitete kokkale Cyanobakteriengattung *Synechococcus*, die die sommerliche Ostsee bis nach Finnland hin bevölkert (Kuosa 1990).

Einen Eindruck von der Artenzusammensetzung des Pico- und Nanoplanktons vermittelt Abb. 66. Es handelt sich größtenteils um Flagellaten. *Nannochloropsis* – sie gehört zu der nur aus einer Gattung mit 3 Arten bestehenden Klasse der Eustigmatophyceen – weist ebenso wie die nicht abgebildete *Synechococcus* keine Geißeln auf.

Diese winzigen Phytoplankter spielen eine wichtige Rolle in dem sogenannten **Nahrungsnetz der Mikroorganismen** (microbial food web), das dem klassischen Nahrungsnetz, das auf den größeren Phytoplanktern aufbaut, gegenübergestellt wird. Das Nahrungsnetz der Mikroorganismen, in dem die Phytoplankter zusammen mit den freilebenden Bakterien von heterotrophen Nanoflagellaten und Ciliaten gefressen werden, ist wegen der Kleinheit der Organismen und des damit verbundenen hohen Stoffumsatzes besonders gut an die sommerlichen Verhältnisse in höheren Breiten angepaßt. Denn die Aufrechterhaltung des Phytoplanktonwachstums im nährstoffverarmten Oberflächenwasser erfordert eine schnelle Regeneration der

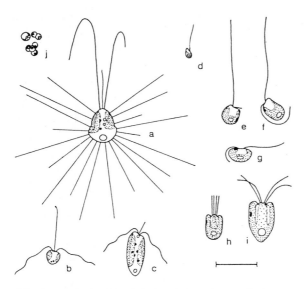

Abb. 66. Einige charakteristische Pico- und Nanoplanktonarten der Ostsee: *a Chrysochromulina spinifera, b C. minor, c Prymnesium parvum, d Micromonas pusilla, e Mantoniella squamata, f Nephroselmis pyriformis, g N. minuta, h Pyramimonas virginica, i P. aff. orientalis, j Nannochloropsis* sp. (*a–c* Prymnesiophyceen,. *d–i* Prasinophyceen, *j* Eustigmatophyceen) Maßstab 10 μm. (Aus Hällfors u. Niemi 1986)

lebensnotwendigen Nährstoffe. Diese erfolgt, durch die hohen Temperaturen zusätzlich gefördert, durch den bakteriellen Abbau und die Exkretion der heterotrophen Glieder des Nahrungsnetzes.

Bevorzugt in den Sommermonaten können sogenannte **außergewöhnliche Phytoplanktonblüten** auftreten. Sie hängen von dem Zusammentreffen besonders günstiger Umweltbedingungen ab. Dazu gehört zunächst eine Saatpopulation einer Art mit hohem Vermehrungspotential, die zum rechten Zeitpunkt an der richtigen Stelle sein muß. Das bedeutet, daß sie bei dem Eintreten guter Wachstumsbedingungen gewissermaßen in den Startlöchern bereitstehen muß, um sich gegen etwaige Konkurrenten durchsetzen zu können. Zu den günstigen Bedingungen gehören ein hoher Nährstoffgehalt, eine ruhige Wetterlage mit hoher Einstrahlung, eine stabile Wasserschichtung, die das Verbleiben der Algen in der lichtdurchfluteten euphotischen Zone sichert, und das Fehlen von Freßfeinden.

Solche Blüten werden häufig in Küstennähe und bevorzugt in Meeresbuchten, Fjorden und Förden aber auch an Fronten beobachtet. Die Vermutung liegt nahe, daß die betreffenden Arten durch Advektion im Tiefenwasser hierher geraten. Die Wassermassen, in denen sie ursprünglich nahe der Meeresoberfläche lebten, wurden durch Überschichtung mit salzärmerem Küstenwasser zum Tiefenwasser, in dem sich durch bakteriellen Abbau der herabsinkenden partikulären organischen Substanz, durch Exkretion der tierischen Organismen und den Kontakt mit dem Meeresboden Nährstoffe ansammeln. Durch ablandige Winde in abgeschlossenen Meeresgebieten – in der westlichen Ostsee sind es in erster Linie die Förden – kommt dieses nährstoffreiche Tiefenwasser mit einer solchen Saatpopulation an die Oberfläche. Setzt nach dem Auftriebsprozeß eine länger dauernde Hochdrucklage ein, findet die Saatpopulation optimale Wachstumsbedingungen. Potentielle Freßfeinde sind meist nur in geringer Anzahl vorhanden und dann in der Regel auch nicht in der Lage, mit der schnellen Vermehrung der Algen mitzuhalten.

Ein typisches Beispiel für eine solche, höchstwahrscheinlich durch Advektion hervorgerufene außergewöhnliche Algenblüte ist die des Dinoflagellaten *Prorocentrum minimum* in der Kieler Förde. Sie wurde erstmalig 1984 aufgrund einer rotbraunen Verfärbung des Wassers entdeckt (Kimor et al. 1985). In den nachfolgenden Jahren hat sich diese Blüte mehr oder weniger fest etabliert, so daß man jetzt mit einer gewissen Regelmäßigkeit ihr jährliches Auftreten im Spätsommer erwarten kann. Ein anderer kleiner Dinoflagellat, der im Sommer ebenfalls auffällige lokale Blüten in der westlichen Ostsee bilden kann, ist *Heterocapsa triqueter*.

Zu den Dinoflagellaten gehört auch eine Reihe von **toxischen Arten** (Granéli et al. 1990). Man unterscheidet zwischen den Arten, deren Toxine sich in der Nahrungskette anreichern, z. B. in Muscheln, und die dann dem Endkonsumenten, in diesem Fall dem Menschen, gefährlich werden können, und solchen, die Toxine ins freie Wasser abgeben. Diese können z. B. aufgrund hämolytischer Eigenschaften zu Fischsterben in Käfighaltungen führen. Zu den erstgenannten, den Menschen gefährdenden Giften gehören das DSP (diarrhetic shellfish poisoning), verursacht von mehreren *Dinophysis*-Arten, sowie das im Extremfall tödlich wirkende PSP (paralytic shellfish poisoning), das unter anderen von *Gonyaulax tamarensis* erzeugt wird. Ein Vertreter des zweiten giftproduzierenden Algentyps ist *Gyrodinium aureolum*. Die genannten Arten kommen im Kattegat vor und gelangen bis in die Beltsee und angrenzende Regionen. Toxizitätsfälle sind jedoch nur aus dem Kattegat bekannt.

Das größte Aufsehen hat dort 1988 das Auftreten der medienwirksamen „Killeralge", der Prymnesiophycee *Chrysochromulina polylepis,* erregt. Ihr ins freie Wasser abgegebenes Gift hat nicht nur wirbellose Bodentiere und Fische getötet, sondern sogar Makroalgen. Ihre Massenvermehrung war eine bislang einmalige Erscheinung. Als mögliche Ursache für ihre hohe Toxizität, die in den nachfolgenden Jahren nicht wieder aufgetreten ist, gilt ein gestörtes Gleichgewichtsverhältnis zwischen Stickstoff und Phosphor im Nährstoffangebot, das auf die aus der Landwirtschaft stammende Stickstoffüberdüngung des Wassers zurückgeführt wird.

Einige der in der Ostsee vorkommenden koloniebildenden Blaualgen wie *Anabaena flos-aquae, Microcystis spec.* und *Aphanizomenon flos-aquae* sind dafür bekannt, daß sie im Süßwasser Neurotoxine produzieren können, in der Ostsee selbst ist bisher nur *Nodularia spumigena* als potentiell giftige Alge aufgefallen. Sie erzeugt ein Hepatoxin, das den Namen Nodularin erhalten hat. In der Beltsee und an der Küste Gotlands sind einige Fälle bekannt geworden, in denen Hunde an diesem Gift gestorben sind.

Insgesamt kann man das Resümee ziehen, daß die Ostsee mit Ausnahme des Kattegats und den oben genannten Nodularin-Vergiftungen bisher von giftigen Algenblüten verschont geblieben ist. Die Gefahr bleibt jedoch weiter bestehen. So sind zum Beispiel kürzlich keimfähige Zysten des PSP produzierenden Dinoflagellaten *Gymnodinium catenatum*, der an der iberischen Atlantikküste in Portugal und Nordspanien die Muschelfischerei stark beeinträchtigt, in der Kieler Bucht entdeckt worden (Nehring 1994b).

Die einzelligen Algen des Phytoplanktons gehören zusammen mit den Seegraswiesen und den benthischen Mikro- und Makroalgen zu den Primärproduzenten des Ökosystems der Ostsee. Während die benthischen Pflanzen größtenteils nach dem Absterben die Detritusnahrungskette für Mikroorganismen und im Benthal lebende Suspensions- und Sedimentfresser speisen, stellen die Phytoplankter die Nahrungsgrundlage der pelagischen Lebensgemeinschaften. Es muß jedoch gleich hinzugefügt werden, daß sedimentierende Planktonblüten ebenfalls den Benthostieren zugute kommen und um so bedeutungsvoller für sie sind, je tiefer und küstenferner die betreffenden Meeresgebiete sind. Beide Lebensgemeinschaften des Pelagials und Benthals zahlen ihren Tribut an die Fischerei, deren gegenwärtiger Jahresertrag in der Größenordnung von 1 Mio. t liegt.

Die Höhe der **Primärproduktion** wird von dem Nährstoffangebot bestimmt, das den Algen in der euphotischen Zone zur Verfügung steht. Entscheidend sind, wenn man von eventuell begrenzenden Spurenelementen absieht, die limitierend wirkenden Stickstoff- und Phosphorkonzentrationen, die während der produktionsarmen Winterzeit größtenteils als Nitrat und Phosphat vorliegen (vgl. Kap. 5.1.3). Die Verfügbarkeit dieser beiden Elemente bestimmt den Trophiegrad eines Gewässers. Aberntbar ist genaugenommen nur die sogenannte „neue Produktion", die auf den dem System neu hinzugeführten Nährstoffen beruht. Die Zufuhr erfolgt durch die winterliche Vertikaldurchmischung sowie durch den Eintrag vom Land und über die Atmosphäre. Bei dem letzten handelt es sich in erster Linie um Stickstoff. Wenn im Sommer durch die Ausbildung einer Sprungschicht die euphotische Zone von dem Nährstoffnachschub aus dem darunterliegenden nährstoffreicheren Tiefenwasser abgeschnitten ist, erhält sich das System durch die sogenannte „regenerierte Produktion", die auf der schnellen Rezirkulation der verbliebenen Nährstoffe beruht. Es wurde schon ausgeführt, daß das Nahrungsnetz der Mikroorganismen bei dem notwendigen schnellen Stoffumsatz eine entscheidende Rolle spielt.

Eine ebenso große Bedeutung wie die Nährstoffe hat das Lichtangebot für die Primärproduzenten. Es hängt von dem Jahresgang der Einstrahlung, der Klarheit des Wassers und der Ausbildung einer stabilen Wasserschichtung im tiefen Wasser ab. Der dritte wichtige Umweltfaktor ist die Temperatur. Sie bestimmt zwar nicht die absolute Höhe der erzeugten organischen Substanz, wohl aber die Produktionsleistung pro Zeiteinheit. Hohe Temperaturen sind bei sonst gleichem Licht- und Nährstoffangebot wachstumsfördernd und niedrige entsprechend wachstumshemmend.

Die Abb. 67 verdeutlicht den kausalen Zusammenhang zwischen Lichteinstrahlung, unterstützt von der Wassertemperatur, und der täglichen Primärproduktionsrate am Beispiel eines Jahresgangs. Der Phytoplanktonbestand wurde als Chlorophyll-a-Gehalt gemessen und über eine Wassertiefe von 20 m integriert. Man erkennt die Frühjahrsblüte, die allerdings im Untersuchungsjahr 1973 sehr schwach ausfiel. Es folgt ein wechselvolles Auf und Ab während der Sommermonate mit einer zweiten Blüte im Herbst, worauf der Bestand auf ein winterliches Minimum absinkt. Die Primärproduktionsrate ist natürlich auch von der Bestandshöhe des Phytoplanktons abhängig, aber diese Abhängigkeit ist gegenüber dem Einfluß von Licht und Temperatur mehr von nachgeordneter Bedeutung. Der Minimalwert im Juni, der einem Maximalwert der Produktionsrate gegenübersteht, ist jedoch ein Extrembeispiel, bei dem eine Fehlbestimmung nicht auszuschließen ist.

Dieser am Beispiel der Kieler Bucht dargestellte Jahresgang der Phytoplanktonentwicklung erfährt mit zunehmender geographischer Breite eine zeitliche Zusammendrängung entsprechend der Verkürzung der Vegetationsperiode (Abb. 68). Das Einsetzen der Frühjahrsblüte verschiebt sich um etwa zwei Monate vom März/April in der westlichen Ostsee bis zum Mai/Juni in der Bottenwiek. Auf die Dinoflagellaten- bzw. Blaualgenblüte im Sommer folgt im Herbst noch eine Diatomeenblüte, die im Finnischen Meerbusen nicht immer und in der Bottenwiek gar nicht mehr erscheint. Angedeutet in dieser schematischen Darstellung ist auch der oligotrophe Status der Bottenwiek.

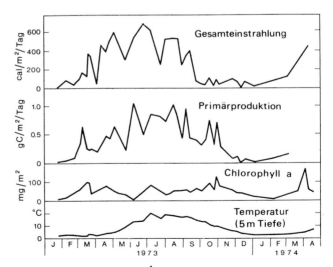

Abb. 67. Jahresgang der Einstrahlung, der Primärproduktion, des Chlorophyll-a-Gehaltes und der Wassertemperatur in 5 m Tiefe bei Boknis Eck in der westlichen Kieler Bucht. (Nach v. Bodungen 1975)

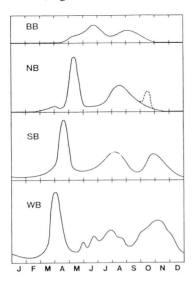

Abb. 68. Schematische Darstellung der jahreszeitlichen Entwicklung des Phytoplanktonbestandes in den verschiedenen Regionen der Ostsee. *BB* Bottenwiek, *NB* Bottensee, Finnischer Meerbusen und nördlicher Teil der Mittleren Ostsee (gestrichelt eine gelegentlich vorkommende herbstliche Diatomeenblüte), *SB* südlicher Teil der Mittleren Ostsee, *WB* Westliche Ostsee. (Aus Hällfors u. Niemi 1986)

Auf die Frühjahrsblüte folgt mit einer zeitlichen Versetzung von mehreren Wochen mit dem Heranwachsen der ersten Copepodengeneration das Maximum der Zooplanktonentwicklung. Die kleinen Copepodenarten der Ostsee sind jedoch nicht in der Lage, die gesamte Frühjahrsblüte zu nutzen. Die Folge ist, daß ein hoher Anteil sedimentiert und die Benthosorganismen mit Nahrung versorgt.

Die Abb. 69 gibt einen Überblick über die Höhe der Primärproduktion in der gesamten Ostsee, allerdings unter weitgehendem Ausschluß von Beltsee und Kattegat. Man erkennt die Abhängigkeit der Jahresprimärproduktion vom Klima und Trophiestatus, die in der Bottenwiek zu einem Minimalbetrag von etwa 25 g C/m^2 führt. Dies ist etwa nur ein Zehntel des Betrages in der eutrophierten Beltsee und im Kattegat, wo 1989 sogar etwa 290 g C/m^2 gemessen wurden (Richardson u. Christoffersen 1991). Bemerkenswert ist, daß in manchen Regionen die Variation der Jahresprimärproduktion in aufeinanderfolgenden Jahren erstaunlich gering und in anderen Regionen dagegen außerordentlich hoch ist. Es können klimatologische Jahresunterschiede dafür verantwortlich sein oder aber auch eine unterschiedliche Probennahmefrequenz auf den einzelnen Stationen.

Vergleicht man den Fischereiertrag von rund 1 Mio. t mit dem mittleren Primärproduktionswert von rund 125 g C/m^2, so erhält man unter Annahme, daß 10 % des Fischnaßgewichtes auf Kohlenstoff entfallen, bei einer Flächengröße der Ostsee von 400 000 km^2 einen Verhältniswert von 0,002. Das bedeutet, daß etwa ein Fünfhundertstel der von dem Phytoplankton geleisteten Primärproduktion in der Ostsee als Nutzfisch geerntet wird. Bei dieser Überschlagsrechnung haben wir die benthische Primärproduktion außer acht gelassen. Ihr Beitrag beläuft sich jedoch, auf die gesamte Ostsee bezogen, schätzungsweise auf etwa 5 % der pelagischen Produktion.

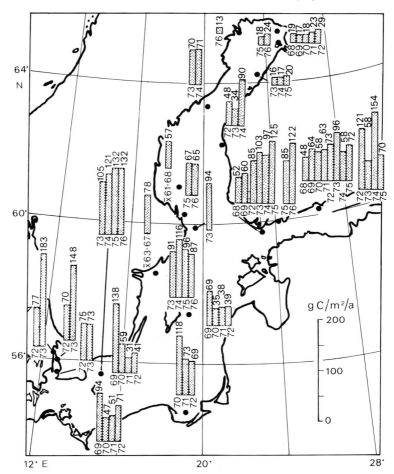

Abb. 69. Die jährliche Primärproduktion in den verschiedenen Regionen der Ostsee im Zeitraum 1968 bis 1975. Über den Säulen die Jahresproduktionswerte, darunter die Jahre. (Nach Lassig et al. 1978, verändert)

Eine herausragende Rolle im Stoffhaushalt der Ostsee spielen die schon mehrfach erwähnten Blaualgen, *Anabaena flos-aquae* sowie vor allem *Aphanizomenon flos-aquae* und *Nodularia spumigena*, aufgrund ihrer Fähigkeit, molekularen Stickstoff zu binden, der als Luftbestandteil im Wasser gelöst ist. Die **N₂-Fixierung** erfolgt in speziellen Zellen, den dickwandigen Heterozysten, mit Hilfe des Enzyms Nitrogenase, das N_2 zu NH_4^+ reduziert. Diese Reaktion kann nur unter Sauerstoffausschluß stattfinden, da dieses Enzym sehr empfindlich gegen Sauerstoff ist. Man nimmt an, daß die chemische Evolution dieses Enzymkomplexes schon vor über 2,5 Mrd. Jahren in der noch sauerstofffreien Atmosphäre erfolgt ist. Die Ausbildung von Heterozysten wird durch das Fehlen von verfügbaren Stickstoffverbindungen, vor allem NH_4^+, im Umgebungswasser gefördert. Diese N_2-fixierenden Algen können daher gedeihen, wo Stickstoffmangel vorherrscht, aber noch Phosphat vorhanden ist. Kennzeichnend für solche Gewässer ist ein niedriges atomares N : P-Verhältnis von unter 10. Als Normrelation im marinen Milieu gilt das sogenannte „Redfield-Verhältnis" von 16 : 1. Der molekulare Stickstoff N_2 ist in diesem Verhältnis nicht berücksichtigt.

Das Gebiet der mittleren oder eigentlichen Ostsee (Baltic Proper) von der Arkonasee bis Finnland, in dem die sommerliche Blüte der stickstofffixierenden Blaualgen dominiert, ist durch ein niedriges N : P-Verhältnis gekennzeichnet. Dieses wird auf die **Denitrifizierung** im anoxischen Tiefenwasser der tiefen Becken zurückgeführt, wo NO_3^- über NO_2^- zu N_2 reduziert wird. Durch Auftriebsprozesse und den Zustrom neuen Tiefenwassers findet letztlich eine Durchmischung mit dem Oberflächenwasser statt. Die Denitrifizierung liegt mit rund 500 000 t N_2 in derselben Größenordnung wie der Stickstoffeintrag durch die Flüsse. Ganz anders verhält es sich mit der Bottenwiek, wo keine Blaualgenblüten vorkommen. Hier ist das N : P-Verhältnis ausgesprochen hoch und weist wie im Süßwasser auf eine Phosphorlimitation hin.

Die Stickstofffixierung wird mit Hilfe der Azetylen-Reduktionsmethode über die Nitrogenaseaktivität der Blaualgen in Wasserproben gemessen (Hübel u. Hübel 1980). Finnische Autoren schätzen, daß die Blaualgen in der mittleren Ostsee und dem Finnischen Meerbusen in den drei Sommermonaten etwa 100 000 t Stickstoff fixieren. Durch die Umwandlung in organische Verbindungen und anschließende Remineralisation wird durch diesen Stickstoffeintrag der Denitrifikationsverlust wieder ausgeglichen. Zu welchem Prozentsatz ist jedoch ungewiß, da die Blaualgenkolonien kaum gefressen werden und wahrscheinlich zu einem beträchtlichen Teil als Aggregate sedimentieren und so der Stickstoffgewinn dem Oberflächenwasser wieder verlorengeht.

6.2.2 Zooplankton

Lutz Postel

Die Grenze zwischen Tier- und Pflanzenreich und damit auch zwischen Phyto- und Zooplankton verläuft durch die **Protozoen**. Erschwert wird die Zuordnung bei mixotropher Ernährungsweise, wobei ein Organismus zeitweise als Produzent oder als Konsument fungiert. Den Ausschlag dafür geben äußere Faktoren, vor allem das Lichtangebot. Das Spektrum des Zooplanktons reicht von diesen meist mikrometergroßen Einzellern bis zu **Metazoen**, die maximal in Metern zu messen sind. Als größter Vertreter gilt die Scyphomeduse *Cyanea capillata*, die Feuerqualle. In isländischen Gewässern erreicht sie einen Schirmdurchmesser von mehr als 2 m und eine Tentakellänge von 40 m. Mit einem Fünftel dessen gelangt sie durch den Einstrom aus dem Kattegat gelegentlich in die südwestliche und mittlere Ostsee, ohne sich dort fortpflanzen zu können.

Treibende Organismen, die eine Lebensphase im Pelagial, die andere im Benthal verbringen, werden als **Meroplankter** bezeichnet. Diese Eigenschaft ist in Schelfseegebieten stärker verbreitet als im Ozean, wo **Holoplankter**, mit ausschließlich pelagischer Lebensweise, überwiegen. Das auffälligste Beispiel für Meroplankton sind Hydro- und Scyphozoa mit metagenetischer Lebensweise, bei der die eine Generation, die Polypen, am Meeresboden festsitzen und die andere, die Medusen, im freien Wasser schweben. Meroplankter ohne Generationswechsel durchlaufen während ihrer ontogenetischen Entwicklung eine pelagische und eine benthische Phase. Beispielsweise beginnen viele Bewohner des Benthals ihren Lebenszyklus im freien Wasser, manchmal mit Eiern und regelmäßig mit Larven bzw. Jugendstadien. Dazu gehören die Moostierchen (Bryozoa) mit einer Cyphonautis-, die vielborstigen Gliederwürmer (Polychaeta) mit einer Trochophora-, die Schnecken (Gastropoda) und Muscheln (Bivalvia) mit einer Veliger-, die zu den Rankenfüßern (Cirripedia) zählende Seepocke (Balanus improvisus) mit einer Cirripedien-, die Seesterne mit einer Pluteus- oder die Strandkrabbe (Carcinus maenas L.) mit einer Brachyurenlarve. Manche von ihnen verbringen nur Stunden, die meisten Wochen bis Monate im Pelagial. Der umgekehrte Fall, der Beginn der Embryonalphase am Boden, kommt ebenfalls vor. Beispiele dafür sind die Dauerstadien der Ciliaten oder die Dauereier von Rädertieren (Rotatoria), Blattfußkrebsen (Cladocera) und einigen Ruderfußkrebsen (Copepoda). Auf diese Weise werden ungünstige Lebensbedingungen, z. B. im Winter, überbrückt. Dauer- bzw. Latenzeier sind sehr widerstandsfähig. Das zeigt der nahezu 100%ige Schlüpferfolg aus Copepodeneiern der Gattung *Acartia*, die aus 5 bis 6 cm Sedimenttiefe der nördlichen Ostsee resuspendiert wurden. Heringe (*Clupea harengus*) heften ihre Eier an Makrophyten oder Steine, wo sie sich bis zum Schlüpfen entwickeln. Die Larven gehören dann zum Plankton, dem sogenannten **Ichthyoplankton**. Jungheringe und Adulte werden zum Nekton gerechnet (vgl. Kap. 6.4).

Während die Wiederbesiedlung des Benthals über meroplanktische Larven nach anoxischen Phasen einen sehr willkommenen Mechanismus darstellt (Banse 1956), bringt dies auch die Verbreitung von wenig beliebten Tieren mit sich, wie dem zu den Muscheln gehörenden Schiffsbohrwurm (*Teredo navalis*), dem Feind hölzerner Wasserbauten.

Zu den Holoplanktern zählen in der Ostsee die meisten Copepoden, die Rippenquallen (Ctenophora), die Pfeilwürmer (Chaetognatha) und die zu den Chordatieren gehörenden „Geschwänzten Manteltiere", die Appendicularia.

In der Beltsee wird die **Zooplanktonverteilung** vom Einstrom aus der Nordsee und vom Ausstrom aus der Ostsee beeinflußt. Zu den Leitformen für Einstrom zählen u. a. die zur Biolumineszenz befähigten, mit bloßem Auge sichtbaren Protozoen der Art *Noctiluca scintillans*, der holoplanktische Polychaet *Tomopteris helgolandicus* sowie Copepoden, z. B. *Calanus finmarchicus*. Diese Art gilt mit über 4 mm Länge als größter Calanide und ist nach Salzwassereinbrüchen bis vor Warnemünde zu beobachten (Arndt 1969). Staatsquallen (Siphonophora), die pelagisch lebende Flügelschnecke *Limacina retroversa*, Euphausiden und die Rippenqualle *Beroe cucumis*, die die verwandte Seestachelbeere (*Pleurobrachia*) verzehrt, vertreten mit anderen das Hochseeplankton, das gelegentlich die Kieler Bucht erreicht. Umgekehrt zeigen die Rotatorien *Synchaeta monopus* und *S. fennica* aus der nördlichen und östlichen sowie *Keratella*-Arten aus der mittleren Ostsee, die Cladocere *Bosmina coregoni maritima* und der für den Finnischen und Bottnischen Meerbusen charakteristische Copepode *Limnocalanus macrurus* den Ausstrom an. Durch die Dichteunterschiede der Wassermassen bedingt, befinden sich die Ostseeformen in den oberflächennahen Bereichen, während sich die Nordseearten im Tiefenwasser aufhalten und damit in die Arkona- und Bornholmsee gelangen.

Von der als faunistische Grenze geltenden Darßer Schwelle bis zum Finnischen und bis in die Mitte des Bottnischen Meerbusens dominieren die **Brackwasserarten.** Dazu gehören u. a. Rotatorien, wie *Synchaeta monopos, S. fennica, Keratella cruciformis eichwaldii*, Copepoden, z. B. *Acartia bifilosa, A. tonsa, Eurytemora affinis* und die Cladocere *Bosmina coregoni maritima* (Krey 1974). In dieser Zone wurden während des Sommers und Herbstes in lebenden Protozooplankton-Proben 32 Arten und Gattungen von Ciliaten

Abb. 70. Eine Auswahl von Zooplanktonarten der Ostsee: *1 Notholca stratia, 2 Keratella cruciformis eichwaldii, 3 K. quadrata, 4 K. cochlearis recurvispina, 5 Synchaeta baltica (1–5 Rotatorien), 6 Bosmina maritima, 7 Evadne nordmanni, 8 Podon leuckartii (6–8 Cladoceren), 9 Muschellarve, 10 Acartia bifilosa* (Copepode), *11 Tintinnopsis campanula, 12 Helicostomella subulata, T. beroidea, 14 Leprotintiunus bottnicus (11–14* Protozoen). Die Rotatorien und die Muschellarve sind 0,1 bis 0,4 mm, alle übrigen Arten etwa 1 mm groß. (Aus Gessner 1957)

und Flagellaten gefunden. Ackefors (in Voipio 1981) erwähnte etwa 40 regelmäßig vorkommende Mesozooplanktonarten bzw. -gattungen, von denen 10 bis 12 dominieren. Weitere Zuordnungen der Arten zu Wasserkörpern enthalten die Zusammenstellungen von Remane (1940) und Arndt (1964). Die Abb. 70 zeigt einige Beispiele für Ostseezooplankton.

Bei der Benutzung früherer Quellen muß berücksichtigt werden, daß sich im Laufe der Zeit die taxonomischen Zuordnungen geändert haben können. Zudem sind Ergebnisse, die mit unterschiedlichen Methoden, Geräten und Meßprogrammen gewonnen wurden, nur bedingt vergleichbar. Zur Erfassung des vollständigen Gehaltes an Zooplankton bedarf es eines Komplexes verschiedener Fangmethoden, da jede für sich genommen nur einen Ausschnitt aus dem Größenspektrum quantitativ herausfiltert. Das Protozooplankton wird mittels Wasserschöpfer als Vollprobe gewonnen. Für das größere Zooplankton benötigt man Netze mit Nylongewebe von unterschiedlicher Maschenweite. Meßabstand und Meßlänge entscheiden zusätzlich über die Richtigkeit der Erfassung in Raum oder Zeit (Postel 1983). Seit den 70er Jahren sind die Beobachtungsmethoden im Rahmen der Konvention zum Schutz der Ostsee (vgl. Kap. 7.3) standardisiert worden. Darauf beruhend zeigt Tabelle 11 die Anzahl der dominanten Arten bzw. taxonomischen Einheiten (in Klammer) und die Reihenfolge, in der sie in den jeweiligen Seegebieten auftreten. Zusätzlich spiegelt die Übersicht indirekt ihre Verträglichkeit gegenüber dem Salzgehalt wider, der vom Kattegat zur Bottenwiek hin abnimmt.

In geschichteten Brackwassermeeren können durch die Besiedlung von salzreichen, tieferen Zonen Meeresformen ihren Lebensraum geographisch erweitern. So wurden neben *Pseudocalanus minutus elongatus* auch Chaetognathen (*Sagitta elegans* f. *baltica*) im Tiefenwasser der östlichen Gotlandsee bei einem Salzgehalt von mehr als 11 ‰ angetroffen. Remane (1940) bezeichnet diesen Vorgang als Submergenz und rechnet ihn, wie den Artenrückgang, zu einer Reihe von Brackwasserregeln. Hierzu gehört für marine Arten auch die Abnahme der Körpergröße bzw. des Gewichtes bei zunehmender Aussüßung des Wassers (vgl. Kap. 6.5). Die Ohrenqualle *Aurelia aurita*, die in der westlichen Ostsee einen Schirmdurchmesser von 20 bis 30 cm erreicht, wird in der nördlichen Gotlandsee und im Finnischen Meerbusen maximal nur so groß wie eine Untertasse. Dieser Vorgang ist bei Mesozooplankton weniger deutlich. So beträgt z.B. im Frühjahr die mittlere Trockenmasse adulter *Pseudocalanus m. e.* beiderlei Geschlechts im Kattegat 7,15 µg und in der eigentlichen Ostsee 4,88 µg (Hernroth u. Viljamaa). Die Ursache wird im erhöhten Energieaufwand gesehen, den diese Tiere für die Osmoregulation benötigen.

Im Vergleich zur Nordsee ist die eigentliche Ostsee planktonärmer. Die **horizontale Zooplanktonverteilung** ist innerhalb des Baltischen Meeres am sichersten für Mesozooplankton bekannt. Seine Abundanz nimmt von Südwesten nach Norden hin ab (Gessner 1957). Diese Angabe ist in der eigentlichen Ostsee noch aktuell. Das zeigen die Mittelwerte aus den Sommermonaten der Jahre 1979 bis 1988 in Abb. 71. Im Bottnischen Meerbusen hat sich

Tabelle 11. Die dominanten Zooplanktonarten in den verschiedenen Ostseegebieten

Gattung / Art	tax. Gruppe	Katte-gat West	Katte-gat Ost	Gro-ßer Belt	Sund	Kieler Bucht	südl. Belt-see	Arko-na-see	Born-holm-see	Got-land-see	Finn. Meer-busen	Åland, Bottn. Meerb.	Bot-ten-wiek
Paracalanus parvus	Cope-poda	1(7)	2(6)										
Pseudocalanus minutus elongatus	Cope-poda	2(7)	1(6)	1(4)	2(4)	2(5)		2(5)	1(5)	1(4)	4(6)	4(5)	
Oithona similis	Cope-poda	3(7)	4(6)	4(4)	3(4)	1(5)							
Centropages hamatus	Cope-poda	4(7)	3(6)	2(4)		3(5)		4(5)					
carnivore Cladocera		5(7)	5(6)		4(4)								
Mero-plankton		6(7)				5(5)							
Calanus finmarchicus	Cope-poda	7(7)											
Centropages typicus	Cope-poda	7(7)											
Acartia spp.	Cope-poda		6(6)	3(4)	1(4)	4(5)		1(5)	2(5)	2(4)	1(6)	1(5)	
Acartia tonsa	Cope-poda					4(5)							
Acartia bifilosa	Cope-poda										1(6)	1(5)	
Oikopleura doica	Ap-pendi-cularia						1(1)						
Temora longicornis	Cope-poda							3(5)	3(5)	3(4)			
Bosmina coregoni maritima	Clado-cera							5(5)	4(5)	4(4)	3(6)	3(5)	
Evadne nordmanni	Clado-cera								5(5)				
Eurytemora sp.	Cope-poda											2(5)	
Limnocalanus macrurus	Cope-poda										4(6)	4(5)	1(2)
Synchaeta sp.	Rota-toria										5(6)	5(5)	
Fritillaria borealis	Ap-pendi-cularia										6(6)		
Pleurobrachia pileus	Cteno-phora										6(6)		
Polychaeten-larven											6(6)		
Keratella spp.	Rota-toria											5(5)	
Daphnia spp.	Clado-cera												2(2)

jedoch die Situation gegenüber der ersten Hälfte unseres Jahrhunderts geändert. Spricht Gessner (1957) von einer Individuenarmut besonders in diesem, aber auch im Finnischen Meerbusen, so zeigt sich jetzt, speziell in der Ålandsee, eine deutliche Steigerung der mittleren Abundanz. Eine merkliche Zunahme der Biomasse ließ sich nach eigenen Untersuchungen im Sommer 1990 auch mit dem Übergang von der Gotlandsee zum Finnischen Meerbusen und bei der Annäherung an Flußmündungen, z. B. der Swine, bestätigen. Hier macht sich die Eutrophierung deutlich bemerkbar.

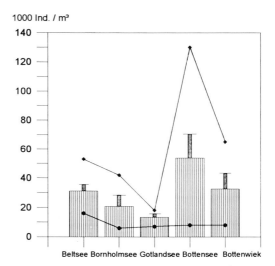

1000 Ind. / m³

Abb. 71. Mittelwerte und Vertrauensbereiche mit einer Wahrscheinlichkeit (p) < 0,05 (Balken) sowie Minima und Maxima (Linien) für die Abundanz des Mesozooplanktons in der gesamten Wassersäule der offenen Ostsee im Juli/August von 1979 bis 1988. (Nach Daten der HELCOM 1990)

Beltsee Bornholmsee Gotlandsee Bottensee Bottenwiek

Auf den Trophiegehalt des Wassers sprechen vor allem die Protozoen an. Sie sind oft dort zu finden, wo bakterielle Abbauprozesse stattfinden. Konzentrationen in den oberen 10 m der offenen Ostsee, die sich zwischen Arkona- und Gotlandsee kaum unterscheiden, verdreifachten sich demgegenüber in der Danziger Bucht und stiegen im Rigaer Meerbusen sogar auf das Fünffache.

Für die Strategie der Probenentnahme ist es wichtig zu wissen, daß sich die Biomasse sowohl des Protozoo- als auch des Metazooplanktons im Bereich von **Fronten** zwischen unterschiedlichen Wasserkörpern über weniger als 100 m deutlich ändern kann. In den gleichen Maßstabsbereich fällt das Phänomen der **Schwarmbildung**. In der Nordsee wurden über Wochen Schwärme von Copepoden mit einer horizontalen Ausdehnung von mehreren 10 km beobachtet, in denen die Tiere ihren Lebenszyklus durchmachten. Zur Schwarmbildung neigen auch die für die Ostsee bekannten Gattungen *Acartia, Centropages* und *Oithona*.

Über die ostseeweite Variation des Makrozooplanktons, speziell der Ohrenqualle, fehlen bislang quantitative Angaben.

Hinsichtlich der **vertikalen Verteilung** reagiert ein- und mehrzelliges Plankton offenbar gegensätzlich. Während die Menge des Metazooplanktons mit zunehmender Tiefe abnimmt, steigt sie im Fall der Protozoen, speziell durch die Gruppe der heterotrophen Flagellaten, im Bereich der Salzgehaltssprungschicht signifikant an. So war in der sommerlichen Gotlandsee 80 % der Mesozooplankton-Trockenmasse in den oberen 25 m der Wassersäule festzustellen. Unter gleichen Bedingungen überstieg die Biomasse des Protozooplanktons in den Tiefen des Winterwassers diejenige in den oberen

10 m erheblich. Ursache für diese Verteilung ist das unterschiedliche Nahrungsspektrum beider Gruppen.

Wie verhalten sich die einzelnen **Zooplanktonkomponenten quantitativ zueinander?** Im Sommer machen die Protozoen in der Kieler Bucht auf der Basis von Kohlenstoff etwa 22 % aus, das Mesozooplankton (> 200 μm) 39 % und die zum Makroplankton zählende Scyphomeduse *Aurelia aurita* 31 % (Möller 1984). Die Protozoen setzen sich dann grob geschätzt etwa zu je einem Drittel aus Nanoflagellaten, größeren Flagellaten und Ciliaten zusammen (Arndt 1991).

Die Mesozooplanktonbiomasse bestand nach eigenen Untersuchungen im Juli 1992 in der warmen Deckschicht der Arkonasee zu etwa 45 % aus Cladoceren (*Bosmina c.m., Evadne nordmanni*), zu weiteren 45 % aus Meroplankton, speziell aus Muschellarven, und zu 10 % aus Copepoden (*Acartia* spp., *Temora longiremis, Centropages hamatus*). In der Gotlandsee machten zu dieser Zeit die Cladoceren (*Bosmina c.m.*) oberflächennah über 90 % der Trockenmasse aus. Im darunterliegenden Winterwasser, d.h. zwischen Temperatur- und Salzgehaltssprungschicht, und im salzreichen Tiefenwasser nahmen mit 80 % die Copepoden die Stellung der Caldoceren ein. Während sich in der warmen, salzärmeren Deckschicht vor allem *Acartia* spp. und *Eurytemora affinis* aufhielten, waren die Copepoden im Winterwasser in der Reihenfolge *Temora longicornis, Pseudocalanus elongatus minutus, Centropages hamatus* und *Acartia* spp. zu finden. Im salzreicheren Tiefenwasser war *Pseudocalanus minutus elongatus* die einzige Copepodenart.

Verschiebungen in der Artenzusammensetzung sind auch jahreszeitlich bedingt. Im Vergleich zum Sommer dominierten in der Gotlandsee im Mai 1992 anstelle der Cladoceren die Rotatorien (*Synchaeta* spp.) bis zu 80 %, wobei die Trockenmasse zu dieser Zeit nur ein Zehntel derjenigen vom Sommer ausmachte.

Das Spektrum der **zeitlichen Variabilität** der Zooplanktonverteilung reicht von geologischen Zeiträumen bis zum Tagesgang. Noch heute belegt die Anwesenheit von **Eiszeit**relikten, wie die Mysidacea *Mysis relicta* oder der Copepode *Limnocalanus macrurus* (syn. *L. grimaldii*), die einstige Verbindung der Ostsee mit arktischen Regionen. *Limnocalanus m.* ist auch in den Ästuarien Westsibiriens beheimatet.

Effekte der Eutrophierung werden im Verlauf von **Jahrzehnten** spürbar. Das wurde bereits für den Bottnischen bzw. Finnischen Meerbusen im indirekten Vergleich der heutigen Situation mit der aus der ersten Hälfte dieses Jahrhunderts deutlich. Weitere Gewißheit geben die Verhältnisse in küstennahen Gebieten, etwa der Rigaer Bucht. Hier wird zusätzlich der lokale Charakter dieser Erscheinung deutlich, denn die Entwicklung nahm im nördlichen und im südlichen Teil dieses Meerbusens einen gegensätzlichen Verlauf. Während in der Pärnu-Bucht im Sommer die Abundanz des Mesozooplanktons insgesamt seit Ende der 50er Jahre abnahm, ist sie im südlichen Abschnitt signifikant gestiegen. Im letzteren Fall wurde eine Zunahme von Warmwasserarten beobachtet, unter gleichzeitiger Abnahme von *Limnocalanus m.*, so daß auch ein Temperatureinfluß nicht auszuschließen ist. In der offenen Ostsee zeigte die Biomasse des Mesozooplanktons nur während des Sommers im südöstlichen Teil eine deutliche mittelfristige Zunahme. Sie stieg zwischen 1953 und 1988 in den oberen 100 m stetig, von etwa 150 mg/m³ auf das Sechsfache (HELCOM 1990). Ansonsten macht sich der nachweislich erhöhte Nährstoffgehalt nicht in der momentan meßbaren Planktonbiomasse, dem sogenannten „standing stock" bemerkbar, sondern erst in den Endgliedern des Ökosystems, z. B. im Fischereiertrag und im Fettgehalt der Fische.

Neben möglichen langfristigen, klimatischen Schwankungen sind im Ostseeraum vor allem **zwischenjährliche** atmosphärische Einflüsse signifikant. So führen die im Abstand von mehreren Jahren vorkommenden Salzwassereinbrüche zur Ausbreitung mariner Formen und speziell zur Wiederbesiedlung des Benthals nach anoxischen Phasen. Andere meteorologische Ursachen führen ebenfalls zu interannualen Zooplanktonvariationen (Ranta u. Vuorinen 1990), z. B. Änderungen in der winterlichen Niederschlagsmenge oder der Eisbedeckung. Während neben *Acartia* spp auch *Eurytemora affinis* zu den allgemein dominierenden Copepoden in den finnischen Gewässern um Seili zählt, verringerte sich ihr Anteil in Jahren mit höherem Salzgehalt. Ähnlich verhielten sich beide Arten im Greifswalder Bodden. Hier ging einem sogenannten *Eurytemora*-Jahr 1979 ein schneereicher Winter voraus.

Wie in allen borealen Gebieten ist der **Jahresgang** auch für die Zooplanktonkomponenten der Ostsee ein ausgeprägtes Signal. Die Nahrungsmenge und die auf das Zooplankton wirkenden Senken entscheiden über die Höhe der jahreszeitlichen Maxima, die für das Mesozooplankton in den einzelnen Gebieten der offenen Ostsee von Abb. 71 wiedergegeben werden. Die Dauer einer jahreszeitlich bedingten Erhöhung der Biomasse ist von der geographischen Breite abhängig. Während die Saison für **Mesozooplankton** in der Kieler Bucht von März bis Oktober währt, ist sie im nördlichen Gotlandbekken zu Beginn und am Ende um je einen Monat verkürzt. In der Bottensee bleibt sie auf die Monate Mai bis August beschränkt. Mit der Länge der Saison korreliert beim Mesozooplankton die Ausbildung von einem bzw. von zwei Maxima. In der westlichen Ostsee (Kieler Bucht, Darß-Zingster Boddenkette) fällt das erste Maximum in den April/Mai, das zweite in den Juli/August. In der östlichen und mittleren Ostsee (Danziger Bucht, Askö) ist nur ein Maximum im Juli/August anzutreffen. Im Fall des **Protozooplanktons** ist in all diesen Gebieten ein bimodaler Jahresgang zu beobachten, wobei der erste Gipfel im März (Kieler Bucht) bzw. Mai (Danziger Bucht, Askö, Rigaer Bucht) von Ciliaten dominiert wird, der zweite im September/Oktober (Danziger Bucht, Askö) bzw. im Oktober/November (Kieler Bucht) von heterotrophen Flagellaten. Die Biomasse ändert sich dabei vier- bis sechsfach. Das **Makrozooplankton** (*Aurelia aurita*), erfährt in der Kieler Bucht in den Monaten Mai und Juni einen kräftigen Biomassezuwachs von 2 auf 40 mg C/m³. Von September bis November ist dieser Vorgang rückläufig, wofür Nahrungsmangel und Alterstod verantwortlich gemacht werden (Möller 1984).

Die Sukzession der einzelnen Zooplanktonkomponenten wird von der größenabhängigen Hierarchie im Nahrungsnetz bestimmt. Ende Februar, parallel zum Einsetzen der Diatomeenblüte, beginnt die Biomasse des Protozooplanktons der Kieler Bucht bis Ende Mai anzuwachsen. Dem folgt das Metazooplankton, speziell die Copepoden, mit einer etwa ein- bis dreiwöchigen Verzögerung. Die Abfolge Phytoplanktonblüte und Ciliaten-Maximum vollzieht sich in der Danziger Bucht im April/Mai. Dadurch entwickeln sich im Mai/Juni die Rotatorien massenhaft. Im Juni/Juli folgen die Cladoceren und schließlich im Juli die Copepoden. In der Rigaer Bucht verzögert sich diese Entwicklung um einen weiteren Monat.

Die Anzahl der Planktongenerationen während einer Saison hängt von deren Dauer und von der **Generationszeit** ab. Letztere umfaßt den Entwicklungszeitraum der Organismen. Sie reicht von mehreren Stunden bei Protozoen über Tage bei Rotatorien, einer Woche bei Cladoceren und bis zu wenigen Wochen bei Copepoden und dem Makrozooplankton. Kurze Generationszeiten und geeignete Vermehrungsstrategien können zu explosionsartigem Populationswachstum führen und lokal starke Inhomogenitäten in der Planktonverteilung hervorrufen. So gilt die ungeschlechtliche Fortpflanzung als sehr effektiv. Sie stellt bei den meisten **Protozoen** die Regel dar. Aus der Mutterzelle entstehen zwei oder vier, bei der sogenannten Zerfallsteilung sogar eine größere Anzahl von Tochterindividuen. Die parthenogenetische Fortpflanzung (Jungfernzeugung) sorgt ebenfalls für eine Massenentwicklung. In Kulturversuchen wurden parthenogenetische *Brachionus*-Weibchen nach 24 Stunden legereif und produzierten 2 bis 3 Wochen lang täglich 2 bis 3 Eier. Dadurch verhundertfachte sich die Population innerhalb von 10 Tagen. Bei den in der Ostsee vorkommenden **Rotatorien** können Serien dieser eingeschlechtlichen Vermehrung und bisexuelle Phasen mehrmals während der Saison wechseln. Plötzliche Milieuänderungen sollen dafür den Ausschlag geben. Anders als bei den Rotatorien pflanzen sich **Cladoceren** nur bei unwirtlichen Situationen, z. B. vor Wintereintritt, zweigeschlechtlich fort. Ansonsten sind sie in ähnlicher Weise zur Parthenogenese befähigt und sorgen durch eine schnelle Generationsfolge und eine beschleunigte postembryonale Entwicklung für viele Nachkommen. Gewöhnlich erfolgt alle 2 bis 4 Tage eine erneute Ablage von etwa 8 Eiern im Brutraum. Bei den auch in der Ostsee vertretenen Gattungen *Podon* und *Evadne* tragen bereits ungeborene Embryonen in Furchung begriffene Eier in ihrem Brutsack. Die Entwicklungsdauer der Subitaneier, auch Sommer- oder Jungferneier genannt, dauert etwa 5 Tage. Nach 2 bis 3 Häutungen der Jungtiere beginnt unter günstigen Bedingungen, etwa nach einer Woche, die erste Eiablage, die sich bei guter Ernährung mit jeder Häutung wiederholt. Der Zeitraum zwischen den Häutungen verlängert sich mit zunehmendem Alter von wenigen Tagen bis zu reichlich einer Woche. Die Lebensdauer währt art-, temperatur- und futterabhängig bis zu zwei Monaten. **Rippenquallen**, z. B. *Pleurobrachia pileus*, erzielen durch die sogenannte Dissogonie eine hohe Vermehrungsrate. Dabei sind die Jugendstadien beim Schlüpfen bereits geschlechtsreif, die Fortpflanzung wird nur von der Metamorphose zum adulten Tier unterbrochen. Sie produzieren im Frühjahr mehrere Wochen lang täglich zwischen 600 und 1000 Eier, wobei sie sich als Zwitter sogar selbst befruchten können. **Mollusken** haben im Fall dotterarmer Eier eine relativ lange Larvenphase im Plankton (Trochophorastadium 3 Tage, Veligerstadium 4 Wochen). Der damit verbundenen Gefahr einer starken Dezimierung begegnen sie mit einer hohen Nachkommenschaft. Eine Miesmuschel (*Mytilus edulis*) entläßt pro Jahr zwei- bis dreimal 5 bis 12 Mio. Eier zur Befruchtung ins freie Wasser. Im Fall der **Scyphozoa**, z. B. *Aurelia aurita*, werden mehrere Medusenlarven, sogenannte Ephyren, durch vielfache Strobilation gebildet, d. h. ungeschlechtlich durch Abschnüren an Polypen. In der Kieler Bucht wurden lokal 15 000 Polypen/m^2 gezählt (Möller 1984). Trotzdem ergibt sich bei Quallen der Eindruck massenhaften Vorkommens weniger aus der Individuenzahl als aus der Größe der Einzelindividuen, wobei zwischen beiden Komponenten ein Zusammenhang besteht. In Jahren mit starkem Vorkommen erreichen die Tiere bei etwa 20 cm Durchmesser eine Lebendmasse von 200 bis 400 g, während bei schwachen Jahrgängen 30 cm große Quallen, die dann mehr als 1 kg wiegen, keine Seltenheit sind. Bei den **Copepoden** produziert ein Weibchen nach einer Begattung in der Regel bis zu vierzehnmal zwischen 17 und 40 Subitaneier, aus denen nach Tagen bis wenigen Wochen das erste Naupliusstadium schlüpft. Ihre Entwicklung zum Adulten ist art- und temperaturabhängig und dauert in der Ostsee bei 8 °C knapp 50 Tage. Die Lebensdauer beträgt etwa 3 Monate, so daß mehrere Generationen nebeneinander existieren können.

Entwicklungsstadien und adulte Copepoden halten sich vorzugsweise in bestimmten, z. T. voneinander abweichenden Tiefenhorizonten ab. Die Zeitskalen für diese **ontogenetisch bedingten Vertikalwanderungen** sind durch die Entwicklungsdauer der einzelnen Stadien vorgegeben. In der sommerlichen Gotlandsee halten sich Nauplien von *Pseudoclalanus m.e.* vornehmlich in der euphotischen Zone auf, während Copepoditstadien sowie Adulte am Grunde der winterlichen Zwischenschicht und im Tiefenwasser zu finden sind.

Tägliche Vertikalwanderungen werden vom Mesozooplankton auch in flacheren Meeresteilen ausgeführt. Bei eigenen Beobachtungen während des Sommers fand sich in der Arkonasee das traditionelle Muster bestätigt. In den oberen 25 m der Wassersäule verdoppelte sich gegen Mitternacht im Vergleich zum täglichen Sonnenhöchststand die Biomasse des vornehmlich aus Cladoceren bestehenden Planktons. Copepoden und Cladoceren können stündlich Distanzen von mehreren zehn Metern bewältigen. Möller (1984) stellte in der Kieler Bucht auch tägliche Wanderungen von Ohrenquallen fest. Sie folgten zwischen 4 und maximal 9 m ihrer Hauptnahrungsquelle, dem Mesozooplankton.

Johann Hjorts Suche nach Gründen für unterschiedlich starke Jahrgänge im Fischbestand löste zu Beginn unseres Jahrhunderts die qualitative Erkundung von **Nahrungsbeziehungen** aus. Inzwischen hat sich die Theorie von der Nahrungskette zu der des Nahrungsnetzes entwickelt, wobei seit

Beginn der 80er Jahre dem mikrobiellen Kreislauf zunehmend Beachtung geschenkt wurde.

Protozoen nehmen am häufigsten feste Partikel, z. B. Bakterien, zu sich (Phagocytose) sowie Proteine und andere Makromoleküle (Pinocytose). In selteneren Fällen werden die gelösten organischen Substanzen, wie bei den Bakterien, direkt aufgenommen (Osmotrophie; Permeation). Ciliaten leben omni- und carnivor. Die im Vergleich zu den Protozoen etwas größeren pelagischen Rotatorien verzehren Flagellaten, Bakterien, organischen Detritus, gepanzerte Dinoflagellaten und wie die Gattung *Syncheata* gleichgroße Rotatorien. Appendikularien ernähren sich ebenfalls von Mikroplankton, welches sie durch ein mit Sieben versehenes Gallertgehäuse abseihen. Die Cladoceren, wie *Bosmina c.m.*, filtrieren Bakterien, Flagellaten, Algen sowie Detritus. Besonders während des sommerlichen massenhaften Auftretens leisten sie einen signifikanten Beitrag zur Klärung des Wassers. *Podon* und *Evadne* dagegen ernähren sich häufig bis ausschließlich räuberisch von Rotatorien und Kleinkrebsen. Die tägliche Nahrungsmenge pelagischer Copepoden entspricht etwa $1/2$ bis $1/5$ ihres Körpergewichtes. Die Ostseearten erwerben die Nahrung meist herbivor. Das gilt auch für die verschiedenen planktotrophen meroplanktischen Larven. Als Konsumenten der meisten genannten Gruppen kommen die Ctenophoren, Scyphozoen sowie planktivore Fische und deren Larven mit unterschiedlichem Selektionsvermögen in Frage. Ctenophoren (außer Beroida) gehören zu den nichtselektiven Carnivoren, wobei die Nahrung aus 80 % Copepoden bestehen kann. Die Ohrenqualle ernährt sich räuberisch und erbeutet mit der ganzen Körperoberfläche Copepoden und Organismen vergleichbarer Größe. Sie werden durch Nesselgift schlagartig gelähmt und getötet. Mit dem Mundarm ergreift die Ohrenqualle gelegentlich kleine Medusen sowie Ctenophoren, Fischlarven und Jungfische. Über die Körperoberfläche sollen auch gelöste organische Substanzen direkt aufgenommen werden können. Eine Qualle mit einem Durchmesser von 25 cm dürfte in ihrem Leben etwa 10 g Trockenmasse verzehren, was 1 Mio. frisch geschlüpfter Heringslarven entspräche. Heringe ihrerseits und die Schwebegarnele *Mysis mixta* konsumierten im Sommer zusammen 30 bis 80 % der Mesozooplankton-Produktion. Elmgren (1989) schätzt, daß in der Ostsee derzeit jährlich 40 % der Zooplanktonproduktion von Fischen konsumiert wird.

Abschließend bleibt festzustellen: Das Zooplankton der eigentlichen Ostsee ist wie das Phytoplankton und das Benthos relativ artenarm, besteht zumeist aus marinen, weniger aus limnischen Formen sowie aus einigen echten Brackwasservertretern. Das Auftreten von Eiszeitrelikten weist auf die junge Geschichte des Seegebietes hin. Im Sommer machen Proto-, Meso- und Makrozooplankton etwa je ein Drittel der Biomasse aus. Vermutlich trägt das Zooplankton mit den pelagischen Bakterien, in nahezu gleichen Proportionen, zu 90 % der heterotrophen Produktion bei. Der geringe Rest entfällt auf das Benthal und das Nekton. Große räumliche und zeitliche Variationen in Biomasse und Artenzusammensetzung sind typisch.

6.3 Benthos

Heye Rumohr

Schon in der Mitte des 19. Jahrhunderts sammelten und katalogisierten Naturforscher, was der Boden der Ostsee an lebender Fauna und Flora zu bieten hatte. Auf dieser Suche nach Naturerkenntnis waren es vor allem Kieler Forscher, z. B. Karl Moebius (1825–1908) (vgl. Kap. 2), der in der Ostsee wie auch später in der Nordsee sich bemühte, Tiere des Meeresbodens zu sammeln und als Gemeinschaft darzustellen. Ihr Forschungsgegenstand war das **Benthos**, d. h. nach neuer Definition „die Lebensgemeinschaften am/im/ und auf dem Boden von Gewässern", zu denen wir aus ökologischen Gründen neben den bodenlebenden Wirbellosen wie Muscheln, Schnecken, Crustaceen, Polychaeten auch die demersalen Fische (Kleinfische wie Grundeln, Plattfische und Dorschartige) sowie die **benthischen Mikroorganismen** (vor allem Bakterien und Pilze) zählen. Wir unterscheiden zwischen **Zoobenthos** und **Phytobenthos** (Algen, Seegräser und als Besonderheit für die Ostsee die Brackwasser-Kormophyten). Auch die benthischen Diatomeen gehören als **Mikrophytobenthos** diesem System an. Der Lebensraum des Benthos wird in der deutschsprachigen Literatur als **Benthal** bezeichnet, entsprechend dem „Pelagial" im freien Wasser. Als **Phytal** bezeichnen wir den Bereich des Benthals, der vom Phytobenthos besiedelt wird, wo also genügend Licht für die Photosynthese zur Verfügung steht. Das Phytal ist daher in unseren Gewässern auf die oberen 15 bis 20 m beschränkt, während es für das Zoobenthos eine solche Beschränkung nicht gibt. Hier sind andere Faktoren, wie z. B. das Vorhandensein von Sauerstoff, die entscheidende Lebensgrundlage. Die benthischen Mikroorganismen spielen eine bedeutende Rolle im Stoffhaushalt des Sediments.

Das Benthos bewohnt den Meeresboden vom Strandbereich bis in die größten Tiefen der Ostsee, wobei die Meeresalgen und Seegräser aus physiologischen Gründen auf den lichtdurchfluteten Bereich, die euphotische Zone, beschränkt sind. Das Zoobenthos besiedelt alle vorkommenden Substrate, vom weichen Schlick über sandige Böden (von den marinen Geologen unglücklicherweise Hartböden genannt) bis zu Hartsubstraten wie Muschelschalen, Schneckengehäusen, Steinen aller Größen, Felsen und menschliche Bauten wie Hafenpiers, Pfeiler, Spundwände, Schiffsböden und offshore-Konstruktionen. Wie bezeichnen letztere als sekundäre Hartböden. Mit Ausnahme des Schlicks werden diese Substrate auch von Algen besiedelt, wenn genügend Licht vorhanden ist. Sie kommen alle im Bereich der Ostsee vor, wobei die südlichen Küsten mehr zum Weichsubstrattyp zu zählen sind, während die nördlichen, wie z. B. die schwedischen und finnischen Schären-Küsten (vgl. Kap. 3.2), einen reichgegliederten felsigen Lebensraum bieten, der andere Besiedelungsmuster aufweist als die schon erwähnten Weichböden. Eine Einführung in allgemeine Aspekte der Ökologie des Weichbodenbenthos finden wir in Gray (1984).

Die Untersuchung der Fauna des Meeresbodens ist ein besonders verläßliches Mittel zur Bestimmung der Umweltqualität, weil das zumeist ortsfeste Benthos Veränderungen der Meeresumwelt über die Zeit integriert und auch dann Effekte zeigt, wenn man die eigentlichen Ursachen nicht direkt messen konnte.

Es hat nicht an Versuchen gefehlt, die gefundenen Tiere und Pflanzen in höhere Organisationseinheiten, in Gemeinschaften zu gliedern, die weitgehend terrestrischen Modellen folgten Das von C. G. Joh. Petersen war ein starres System mit Charakterarten verschiedener Ordnungen, welches wenig Raum für die offenkundigen dynamischen Veränderungen bot. Es wurde schon früh von Gislén in Schweden in Frage gestellt. In Deutschland wurde es von Arthur Hagmeier und Adolf Remane (1940, 1958) übernommen und war lange Zeit meinungsbildend. Zuvor war es Karl Moebius, der, mit dem Ziel, die wirtschaftlich nutzbaren „fiskalischen Austernbänke" im Nordfriesischen Wattenmeer Politikern verständlich zu machen, den Begriff der „Lebendgemeinde" prägte, der sich heutzutage allgemein als „Lebensgemeinschaft" (Biozönose) eingebürgert hat (Moebius 1877). So wurde aus der Not heraus, fachfremden Entscheitungsträgern biologische Zusammenhänge zu erläutern, die Grundlage für eine moderne Benthosökologie gelegt. Der Begriff „Ökologie" wurde unabhängig davon bereits von Ernst Haeckel (1866) geprägt.

Wie man versucht hat, natürliche Lebensgemeinschaften zu finden, war man auch bemüht, die gefundene Fauna nach Größen zu klassifizieren. Die heute gebräuchlichen Einteilungen beruhen mehr auf methodischen Gegebenheiten zur Gewinnung bzw. Extraktion der Fauna denn auf natürlichen Gruppen:

- **Makrofauna**, die auf einem Sieb mit 1 mm Maschenweite liegen bleibt (zuweilen auch 0,5-mm-Sieb, je nach Untersuchungsziel);
- **Meiofauna**, die ein 1-mm-Sieb passiert, aber von einem 40-µm-Sieb zurückgehalten wird, lebt meist im Sandlückensystem;
- **Mikrofauna**, die nur mit besonderen Extraktionsverfahren gewonnen werden kann, weil sie sehr schnell abstirbt und keine sichtbaren Reste zurückläßt (Ciliaten etc.)

Wir sehen, daß diese Einteilung auf künstlichen, methodischen Kriterien beruht, wie z. B. Sammelmethoden, Siebselektionen, Extraktionsmethoden, Haltbarkeit der Objekte usw., und nicht unbedingt natürliche Gruppen widerspiegelt. So durchläuft z. B. eine Muschel im Laufe ihrer Entwicklung die Gruppierung des

- **Mikrozooplanktons** als pelagisches Ei (50 µm),
- des **Meroplanktons** (herbivores Zooplankton) als Larve (110 µm),
- der **temporären Meiofauna** als frisch gesiedeltes Bodenstadium (300 bis 400 µm), und wächst dann allmählich in die
- **Makrofauna** (ab 1,2 mm Schalenlänge) hinein.

Wir sollten diese Einteilungen mehr als Arbeitsbegriffe verstehen denn als enge Definitionen und insbesondere solche Gruppen nicht übersehen, die nicht in die klassischen Einteilungen passen (große Meiofauna, Jugendstadien der Makrofauna, sessile Epifauna, Schwämme, Parasiten u.a.m.).

Alle Stämme des Tierreiches sind im Benthos vertreten, wie auch viele Stämme des Pflanzenreiches. Das reicht von benthischen Mikroorganismen (Bakterien und Pilze) über heterotrophe Flagellaten, diverse Protozoen, ursprüngliche Metazoen und Wirbellose bis hin zu den Wirbeltieren.

6.3.1 Phytobenthos

Heinz Schwenke

Unter Phytobenthos (oder Benthosvegetation) versteht man den Bewuchs des Benthals (des Meeresbodens) mit makroskopischen Algen (das heißt Blau-, Grün-, Braun- und Rotalgen) sowie mit Seegras und im Fall der Ostsee brackwasserliebenden höheren Pflanzen. Man vernachlässigt also im allgemeinen alle mikroskopischen Formen, besonders die endophytisch oder endozoisch lebenden, aber auch die Mikroepiphyten und die benthischen Diatomeen. Für diesen Standpunkt gibt es mancherlei Gründe (z. B. den „Landschafts"-Charakter des Phytals), prinzipiell zu rechtfertigen ist er jedoch nicht.

Die nachfolgende Darstellung ist vegetationskundlich ausgerichtet, nicht floristisch. Demgemäß versucht sie, einen kurz gefaßten Grundriß der marinen Vegetationskunde der Ostsee zu geben. Die zugrundeliegende Auffassung von Vegetationskunde ist ökologisch orientiert, folglich handelt unsere Darstellung von Vegetation und Vegetationsbedingungen in der Ostsee (Schwenke 1964).

Zur floristischen Orientierung über die Pflanzenwelt der Ostsee sei auf die folgenden Werke verwiesen: Einen allgemeinen Überblick gibt Arndt (1969); floristische Vollständigkeit ist angestrebt in Lakowitz (1929). Dem veralteten, aber unentbehrlichen Buch wurde jüngst eine Neubearbeitung der Ostseeflora durch Pankow (1990) an die Seite gestellt. Für die westliche Ostsee besonders zu empfehlen ist Kylin (1944/47/49), für die östliche Ostsee Waern (1952).

Vegetationsbedingungen nennen wir nach Lorenz (1863) den Komplex der im Phytobenthal auf das Pflanzenleben einwirkenden Ökofaktoren. Wir können uns hier auf die spezielle vegetationskundliche Bedeutung der wichtigsten Faktoren beschränken.

Die **Salzgehaltsverhältnisse** interessieren den Meeresbotaniker primär nur in einer 30 m dicken Deckschicht, da über diese Tiefe hinausgehend phytobenthische Besiedlungszonen im allgemeinen nicht vorliegen. Es gibt jedoch keinen einheitlich niedrigen oder kontinuierlich abnehmenden Salzgehalt. Vielmehr ist das Übergangsgebiet der Beltsee durch stark schwankenden Salzgehalt mit Werten zwischen etwa 10 und 20 ‰ ausgezeichnet (vgl. Kap. 4.4). Erst von der Darßer Schwelle ab ist die Salzgehaltsabnahme verhältnismäßig kontinuierlich mit lokal ganzjährig ziemlich stabilen Werten.

Die sogenannten Brackwasserregeln (Remane 1940) treffen weitgehend auch auf die Benthosvegetation zu. Die Abnahme der Artenzahl (1. Regel) verläuft jedoch nicht kontinuierlich, sondern sprunghaft in bestimmten Übergangsgebieten. Die in Tabelle 12 zusammengestellten Zahlen sollen lediglich die allgemeine Tendenz ausdrücken; die Gesamtzahlen (a) enthalten naturgemäß taxonomische Unsicherheiten, und die Zahl der vegetationsphysiognomisch vorherrschenden Arten (b) unterliegt subjektiven Entscheidungen. Öregrund- und SW-Finnland-Vegetation sind wegen ihres stark reduzierten Charakters und wegen des relativ hohen Anteils an Klein- und Krustenformen sowie an Epiphyten streng genommen mit den übrigen Bereichen nur schlecht vergleichbar. Die Chlorophyceen-Zahlen schwanken stark je nach taxonomischer und ökologischer Beurteilung (planktische und Süßwasserformen) durch die jeweiligen Autoren.

Ganz ähnlich wie bei den marinen Tieren wird die Artenverarmung auch nicht durch Zunahme der Brack- oder Süßwasserformen voll kompensiert.

Gut belegbar ist auch die zweite Brackwasserregel von der Größenabnahme eines Teiles der verbleibenden Arten. Allerdings spricht der Meeresbotaniker von „reduzierten Formen" und versteht unter Reduktion neben der Größenabnahme auch die zum Teil sehr weitgehenden Habitusmodifikationen, also die Gestaltsabweichungen im Vergleich zur vollmarinen Normalform. Auch Reduktionen des Fortpflanzungsmodus sind hierher zu rechnen.

Weniger gut bestellt ist es mit der dritten, der Submergenzregel. Waern (1952) spricht denn auch nur allgemein von „Absenkungsvorgängen" (downward processes).

Die von der geographischen Breite, den allgemeinen Klimabedingungen und der Wassertrübung abhängenden **Lichtverhältnisse** sind in der Ostsee wegen ihrer einfachen küstenmorphologischen Strukturen weit weniger kompliziert als etwa im Mittelmeer, wo standörtliche Lichtunterschiede eine viel größere Rolle spielen. Wir können im großen und ganzen davon ausgehen, daß in der Ostsee durchgängig benthale Bewuchstiefen bis etwa 30 m

Tabelle 12. Beziehung zwischen Salzgehalt und Artenzahl der Benthosalgen in der Ostsee.
1. Zeile: Grünalgen, 2 Zeile: Braunalgen, 3. Zeile: Rotalgen
a = Gesamtzahl, b = veg.-physiognom. vorherrschende Arten

norweg. Westk. (Levring 1937) S ‰ > 30		schwed. Westk. (Kylin 1947/49) S ‰ > 30–20		Blekinge (Levring 1940) S ‰ = 7		Öregrund (Waern 1952) S ‰ = 5		SW-Finnland (Ravanko 1968) S ‰ = 5	
a	b	a	b	a	b	a	b	a	b
86	37	79	34	46	16	51	14	19	8
132	57	119	50	37	15	24	14	18	10
154	60	136	70	28	12	16	8	16	6
377	154	334	154	111	43	91	36	53	24

möglich sind. Allerdings ist die untere Vegetationsgrenze nicht immer lichtökologisch bedingt.

Auch der Jahresgang der **Temperatur** mit einer Schwankungsbreite zwischen 0 und etwa 20 °C (in abgeschlossenen flachen Meeresgebieten auch etwas höher) ist vegetationsökologisch unproblematisch. Da die Ostsee jedoch ein Nebenmeer unter kontinentalem Klimaeinfluß ist, kommt es im Winter in ihrem nordöstlichen Teil regelmäßig zu Eisbildung (vgl. Kap. 4.5). Für die Benthosvegetation sind jedoch nicht in erster Linie die Temperaturbelastungen von Belang, sondern die mechanischen Folgen der Vereisung. Ohne ein geeignetes und hinreichend stabiles Bewuchssubstrat gibt es keine adnante – also substrathaftende – Benthosvegetation. Dem weitaus größten Teil der benthischen Meeresalgen würde damit eine wesentliche Lebensbedingung fehlen, und es könnte sich nur die radikante Vegetationskomponente, nämlich die der echt bewurzelten marinen oder brackischen Kormophyten, entwickeln.

Die Ostsee – insgesamt betrachtet – weist aus geologischen und erdgeschichtlichen Gründen sehr unterschiedliche **Substratbedingungen** auf (vgl. Kap. 3.4), deren vegetationsökologische Auswirkungen schwerwiegender sind als die des verminderten Salzgehaltes.

In der westlichen Ostsee hat die zum großen Teil felsige schwedische Westküste in Kullen ihre letzten Ausläufer. In der Beltsee, als einem typischen Überflutungsmeer, gibt es keinen anstehenden Fels, sondern nur diluviales Geröll unterschiedlicher Menge und Größe (vgl. Abb. 14), besonders vor den Kliffs der sogenannten Glazialschuttküste. In der inneren Ostsee finden wir die schwedische und finnische Fjärd-Schären-Küste, die sich substratökologisch betrachtet – ebenso wie die Küsten der großen Ostseeinseln – als Hart-Weichboden-Mischsystem erweist. Die baltischen Ausgleichs- und die deutschen und dänischen Bodden- und Fördenküsten gehören ganz überwiegend dem flachen Sandstrand-Dünenwall-Typus mit stark eingeschränkten benthischen Vegetationsentfaltungsmöglichkeiten an. Spezielle Weichboden-Typen kann man in Salzwiesen und Schilfgürteln sehen (vgl. Kap. 3.2 und 6.7).

Diese geomorphologische Grundsituation berechtigt uns, die Ostsee als einen Fall spezifischer und sehr komplexer Substratbedingungen zu betrachten. Die wichtigste vegetationsstrukturelle Konsequenz dieser Verhältnisse ist darin zu sehen, daß die Ostsee reicher an substratökologisch bedingten benthischen Vegetationstypen ist als die in dieser Hinsicht einfacher strukturierten Meeresgebiete mit reinen Felsküsten. Sekundäre Festsubstrate (Steinschüttungen, Kaimauern, Pfähle, Muschelschalen) spielen naturgemäß an den dänischen und baltischen Flachküsten eine wichtige Rolle.

Wasserbewegungen bilden auch in der Ostsee einen Faktorenkomplex mit erheblichen vegetationsstrukturierenden Auswirkungen, wenn auch über diesen Ökofaktor bisher nur wenige quantitative Befunde bekannt sind. Standortökologisch versteht man unter Wasserbewegung vornehmlich die Makroprozesse im Bereich dynamischer Belastung oder erkennbarer Transportfunktion.

In vegetationsökologischer Betrachtung gehört die Ostsee zu den praktisch gezeitenfreien Meeren, in denen der Gezeitenablauf gegenüber meteorologisch bedingten Niveauschwankungen (Windstau, Seiches) unerheblich ist (vgl. Kap. 4.3). Von den Vorgängen an Gezeitenküsten unterscheiden sich solche Niveauänderungen durch ihr aperiodisches Auftreten, durch unbestimmte Dauer und durch sehr unterschiedliche Amplituden. Man hat berechnet, daß die Wasserstandsschwankungen in der westlichen Ostsee in ihren maximalen Amplituden und den über ein Jahr summierten Gesamtemersionszeiten denen an Gezeitenküsten im 2-m-Bereich entsprechen können. In der Regel sind die kurzfristigen Schwankungen mit einer deutlichen jahreszeitlichen Periodik unterlegt. So tritt besonders in der östlichen Ostsee im Frühjahr eine langdauernde Wasserstandsdepression mit vegetationsökologischen Folgen auf.

Die Ostsee gehört nicht zu den Meeresgebieten mit extremen Strömungsvorgängen (vgl. Kap. 4.2). Verhältnismäßig stromintensiv ist naturgemäß das Übergangssystem der westlichen Ostsee. Im Hinblick auf die Auswirkungen von Brandung und Wellenschlag sind die benthischen Standorte als nur mäßig exponiert bis stark geschützt einzustufen. Daß die dynamische Komponente des Wasserbewegungskomplexes dennoch von großer Bedeutung ist, hängt mit den beschriebenen besonderen Substratverhältnissen zusammen.

Schon durch verhältnismäßig geringfügige dynamische Wirkungen können die Geröllsubstrate der Glazialschuttküsten zumindest teilweise in Bewegung geraten, und heftige Stürme haben erhebliche vegetationsdestruktive Auswirkungen. Die Folgen sind weitgehende Instabilität der Vegetationsstruktur auf Geröllsubstraten und ein hoher, bisher wahrscheinlich unterschätzter Anteil einer quasi-erranten Komponente an der Gesamtvegetation. Wie groß dieser bewegliche Anteil ist, lassen gelegentlich auftretende Sommerstürme erkennen, wenn die Strände der Seebäder z. B. an der Lübecker Bucht von riesigen Algenmassen verunreinigt werden.

Die Ostsee ist, wie wir gesehen haben, durch eine ganze Reihe von standortökologischen Besonderheiten ausgezeichnet, und wir können erwarten, daß diese Besonderheiten im benthalen Vegetationsaufbau ihren Niederschlag finden.

Betrachten wir zunächst die **allgemeinen Merkmale der heutigen Ostseevegetation**. Die Flora der Ostsee gilt als der durch auslesende und modifizierende Faktoren (Brackwasserwirkungen) bedingte Restbestand einer ursprünglich gemeinsamen vollmarinen Nordseeflora. Diese Flora ist verhältnismäßig jung. Endemismen und Reliktformen spielen daher in ihr keine Rolle. Die noch bei Lakowitz (1929) verzeichneten zahlreichen Endemismen haben sich zumeist als nicht haltbar herausgestellt. Die heutige Flora ist reich an reduzierten Formen und an Brackwasser-Ökotypen.

Der ökologisch-physiognomische Typus der Ostsee-Benthosvegetation wird durch die Verarmung an Brauntangen als einem für die gemäßigten und kalten Meere vegetationsbestimmenden Formationskomplex charakterisiert. Während in der westlichen Ostsee noch *Fucus vesiculosus* (Blasentang), *F. serratus* (Sägetang) und *Laminaria saccharina* (Zuckertang) das Vegetationsbild beherrschen, ist in der östlichen Ostsee nur noch *Fucus vesiculosus*, vielfach als Kümmerform, vertreten (vgl. Abb. 72). Das früher häufig herangezogene Merkmal der pflanzengeographischen Klassifizierung hat heute an Bedeutung verloren.

Elemente, das heißt Grundbestandteile, einer Vegetation sind die nach Arten (und höheren Taxa) zu ordnenden Pflanzenindividuen (nach anderer Auffassung die Pflanzensippen) eines bestimmten Gebietes. Die bislang vollständigste Algenflora der Ostsee von Lakowitz (1929) gibt für das Gesamtgebiet 475 Arten an, und zwar 104 Blaualgen (Cyanobakterien), 175 Grünalgen (Chlorophyceen), 78 Braunalgen (Phaeophyceen) und 100 Rotalgen (Rhodophyceen). Es entfallen also 61 % auf die ersten Gruppen und 39 % auf die beiden letzten. Aber was sagen solche Zahlen über das Vegetationsbild aus? Sind Blau- und Grünalgen wirklich vorherrschend? Sicher ist es nicht so.

Mit Vorsicht zu betrachten sind Fundangaben in der inneren Ostsee für Arten, die nur bis in das Kattegat vordringen und in der Beltsee an der Grenze ihrer Verbreitung stehen. Sie werden in die innere Ostsee nur gelegentlich eingeschwemmt (*Gracilaria, Palmaria, Plocamium, Odonthalia, Plumaria, Ptilota, Dilsea, Ascophyllum, Halidrys*).

Man kann als Faustregel annehmen, daß von den Arten einer einigermaßen vollständigen Florenliste nur ungefähr die Hälfte bis ein Drittel im benthalen Vegetationsaufbau wirklich bedeutsam sind. Daher wurden in der Tabelle 12 neben den floristischen Gesamtzahlen auch die vegetationskundlich reduzierten Zahlen angegeben.

Alles in allem muß die Benthosvegetation der eigentlichen Ostsee als verhältnismäßig artenarm angesehen werden. Die definitive Artenzahl kann bis heute nicht exakt angegeben werden, und auch die Frage nach wesentlichen Veränderungen in der Ostseeflora ist bislang nicht geklärt, obwohl verschiedene Arbeitsgruppen sich damit beschäftigen. Die Ursache dürfte vor allem in den großen taxonomischen Schwierigkeiten liegen.

Werfen wir nunmehr einen Blick auf die **allgemeine und regionale Vegetationsstruktur** in der Ostsee. Unter Vegetationsstruktur verstehen wir hier alle differenzierbaren und auf ihre ökologische und floristische Bedingtheit rückführbaren Merkmale eines Vegetationsbildes. Der allgemeine Vegetationsaufbau läßt sich folgendermaßen darstellen: Die Einordnung von Vegetationsmerkmalen in ein Litoralgliederungssystem (Supra-, Eu-, Sublitoral usw.) ist das älteste und bis heute wichtigste Gliederungsverfahren für eine marine Benthosvegetation. Obwohl ursprünglich nicht an gezeitenintensiven Küsten entwickelt (Örsted, Kjellmann in der westlichen Ostsee), ist heute überwiegend und wohl zu einseitig an den Verhältnissen im echten Gezeitenlitoral orientiert. Dieses Gliederungsverfahren findet seinen Ausdruck in der sogenannten Zonierungs-(oder richtiger Gürtelungs-)lehre, wonach die marine Benthosvegetation – vor allem im Supra- und Eulitoral – entsprechend der Emersionsverträglichkeit der einzelnen Arten sowie nach deren lichtökologischen Ansprüchen in mehr oder weniger scharf abgesetzten Gürteln angeordnet sein soll.

Es ist offensichtlich, daß die deutliche Ausprägung einer solchen Gürtelstruktur vom jeweiligen Tidenhub, vom Küstenprofil und – damit zusammenhängend – von der Breite der einzelnen Litoralregionen abhängen muß. An den norwesteuropäischen Atlantikküsten liegen die Tidenhübe im allgemeinen im Bereich von etwa 1 bis 3 m und erreichen an besonders günstigen Lokalitäten (Bucht von St. Malo, Bretagne; Bristol-Kanal) auch 10 bis 11 m.

Die Ostsee-Gezeiten liegen hingegen im Dezimeterbereich und werden von anders verursachten Wasserstandsschwankungen überlagert (vgl. Kap. 4.3). Es gibt dann hinsichtlich der Litoralfrage nur zwei Möglichkeiten: Entweder bezeichnet man als Eulitoral den Bereich der jährlichen aperiodischen (oder auch einigermaßen regelmäßigen) Wasserstandsschwankungen, oder man läßt den Litoralbereich floristisch-ökologisch durch solche Algen begrenzt sein, die auch im echten Gezeitenlitoral für die Grenzbereiche charakteristisch sind (wie z. B. *Fucus*- oder *Laminaria*-Arten). Ein Niveaufluktuations-Litoral (Hydrolitoral sensu Du Rietz) umfaßt in der inneren Ostsee allerdings eine recht schmale Zone (zum Beispiel ± 25 cm um den mittleren Wasserstand), und die *Fucus-vesiculosus*-Bestände gehören nach dieser Auffassung mit ihrer Obergrenze bereits dem Sublitoral an (Abb. 72).

Betrachtet man die schwierige Litoralsituation und dazu die geschilderten spezifischen Substratverhältnisse, so wird verständlich, daß in der benthalen Vegetationsgliederung der Ostsee eine Gürtelungsstruktur keine allzu große Rolle spielen kann. Der Vegetationsaufbau wird dafür von einer ausgeprägten, auf felsigem Untergrund ziemlich geschlossenen und auf Geröllsubstraten stark aufgelockerten Mosaikstruktur beherrscht. Natürlich fehlen Gürtelungsstrukturen nicht völlig. So bleibt eine – wegen des schwach geneigten Küstenprofils allerdings recht unscharfe – lichtökologische Tiefengliederung erkennbar. Auch im Supra- und Eulitoral extrem geschützter Standorte bilden sich auf primären oder sekundären Festsubstraten wegen der sich wenig verändernden Wasseroberfläche sehr scharf begrenzte Horizonte von *Enteromorpha, Cladophora, Urospora* oder besonders *Fucus* heraus. Und naturgemäß erfolgt auch die Neubesiedlung des Hydrolitorals in der inneren Ostsee nach dem jährlichen Frühjahrstrockenfall in einer ausgeprägten Gürtelung. Ein Schichtenbau in der Benthosvegetation tritt nicht so deutlich hervor wie an felsigen Gezeitenküsten. Auch das hat zum Teil substratökologische Gründe. Hinzu kommt in der inneren und östlichen Ostsee, daß die „Baumschicht" der großen Brauntange bis auf den meist größenreduzierten *Fucus* fehlt und daß andererseits auch die Kalkkruster wie zum Beispiel *Phymatolithon* nicht mehr auftreten. Allerdings ist zu bedenken, daß die Größenordnungen einer Schichtstruktur relativ zu bewerten sind.

Hinsichtlich der vegetationsdynamischen Aspekte sollen hier nur kurz die jahreszeitlichen (die Saisonsukzessionen) erwähnt werden. Die sublitorale Vegetation der westlichen Ostsee enthält ganz überwiegend eine ausdauernde Spätwinter-Frühjahrsflora, und auch das Eulitoral ist vorwiegend von

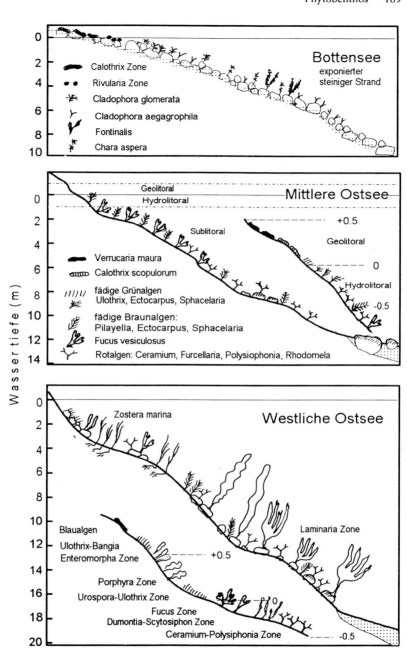

Abb. 72. Vegetationsverteilung in verschiedenen Bereichen der Ostsee. (In Anlehnung an Voipio u. Leinonen 1984)

Frühjahrsformen besiedelt. Ausgesprochene Sommer- und Herbstformen sind demgegenüber kaum zu nennen. Bereits im Mai hat die Vegetationsentfaltung unter normalen Umständen ihren Höhepunkt erreicht. Zur inneren und besonders zur östlichen Ostsee hin verändert sich dieser Frühjahrsaspekt aus klimatischen Gründen zunehmend zu einer Sommervegetation.

Auf diesem allgemeinen Hintergrund kann man die folgenden regionalen Vegetationstypen unterscheiden: Die **westliche Ostsee** ist nicht nur hydrographisch ein Übergangsgebiet zwischen Nord- und Ostsee, sie erfüllt diese Funktion auch in marin-vegetationskundlicher Hinsicht. Das gilt zunächst einmal für den Artenbestand (vgl. dazu Tabelle 12). Lakowitz (1929) gibt für die westliche Ostsee 260 Algenarten an (95 Grün-, 71 Braun- und 94 Rotalgen).

Beltsee und Kieler Bucht weisen keinen anstehenden Fels auf, wir finden hier die Glazialschuttküsten des typischen Transgressionsmeeres. Das bedingt eine ökostrukturell vielfältige Vegetationsgliederung. Da sich zur Zeit die in den 30er Jahren fast vollständig durch eine Krankheit vernichteten Seegrasbestände deutlich erholen, bekommt neben der adnanten, also substrathaftenden Vegetationskomponente der Algen, auch die radikante, das heißt die echt bewurzelte der marinen Kormophyten wieder mehr Gewicht.

Schließlich sei an charakteristischen Strukturmerkmalen noch erwähnt, daß der *Fucus-vesiculosus*-Gürtel der westlichen Ostsee mit seiner Obergrenze im Bereich der aperiodischen Wasserstandsschwankungen liegt. Man hat dieses „unechte Gezeitenlitoral" wegen seiner durchaus beträchtlichen Niveauamplitude auch als Pseudolitoral bezeichnet. Für die untere Vegetationsgrenze in der mit maximal 30 m recht flachen Kieler Bucht ist typisch, daß sie nicht licht-, sondern bei etwa 20 m Tiefe substratökologisch bedingt ist, weil hier der noch Festsubstrat führende Sandboden in die Schlickgründe der tieferen Rinnen übergeht.

Die Benthosvegetation der Förden scheint sich – wenn man die Angaben älterer Autoren zum Vergleich heranzieht – in den letzten Jahrzehnten im Sinne einer gewissen Verarmung verändert zu haben. Vielleicht wirkt sich hier allmählich die zunehmende Verschmutzung des Meerwassers aus. Dabei dürfte von Bedeutung sein, daß die westliche Ostsee mit ihren Förden ein recht engräumiges Seegebiet mit starkem Schiffsverkehr darstellt, das zudem von dicht besiedelten Ländern umgeben ist.

Die **eigentliche (innere) Ostsee** beginnt im hydrographischen Sinne östlich der Darßer Schwelle, weil diese für den Wasseraustausch von einschneidender Bedeutung ist (vgl. Kap. 4.2). Auch biologisch betrachtet liegt hier die wesentliche Grenze, wenngleich man sie in biogeographischer Sicht nicht zu scharf fassen sollte. Es ist richtiger, den Übergangsbereich bis etwa an die Insel Rügen in die Arkonasee auszudehnen. Das hat den Vorteil, daß man in naturräumlicher Gliederung die mecklenburgische Boddenküste als ganzes in das Übergangsgebiet einbeziehen kann. Auch salzgehaltsökologisch erscheint diese Auffassung vertretbar. So finden wir um Langenwerder (nordöstlich der Insel Poel, Wismarer Bucht) noch Salzgehalte, die zwischen 9 und 16 ‰ schwanken, und auch bei der Insel Hiddensee haben wir immerhin noch 6 und 14 ‰. Für die eigentliche Ostsee hingegen können wenig schwankende Salzgehalte unter 10 ‰ in vegetationsökologischer Hinsicht als charakteristisch gelten.

Betrachten wir nun zunächst die **mecklenburgische Küste**. In der Wismarer Bucht finden wir im Flachwasser auf Sandboden mit Geröllfeldern einen Vegetationstyp, der noch weitgehend dem entsprechenden Bewuchs in der Kieler Bucht gleicht, also *Enteromorpha*- und *Cladophora*-Arten, *Fucus vesiculosus*, *Chorda filum*, *Dictyosiphon chordaria*, *Ceramium rubrum* und *G. diaphanum*. Etwas tiefer (um 0,7 m) wird diese Vegetation von *Fucus*, *Chorda* und *Zostera marina* bestimmt, dazwischen *Ceramium*, *Polysiphonia violacea* und *Dictyosiphon*. Aber auch reine Seegrasbestände sind vorhanden.

An sehr geschützten Standorten (ruhige Buchten oder Schutz durch vorgelagerte Inseln) finden sich Wiesen von *Ruppia spiralis* mit Zostera und *Potamogeton pectinatus*, auf Muschelschalen *Cladophora glomerata* und *Chorda filum*, ferner Watten der Blaualge *Anabaena torulosa*. Auch *Ruppia maritima* mit ihren beiden Subspecies *brachypus* und *maritima* tritt auf. Mit zunehmender Wassertiefe werden *Chara crinita* und *Zanichellia* häufiger, gelegentlich ist auch *Tolypella nidifica* zu finden.

In den Boddengewässern, die durch Darß und Zingst gebildet werden, sinkt der Salzgehalt merklich ab (im Grabow etwa 6 bis 10 ‰, im Barther Bodden 5 bis 7 ‰, im Bodstedter Bodden 4 bis 6 ‰). Dementsprechend gewannen in dieser Vegetation die Characeen und die Brackwasser-Kormophyten zunehmend an Bedeutung (*Chara*-Arten, *Ruppia*, *Zannichellia*, *Myriophyllum*, *Potamogeton*, *Najas marina*). Diese gingen jedoch durch die Eutrophierung in den 70er Jahren stark zurück (vgl. Kap. 6.6).

Der Nordteil der Insel Hiddensee bietet mit Geröllfeldern und künstlichen Steinschüttungen der Uferschutzbauten wieder Standorte der freien Küsten mit mittleren Salzgehalten um 8,5 ‰. Für das Gebiet sind etwa 80 Algenarten beschrieben worden. In der Litoralgliederung (sensu Du Rietz) finden wir im Geolitoral *Calothrix* und Diatomeen, im Hydrolitoral während des Frühjahrs im oberen Teil *Ulothrix*, *Urospora* und *Calothrix*, im mittleren Teil *Pilayella*, *Scytosiphon*, *Spongomorpha lanosa*, *Eudesme virescens* (im Sommeraspekt kommen *Ceramium diaphanum* und *Polysiphonia nigrescens* hinzu); der untere Teil des Hydrolitorals beherbergt *Enteromorpha compressa* und *Cladophora sericea*.

Das Sublitoral beginnt mit der Obergrenze von *Fucus vesiculosus* und enthält an wesentlichen Formen noch *F. serratus*, *Chorda filum*, *Furcellaria fastigiata*, *Ceramium rubrum*, *Polysiphonia nigrescens* und *Phyllophora brodiaei*.

Overbeck (1965) fand den benthischen Vegetationsaufbau der Hiddenseer Westküste recht gut übereinstimmend mit den von Levring (1940) dargestellten Verhältnissen an der schwedischen Südküste (Blekinge) bei einem ziemlich konstanten Salzgehalt um 7 ‰. Die Vegetationsverhältnisse der Boddengewässer und der Küsten Rügens entsprechen weitgehend den oben dargestellten.

Die **schwedische Ostküste,** überwiegend dem Typus der Fjärd-Schären-Küste (vgl. Kap. 3.2) angehörend, liegt im Bereich einer allmählichen Abnahme des Oberflächensalzgehaltes von etwa 8 ‰ bei Schonen auf 5,5 ‰ in den Schären-Archipelen der Ålandsee. Für die Blekinge-Küste hat Levring (1940) 111 Algenarten angegeben, von denen etwa 40 als vegetationsphysiognomisch wesentlich angesehen werden können. Im Gebiet von Askö (Trosa-Schärenhof) fand Wallentius (1969) bei 6 bis 7 ‰ Salzgehalt 65 makroskopische Benthosalgen (einschließlich *Spirogyra, Zygnema* und *Vaucheria*); ferner 9 Blaualgen und die üblichen Brackwasser-Kormophyten.

Die **östliche Ostsee** beginnt in den Schärengebieten der Ålandsee und des finnischen Schärenmeeres, wo der Oberflächensalzgehalt bei etwa 5,5 ‰ liegt. Waern (1952) nennt in seiner umfassenden Untersuchung über den Öregrund-Archipel 91 Algenarten von zum Teil stark reduziertem Habitus. An größeren Formen sind nur noch *Fucus vesiculosus* (Blasentang) und nicht allzu häufig *Chorda filum* (Saitentang) vorhanden.

Regelmäßiger winterlicher Eisgang und alljährliche Wasserstandssenkung sorgen dafür, daß das etwa 0,5 m breite Hydrolitoral in jedem Frühsommer neu besiedelt werden muß. *Fucus vesiculosus* gehört völlig dem Sublitoral an und ging früher von dessen Obergrenze bis in 11 m Tiefe. In den letzten Jahren ist von skandinavischen Forschern (z.B. Kautsky et al. 1992) in der östlichen Ostsee sowie von deutschen Meeresbotanikern in der westlichen Ostsee beobachtet worden (Vogt u. Schramm 1991), daß der gesamte Tiefen-*Fucus* unterhalb von 2 m verschwunden ist. Als Hauptursache werden Lichtverschlechterungen als Folge von Hypertrophierung angesehen. Bemerkenswert sind ferner die tiefen Standorte von *Cladophora rupestris* und *glomerata* sowie die Tatsache, daß in diesem kleinwüchsigen Vegetationstyp *Sphacelaria arctica* ein vorherrschendes Element der größeren Tiefen darstellt.

Für den **südwestfinnischen Schärenarchipel** werden 53 Algenarten angegeben, von denen vielleicht 24 als vegetationsphysiognomisch einigermaßen bedeutsam sind. Der innere Teil dieses Schärengebietes nimmt bereits limnische Züge an und beherbergt neben *Fucus vesiculosus,* Characeen und *Zostera* eine große Zahl von brackwasserliebenden oder zumindest salztoleranten Süßwasserpflanzen wie *Potamogeton*-Arten, *Zannichellia repens* und *Z. major, Myriophyllum spicatum, Ruppia*-Arten, *Ranunculus baudotii* sowie relativ wenig *Phragmites* und *Scirpus* (Luther 1951).

In den nordöstlichen Teilen der Ostsee, in **Bottensee** und **Bottenwiek,** verarmt die marine Benthosvegetation bei weiter sinkendem Salzgehalt dann sehr rasch. Für das Gebiet von Brahestad (Raahe) hat Häyren (1952) einige Beobachtungen mitgeteilt. Bei einem mittleren Salzgehalt von 3 bis 3,5 ‰ wird die ufernahe Vegetation von Süß- und Brackwasserarten sowie ausgedehnten *Phragmites*-Beständen (Schilf) beherrscht. Häyren meint, daß nur 5 Salzwasserarten als häufig vorkommend bezeichnet werden könnten (*Calothrix scopulorum, Chara aspera, Lyngbya aestuarii, Tolypella nidifica* und eventuell *Vaucheria*).

6.3.2 Zoobenthos

Heye Rumohr

Das Zoobenthos der Ostsee zeigt starke Veränderungen, wenn man sich einen Schnitt vom Kattegat im Westen zum Bottnischen Meerbusen im Nordosten vorstellt. Es wird sowohl durch arktisch-boreale Faunenelemente charakterisiert, die z.T. als **glaziale Reliktfauna** anzutreffen ist (*Saduria entomon, Astarte*-Arten), als auch durch **lusitanische Formen** (Arntz et al. 1976). Die Artenzahl der Benthos nimmt stark vom Skagerak/Kattegat über die Beltsee ab, um dann in der Zone des Süßwassers wieder leicht anzusteigen (Remane 1940). Viele Arten, die in der mittleren Ostsee vorkommen, erreichen an der Grenze zur westlichen Ostsee ihre Reproduktionsgrenze (Arndt 1964), während andere Arten als Larven aus dem Kattegat in die Kieler Bucht eingeschwemmt werden und sich hier nicht mehr fortpflanzen können. Kalkschaler produzieren in der östlichen Ostsee und im Bottnischen Meerbusen im Vergleich mit Nordseeformen generell dünnere Schalen (Ausnahme: *Macoma balthica*). Neuere Bestimmungsschlüssel für das Ostseebenthos haben Bick u. Gosselck (1985) für Polychaeten, Jagnow u. Gosselck (1987) für Gehäuseschnecken und Muscheln sowie Köhn u. Gosselck (1989) für Malakostraken vorgelegt.

Man findet im Flachwasser der Kieler Bucht zumeist eine von *Macoma balthica* dominierte Gemeinschaft und eine Tiefwassergemeinschaft vom *Abra alba/Arctica islandica*-Typ (in welcher allerdings die erste namengebende Art für einzelne Jahre verschwinden kann!). Dies ist mehr eine Beschreibung eines fluktuierenden Zustandes und nicht die starre Gliederung im Sinne von Petersen.

In der Beltsee und dem Kattegat gibt es langlebige Arten, die viel Zeit brauchen, um einen biomassestarken Bestand aufzubauen (z.B. die große Islandmuschel *Arctica islandica*). Diese „konservativen" Arten stellen unter beständigen Bedingungen ein wichtiges Gerüst der Gemeinschaft dar, sind jedoch unter den unbeständigen Bedingungen der Ostsee zur Zeit im Rückzug (s.u.). Generell streben Artengemeinschaften beständig in Richtung auf eine höhere Komplexität, Artenvielfalt und Biomasse, also einen höheren „Reifezustand" (sensu Margalef 1968). Sie werden aber in der Ostsee aufgrund der häufigen Störungen oft auf einen weniger „reifen" Zustand zurückgeworfen und müssen wieder und wieder im Pionierstadium anfangen und die Bestände neu aufbauen (Rumohr 1980). Diese „Resilienz" oder ausgeprägte Fähigkeit zur raschen Erholung nach Störungen und Auslöschungen zeichnet die Benthosfauna in der Beltsee aus. Nach der O_2-Katastrophe 1981 wurden innerhalb von 10 Monaten 30 bis 40 % der ursprünglichen Biomassewerte wieder erreicht (allerdings ohne die alten Muscheln). Bereits in den 70ern haben Arntz und Rumohr in einem Freilandexperiment zur Gemeinschaftsorganisation und Sukzession („Benthosgarten") gezeigt, daß die Besiedelung von freien Weichsubstraten sehr schnell erfolgt und die saisonalen Schwankungen bereits im ersten Jahr hervortreten. Nur bei der Ar-

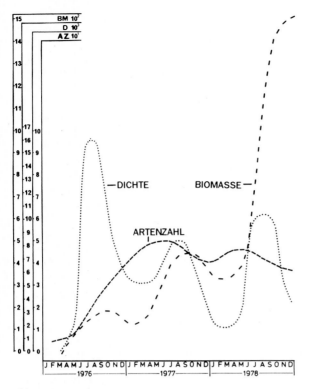

Abb. 73. Halbschematische Darstellung der Populationsentwicklung im Benthosgarten-Experiment. (Aus Arntz u. Rumohr 1982)

tenzahl zeigte sich eine schnelle Dämpfung, die Biomasse stieg auch noch gegen Ende des dritten Jahres wieder an (Abb. 73).

Remanes (1940) Entdeckung der **Brackwassersubmergenz** ist heute noch gültig (Flachwassertiere der Nordsee und des Nordatlantik leben in der Ostsee tiefer, weil sie nur dort die notwendigen Salzgehalte vorfinden). Diesem Phänomen wirkt aber seit einiger Zeit eine **Emergenz** der Tiefengemeinschaften entgegen (Arten mit Siedlungsschwerpunkt in der Tiefe versuchen flacher zu siedeln, weil sie die ungünstige O_2-Versorgung im tieferen Wasser vertreibt). Als Ergebnis rücken die Tiefwasser- und Flachwassergemeinschaften enger in einer mittleren Zone zusammen (Arntz et al. 1976).

Voraussetzungen für die Existenz der Benthos in der Ostsee (vgl. Kap. 3,1, 4.1, 4.4, 4.5) sollen hier nur kurz angesprochen werden. Da ist zum einen die **kurze geologische Existenz** der Meeresböden (ca. 8000 Jahre als Meer, in der heutigen Form z. T. nur 1500 Jahre), die sich in den relativ jungen und plastischen Gemeinschaften widerspiegelt. Zum anderen ist das Benthos in der Ostsee stark physikalisch beeinflußt, da wir uns quasi in einem Ästuar befinden mit hohen Salzgehaltsschwankungen, auch in kurzen Zeitskalen, infolge von Einstrom, Wind und Konvektion. Auf das Benthos wirkt eine starke, z. T. kurzfristig veränderliche **Temperaturamplitude** im Jahresgang, gelegentlich verstärkt durch Eiswinter (1978/79) und heiße Sommer (1990). Der **verringerte Salzgehalt** ist eine Folge des Süßwasserüberschusses durch die Flüsse, der durch Einstrom von salzreichem Wasser am Boden ausgeglichen werden muß. Zwischen den beiden letzten größeren Ereignissen dieser Art 1976 und 1993 (vgl. Kap. 4.4) konnten wir eine zunehmende Verschlechterung der Sauerstoffsituation im Tiefenwasser der Ostseebecken verzeichnen, welche sich direkt auf das Sediment und die Benthosfauna auswirkte. Die verschlechterte Sauerstoffsituation in der Tiefe (> 130 m) wird von Gerlach (1994) u.a. als Folge der abgesenkten Halokline in der mittleren Ostsee gedeutet, die jedoch zugleich den Bereich zwischen 70 und 100 m verbesserte. Ob der beobachtete Erholungseffekt im Benthos durch das große Einstromereignis im Januar 1993 von Dauer oder eine kurze Episode ist, bleibt abzuwarten. Auch in der westlichen Ostsee kommt es seit den 70er Jahren vermehrt zu O$_2$-Mangel-Perioden, die auf den tieferen Schlickböden in strömungsarmen Gebieten und in den Rinnen der Mecklenburger Bucht und der Kieler Bucht mittlerweile zu den regelmäßigen Ereignissen gehören (Weigelt 1991).

Sauerstoffmangel kommt gelegentlich auch im Flachwasser vor, wenn ablandiger Wind O$_2$-armes Tiefenwasser an die Oberfläche befördert. Die Folge ist oft ein auffälliges Fischsterben wie z.B. im Sommer 1988. Des weiteren kann man im Hochsommer im Flachwasser lokalen Sauerstoffmangel beobachten, der durch absterbende Algenmassen entsteht und die Badewasserqualität beeinflußt.

In der relativ flachen Ostsee kann die Primärproduktion im freien Wasser zu großen Teilen vom Benthos direkt genutzt werden. Für die Kieler Bucht wurde gezeigt, daß die Hälfte der Frühjahrsblüte direkt sedimentiert und dieser Nahrungspuls die Benthosentwicklung im Frühjahr antreibt (Graf 1992). Dies ist ein schönes Beispiel für die angenommene **bentho-pelagische Koppelung.**

Wir teilen die Makrofauna gemeinhin nach ihrer Lebensweise, ihrem Nahrungsspektrum und der Art ihrer Nahrungsaufnahme ein. Wir unterscheiden zwischen der im Sediment lebenden **Infauna**, die hier entweder wühlend oder in Röhrengängen lebt. Die **Epifauna** lebt vagil auf dem Sediment, bzw. vagil und sessil auf Algen und Hartsubstraten. Besondere Bedeutung hat in manchen Meeresgebieten noch das **Hyperbenthos**, d.h. das bodennahe Plankton, bzw. das bodenferne Benthos, meist Crustaceen, die sich von der reichen Detritus-Ansammlung über dem Boden ernähren. Wir unterscheiden weiterhin aufgrund ihrer Nahrung die Detritusfresser, Pflanzenfresser, Fleischfresser (Carnivore) sowie Räuber. Die verschiedenartige Nahrung wird aufgenommen von Filtrierern und Strudlern, die Nahrungspartikel aus dem Wasser entweder passiv (Seefedern) oder aktiv (Muscheln) herausfiltern und anreichern. Hierbei wird von einigen Arten der unverdauliche Teil als Pseudofaeces (z.B. *Mytilus*) ausgeschieden. Einige Arten können zwischen verschiedenen Ernährungstypen wählen und z.B. entweder Nahrungspartikel mit ihrem Sipho vom Sediment abpipettieren (*Macoma*) oder aber Wasser mit Detritus durch ihren Filterapparat hindurchstrudeln. Die Sedimentfresser verdauen den organischen Anteil im Sediment, während die vagilen Räuber ihren Beuteorganismen nachstellen. Eine Besonderheit sind die Weidegänger, die, wie im Falle vieler Gastropoden, Bakterien- oder Algenrasen „abgrasen" können.

Großen Einfluß auf die Zusammensetzung einer Benthosgemeinschaft sowie ihre jahreszeitlichen und mehrjährigen Schwankungen hat die Entwicklung vom Ei zum Adulten. Wir finden bei den Benthosinvertebraten drei Entwicklungstypen, nämlich die **direkte Entwicklung** (ohne Larvalformen, z.T. mit Brutpflege, *Astarte*-Arten), bei welcher relativ dotterreiche Eier am Meeresboden abgelegt werden und sich direkt zu Nachkommen entwickeln. Des weiteren ist eine Entwicklung mit planktisch lebenden Eiern oder Larven anzutreffen (vgl. Kap. 6.2.2), die zum einen meroplanktische Formen mit Generationswechsel produziert. Hier sind die Hydro- und Scyphozooen zu nennen, die sich mit ungeschlechtlich am Muttertier entwickelten Polypen verbreiten aber auch durch Knospung eine geschlechtliche Generation erzeugen können, welche als große Meroplankter (z.B. die Ohrenqualle, *Aurelia aurita*) durch die Meeresströmungen verteilt werden, dann ihre frei schwimmenden Larven entlassen, damit diese sich wieder an Hartböden anheften können, um sich zu Polypen zu entwickeln. Weit häufiger ist die Entwicklung mit pelagischen, relativ kleinen, dotterarmen, **planktotrophen Larven** anzutreffen. Die Larven leben etwa 2 bis 6 Wochen in der Wassersäule, wo sie abhängig vom Nahrungsangebot an planktischen Algen sind. Sie werden mit den Strömungen an neue Lebensorte gebracht, können sich dort ansiedeln und dann eine Metamorphose zum adulten Typ durchlaufen. Einige Arten können sogar das Substrat prüfen und bei ungeeignetem Untergrund ihre Metamorphose um einige Tage verschieben, um noch einmal mit dem Wasserstrom eine neue Ansiedlungschance zu haben. Die müssen sie dann nutzen oder aber zugrunde gehen. Man kann als Faustregel annehmen, daß von 1 Mio. Eiern eines als Adultus überlebt. Es ist eine Besonderheit der Kieler Bucht, daß gewisse Arten (wie z.B. der Schlangenstern *Ophiura albida*) zwar vorkommen, sich aber hier aus Salzgehaltsgründen nicht mehr fortpflanzen können. Diese Population ist auf Nachschub an Larven aus dem Kattegat angewiesen, die mit dem einströmenden Wasser in die Kieler Bucht gebracht werden (Banse 1956). Dieser Umstand hat aber auch zur Folge, daß die Art für einige Jahre ausfallen kann, wenn der Larvennachschub ausbleibt.

Einige Arten haben eine **lecithotrophe Entwicklung** mit relativ großen, dotterreichen Eiern, die im Falle der Muscheln nur eine kurze pelagische Phase haben (z.B. die Auster, *Ostrea edulis*). Hier werden im Vergleich zur planktotrophen Entwicklung nur wenige Eier produziert.

Infolge des starken saisonalen Signals in der Ostsee unterliegen alle Benthosarten einem deutlichen **Jahresgang**, an welchen die Bodenfische angekoppelt sind (Arntz 1978), da sie sich überwiegend von Benthos ernähren. Der Zehrungsdruck der Fische reduziert wiederum nachhaltig die Bestände einiger Arten (z. B. *Diastylis rathkei, Harmothoe sarsi*). Er scheint aber für interannuelle Schwankungen von untergeordneter Bedeutung zu sein. Dagegen spielen, besonders in jüngerer Zeit, wiederholt auftretende O_2-Mangelereignisse und gelegentlich auch starke Eiswinter für die Bestände vieler Arten eine bedeutende Rolle. Besonders der weitreichende O_2-Mangel im Jahr 1981 und weitere negative Ereignissen in den 80ern hatten in der westlichen Ostsee und auch im Kattegat starke und bei einigen Arten langandauernde negative Auswirkungen zur Folge. Auch haben toxische Algenblüten 1988 im Kattegat zu hohen Mortalitäten im Benthos geführt (Rosenberg 1988).

Zur Zeit besteht ein wachsendes Interesse an **historischen Daten**, da nur der Vergleich von historischen Biomassedaten und Artenzusammensetzungen langfristige Trends enthüllen kann und uns zu einem besseren Verständnis heutiger Umwelt-Zustände führt. Elmgren (1989) konstatierte aufgrund historischer Vergleiche tiefgreifende Veränderungen des Energieflusses in der mittleren Ostsee seit der Jahrhundertwende als Folge einer Biomassezunahme im Flachwasser und einer -abnahme in den tieferen Bereichen. Auch in der westlichen Ostsee lassen sich derartige Veränderungen konstatieren, die einhergehen mit einer deutlichen Veränderung in den Dominanzverhältnissen (in Gebieten der Kieler Bucht zwischen 10 und 20 m dominiert bisweilen der O_2-mangelresistente Priapulide *Halicryptus spinulosus* aufgrund des Rückganges anderer Arten).

Anhand einer umfangreichen historischen Datenbasis kann die Veränderung des Benthos in den letzten 60 Jahren für jedes der Becken der Ostsee gut dokumentiert werden. Allgemein läßt sich eine Sequenz ausgehend von einer (langlebigen) Bivalvier/Echinodermen-dominierten Gemeinschaft über eine biomassenstarke Bivalvier/Polychaeten-Gemeinschaft konstatieren, die sich jedoch schon durch starke Fluktuationen auszeichnet und in der in besonderen Streß-Situationen zusätzlich auftretende Priapuliden (*Halicryptus, Priapulus*) eine starke Zeigerwirkung haben. Nach einer recht vergänglichen und biomassearmen Kleinpolychaetan-Gemeinschaft (*Scoloplos, Capitella, Polydora, Heteromastus*) folgt meist der azoische Zustand mit gelegentlichem Auftreten von vagiler Epifauna (Harmothöe, Crustaceen). In historischen Vergleichen wurde oft eine eutrophierungsbedingte Biomassezunahme oberhalb der Halokline gefunden, während die Fauna darunter deutlich verarmte und große Schwankungen aufwies. Dieses Geschehen ist vor einem deutlichen West-Ost-Gradienten zu sehen. Waren bislang nur östliche Becken betroffen, so mußte seit 1989 auch das Arkonabecken zu den akut gefährdeten Gebieten gezählt werden. Hier waren im Juni 1989 weite Bereiche bedeckt mit Schwefelbakterien (*Beggiatoa*), die in der Nähe von gerade abgestorbener Makrofauna weiße Ringe (über schwarzem H_2S-Schlick) bildeten, meist um große tote Islandmuscheln (*Arctica*) herum. Die Entdeckung dieser **weiträumigen *Beggiatoa*-Rasen** durch Video-Profile in den tiefen Arealen (Rumohr 1993) war dem Umstand zuzuschreiben, daß die lockere und fragile Oberflächenschicht von normalen Sammelgeräten wie Greifer und Kastenlot regelmäßig durch deren Staudruck bei Annäherung an den Boden „weggeblasen" wurde und so in den Proben nie erschien.

Die klar erkennbaren Nachteile der konventionellen Methoden führten zur Entwicklung bzw. Adaptation von bedeutenden, **bildgebenden Verfahren** sowie von Methoden zur Analyse der gewonnenen Bilddokumente z. T. aus den Nachbardisziplinen wie Geographie, Geologie u. a. Die bildgebenden Verfahren reichen von Echolotungen der Meeresbodenoberfläche und innerer Sedimentschichtmächtigkeiten über weitflächige side-scan Sonar-Aufnahmen der Oberflächenstrukturen zu vielfältigen fotografischen Techniken und der Anwendung von **Unterwasservideo.** Eine Spezialanwendung von Unterwasserfotografie, die **REMOTS Sedimentprofilkamera,** erlaubt eine hochauflösende, vertikale fotografische Dokumentation der oberen 20 cm (max.) des Meeresbodens einschließlich der feinen Sediment/Wasser-Grenzschicht (Abb. 74d). Es werden abiotische Parameter wie Korngröße, Oberflächenrauhigkeit, Tiefe der apparenten Redoxschicht, Sulfidschichten, Methanblasen, Mächtigkeit von Deckschichten von Baggergut, Bohrschlamm und verklapptem Material erfaßt (Rumohr et al. 1992) sowie biologische Merkmale wie z. B. sichtbare Epifauna, Wohnröhrentypen und -dichte, Nahrungsgänge, Lage von Kotpillen, mikrobiologische Rasen (*Beggiatoa*-Schichten), dominante Fauna und ihre Lebenstiefe und -spuren, Sukzessionsstadien und andere sichtbare biogene Erscheinungen.

Die **Anwendungsgebiete** für bildgebende Verfahren reichen von grundlegenden Abschätzungen der Umweltqualität in belasteten Gebieten, z. B. mit Aquakultureinrichtungen, über die Überwachung von Klärschlamm- und Baggergut-Verklappungsgebieten bis zur Dokumentation der Folgen von Schleppnetz- und Baumkurrenfischerei (Rumohr u. Krost 1991). Gerade in der Ostsee sind sie ein wichtiges Hilfsmittel zur Abgrenzung großer Gebiete mit Sauerstoffmangelschäden. Voruntersuchungen mit bildgebenden Verfahren sind eine wichtige Ergänzung zu den unverzichtbaren traditionellen Methoden, erlauben aber eine wesentlich effektivere und kostengünstigere Untersuchungsplanung. Darüber hinaus gestatten kombinierte Einsätze von Sammelgeräten mit Videosensoren eine sehr genaue und kontrollierte Probennahme gerade von kleinräumigen Strukturen, zum anderen ermöglichen sie aber auch eine Kontrolle der Geräte sowohl in ihrer Wirkungsweise vor Ort sowie von unerwünschten Störungen der Meeresbodenoberfläche und lassen so eine kritische Qualitätsabschätzung von derart gewonnenen Proben zu.

Einige generelle Aussagen können aus diesen Bildern abgeleitet werden. Der entscheidende Punkt für die Qualität des Meeresbodens in allen Ostsee-Becken scheint die An- bzw. Abwesenheit von Makrofauna zu sein, welche das Sediment aufarbeiten und es gewissermaßen „säubern" kann vom Detritus, der aus der Wassersäule herniederregnet und/oder seitlich herbeigetragen wird (laterale Advektion). Der Übergang von einem in den anderen Zustand wird charakterisiert durch dichte Lagen von Detritusflocken auf dem Sediment und in der Grenzschicht. Es wurde eine Größenzunahme dieser Flocken von West nach Ost beobachtet, was zugleich als eine Verschlechterung der Situation interpretiert wird. Ist der Sauerstoff im Sediment durch bakterielle Abbauprozesse aufgebraucht, wird diese **flokkulente Schicht**

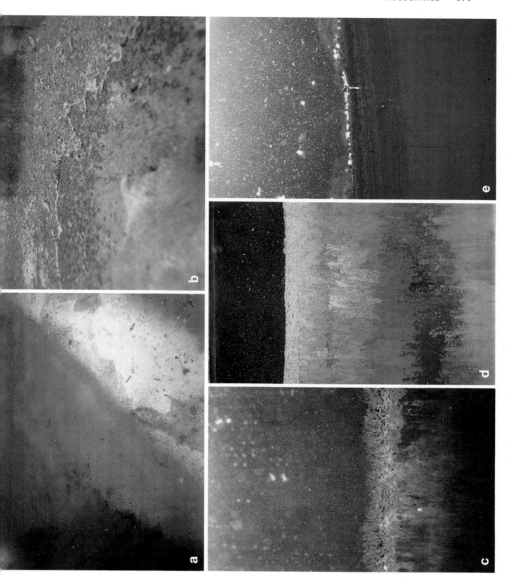

Abb. 74 a–e. Ansichten verschiedener Sedimente. **a** Arkonabecken, 45 m Tiefe. Alte Schleppnetz-Spur mit *Beggiatoa*-Siedlungen. **b** Oberflächenansicht des Ostseebodens, 80 m Tiefe. Alte *Beggiatoa*-Schicht. **c** Boknis Eck, 24 m Tiefe. Sedimentprofilaufnahme, Schnitt durch Polychaeten-Röhren-Rasen auf Schlick. **d** Bornholm-Becken H 26, 70 m Tiefe. Sedimentprofilaufnahme mit *Beggiatoa*-Rasen. **e** Landsort Tief, 200 m Tiefe. Laminierte Schichtung am Hang mit Detritusauflage an der Oberfläche

durch *Beggiatoa*-Matten konsolidiert. *Beggiatoa* kann nur an der Grenzschicht zwischen H_2S und geringen Sauerstoffgehalten im Wasser auftreten.
Wir erleben einen negativen Rückkoppelungsprozeß, der alle Meeresböden
betrifft, wenn die Makrofauna einmal ausgelöscht ist. Die organische Detri-
tus-Fracht, welche vorher der Makrofauna als Nahrung diente, muß nun am
Boden bakteriell aufgearbeitet und oxidiert werden. Dies hat in Kürze Sauerstoffmangel zur Folge, der wiederum Benthoslarven am Siedeln hindert
und eine Rekolonisierung erschwert, wenn nicht sogar verhindert. Diese
„**dead bottoms**" waren Ende der 80er Jahre im nördlichen Bornholm-Tief,
im Danziger Tief, im südlichen Teil des Gotland-Tiefs und im Landsort-Tief
zu finden. Sie erstreckten sich bereits in den 70er Jahren über eine Gesamtfläche von 70 000 bis 100 000 km², die von Jahr zu Jahr stark fluktuiert,
jetzt aber gerade stark zurückgegangen ist.

Aus den Daten der traditionellen Probennahmen, den experimentellen
Ergebnissen sowie aus dem Bildmonitoring mit Video und Sedimentprofil-
fotografie konnte ein Ostsee-spezifisches Sukzessions-Modell entwickelt
werden, das fünf Stufen der Verschlechterung am Boden der südlichen Ostsee beschreibt und dabei nicht nur die Benthosfauna, sondern auch den Re-
doxzustand und Sedimentstrukturen mit einbezieht (Rumohr 1993,
Abb. 75). Es ist auch anwendbar auf historische Datensätze und dient so
einer langfristigen Trendabschätzung.

Erste historische Vergleiche von Daten aus den Jahren 1932 und 1989 zeigen eine generelle Verschlechterung aller tiefen Meeresböden um durchschnittlich eine Stufe.

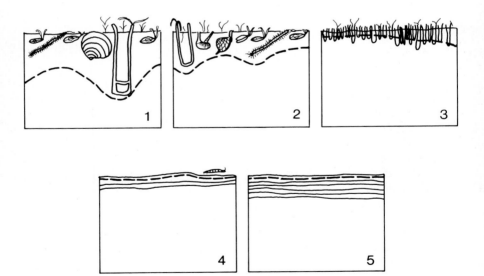

Abb. 75. Stadien *1* bis *5* des Ostsee-Benthos-Modells. Nähere Erläuterungen im Text

Stadium 1 beschreibt eine stabile, von Muscheln bzw. Echinodermen dominierte (Klimax-)Gemeinschaft mit tief siedelnden, langlebigen Arten in wohldurchmischtem, oxischem Sediment mit tief liegender Redox-Schicht.

Stadium 2 ist eine von Muscheln und langlebigen Polychaeten dominierte, starken Fluktuationen unterworfene Gemeinschaft mit erhöhter Biomasse u. a. als Folge von erhöhtem Nährstoffeintrag (Eutrophierung).

Stadium 3 ist ein deutlicher Wechsel zu einer biomassearmen Kleinpolychaeten-Gemeinschaft mit starken Schwankungen und gelegentlichen Auslöschungen durch Sauerstoffmangel. Hier liegt die Redox-Diskontinuitätsschicht bereits dicht (einige mm) unter der Sedimentoberfläche.

Stadium 4 ist bereits ohne Makrofauna, oft findet man *Beggiatoa*-Rasen, vereinzelt noch vagile Epifauna (*Harmothöe*), erste Laminierungen treten im Sediment auf, zu deuten auch als „Jahresringe".

Stadium 5 mit langfristig azoisch, laminierten Sedimenten (Landsort-Tief).

6.3.3 Mikrobiologie des Benthos

LUTZ-AREND MEYER-REIL

Wie in anderen Meeresgebieten, so werden auch in Sedimenten der Ostsee Modifikations- und Abbauprozesse von anorganischem und organischem Material durch Mikroorganismen (Bakterien, Cyanobakterien, Pilze) bestimmt, die man als Motor für die Kreisläufe der Elemente bezeichnen kann. Für die dominierende Bedeutung der Mikroorganismen sprechen folgende Charakteristika ihrer Verteilung und Aktivität:

- Mehr als 90 % der Mikroorganismen sind angeheftet an Partikel. Diese Immobilisierung an Oberflächen ist von essentieller Bedeutung für das Verständnis mikrobieller Substratumsätze in Sedimenten.
- Mikroorganismen besiedeln Sedimente in hoher Zahl. Ihre Biomasse ist vergleichbar mit der aller anderen benthischen Organismen. Legt man jedoch die Oberfläche zugrunde, so übertreffen Mikroorganismen alle anderen Organismen bei weitem.
- Aus der mikrobiellen Besiedlung von Partikeln und der heterogenen Struktur der Sedimente resultieren ausgeprägte feinskalige Gradienten biologischer und chemischer Parameter.
- Die mikrobielle Flora umfaßt ein breites Spektrum der verschiedenartigsten physiologischen Gruppen von Organismen. Das breite Spektrum ihrer katabolischen Enzyme erlaubt ihnen den Abbau einer Vielzahl von gelösten und partikulären Substraten. Anstelle von Sauerstoff können unter anaeroben Bedingungen alternative Elektronenakzeptoren für die Oxidation von organischem Material genutzt werden. Die entsprechende ökologische Situation entscheidet darüber, welche Gruppen von Mikroorganismen aktiv sind.

- Mikroorganismen nutzen Substrate effektiver und vermehren sich schneller als andere Organismen.
- Mikroorganismen bilden komplexe Assoziationen untereinander und mit anderen Organismen. Hierdurch verkörpern sie ein Abbaupotential, das das einzelner Organismen bei weitem übertrifft.

Die **Siedlungsorte** von Mikroorganismen sind bevorzugt Sand- und Silt-partikel, während Tonpartikel offenbar wegen ihrer geringen Größe kaum genutzt werden. Neben Art und Größe spielt auch die Rundung der Partikel eine bedeutende Rolle: Die Besiedlung nimmt mit zunehmender Rundung (Alterung) der Partikel deutlich ab (Weise u. Rheinheimer 1978). Flache Buchten und Senken der Partikel werden bevorzugt besiedelt, tiefe Spalten und Risse dagegen kaum. Untersuchungen von DeFlaun u. Mayer (1983) zeigten, daß das mikrobielle Vorkommen an geschützten Stellen der Partikel eher eine Konsequenz des besseren Überlebens als der bevorzugten Besied-lung ist.

Die mikrobielle Besiedlung von Sedimentpartikeln wird durch eine Suk-zession unterschiedlicher physiologischer Gruppen von Organismen charak-terisiert, wobei copiotrophen Bakterien, die an relativ hohe Nährstoffkon-zentrationen angepaßt sind, die Rolle von Erstbesiedlern zukommt. Erst nach Reduktion der Nährstoffe können oligotrophe (bei geringen Nähr-stoffkonzentrationen wachsende) Bakterien siedeln. Hinsichtlich ihrer Zell-formen und Anheftungsmechanismen erreicht die mikrobielle Flora schnell eine hohe Komplexität. Es überwiegen Einzelzellen und Aggregate von bis zu 20 Zellen. Nach Besiedlung der Sedimentpartikel durch Prokaryonten (Bakterien, Cyanobakterien) folgen Eukaryonten (Pilze, Diatomeen, Proto-zoen).

Die Anheftung von Mikroorganismen an Partikeloberflächen stimuliert die Synthese **extrazellulärer Polysaccharide**. Mit zunehmender mikrobiel-ler Besiedlung und nachfolgendem Wachstum werden komplexe Biofilme gebildet, die aus einer Akkumulation von Organismen bestehen, die an Oberflächen immobilisiert und in ein Netzwerk extrazellulärer Polysaccha-ride (EPS) eingeschlossen sind. Diese organische Matrix ist von einer Viel-zahl von Kanälen durchzogen, die dem Austausch von Flüssigkeiten und Gasen dienen. Die EPS haben Schlüsselfunktionen für die Zellen und ihre Umgebung. Durch die EPS werden die Organismen auf der Oberfläche ver-ankert und untereinander vernetzt. Die EPS schützen die Organismen vor plötzlichen Veränderungen der Umgebungsparameter (z. B. Salzgehalt, pH-Wert, Austrocknung) sowie gegen toxische Substanzen (z. B. Schwermetal-le). Die EPS bilden ein exzellentes, interzelluläres Kommunikationsmedium. Durch die Ausscheidung der organischen Matrix schaffen die Organismen spezifische Mikrohabitate, die es ihnen erlauben, in enger räumlicher Nähe zu verwandten physiologischen Gruppen zu metabolisieren. Hierdurch ent-stehen ausgeprägte Gradienten chemischer (anorganischer und organischer) Komponenten. Entlang dieser Gradienten können Substrate und Energie effektiv genutzt werden. Durch die Ausscheidung einer organischen Matrix vermögen Mikroorganismen ihre Umgebung zu konditionieren. Die mikrobielle Sekretion von EPS führt zum Verkleben von Partikeln und trägt zum Stabilisieren der Sedimente bei. Neben den Mikroorganismen selbst stellt deren organische Matrix eine bedeutende Nährstoffquelle für Meio- und Makrofaunaorganismen dar, die bislang bei Berechnungen der mikrobiellen Produktion kaum berücksichtigt wurde.

Anzahl, Biomasse und Aktivitäten der Mikroorganismen in Sedimenten der Ostsee unterliegen ausgeprägten zeitlichen und räumlichen Variationen, die sehr viel deutlicher durch Sedimentparameter (Wassergehalt, Korngröße, organischen Gehalt) als durch den geographischen Bereich geprägt werden.

Epifluoreszenzmikroskopische Analysen der mikrobiellen **Gesamtzellzahl** und **Biomasse** ergeben zwischen 10^8 und 10^{11} Bakterien/g Sediment (Trockengewicht) mit Biomassen zwischen 1 und 1000 µg C/g. Die Zahlen zeigen eine deutliche Konzentration im Bereich von 10^9 bis 10^{10} Zellen/g, die Biomassen im Bereich von 100 µg C/g. In schlickigen Sedimenten sind Anzahl und Biomasse von Mikroorganismen höher als in sandigen Sedimenten. Mit zunehmender Wassertiefe und Entfernung von der Küste nehmen Zellzahl und Biomasse ab. Bedingt durch die Verringerung des Nährstoffangebotes und der verfügbaren Energie ist mit zunehmender Sedimenttiefe generell eine Abnahme der mikrobiellen Zahl und Biomasse zu beobachten. Im Gegensatz zur Anzahl kultivierbarer Bakterien variieren Gesamtbakterienzahl und Biomasse in den oberen 20 cm Sedimenttiefe generell um weniger als den Faktor 3 (vgl. Untersuchungen in der Kieler Bucht von Meyer-Reil 1983).

Anzahl bzw Biomasse der Mikroorganismen und **Sedimentparameter** wie Korngröße und organischer Gehalt stehen in einer generellen Beziehung. Schlickige Sedimente mit einem höheren Gehalt an organischem Material zeigen höhere Zahlen bzw. Biomassen im Vergleich zu sandigen Sedimenten mit einem geringeren Gehalt an organischem Material. Hierbei ist der Beziehung zwischen Zahl bzw. Biomasse und organischem Gehalt größere Bedeutung zuzuschreiben als der Beziehung zwischen Zahl bzw. Biomasse und Korngröße. Untersuchungen in Sedimenten der Kieler Bucht zeigten, daß jahreszeitliche Variationen mikrobieller Parameter diese Beziehungen überlagern können (Meyer-Reil 1993).

Mikrobieller Kohlenstoff bildet nur einen geringen Anteil am Gesamtkohlenstoff der Sedimente. Für die Kieler Bucht wurde der höchste Prozentsatz (0,9 ± 0,2; 21 Proben) in sandig-schlickigen Sedimenten, ein geringerer Prozentsatz (0,7 ± 0,2; 19 Proben) in schlickigen Sedimenten und der geringste Prozentsatz (0,5 ± 0,1; 36 Proben) in sandigen Sedimenten gefunden (Meyer-Reil 1993). Hierbei ist zu berücksichtigen, daß nicht der Gesamtkohlenstoff, sondern der verfügbare Kohlenstoff den Schlüsselparameter für die Verbreitung der Mikroorganismen darstellt (Meyer-Reil 1994).

Durch feinskalige Untersuchungen von Sedimentprofilen konnte gezeigt werden, daß mikrobielle Zahl, Biomasse und Aktivitäten an Grenzzonen, wie der Sediment/Wasser-Kontaktzone, der Redoxsprungschicht und biogenen Strukturen (Bauten, Röhren von Infaunaorganismen) konzentriert sind (Köster 1993).

Da die meisten Sedimente von der Versorgung mit organischem Material durch Sedimentation aus der Wassersäule abhängig sind, kann erwartet werden, daß wesentliche mikrobielle Abbauprozesse an der Sediment/Wasser-Kontaktzone lokalisiert sind. Dies gilt generell für küstenferne Sedimente, die durch einen geringen Eintrag von organischem Material charakterisiert sind. In küstennahen Sedimenten werden maximale mikrobielle Aktivitäten häufig jedoch nicht unmittelbar an der Oberfläche, sondern in mittleren Sedimenttiefen gemessen. Hier ist davon auszugehen, daß Nährstoffe durch Umlagerungen der Sedimente oder Bioturbation in tiefere Horizonte verfrachtet wurden.

Die Redoxsprungschicht kennzeichnet den Wechsel von oxischen zu anoxischen Bedingungen. Hier führt die mikrobielle Nutzung verschiedener Elektronenakzeptoren für die Oxidation von organischem Material sowie die mikrobielle Oxidation reduzierter anorganischer Komponenten des anaeroben Stoffwechsels zu einer Stimulation mikrobieller Substratumsätze, deren Diversität aus Konzentrationsprofilen anorganischer Nährstoffe abgeleitet werden kann (Köster 1993).

Biogene Strukturen wie Bauten und Röhren von Makrofaunaorganismen sind Zonen intensiver mikrobieller Aktivitäten. Dies gilt für erhöhte Zellzahlen und Biomasse, die Verteilung unterschiedlicher physiologischer Gruppen von Bakterien, den enzymatischen Abbau von organischem Material, die autotrophe Fixierung von Kohlendioxid sowie mikrobielle Biomasseproduktion (Reichardt 1986).

Mikrobielle Zahl, Biomasse und Aktivität in Sedimenten unterliegen ausgeprägten **zeitlichen Schwankungen**, die von tagesrhythmischen Fluktuationen bis zu jahreszeitlichen Variationen reichen. Da die Variationsbreiten mikrobieller Parameter während eines Tages bereits den Bereich umfassen können, der während eines ganzen Jahres gemessen wird, sind in Flachwassersedimenten zeitlich eng auflösende Untersuchungen notwendig, um die Dynamik mikrobieller Populationen zu erfassen.

Aus den ausgeprägten tagesrhythmischen Fluktuationen benthischer Primärproduktion in Flachwassersedimenten kann bereits auf eine enge Kopplung zwischen autotrophen und heterotrophen Prozessen geschlossen werden. So konnte für sandige Sedimente der Kieler Bucht (Wassertiefe 10 m), die alle 4 Stunden über einen Zeitraum von 36 Stunden beprobt wurden, gezeigt werden, daß mikrobielle Zahl, Biomasse und Aktivität über den Tag akkumulierten. Maxima fanden sich zwischen Mittag und Nachmittag, Minima während der Nacht. Die Zunahme mikrobieller Zahl und Biomasse erfolgte mit deutlich zeitlicher Verzögerung auf Maxima mikrobieller Substratumsätze (Meyer-Reil 1993).

Primärproduktion und lokale Hydrographie bestimmen über den Eintrag von organischem Material in das Sediment. In gemäßigten Breiten wie der Ostsee korrespondiert die Sedimentation von organischem Material mit der Primärproduktion. Untersuchungen in der Kieler Bucht zeigten, daß die wesentlichen Einträge von organischem Material in das Sediment (bis zu zwei Dritteln des Jahreseintrages) im Frühjahr und Herbst stattfinden (Noji et al. 1986). Die Kopplung des Prozesses im Pelagial und Benthal bildet die Grundlage für die Nährstoffversorgung des Benthos (Graf 1989). Neben den Hauptsedimentationsereignissen im Frühjahr und Herbst wurden in Sedimenten der Kieler Bucht auch im Sommer und Winter einzelne Perioden der Nährstoffanreicherung beobachtet. Während die im Frühjahr und Herbst sedimentierten Phytoplanktonblüten einen hohen Nährstoffwert besaßen, war das Material im Winter bedeutend resistenter und bestand aus erodierten Makrophyten, resuspendiertem Sediment und Einträgen vom Land.

Umfangreiche Untersuchungen über die **jahreszeitliche Entwicklung** benthischer mikrobieller Populationen liegen aus sandigen und schlickigen Sedimenten der Kieler Bucht vor (Meyer-Reil 1983, 1993). Die Ergebnisse können als charakteristisch für Flachwassersedimente der Ostsee angesehen werden und sollen im folgenden am Beispiel der Kieler Bucht zusammenfassend diskutiert werden.

Auf die Anreicherung von organischem Material im Sediment korrespondierend zur Sedimentation der Frühjahrs- und Herbstphytoplanktonblüten reagierten die Mikroorganismen unmittelbar mit einer Stimulation ihrer Aktivitäten. Biomasseproduktion und Zellteilung folgten jedoch nicht notwendigerweise unmittelbar aufeinander. Im Herbst reagierten die Mikroorganismen auf den Ersteintrag von organischem Material mit einer kräftigen Biomasseproduktion und Zellvermehrung. Abweichend von der „Normalverteilung" mikrobieller Biomasse, bei der die kleinsten Zellen das Biomassespektrum dominieren, wuchs der Anteil mittlerer und großer Zellen an der Gesamtbiomasse deutlich an. Nach einem kurzfristigen Absinken der Zahl und Biomasse wurde dann eine zweite Stimulation mikrobieller Aktivitäten beobachtet, die im wesentlichen zu einer Erhöhung der Zellzahl ohne korrespondierende Biomasseproduktion führte. Bei der Stimulation mikrobieller Aktivitäten nach der Sedimentation der Frühjahrsphytoplanktonblüten waren Biomasseproduktion und Zellvermehrung eng miteinander gekoppelt.

Verschiebungen im Größenspektrum mikrobieller Biomasse in sandigen Schlicksedimenten der Kieler Bucht wurden auch parallel zur Massenentwicklung von Polychaeten beobachtet, die durch ihre Aktivität die Sedimentoberfläche verfestigen. Die mikrobielle Population bestand aus einer großen Anzahl relativ kleiner Zellen mit einer geringen Biomasse. Wahrscheinlich waren aufgrund der stark verfestigten Sedimentoberfläche die Mikroorganismen nährstofflimitiert und antworteten mit einer Reduktion ihres Zellvolumens.

Während des Winters wurde in Sedimenten der Kieler Bucht eine langsame, kontinuierliche Zunahme der Bakterienpopulation beobachtet, deren Nährstoffgrundlage erodierte Makrophyten, resuspendiertes Sediment und Material terrestrischen Ursprungs war (Graf et al. 1983; Meyer-Reil 1983). Die Zunahme der mikrobiellen Biomasse wurde offenbar erst durch das weitgehende Fehlen bakterienfressender Meio- und Makrofaunaorganismen ermöglicht.

Basierend auf dem Anstieg mikrobieller Biomasse nach dem Eintrag der Phytoplanktonblüten im Frühjahr bzw. Herbst sowie der Biomasseentwicklung im Winter errechnet sich für sandig-schlickige Sedimente eine **mikrobielle Produktion** von 300 mg (Frühjahr), 140 mg (Herbst) und 20 mg $C/m^2/d$ (Winter). Für schlickige Sedimente betrug die entsprechende Produktion 120, 370 und 10 mg $C/m^2/d$. Bei diesen Werten ist jedoch zu berücksichtigen, daß sich im Frühjahr bzw. Herbst die gesamte Produktion innerhalb von 1 bzw. 2 Wochen vollzog. Auf die einzelnen Jahreszeiten bezogen betrug die mikrobielle Produktion im Frühjahr 2,2 g (1,9 g), im Herbst 1,0 g (2,8 g) und im Winter 1,1 g (0,5 g) C/m^2. Die zuerst genannten Werte beziehen sich auf sandig-schlickige, die Werte in Klammern auf schlickige Sedimente. Das bedeutet, daß sich die beiden Sedimenttypen hinsichtlich ihrer Hauptproduktionsperioden (Frühjahr bzw. Herbst) zwar voneinander unterscheiden, hinsichtlich ihrer Gesamtproduktion jedoch vergleichbar waren. Diese Daten aus der Kieler Bucht fügen sich gut in Daten ein, in denen für marine Sedimente der unterschiedlichsten Beschaffenheit und Lokalität ein Bereich von 0,01 bis 10 g $C/m^2/d$ errechnet wurde (Meyer-Reil 1993). Vergleicht man in Sedimenten der Kieler Bucht den Eintrag von organischem Kohlenstoff mit der mikrobiellen Produktion, so errechnen sich Wachstumserträge zwischen 2 und 10 %. Beim Abbau der sedimentierten Phytoplanktonblüten im Frühjahr und Herbst sind die Wachstumserträge deutlich höher als beim Abbau des resistenteren Materials im Winter.

Die dargestellten saisonalen Untersuchungen in Sedimenten der Kieler Bucht verdeutlichen, daß Anzahl und Biomasse von Mikroorganismen generell in einem relativ engen Bereich schwankten. Die Entwicklung der **mikrobiellen Populationen** vollzog sich vor einem relativ konstanten Hintergrund von Zellzahl und Biomasse, der als sedimentspezifisch bezeichnet werden muß. Nur zu Zeiten von Nährstoffeinträgen in das Sediment (insbesondere im Frühjahr und Herbst) kam es kurzfristig zu einer kräftigen Biomasseproduktion und Zellvermehrung. Regulationsmechanismen wie insbesondere erhöhter Fraßdruck („grazing") führten dazu, daß mikrobielle Zahl und Biomasse innerhalb kurzer Zeit (1 bis 2 Wochen) wieder auf Werte innerhalb der „normalen" Variationsbreiten reduziert wurden. Umgekehrt sind offenbar auch an der unteren Grenze der Variationsbreiten Regulationsmechanismen wirksam, die ein Absinken mikrobieller Zahl und Biomasse unter ein bestimmtes Niveau verhindern. Hier ist vor allem anzuführen, daß mit abnehmender Zahl und Biomasse auch die Effektivität des „grazing" sinkt. Es ist auch denkbar, daß beim Unterschreiten bestimmter Grenzwerte von Zahl und Biomasse eine Stimulation mikrobieller Produktion einsetzt.

Durch die zunehmende Landnutzung und den damit verbundenen **Nährstoffeintrag** wurden die küstennahen Flachgewässer der Ostsee in der Vergangenheit hochgradig mit Nährstoffen überlastet. Die Puffer- und Filterkapazität dieser Ästuare für natürliche und anthropogene Belastungen wurden damit weitgehend erschöpft. Dies gilt insbesondere für die reich gegliederten Flachgewässer der Bodden, Haffe und Förden (vgl. Kap. 6.6). Sie zeigen deutliche Unterschiede in der Gewässerbeschaffenheit und dem Wasserhaushalt, geprägt durch das Einzugsgebiet, die mittlere Wassertiefe und den Zugang zur Ostsee. Aufgrund der geringen Wassertiefe gewinnt das Sediment eine dominierende Bedeutung für Substratumsätze. Durch schnell wechselnde hydrographische Bedingungen kommt es zu ausgeprägten kleinskaligen räumlichen und zeitlichen Variationen benthischer mikrobieller Aktivitäten.

Bedingt durch die hohe Belastung mit organischem Material sind die Sedimente küstennaher Gewässer generell nur in den obersten Sedimenthorizonten (Millimeterbereich) oxisch. Da die durch Organismen verursachte Sauerstoffzehrung im Sediment die Nachlieferung von Sauerstoff durch Diffusion aus dem überstehenden Wasser bei weitem übertrifft, steigt bei hohen mikrobiellen Abbauaktivitäten die anoxische Zone bis an die Grenzfläche zwischen Sediment und Wasser. Zu Zeiten der Stratifikation der Wassersäule werden auch im Bodenwasser anoxische Bedingungen gemessen.

An der Grenzfläche zwischen oxischen und **anoxischen Bedingungen** werden reduzierte Komponenten des anaeroben mikrobiellen Stoffwechsels (z.B. Methan, Ammonium, Schwefelwasserstoff, Eisen, Mangan) durch chemolithotrophe Bakterien oxidiert, die anorganische Wasserstoff-Donatoren benutzen und ihre Energie aus Oxidations-/Reduktionsreaktionen an den ihnen als Nährstoffe dienenden Substraten gewinnen. Nur für nitrifizierende Bakterien, die Ammonium über Nitrit zu Nitrat oxidieren, ist obligat autotrophes Wachstum (Gewinnung des Zellkohlenstoffs aus der Fixierung von Kohlendioxid) nachgewiesen worden.

Unterhalb der oxischen Sedimenthorizonte werden sekundäre Elektronenakzeptoren für die Oxidation von organischem Material herangezogen. Die Reihenfolge der Elektronenakzeptoren ergibt sich aus abnehmender Verfügbarkeit von Energie, abnehmendem Redoxpotential und zunehmender Sedimenttiefe. Hierbei dominiert die Reaktion mit der größten freien Energie, solange bis dieser Oxidant verbraucht ist und die nächste effektivere Reaktion abläuft.

Nach Sauerstoff ist **Nitrat** der bevorzugte Elektronenakzeptor für den Abbau von organischem Material durch benthische Mikroorganismen. Sauerstoff- und Nitratatmung schließen einander nicht aus. Beide Prozesse können nebeneinander ablaufen, offenbar katalysiert durch dieselben Bakterien. Nitrat wird zum Ammonium (Nitratammonifikation) oder über Stickoxide zu Stickstoff (Denitrifikation) reduziert. Schätzungen gehen davon aus, daß die Nitratatmung nur wenige Prozent zur Kohlenstoffoxidation beiträgt, wobei zeitlich und räumlich große Variationen gemessen werden (Kähler 1990; Koop et al. 1990). Über die Bedeutung der Mangan- und Eisenatmung für die Oxidation von organischem Material wird zur Zeit noch diskutiert (Lovley 1991). Bedeutsam ist, daß Eisen und Mangan durch mikrobielle Reduktion mobilisiert und Phosphat sowie Spurenstoffe freigesetzt werden, die aus dem Sediment in das Wasser diffundieren können.

Nach Sauerstoff, Nitrat, Mangan und Eisen ist **Sulfat** der bevorzugte Elektronenakzeptor. Schätzungen gehen davon aus, daß in anaeroben marinen Sedimenten etwa 50 % des Abbaus von organischem Material über Sulfat als Oxidanten verläuft. Sulfat-reduzierende (-atmende) Bakterien benutzen Wasserstoff, Methan, kurzkettige Fettsäuren und andere organische Komponenten als Substrate. Hierbei spielt die enge räumliche Nähe zu fermentierenden Bakterien eine bedeutende Rolle. Produkte der Sulfatatmung sind Schwefelwasserstoff, Kohlendioxid und Wasser. Die Endoxidation von organischem Material wird durch methanbildende Bakterien gewährleistet, die im Seewasser eine bedeutend geringere Rolle als im Süßwasser spielen. Sulfatreduzierende und methanbildende Bakterien konkurrieren um die Substrate (Wasserstoff, Acetat), wobei bei Gegenwart von Sulfat die thermodynamisch günstigere Reaktion bevorzugt ist. Die genannten Prozesse sind in Abb. 76 schematisch zusammengefaßt.

Untersuchungen über den mikrobiellen Abbau von organischem Material in Sedimenten der Ostsee sind wegen der arbeitsintensiven Messungen von Umsatzraten nur vereinzelt durchgeführt worden, so daß sediment- oder flächenbezogene Aussagen nicht getroffen werden können. Grundlage der Untersuchungen sind zumeist Messungen der Sauerstoffzehrung und Sulfatreduktion, Austauschraten anorganischer Nährstoffe zwischen Sediment und Wasser sowie Konzentrationen anorganischer Nährstoffe in Porenwasserprofilen (Jørgensen et al. 1990; Jensen et al. 1990).

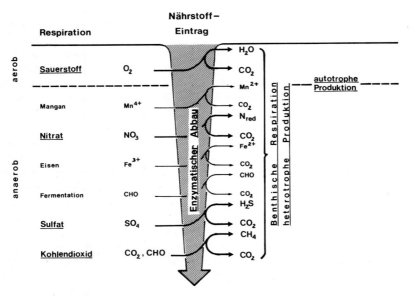

Abb. 76. Schematische Zusammenfassung mikrobieller Prozesse in Sedimenten. Dargestellt ist der Eintrag von Nährstoffen, deren enzymatischer Abbau, die Oxidation des organischen Materials unter Verwendung verschiedener Elektronenakzeptoren sowie die mikrobielle Biomasseproduktion

6.4 Nekton

WALTER NELLEN und RALF THIEL

Der Begriff Nekton kommt aus dem Griechischen und bedeutet „das was schwimmt". Er bezeichnet alle Tiere, die unabhängig von Strömung, Turbulenz und Wellen aus eigener Kraft größere Ortsveränderungen durchführen können. Der Terminus steht damit im Gegensatz zum Begriff Plankton. Nektonarten werden nur durch wenige systematische Gruppen repräsentiert, durch Wirbeltiere (z. B. Fische, Schildkröten, Pinguine, Seekühe, Robben und Wale) und durch Mollusken (z. B. Tintenfische).

In der Ostsee gehören nur Fische, drei Robbenarten und ein kleiner Zahnwal zum Nekton. Große Ortsveränderungen machen diese Tiere vorwiegend im Zusammenhang mit ihrer Fortpflanzung. Robben schwimmen zum Werfen der Jungen aus der hohen See an geeignete, meist sandige Strände, insbesondere an solche von Inseln. Fische konzentrieren sich auf lokalen Laichplätzen. Die erstaunlichste Wanderleistung kennen wir vom Aal. Wie überall zieht er auch aus der Ostsee zum Laichen in den Atlantik, wo er in dem zentral und westlich gelegenen Sargassomeer seine Eier ablegt. Die Ostseelachse sind ein anderes Beispiel für eine sich durch besonders weite Wanderungen auszeichnende Fischart. Sie ziehen bis zu vielen hundert Kilometern ihre angestammten Laichflüsse hoch. Die meisten davon liegen an der schwedischen Ostküste, einige in Finnland, wenige in Rußland, in den Baltischen Staaten und in Polen. Die Junglachse wandern dorthin, wo ihre Eltern groß geworden sind. Markierungsexperimente haben gezeigt, daß die Ostseelachse das Brackwassermeer meist östlich der Darßer Schwelle als ein an Nahrungsfischen wie Sprotte und Hering reiches Weidegebiet nutzen. Einige treibt es aber auch in den Atlantik hinaus: Im nördlichsten Teil des Bottnischen Meerbusens markierte Lachse wurden vor Ostgrönland, mehr als 3000 Seemeilen fern ihres Geburtsorts, gefangen. Umgekehrt ziehen zuweilen auch große Fische wie Thune und Schwertfisch aus dem zentralen Atlantik weit in die Ostsee hinein.

Im weiteren Sinne können auch die nordischen Seevögel, nicht nur die flugunfähigen Pinguine der Südhalbkugel oder der ausgestorbene, ebenfalls flugunfähige Riesenalk des Nordens, dem Nekton zugezählt werden. Lummen, Tauchenten, aber zum Teil auch Möwen-, Seeschwalben- und Sturmvogelarten halten sich außerhalb der Brutzeit für viele Wochen bis Monate ausschließlich auf hoher See, fern vom Land auf. Teils suchen sie dort schwimmend oder tauchend in größeren Wassertiefen ihre Nahrung, teils nur an der Oberfläche, indem sie diese fliegend inspizieren und ins Wasser hinabstoßen, sobald ein freßbares Objekt treibend oder in geringer Tiefe schwimmend, erspäht worden ist.

6.4.1 Fische

WALTER NELLEN und RALF THIEL

Die erste zusammenfassende Arbeit über das Vorkommen von Fischarten in der Ostsee und ihre regionale Verteilung schrieben 1883 Karl Moebius und Friedrich Heincke. Der erste, der sich Anfang dieses Jahrhunderts mit den besonderen Lebensverhältnissen der Fische in unserem Brackwassermeer auseinandersetzte und zu grundlegenden Erkenntnissen über Anpassungsmechanismen gelangte, war Sigismund Strodtmann (Nellen 1993). Vor und nach dem zweiten Weltkrieg erschienen weitere regional begrenzte Darstellungen über die Fischfauna der Ostsee (Meyer 1935; Duncker u. Ladiges 1960).

Neuere Forschungsarbeiten in den 70er und 80er Jahren, die vor allem auf Betreiben des Internationalen Rats für Meeresforschung durchgeführt wurden, haben die gegenwärtige Situation der Fischbestände in der Ostsee dargestellt (Voipio 1981; Müller 1982; Bagge u. Rechlin 1989). Diese Arbeiten belegen, daß in den vergangenen 30 Jahren Veränderungen der ursprünglichen Fischgemeinschaftsstrukturen eingetreten sind. Dafür waren auch anthropogene Einflüsse verantwortlich. Doch wenn wir auf eine längere Zeitspanne zurückblicken, sehen wir, daß die Ostsee seit ihres erdgeschichtlich relativ kurzen Bestehens mehrfach Wandlungen unterworfen war, die die Lebensbedingungen in diesem Mittelmeer des Nordens schwerwiegender umgestaltet haben, als es in jüngster Zeit dokumentiert wurde.

Die in Kap. 3.1 beschriebene wechselvolle geologische Geschichte des Ostseeraums hat die Fischgemeinschaftsstrukturen immer wieder verändert. Als vor mehr als 10 000 Jahren der **Baltische Eissee** als ein Süßwassermeer entstand, bot er wahrscheinlich Arten, die kaltes Wasser lieben oder wenigstens tolerieren, zusagende Lebensbedingungen. Diese Arten konnten sich hier während der ausklingenden Eiszeit weit nach Norden ausbreiten; zu ihnen gehörten Saibling, Lachs, Forelle, Stint, Große und Kleine Maräne.

Meeresfische tauchten erst vor 9000 bis 10 000 Jahren im Ostseeraum auf, als durch eine Verbindung des Ostseebeckens zur Nordsee und zum Weißen Meer das salzige **Yoldia-Meer** entstand. Arktische Meeresfische konnten jetzt in das Gebiet eindringen. Davon sind solche, die gegen nachfolgende Salzgehaltsschwankungen unempfindlich waren, bis heute in der Ostsee heimisch. Hierzu gehört der extrem euryhaline Vierhörnige Seeskorpion (*Myoxocephalus quadricornis*), den man in der nördlichen und mittleren Ostsee findet und der auch in tiefen Seen Schwedens, Finnlands und Rußlands lebt. Im Gegensatz zu anderen Seeskorpionen ist *M. quadricornis* als kaltstenotherme Fischart ein circumpolarer Bewohner der nördlichen Hemisphäre, nicht aber des Atlantiks, der Nordsee und der westlichen Ostsee (Abb. 77).

Auch eine sehr euryhaline Rasse des Herings sowie der Scheibenbauch (*Liparis liparis*) und der Spitzschwänzige Bandfisch (*Lumpenus lampretaeformis*) sind im östlichen Teil der Ostsee heimisch und dringen weit in ihre

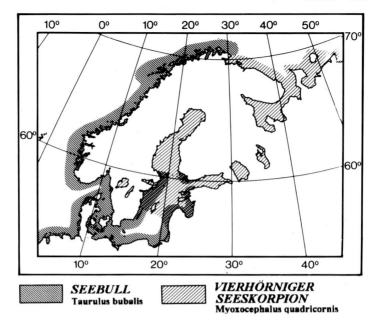

Abb. 77. Verbreitung von zwei nahe verwandten Seeskorpion-Arten. (Nach Muss u. Dahlström 1991, verändert)

nördlichsten Gebiete vor. Sie haben sich hier wohl schon während der Zeit des Yoldia-Meeres angesiedelt und bis heute trotz nachfolgender weiterer Veränderungen der ökologischen Situation behaupten können. Im übrigen werden Bandfisch, Scheibenbauch und Seeskorpion das Yoldia-Meer als Kaltwasserarten besiedelt haben, wie sie oben schon für den Baltischen Eissee genannt wurden. Auch jene sind ausgesprochen euryhalin und zählen ebenfalls bis heute zu den Bewohnern des östlichen Ostseebeckens. Nur der Saibling (*Salvelinus alpinus*) hat sich weitgehend zurückgezogen. Restbestände gibt es zwar noch im nördlichen Teil des Bottnischen Meerbusens, diese Art bewohnt ansonsten aber nur noch die einst in das System mit eingeschlossenen Seen des nordöstlichen Skandinaviens (Müller 1982).

Der in der wärmeren Aussüßungsperiode vor 7000 bis 9000 Jahren entstandene **Ancylussee** schaffte die Voraussetzung für die Verbreitung einer großen Zahl von Süßwasserfischen im gesamten baltischen Raum, was zu dem gegenwärtigen Verteilungsmuster einer ganzen Reihe von Süßwasserfischen rings um die Ostsee in Küstengewässern, Seen und Flußmündungen geführt hat. Dazu gehören u.a. Äsche (*Thymallus thymallus*), Hecht (*Esox lucius*), Plötze (*Rutilus rutilus*), Hasel (*Leuciscus leuciscus*), Aland (*L. idus*), Elritze (*Phoxinus phoxinus*), Rotfeder (*Scardinius erythrophthalmus*), Ukelei (*Alburnus alburnus*), Güster (*Blicca bjoerkna*), Blei (*Abramis brama*), Zärte (*Vimba vimba*), Quappe (*Lota lota*), Stichling (*Gasterosteus aculeatus*),

Flußbarsch (*Perca fluviatilis*), Zander (*Stizostedion lucioperca*) und Wels (*Siluris glanis*). Einige davon, so der Wels und der Zander, sind aus dem südosteuropäischen Raum wieder nach Norden vorgedrungen. Ein Hinweis darauf ist, daß sie zwar die großen südschwedischen Seen, Flußmündungen und Küstengewässer rings um die mittlere und östliche Ostsee bis in die Mecklenburger und Lübecker Bucht hinein besiedeln, nicht aber die Cimbrische Halbinsel. Für eine ganze Anzahl von Süßwasserfischarten bestehen engere Beziehungen zum Schwarzen und Kaspischen Meer als zur Atlantikküste.

Vor etwa 7000 Jahren begann wieder salzhaltiges Wasser aus der Nordsee durch die Rinnen der heutigen Beltsee in den Ancylus-See einzudringen. Es entstand das **Litorinameer,** und eine marine Fauna breitete sich bis in den Bottnischen und Finnischen Meerbusen hinein aus. Vor 5000 Jahren hatte diese Periode einen Höhepunkt erreicht. Der Salzgehalt in der Ostsee lag wesentlich über der heutigen Konzentration. Dies und ein gleichzeitig in unseren Breiten auftretendes postglaziales Wärmemaximum hatten vorübergehend einen großen Artenreichtum der marinen Fauna zur Folge. Im Verlauf der letzten 3000 bis 4000 Jahre wurde die Ostsee zunehmend wieder brackiger, und nur wenige marine Fischarten blieben. Diese sind in der Lage, das Brackwassermeer so zu nutzen, daß sie große Bestände in dem durch ungewöhnliche ökologische Verhältnisse gekennzeichneten Lebensraum aufbauen können. Für Süßwasserfischarten wurde die Lebenssituation besonders in den nordöstlichen Gebieten, im Westen auch in den Förden und Strandseen wieder günstiger. Der höhere Salzgehalt des Brackwassers in den offenen Teilen der Ostsee verhindert für sie aber eine wirklich großräumige Eroberung dieses Meeres.

Das erdgeschichtlich extrem niedrige Alter der heutigen Ostsee ließ die Evolution einer eigenständigen spezifischen Fischfauna nicht zu. Nur anpassungsfähige Fischarten sind hier heimisch und zu Standfischen geworden. Wanderfischarten, sogenannte Diadrome, benutzen sie großräumig als Nahrungsraum, z. B. Lachs und Aal. Andere Arten treten unregelmäßig als Gäste auf. Das Erscheinen solcher Gastfische hat unterschiedliche Ursachen. Es kann auf einen Populationsdruck in den primären Lebensräumen – der Nordsee oder den Zuflußgewässern – oder aber auf hydrographische Ereignisse wie Meerwasserimporte in die Ostsee zurückgehen. Diese Gäste können sich hier aber nicht fortpflanzen und verschwinden regelmäßig bald wieder, entweder durch Auswanderung oder dadurch, daß sie zugrunde gehen.

Die Gesamthäufigkeit der Fischarten nimmt in der Ostsee nach Norden und Osten hin ab (Jansson 1978). Im Vergleich zu marinen Wirbellosen und Algen (Gessner 1957) kommen die Fische jedoch noch in relativ großer Artenzahl in der mittleren und östlichen Ostsee vor. Einerseits mögen sie dazu befähigt sein, weil sie einen guten Mechanismus besitzen, den Wasser- und Salzhaushalt ihres Körpers zu regulieren, andererseits liegt der Grund dafür in ihrer großen Mobilität, die es ihnen ermöglicht, schnell größere Ortsveränderungen vorzunehmen, wann immer irgendwo die Lebensverhältnisse günstig oder ungünstig werden.

Insgesamt trifft man in der Ostsee auf gut 100 Fischarten, darunter ca. 70 Meeresfische, 7 Diadrome und 33 Süßwasserfische (Voipio 1981). Während in der Nordsee 120 Meeresfischarten heimisch sind, findet man in der Kieler und Mecklenburger Bucht noch 70, in der südlichen und mittleren Ostsee 40 bis 50 und in der Ålandsee, im Finnischen Meerbusen und in der Bottensee 20 Arten (Remane 1958). In der Bottenwiek leben nur noch 10 marine Fischarten (Anonym 1994b).

In der **westlichen Ostsee** herrschen die marinen Fischarten vor. Die meisten leben am Boden im flachen Wasser. Viele sind klein und ohne wirtschaftliche Bedeutung. Nur drei Arten, Hering, Sprotte und Dorsch, nehmen eine kommerziell wichtige Stellung ein. Interessant ist ein Blick auf die Herkunft der in der Ostsee eingewanderten Fischarten. Die Nordsee ist ein Mischgebiet von Fischen, deren Verbreitungsschwerpunkt entweder weiter im Norden (Norwegen – Island) oder im Süden (Englischer Kanal – Biskaya) liegt. In der westlichen Ostsee sind mit wenigen Ausnahmen alle häufigen Meeresfische typische „Nordfische", insbesondere der Dorsch, Wittling, Scholle und Kliesche. Sie werden offenbar besser mit den niedrigen Wintertemperaturen der Ostsee fertig als die „Südfische". Gäste aus der Gruppe „Nordfische" sind vor allem im tieferen Wasser anzutreffen, wo sie besonders im zeitigen Frühjahr zu beobachten sind. Unter den seltenen Gästen der westlichen Ostsee finden wir mehr „Südfische" (Makrele, Stöcker, Schellfisch, Knurrhähne, Sardelle, Meeräsche). Aber auch einige Standfische dieses Gebiets sind Südfische (Steinbutt und Hornhecht, Sprotte, Schwarz- und Sandgrundel).

In der **mittleren Ostsee** gibt es nur 36 ständig in größerer Zahl anwesende Fischarten. Bei den Meeresfischen handelt es sich meist um Nordarten. Die Hälfte aller Arten sind hier schon Süßwasserfische, die sich vorwiegend in unmittelbarer Küstennähe aufhalten. Die Zahl der selteneren Standfische und der marinen Gäste hat stark abgenommen. Im Sommer wandern manchmal einzelne Südformen wie Thun und Schwertfisch bis in die mittlere Ostsee hinein, wo sie sich an der deutschen Küste aufhalten, während Gäste aus der Gruppe der Nordarten häufiger an der schwedischen Küste beobachtet werden, wie Barsche, wenige Weißfischarten, Maränen, Lachs, Meerforelle, Aal, früher auch Stör und „Maifische" (*Alosa* spec.). Sie besiedeln die flachen Meeresgebiete und die mittleren und oberen Wasserschichten. Auf den tieferen, schlammigen Gründen finden sich nur wenige Fische. Günstigere Bedingungen bieten die Sandgründe vor der mecklenburgischen und pommerschen Küste. Hier lebt eine größere Anzahl Kleinfischarten. Über ihre Verbreitung ist bisher wenig bekannt. Sie sind nicht von fischereilichem Interesse, ihrer möglicherweise großen ökologischen Bedeutung ist erst in jüngster Zeit nachgegangen worden. Winkler u. Thiel (1993) fanden insgesamt 18 Kleinfischarten für die Küste von Mecklenburg und Vorpommern, darunter 3 Stichling-, 3 Seenadel-, 2 Groppen-, 2 Panzerwangen-, 1 Butterfisch-, 2 Sandaal- und 5 Grundelarten. Die Schmalschnäuzige Seenadel (*Syngnathus rostellatus*) und die Glasgrundel (*Aphia minuta*) wurden zum ersten Mal für dieses Gebiet nachgewiesen.

In der **östlichen** und **nördlichen Ostsee** herrschen schließlich die Süß-wasserfische und die marinen Küstenformen wie Hering, Bandfisch und Scheibenbauch vor. Im südlichen Teil des Bottnischen und Finnischen Meerbusens spielen auch noch Dorsch, Flunder und Sprotte eine Rolle. Süßwasserfische gehen aber auch hier kaum in die offene Ostsee hinaus und bilden keine den Meeresfischen vergleichbar großen Bestände. In der Bottenwiek schließlich gehören aber Süßwasserfische wie Plötze, Flußbarsch und Kaulbarsch weiträumiger zu den dominanten Arten (Hansson 1984). Insgesamt werden gegenwärtig 40 Süßwasserfischarten im Bottnischen Meerbusen gezählt (Anonym 1994a).

Die Struktur der Fischgemeinschaften wird durch die Umwelt bestimmt. Wichtig sind Salzgehalt, Wassertemperatur, Sauerstoff, Ausdehnung des Litorals, Wassertiefe, Makrophytenbestände, Nahrungsangebot, Räuber und Konkurrenz. Drei unterschiedliche Fischgemeinschaften haben sich heraus-gebildet, eine pelagische, eine benthische und eine litorale. Die Grenzen sind fließend, d.h. es besteht ein Austausch von Individuen zwischen den Ge-meinschaften. Eine bedeutende Vermischung der pelagischen und litoralen Fischgemeinschaften tritt alljährlich auf, wenn pelagische Fische, allen voran der Hering, ihre Laichgründe in den Küstengewässern aufsuchen. Viele Fischarten der Ostsee haben ihre Laich- und auch Freßgebiete in Küstenge-wässern.

Die **pelagische Fischgemeinschaft** wird durch den in der gesamten Ost-see vorkommenden Hering dominiert. Sprotte, Lachs und Meerforelle sind weitere charakteristische Vertreter. Die Heringsbestände werden in mehrere Frühjahrs- und Herbstlaicher-Bestände unterteilt. Bei der Sprotte werden drei Bestände unterschieden, deren Vermischung mit den Sprottbeständen im Kattegat und Skagerrak gering zu sein scheint.

Die wichtigsten Vertreter der **benthischen Fischgemeinschaft** sind Dorsch, Flunder und Scholle. Beim Dorsch werden zwei Bestände unter-schieden, einer westlich von Bornholm, der andere östlich dieser Insel. Eine Vermischung beider Bestände ist im Arkona- und Bornholmbecken beob-achtet worden.

Unter den Plattfischen ist die Flunder über die gesamte Ostsee verbreitet, ausgenommen nur die Bottenwiek und der östlichste Teil des Finnischen Meerbusens. Dagegen kommt die Scholle in der nördlichen Ostsee kaum noch vor (Voipio 1981).

Innerhalb der **litoralen Fischgemeinschaft** finden sich fast nur die ju-venilen Individuen der pelagischen Arten. Dieser Lebensraum ist in der Ost-see durch dichten Bewuchs mit Algen und Seegras gekennzeichnet. Er bietet auch viele Schlupfwinkel für kleine Arten, die wiederum die Nahrung für größere Fische bilden. Die ruhigen, flachen Gewässer der Bodden und Haffe sind nahrungsreiche Aufwuchsgebiete vieler, ökonomisch wichtiger pelagi-scher und benthischer Fische (Nellen 1968). Die Bodentierfauna ist hier ebenfalls reichlich entwickelt. Jung- und Kleinfische haben einen hohen Anteil an der gesamten Fischproduktion (Thiel 1991). Bis zu einer Wasser-tiefe von etwa 1,5 m trifft man auf eine Flachwassergemeinschaft, in der die

Häufigkeit (%)

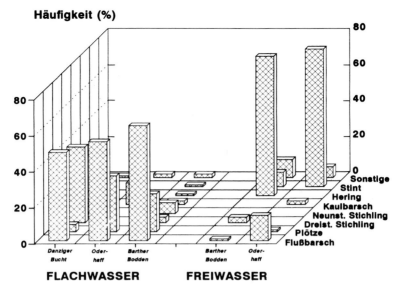

FLACHWASSER   FREIWASSER

Abb. 78. Struktur von Jung- und Kleinfischgemeinschaften im Flachwasser und Freiwasser verschiedener Küstengewässer der westlichen und südlichen Ostsee. (Nach Thiel 1991)

Jungfische von Flußbarsch und Plötze sowie die Stichlinge dominieren. Ab 1,5 m Wassertiefe gibt es die Freiwassergemeinschaft, bestimmt durch hohe Häufigkeitsanteile von Hering oder Stint (Abb. 78).

Durch menschliche Aktivität ausgelöste Veränderungen des Ökosystems Ostsee haben die Fischfauna negativ beeinflußt. Einige Fischarten sind aus der Ostsee verschwunden oder ihre Bestandsgröße hat sich stark verringert. Umweltveränderungen wirken sich vor allem auf die frühen Entwicklungsstadien der Ostseefische aus (vgl. Kap. 7.2.2). Die zunehmende Nährstoffbelastung der Ostsee hat zu Eutrophierungserscheinungen geführt (vgl. Kap. 7.3.1), die unterschiedlich wirken. Schwindender Sauerstoff im Tiefenwasser behindert die Fortpflanzung der Fische oder bringt sie ganz zum Erliegen. Die jetzt nur noch im Westen sehr häufige Kliesche hatte früher einen dichten eigenständigen Bestand im Bornholmgebiet. Ihr Verschwinden aus diesem Teil der Ostsee wird mit einer starken Zunahme der Fischerei in den 20er Jahren und der später einsetzenden Verschlechterung der Sauerstoffverhältnisse im Bodenwasser der Bornholmsee erklärt (Temming 1989). Die Kliesche muß, damit sich ihre Eier entwickeln können, besonders tiefes und salzreiches Wasser zur Fortpflanzung aufsuchen.

In den Küstengewässern kam es zu strukturellen Veränderungen. Typisch ist dort z. B. die inverse Entwicklung der Hecht- und Zandererträge. Während die Hechterträge in den Küstengewässern der südlichen Ostsee seit Beginn der 70er Jahre rückläufig sind, nehmen die Zandererträge zu (Winkler 1991). Die letztere Art liebt trübes, planktonreiches Wasser, während der Hecht auf klarere Sicht und eine gute Ufervegetation angewiesen ist.

Die anthropogene Beeinflussung der Ostsee war besonders negativ für die Populationen der Wanderfische. Die letzten Störe wurden in der Ostsee vor etwa 30 Jahren gefangen. Auch die Finte gilt als verschollen. Der Fortbestand von Ostseeschnäpel, Zärte, Lachs und Meerforelle kann nur durch umfangreiche Besatzmaßnahmen gesichert werden. Diesen Arten wurden in großem Umfang die Laichplätze durch Flußverbauungen zur Gewinnung hydroelektrischer Energie unzugänglich gemacht. Während viele Länder das mit der sehr leichtfertig erscheinenden, wenn nicht gar etwas zynischen Einstellung „lieber Strom als Fische" taten, hat Schweden dafür gesorgt, daß die Betreiberfirmen der Wasserkraftwerke jedenfalls den Ausfall der natürlichen Reproduktion der Lachse zu kompensieren haben.

6.4.2 Säuger und Vögel

GERHARD SCHULZE

In der Ostsee leben ständig **Meeressäugetiere.** Heimisch sind hier drei Robbenarten, die alle zur Familie der Hundsrobben (Phocidae) gehören, und der Schweinswal. Weitere Arten, die außer diesen möglicherweise gesichtet werden, sind nur sporadisch auftretende Irrgäste.

Der **Seehund** (*Phoca vitulina*), in nördlichen Meeren weit verbreitet und an der Nordseeküste von den Niederlanden bis nach Dänemark ständig anzutreffen, ist in der Ostsee eine seltene Art. Der gesamte Ostseebestand wird auf nur noch 250 Seehunde geschätzt. Einige Tiere leben an den dänischen Inseln und an der südwestschwedischen Küste, sie sind Teil der Atlantikrasse. Die eigentliche Ostseepopulation ist von ihnen getrennt und im Kalmarsund konzentriert. 1992 betrug dieser Bestand 170 Tiere und ist seitdem leicht ansteigend. Der Seehund ist in der Ostsee die seltenste Robbenart.

Die **Ringelrobbe** (*Phoca hispida*) hat eine ursprünglich arktisch-marine Verbreitung und kann für die Ostsee als Eiszeitrelikt betrachtet werden. In den vom Yoldia-Meer abgeschnittenen südfinnischen und russischen Seen (Ladoga, Onega) entwickelte sich diese Art im Süßwasser zur Reliktform *Phoca hispida saimensis*. In den kälteren Bereichen der nördlichen und nordöstlichen Ostsee lebt die Ostsee-Ringelrobbe (*Phoca hispida botnica*). Ihr Bestand ist im Verlaufe dieses Jahrhunderts stark zurückgegangen. Im 19. Jahrhundert lebten hier noch Hunderttausende, heute nur noch etwa 8000 Tiere. An der deutschen Ostseeküste ist die Ringelrobbe ein seltener Irrgast. Äußerlich sind Seehund und Ringelrobbe schwer zu unterscheiden, eindeutig sind nur die anatomischen Unterschiede, wie sie z.B. am Gebiß ausgeprägt sind.

In der südwestlichen Ostsee ist die **Kegelrobbe** heimisch. Hier lebt die Unterart *Halichoerus grypus* ssp. *balticus.* Auch diese Art war im vergangenen Jahrhundert noch sehr zahlreich, um 1900 lebten in der Ostsee ungefähr 100 000 Tiere. Dann wurde sie nahezu ausgerottet: durch Verfolgung, weil sie Konkurrent der Fischer war, durch Bejagung als Fell- und Fleischlieferant, durch Verlust ihrer Liegeplätze im Zuge der Industrialisierung und des

Ausbaus des Erholungswesens, durch Verschmutzung des Lebensraumes, unter anderem durch chlorierte Kohlenwasserstoffe. 1940 lebten noch etwa 20 000 Tiere, bis 1985 war der Bestand auf etwa 1500 Tiere gesunken. Seitdem ist die Bestandszahl wieder leicht ansteigend. Im Winter 1991/92 wurden etwa 5000 Tiere gezählt. Davon leben etwa die Hälfte an der schwedischen Küste. Kegelrobbenwurfplätze sind an der Küste die Ausnahme, normalerweise bringen die Weibchen ihre langhaarigen weißgrauen Jungen im Februar/März auf driftenden Eisschollen zur Welt. Die Kegelrobbe ist an ihrem langgestreckten, hundeartigen Gesichtsprofil deutlich erkennbar. Die männlichen Kegelrobben erreichen über 2 m Länge und bis 300 kg Gewicht. Die Weibchen werden nicht ganz so groß.

Als **Irrgäste** sind für die deutsche Ostseeküste zu verzeichnen: die Bartrobbe (*Erignathus barbatus*), Lobbe/Rügen 1991, das Walroß (*Odobenus rosmarus*), Insel Poel 1939, und die Sattelrobbe (*Phoca groenlandica*), Rerik 1939. Funde von Sattelrobben aus prähistorischer Zeit gibt es für die Ostsee zahlreich. In einigen ur- und frühgeschichtlichen Siedlungen sind Skelettreste dieser Art sogar am häufigsten.

Von allen Walen lebt nur der **Schweinswal** (*Phocoena phocoena*) ständig in der Ostsee und pflanzt sich hier fort. Er wurde bereits fossil und subfossil im Ostseegebiet nachgewiesen. Die Bestände waren noch im 19. Jahrhundert in der westlichen Ostsee relativ groß, und die Tiere wurden hier gezielt gejagt und gefangen. Heute ist der Schweinswal selten geworden, und es gehört viel Glück dazu, diese relativ kleinen und auch scheuen Tiere beobachten zu können. Sie erreichen nur eine Länge von 1,8 m und etwa 50 kg Gewicht. Manchmal wird ein verendetes Exemplar von den Wellen an den Strand gespült. Dann heißt es, das sei ein „Kleiner Tümmler", ein „Braunfisch" oder ein „Meerschwein". Diese Bezeichnungen wurden früher an der deutschen Küste verwendet und haben sich neben dem heute gebräuchlichen „Schweinswal" erhalten.

Die Schweinswale bilden eine von den Delphinen deutlich abgegrenzte eigenständige Familie, die Phocoenidae, deren gemeinsames Merkmal spatelförmige Zähne sind. *Phocoena phocoena* ist am weitesten verbreitet, bevorzugt küstennahe Lebensräume und lebt in den Küstengewässern, Fjorden, Sunden, Buchten und Flußmündungen des nördlichen Pazifik wie des Atlantischen Ozeans und ihrer Rand- und Nebenmeere. Die Hochsee wird weitgehend gemieden. Kalte und mäßig kalte Bereiche sind bevorzugt. Von der Nordsee aus, durch Skagerrak und Kattegat, wandern Schweinswale in die Ostsee. Am häufigsten sind sie im Gebiet der dänischen Inseln: im Großen und Kleinen Belt, im Samsöbelt und am Öresund, seltener in der Kieler Bucht, der Lübecker Bucht und vor den Küsten Mecklenburg-Vorpommerns. Weiter östlich nehmen die Bestände immer mehr ab, im Bottnischen und Finnischen Meerbusen sind Schweinswale nur noch als Irrgäste anzusehen. Ob es eine eigene Ostseepopulation gibt, ist noch nicht erwiesen, deutet sich jedoch an. Unterschiedliche hydrographische Verhältnisse der Ostsee, die Abhängigkeit der Nahrungstiere von Salzgehalt, aber auch die winterliche Vereisung haben Einfluß auf die Ausbreitung des Bestandes. Im Frühjahr folgen die Schweinswale den in die Ostsee ziehenden Heringsschwärmen. An den Küsten Mecklenburg-Vorpommerns halten sich Schweinswale etwa ab Ende Mai regelmäßig auf. Offenbar bevorzugen besonders die Muttertiere mit ihren Jungen unsere flachen und relativ ruhigen Gewässer (Schulze 1987).

Im Verlauf vieler Jahre wurden in der Ostsee auch andere Walarten beobachtet. Im westlichen Teil wesentlich mehr als im zentralen oder östlichen Gebiet (Schultz 1970; Schulze 1991). Klammert man Kattegat und den Bereich der Dänischen Inseln aus, so sind für die Ostsee folgende Arten nachgewiesen: etwa 30mal wurde der Weißwal (*Delphinapterus leucas*) beobachtet, 10- bis 20mal wurden der Große Tümmler (*Tursiops truncatus*), der Weißschnauzendelphin (*Lagenorhynchus albirostris*), der Schwertwal (*Orcinus orca*), der Buckelwal (*Megaptera novaeanglia*) und der Finnwal (*Balaenoptera physalus*) festgestellt. Nur 5- bis 7mal wurden der Dögling oder Entenwal (*Hyperoodon ampullatus*), der Zwergwal (*Balaenoptera acutorostrata*) und der Gemeine Delphin (*Delphinus delphis*) angetroffen. Noch seltener, nur ein- oder zweimal der Kleine Schwertwal (*Pseudorca crassidens*), der Sowerbys-Zweizahnwal (*Mesoplodon bidens*), der Seiwal (*Balaenoptera borealis*) und der Nordkaper (*Eubalaena glacialis*). Subfossil ist auch der Grönlandwal (*Balaena mysticetus*) nachgewiesen.

Die Ostsee besitzt einen so ausgeprägten Binnenmeercharakter, daß **ozeanische Vogelarten** (wie Albatrosse, Sturmvögel oder Sturmschwalben), die fast nur über der See anzutreffen sind und sich nahezu ausschließlich von den Organismen der Meere ernähren, in diesem Gebiet nicht vorkommen.

Marine Arten, deren Existenzgrundlage das Meer ist, leben dagegen auch im Ostseegebiet. Das sind Tordalk (*Alca torda*), Trottellumme (*Uria aalge*) und Gryllteiste (*Cepphus grylle*), aber auch die Eiderente (*Somateria mollissima*), die Schmarotzerraubmöwe (*Stercorarius parasiticus*) und der Steinwälzer (*Arenaria interpres*).

Der Tordalk bildet im Ostseegebiet eine endemische Rasse, deren Vorkommen als reliktär angesehen werden muß (Remmert 1957). Die Hauptvorkommen befinden sich in der mittleren und nördlichen Ostsee, an den schwedischen und finnischen Küsten. Dort brüten die Tordalken in Kolonien, die sie im Frühjahr besetzen. Auch im Winter verlassen sie den Ostseeraum nicht, sind aber im Gebiet der südwestlichen Ostsee regelmäßig als Duchzügler oder Wintergäste anzutreffen. Die Trottellumme bildet in der Ostsee ebenfalls eine endemische Rasse, die das Gebiet nicht verläßt und sich immer auf dem Wasser aufhält. Nur zur Fortpflanzung gehen die Tiere an Land. Dort brüten sie auf Felsen dicht am Meer, von denen die noch flugunfähigen Jungen direkt ins Wasser springen können. Die wichtigsten Vorkommen befinden sich auf Christiansö bei Bornholm, an den Küsten Gotlands, des Söderman- und Angermanlandes (Blotzheim 1982). Auch eine Rasse der Gryllteiste ist im Ostseeraum endemisch und rein marin. Sie ist im Norden ein verbreiteter Brutvogel, kommt aber auch an der Südküste Finnlands und bei Estland vor. Im Winter halten sich die Vögel weiter südlich in eisfrei bleibenden Gewässern auf. Die Eiderente ist in der Ostsee weit verbreitet und nur im Süden und Südwesten seltener. Diese große, auffällige Art ist streng an das Meer gebunden, ihre Hauptnahrung bilden Muscheln. Eiderenten entfernen sich nicht weit von ihren Nistplätzen, es sei denn, daß ihre Brutgebiete vereisen. Die Brut erfolgt meist auf felsigen Küsten in mit Dunen ausgepolsterten Nestern. Die Jungen werden nach dem Schlüpfen sofort in das Wasser geführt. Der Steinwälzer ist die einzige Limikolenart im Ostseegebiet, die als marin bezeichnet werden kann. Der Steinwälzer bevorzugt vegetationsfreie Flächen, möglichst flache Felsen und Gestein. Er brütet nicht in Gemeinschaft von Artgenossen, aber gern in Möwenkolonien. Seine Nahrung besteht zum großen Teil aus Flohkrebsen. Er ist jedoch Zugvogel und deshalb im Winter nicht im Ostseeraum anzutreffen. Er zieht entlang der Küsten nach Südwesteuropa und Afrika. Die Schmarotzerraubmöwe brütet hauptsätzlich im Nordteil des Ostseeraumes und ist dort als marin zu bezeichnen. Sie nistet in den äußeren Schären auf flachen Felsen meist sehr nahe am Wasser. Im Frühjahr und Herbst ist die Schmarotzerraubmöwe Durchzügler, denn sie hält sich im Winter auf offener See in südlichen Breiten auf.

Ein Großteil der im Ostseegebiet lebenden Vogelarten sind **Küstenvögel**. Sie suchen sowohl im Küstenbereich als auch im Binnenland nach Nahrung. Ihre Bindung an das Meer ist weniger ausgeprägt als die der rein marinen Arten. Zu dieser Gruppe gehören fast alle Möwenarten, manche Seeschwalben, einige Enten- und Schnepfenvögel (Arndt 1969). So bevorzugt die Raubseeschwalbe (*Hydroprogne caspia*) sandige Küsten mit flachem Strand oder flache Felsen. Sie hat eine geringere Bindung an das Meer als die Alkenvögel und ist auch an Binnenseen anzutreffen. Ihre Hauptvorkommen im Ostseegebiet befinden sich an der schwedischen und finnischen Küste. Die Raubseeschwalben der Ostsee ziehen im Herbst über das Binnenland nach Afrika. Ähnlich verhält es sich mit der Küstenseeschwalbe (*Sterna macrura*) und der Brandseeschwalbe (*Sterna sandvicensis*); letztere ist aber mehr im südlichen Ostseeraum anzutreffen. Typische Küstenvögel der Ostsee, mit einer hohen Bindung an das Meer, sind die großen Möwen: Mantelmöwe (*Larus marinus*), Heringsmöwe (*Larus fuscus*) und Silbermöwe (*Larus argentatus*). Weniger marin ist die Sturmmöwe (*Larus canus*), die aber überall im Ostseeraum vorkommt und wie die übrigen Möwenarten in Kolonien brütet. Von den an der Ostseeküste lebenden Meerenten sollen Eisente (*Clangula hyemalis*), Samtente (*Melanitta fusca*) und Trauerente (*Melanitta nigra*) genannt sein.

Die Küstenvögel sind fast alle Bodenbrüter. Ihre geeignetsten Brutgebiete sind daher die Flachküsten mit ihren Salzwiesen, den Sand- und Kiesstränden, Strandwällen, Dünen, Strandseen und flachen Felsschären. Solche Lebensräume gibt es neben Steilküsten in wechselnder Gestaltung und Ausdehnung. Hier finden sie ihr unentbehrliches Nahrungsmilieu in den Flachgewässern vor und hinter dem Strand. Wenn auch die ausgedehnten Wattgebiete, wie sie an der Nordseeküste mit Ebbe und Flut vorherrschen, fehlen, so sind doch auch ausgeprägte Windwatts vorhanden, wo besonders **Limi-**

kolen nach Nahrung suchen. Hier trifft man auf den Alpenstrandläufer (*Calidris alpina*), den Steinwälzer (*Arenaria interpres*), den Kampfläufer (*Philomachus pugnax*), den Säbelschnäbler (*Recurvirostra avosetta*), den Sandregenpfeifer (*Charadrius hiaticula*), den Goldregenpfeifer (*Pluvialis apricaria*), auf den auffälligen Austernfischer *(Haematopus ostralegus)* und manche andere Art.

Die Vogelwelt der Ostsee ist aber auch besonders charakterisiert durch das Eindringen limnischer Arten (Remmert 1957). Ihr Auftreten verstärkt sich parallel mit der stärkeren Aussüßung der Ostsee nach Norden und Osten hin. Diese **„sekundären Seevögel"** sind Arten, deren eigentlicher Lebensraum Binnenseen und Flüsse sind. Zu ihnen gehören z. B. Stockente (*Anas platyrhynchus*), Schellente (*Bucephala clangula*), Bergente (*Aythya marila*) und die Reiherente (*Aythya fuligula*). Dazu rechnen auch die beiden Seetaucherarten Prachttaucher (*Gavia arctica*) und Sterntaucher (*Gavia stellata*), einige Limikolen und der Kormoran (*Phalacrocorax carbo*). Lachmöwe (*Larus ridibundus*) und Flußseeschwalbe (*Sterna hirundo*) gehören ebenfalls in diese Gruppe.

Da Vögel ihren Aufenthaltsort schnell wechseln können und manche Arten weite Strecken während ihrer Wanderungen zurücklegen, kann sich das Vogelleben im Ostseegebiet zu den verschiedenen Jahreszeiten sehr unterschiedlich gestalten. Dabei spielt auch die geographische Lage und die Küstengestalt, ob Steilküste, Flachküste oder Flachwassergebiet, eine wichtige Rolle. Die Küsten bilden ja auch Leitlinien für den Vogelzug, und an manchen Orten kann es zu eindrucksvollen Ansammlungen großer Vogelschwärme kommen. Dafür sind z. B. die Kurische und Frische Nehrung, Öland und Hiddensee bekannt. Seeschwalben und Limikolen verlassen ihr Brutgebiet gleich nach dem Ende der Brutzeit und wandern dann weit umher.

Bei eisbedeckter Ostsee sammeln sich an offenen Stellen **Wintergäste**. Da kann es zu beachtlichen Ansammlungen kommen. Neben vielen Enten (Schellente, Reiherente, Eisente, Trauer- und Samtente, Bergente, Stockente, Eiderente) sind dann auch Gänsesäger (*Mergus merganser*) und Zwergsäger (*Mergus albellus*) sowie Höckerschwan (*Cygnus olor*), Singschwan (*Cygnus cygnus*) und Zwergschwan (*Cygnus bewickii*) auf engem Raum konzentriert.

Durch die langgestreckte Ausdehnung der Ostsee über 12 Breitengrade hinweg sind unterschiedliche **Klimazonen** ausgeprägt. Im Süden und Westen herrscht maritim-temperiertes Klima vor, im Norden und Osten dagegen kontinental geprägtes Klima mit relativ warmen Sommern und Eiswintern (vgl. Kap. 4.1, 4.5). Daraus ergibt sich, daß nicht alle Küstenabschnitte von denselben Brutvogelarten bewohnt werden. So haben z. B. Gryllteiste, Tordalk, Pfeifente, Mantelmöwe, Raubseeschwalbe eine nordische Verbreitung; dort fehlen aber die im Süden vorkommenden Säbelschnäbler, Brandgans und Brandseeschwalbe. Die meisten Arten sind aber rings um die Ostsee herum ansässig wie Stockente, Austernfischer, Silbermöwe, Lachmöwe und Küstenseeschwalbe.

Störungen an Rast- und Ruheplätzen verhindern den Aufbau von Kraft-reserven für den oft Tausende Kilometer langen Vogelzug. Zerstörungen der Nahrungs- und Brutgebiete erfolgen in vielfältiger Weise, oft auch unbeab-sichtigt durch unbedachten Tourismus. Schadstoffanreicherungen im Was-ser und damit in der Nahrungskette sowie Ölhavarien wirken sich gerade auf die Vogelwelt sehr negativ aus. Viele Vogelarten werden auch im Ost-seeraum immer seltener. Da können Schutzgebiete von Brutkolonien oder Nationalparks nur etwas ausgleichen. An schwedischen und finnischen Kü-sten gibt es noch Brutvorkommen von Arten wie Goldregenpfeifer, Raub-seeschwalbe oder Alpenstrandläufer, die an der südlichen Ostseeküste durch störende Einflüsse der Zivilisation bereits fast völlig verdrängt worden sind.

6.5 Ökophysiologie der Ostseeorganismen

Hans Theede

Ausgehend von der Autökologie, welche die Beziehungen der Arten zu ihren Umweltbedingungen in den Mittelpunkt stellt, analysiert die Ökophysiolo-gie die Abhängigkeit der Lebensfunktionen der einzelnen Organismen von abiotischen und biotischen Faktoren auf Organismen-, Organ-, Zell- und Molekülebene. Dabei verfolgt sie in erster Linie das Ziel, die physiologischen und biochemischen Mechanismen der Umweltanpassungen aufzuklären. Durch die Erfassung der Lebensansprüche der Arten kann sie zum Ver-ständnis der ökologischen Einnischung beitragen. Sie kann auch Beiträge zur Ökosystemforschung liefern, indem sie die Rolle der einzelnen Arten bei den verschiedenen im Meer ablaufenden Prozessen klärt. Da in den einzel-nen Ökosystemkomponenten (Primärproduzenten, Konsumenten, Destru-enten) meist nur wenige dominante Arten Träger der wesentlichen Umsatz-prozesse sind, ist ein solcher Beitrag besonders durch Untersuchung der Leistungen der dominanten Formen möglich.

In der Ostsee haben die hydrographischen Besonderheiten starken Ein-fluß auf die einzelnen Organismen, die Zusammensetzung der Gemeinschaf-ten und die Funktion des Ostsee-Ökosystems und seiner Untereinheiten. Unter den charakteristischen Faktoren fällt die Verringerung des Salzgehal-tes von Westen nach Osten auf, außerdem sind die stark schwankenden Salzgehalte in den flachen Teilen der westlichen Ostsee hervorzuheben. Eine relativ stabile thermohaline Schichtung der Wasserkörper in zentralen Tei-len der Ostsee führt dazu, daß salzarmes Oberflächenwasser und salzreiches Tiefenwasser ganzjährig voneinander getrennt bleiben und daß ausgeprägte jahreszeitliche Temperaturschwankungen nur oberhalb der Dichtesprung-schicht vorkommen, mehr oder weniger gleichbleibende, niedrige Tempera-turen jedoch nur unterhalb derselben. Lange Eiswinter finden sich im östli-chen Teil der Ostsee. In den tieferen Schichten der Wassersäule tritt Sauer-stoffmangel auf, insbesondere nach langen Stagnationsperioden. Giftiger Schwefelwasserstoff wird vor allem in und über den sauerstoffarmen Boden-

schichten gefunden. Die Eindringtiefen des Lichtes haben sich als Folge der
verstärkten Eutrophierung der Ostsee verringert.

Hieraus ergeben sich folgende Fragen:

- Wie sind die Lebensfunktionen der Ostseeorganismen von den genannten
  Umweltbedingungen abhängig, und welche Anpassungen liegen den Reaktionen zugrunde?
- Wie beeinflussen die Umweltfaktoren die Funktionen und Aktivitäten der
  pflanzlichen und tierischen Komponenten des Ökosystems?

In den folgenden Kapiteln werden hierzu exemplarisch einige wichtige
Tendenzen aufgezeigt.

6.5.1 Pflanzen

WINFRID SCHRAMM

Betrachtet man die Vegetation der Ostsee von den Übergangsbereichen zur
Nordsee bis hinein in ihre innersten Bereiche, so sind die auffälligsten all-
gemeinem Merkmale die ständige Abnahme der Artenzahlen, die Verschie-
bung der Verbreitungsgrenzen besonders von Flachwasserarten in größere
Tiefen („Brackwasser-Submergenz"), das Auftreten von Kümmer- oder
Zwergformen sowie zunehmend Störungen in den Reproduktionsabläufen.

Die Ursachen hierzu liegen vor allem in den für die Ostsee typischen ausgeprägten Gradienten von Umweltfaktoren, welche die Lebensfunktionen
der Organismen und damit deren Verbreitung bestimmen.

Von den im einleitenden Abschnitt hervorgehobenen Faktoren sind es für
die Pflanzen in erster Linie die ausgeprägten Gradienten und Fluktuationen
im Salzgehalt, aber auch in der Temperatur und im Lichtklima. Dieses gilt
allgemein für das Phytoplankton, insbesondere aber für das festsitzende
Phytobenthos, für das wir den Einfluß des Ostseegradienten daher in erster
Linie aufzeigen wollen. Bedeutung haben nach neueren Erkenntnissen auch
die seit den vergangenen Jahrzehnten unterschiedlich zunehmende Verschmutzung und Eutrophierung besonders in den Küstengewässern.

Der Gradient im **Salzgehalt** von etwa 25 ‰ in den Übergangsgebieten
zwischen Nord- und Ostsee bis hin zu nahezu limnischen Bedingungen in
den inneren Teilen des Finnischen Meerbusens und der Bottenwiek ist sicherlich der wichtigste Faktor, der in der Ostsee die Verbreitung der Pflanzen bestimmt. Nicht umsonst wird oft der Begriff „Salzschranke" benutzt,
um auf die Bedeutung als Schlüsselfaktor für die Verbreitung von Wasserpflanzen hinzuweisen.

Die Fähigkeit mariner oder limnischer Arten in Brackwasser einzudringen ist sehr unterschiedlich, je nach deren genetisch fixierten physiologischen Eigenschaften oder aber nach den Möglichkeiten zur Anpassung an
das fremde Milieu. Den marinen Organismen fällt dieses viel leichter als den
Bewohnern des Süßwassers. Sie treffen sich daher nicht etwa in der Mitte
des Salzgehaltes von Meer- und Süßwasser, also bei etwa 17 ‰, sondern erst

bei 3 bis 5 ‰. Von den etwa 150 vegetationsphysiognomisch bedeutsamen benthischen Meeresalgen im Bereich des Kattegats findet man nur noch etwa 15 % in den Schärengebieten Südwestfinnlands und der Aaland-See (Schwenke 1974; Wallentinus 1991). In den innersten Teilen der Ostsee kommen unter den schwachsalzigen Bedingungen (Oligohalinikum 3 bis 0,5 ‰) nur noch wenige Meeresalgen wie *Blidinga minima, Bangia atropurpurea, Hildenbrandia rubra* oder *Enteromorpha*-Arten vor, gemischt mit Süßwasserpflanzen wie zum Beispiel *Myriophyllum, Zannichellia, Phragmites, Scirpus, Potamogeton, Ranunculus* oder *Isoetes*. Am weitesten vermochten die marinen Formen in die Ostsee einzudringen, die aus dem küstennahen Flachwasser, der Gezeitenzone oder den Ästuaren stammen, und sich oft durch eine größere allgemeine plasmatische Toleranz und Fähigkeit zur Osmoregulation auszeichnen.

Die Artenabnahme mariner Organismen im Brackwasser wird nicht durch entsprechende Zunahme von Süßwasserarten kompensiert, deshalb finden wir in der Ostsee ein charakteristisches Artenminimum, wie es auch für andere Brackwässer bekannt ist. Die Ursachen hierfür sind entwicklungsgeschichtlich zu sehen; da die Ostsee erdgeschichtlich sehr jung ist, konnten sich kaum neue Brackwasserarten oder Endemismen entwickeln. Schon Reinke (1889) hat angenommen, daß die überwiegende Anzahl der Ostseealgen wohl aus der Nordsee stammt. Die meisten Algen, die früher als typische Brackwasserarten oder gar als endemisch angesehen wurden, müssen wohl eher als Ökotypen oder Rassen eingeordnet werden.

Erstaunlicherweise sind zu dieser interessanten Frage der genetischen oder adaptiven Anpassung der Ostsee-Organismen kaum systematische Studien durchgeführt worden, obwohl schon früh ökophysiologische Untersuchungen gezeigt hatten, daß sich die Brackwasserformen der Ostsee, insbesondere auch die Pflanzen, vielfach in ihren ökophysiologischen Eigenschaften charakteristisch von entsprechenden marinen Arten unterscheiden.

So beobachtete z. B. Schwenke (1958) Unterschiede in der Toleranzbreite bei rein marinen Rotalgen der englischen Küste im Vergleich zu Ostsee-Formen: *Phycodrys rubens* und *Polysiphonia urceolata* von der englischen Küste bei Plymouth ertrugen das 0,6- bis 2fache bzw. das 0,3- bis 2fache der normalen Seewasserkonzentration. Dieselben Arten aus der Ostsee bei Kiel ertrugen dagegen die 0,2- bis 3,5fache bzw. 0,1- bis 3fache Seewasserkonzentration.

Vergleichende Untersuchungen an Algen der finnischen und englischen Küste ergaben, daß bei abgestuften Salzgehalten zwischen 0 und 102 ‰ die Zellschädigung bei allen untersuchten Ostseealgen am geringsten im hyposalinen Bereich zwischen 6 bis 11 ‰ war, während dieselben britischen Arten eine größere Toleranzbreite auch bis in den hypersalinen Bereich hinein zeigten (Russell 1985).

Welche physiologischen Eigenschaften die unterschiedliche Reaktionsweise der Meeres-, Brackwasser- oder Süßwasserpflanzen bestimmen, ist auch heute noch nicht völlig geklärt. Grundsätzlich muß man für die Pflanzen wohl die osmotischen und die ionalen Wirkungen des Salzgehaltes unterscheiden. Im Gegensatz zu den Tieren, die über eine Reihe von adaptiven Mechanismen verfügen, sind es bei den Pflanzen vorwiegend protoplasmatische Anpassungen und osmoregulatorische Vorgänge. Dieses mag auch erklären, warum holeuryhaline Arten, d. h. Organismen, die im Meer wie im Süßwasser gleichermaßen gedeihen können, viel seltener bei den Pflanzen sind als bei den Tieren.

Meeres- wie auch Süßwasserpflanzen, die in Brackwasser einzudringen vermögen, können ähnlich wie Brackwassertiere durch **Osmoregulation** die Konzentration des Zellsaftes so ändern, daß jeweils eine gewisse Differenz des Innenmediums über dem Außenmedium erhalten bleibt. Dieses dient einerseits der Aufrechterhaltung des Turgors, vor allem aber wohl der Ionenregulation. Dabei werden gewisse, physiologisch wirksame Ionen selektiv aufgenommen oder ausgeschieden. Eine besondere Rolle spielt hierbei das Calcium, wie z. B. bei Hypotonie-Resistenzversuchen an den Rotalgen *Delesseria* und *Phycodrys* gezeigt werden konnte.

Für die Überlebensfähigkeit und damit Verbreitung der Pflanzen sind insbesondere die physiologischen Wirkungen des Salzgehaltes auf die **Photosynthese und Atmung** von Bedeutung. Bei Abweichungen vom optimalen Salzgehalt sinkt die Photosyntheseleistung innerhalb gewisser Toleranzgrenzen nur wenig, zum Teil kann sie sogar kurzfristig stimuliert werden. Außerhalb dieser Grenzen treten irreversible Schäden auf, die zunächst zu einer negativen Energie- und Stoffbilanz und auf Dauer zum Tod führen.

Montfort (1931) unterscheidet daher aufgrund seiner Untersuchungen zum Stoffgewinn von Nord- und Ostseealgen bei verschiedenen Salzgehalten drei verschiedene Reaktionstypen:

- den Depressionstyp (irreversible Leistungsdepression),
- den Stimulations-Depressionstyp (anfängliche Stimulation und nachfolgende Depression, entweder reversibel oder irreversibel),
- Resistenter Typ (keine oder geringe Leistungssenkung über einen gewissen Salzgehaltsbereich).

Auch hier zeigen sich wieder deutliche Unterschiede zwischen denselben Arten der Ostsee und Nordsee. Das Salzgehaltsoptimum der apparenten Photosynthese von *Fucus vesiculosus* von entsprechenden Standorten in Finnland und England lag bei 6 ‰ beziehungsweise zwischen 12 und 34 ‰.

Allerdings waren bei diesen Versuchsbedingungen die Netto-Photosyntheseleistung wie auch der photosynthetische Quotient P:R (das Verhältnis der Photosynthese zur Dunkelatmung) mit etwa 4:1 für die Ostseealgen deutlich niedriger und damit energetisch oder für den Stoffgewinn ungünstiger als mit 6:1 für die marine Form aus England.

Auch die Atmung reagiert auf Abweichungen vom normalen Salzgehalt des jeweiligen Standortes in unterschiedlicher Weise je nach Art und Herkunft der Pflanzen. Während euryhaline Arten wie etwa *Enteromorpha* spp., *Fucus vesiculosus* oder *Porphyra laciniata* über weite Bereiche nur wenig Änderungen zeigen, erhöht sich die Atmung bei stenohalinen Formen wie

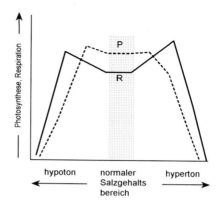

Abb. 79. Schematische Darstellung der Abhängigkeit von Photosynthese (P) und Atmungsraten (R) vom Salzgehalt bei Meeresalgen

Fucus serratus, Laminaria digitata oder *Delesseria sanguinea* schon bei geringer Abweichung vom optimalen Salzgehalt. Inwieweit die höhere Löslichkeit von Sauerstoff bei geringeren Salzgehalten (z. B. 7,74 ml/l bei 3 ‰ gegenüber 6,32 ml/l bei 35 ‰; 10 °C, 1023 hPa) die Atmung signifikant erhöht, wie aus früheren Untersuchungen über die Atmung einiger Ostseealgen bei verschiedenen Sauerstoffspannungen und Salzgehalten gefolgert wurde, sollte überprüft werden.

Wenn auch die Reaktionsweisen je nach Einwirkungsdauer, dem Zusammenspiel mit anderen Faktoren (Temperatur, Licht u. a.) oder dem Entwicklungszustand der Pflanzen stark variieren können, läßt sich für Photosynthese und Atmung doch ein allgemeineres Reaktionsschema ableiten, das im Prinzip auch für andere Belastungsfaktoren wie Temperatur oder Austrocknung gilt (Abb. 79).

Die Gesamtbilanz aus Photosynthese und Atmung wird sichtbar im **Wachstum**, das Größe und Form von Organismen bestimmt. Schon Hoffmann (1929) führt daher die in der Ostsee häufig zu beobachtende **Größenreduktion** von Algen auf eine Erhöhung der Atmung bei Erniedrigung des Salzgehaltes und die damit verbundene Verschlechterung der Stoff- und Energiebilanz zurück. Beispiele sind *Laminaria saccharina, Delesseria sanguinea, Phyllophora* spp. und *Chorda filum.* Das gilt allerdings nicht allgemein: *Fucus vesiculosus* zum Beispiel erreicht in der innersten Ostsee bei Salzgehalten um 5 ‰ die gleiche Größe wie unter marinen Bedingungen.

Viele Ostseepflanzen scheinen demnach nahe an der Toleranzgrenze gegenüber niedrigen Salzgehalten und damit unter Streßbedingungen zu leben, was sich in Zwergwuchs ausdrückt. Ein weiterer Hinweis ist das vermehrte Auftreten von **Störungen in den Reproduktionsabläufen**, wie etwa Sterilität bei vielen Rotalgen der inneren Ostsee (Wallentinus 1991) (Abb. 80). Gerade dieses könnte aber möglicherweise auch auf andere Einflüsse als nur auf den Salzgehaltsgradienten zurückzuführen sein. Ist doch die Ostsee als Binnenmeer mit kontinentalem Einfluß in hohen Breiten, vergleichbar der Hudson Bay, bei einer Ausdehnung von gut 2000 km von

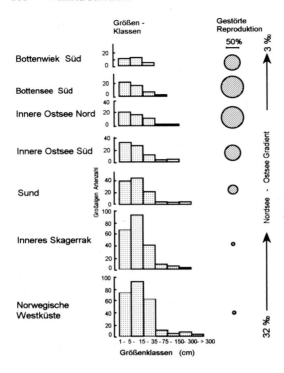

Abb. 80. Änderung der Artenzahl von Makroalgen, ihrer Größenklassen (in cm) sowie Störungen der Reproduktionsabläufe bei Rotalgen (in % der Gesamtzahl der jeweils vorkommenden Rotalgen) in Beziehung zum Salzgehaltsgradienten von rein marinen Bedingungen bis in die innerste Ostsee. (Nach Wallentinus 1991, verändert)

Süden nach Norden durch sehr große regionale Unterschiede und saisonale Schwankungen im Lichtklima und in den Wassertemperaturen gekennzeichnet.

Die **Temperaturen** reichen im Flachwasser von weit über 20 °C während des Sommers bis unter 0 °C bei mehrmonatiger Eisbedeckung während der Wintermonate im hohen Norden. Die Perioden, in denen das Wachstum möglich ist, dauern bis zu 10 Monaten im Süden, jedoch nur 4 bis 5 Monate im Norden.

Der obere Temperaturbereich dürfte für die Verbreitung der Ostseepflanzen kaum begrenzend sein, da die oberen Toleranzgrenzen wie bei den marinen Formen zwischen 20 bis 30 °C liegen. Eine größere Rolle spielen hingegen die abnehmenden Temperaturen. So findet man in der salzarmen Bottensee z. B. die Arten *Sphacelaria arctica, Stictyosiphon tortilis, Chorda filum*, wie sie unter marinen Bedingungen in den kalten nordnorwegischen Fjorden vorkommen. Temperaturresistenzuntersuchungen an *Delesseria* und *Phycodrys* aus der westlichen Ostsee bestätigen die Ergebnisse Kylins (1917), daß der Kältetod vieler Algen weniger durch die niedrige Temperatur als durch Eisbildung in den Zellen erfolgt.

Die apparente Photosynthese wie auch die Atmung steigen bei Erhöhung der Temperatur mit einem Q_{10}-Wert von etwa 2 (d.h. Verdoppelung bei

10 °C Temperaturanstieg) bis zu einem Höchstwert, der je nach Art und Herkunft der Pflanzen sowie Dauer der Einwirkung zwischen 20 bis 35 °C liegt. Darüber hinaus setzt Wärmeschädigung ein, bis hin zum Hitzetod.

Für die Verbreitung der adulten Pflanzen in der Ostsee spielen deshalb wohl weniger die höheren Temperaturen als vielmehr die mechanische Wirkung des Eises, möglicherweise aber auch die Kälte- oder Gefrierresistenz vor allem der Litoralformen eine Rolle. So ist z.B. bekannt, daß *Fucus vesiculosus* selbst den Einschluß in Eis über längere Zeit erträgt (Schramm 1968), sich aber im oberen Litoral der inneren Ostsee wegen der mechanischen Wirkung (Abrieb) des regelmäßig auftretenden Eises nicht ausbreiten kann.

Wichtig ist sicherlich auch das unterschiedliche Temperaturverhalten der verschiedenen Entwicklungsstadien. Die Bildung und Entwicklung von Sporen oder Gameten, Sporophyten oder Gametophyten ist sehr viel enger an die Standorttemperaturen angepaßt als etwa der Gaswechsel oder das Wachstum der adulten Pflanzen.

So wie die Temperatur können auch die jahreszeitlichen und geographischen Unterschiede im **Lichtklima** der Ostsee bei den Entwicklungsabläufen und damit für die Verbreitung der Pflanzen eine Rolle spielen. Insbesondere photoperiodische Reaktionen, das heißt Steuerung von Lebensvorgängen durch die Tageslänge, wie sie für viele Meerespflanzen nachgewiesen wurden, können wichtig sein. So bilden z.B. viele Benthosalgen nur mit einsetzendem Winter unter Kurztagbedingungen Sporen aus. Auch hierzu sind bisher keine systematischen Untersuchungen im Hinblick auf den Nord-Süd-Ostseegradienten durchgeführt worden.

Bei den bisherigen Betrachtungen ist zu bedenken, daß unter natürlichen Bedingungen nicht allein ein Faktor wirksam wird, sondern eine Kombination mehrerer Faktoren, die sich gegenseitig direkt oder indirekt verstärken oder abschwächen können. Beispiele für das Zusammenwirken von verschiedenen Faktoren bei Ostseealgen sind die Wechselwirkungen von Salzgehalt und Sauerstoffkonzentration, Salzgehalt und Temperatur oder Wasserhaushalt und Temperatur. Betrachten wir unter diesem Aspekt etwa die **Vertikalverteilung** mariner Pflanzen, so wird die Besiedlung des oberen Litorals an den meisten Meeresküsten vor allem durch Wasserstandsschwankungen, d.h. in den meisten Fällen durch die Wirkung der Gezeiten bestimmt. Für die Bewohner des Gezeitenlitorals wirken während der Emersionsperiode neben der Austrocknung oder Aussüßung (Regen) und damit osmotischer Belastung vor allem extreme Temperaturen begrenzend. Während z.B. an der Nordsee die Ebbeperioden meistens regelmäßig alle 6 Stunden erfolgen, kommt es in der nahezu gezeitenlosen Ostsee zu windbedingten Wasserstandsenkungen, die in Extremfällen über Tage anhalten können. Dieses erklärt, warum in der westlichen Ostsee Gezeitenalgen wie *Fucus serratus* nur submers vorkommen. Ähnlich beeinflussen die jahreszeitlichen Wasserstandsschwankungen in der inneren Ostsee die vertikale Verteilung der Pflanzen im oberen Litoral (Schramm 1968).

Ein weiteres Beispiel für die Bedeutung des Zusammenspiels von Faktoren zeigt sich für den Einfluß des Lichtklimas auf die vertikale Verteilung der Ostseepflanzen. Die untere Grenze des Vorkommens mehrzelliger Meerespflanzen liegt etwa bei 0,05 bis 0,1 % der Bestrahlungsstärke an der Oberfläche (Lüning 1990), d.h. etwa bei 30 m Tiefe in der Ostsee, wenn man allein den Lichtfaktor in Betracht zieht. Die Untergrenze wird aber erheblich beeinflußt durch andere Faktoren, wie z. B. das Substrat. In der Kieler Bucht kommen unterhalb von 18 bis 20 m fast keine Algen vor, da der Boden überwiegend aus Sand oder Schlick besteht, die den Makroalgen keine Möglichkeit zur Anheftung bieten. Diese durch Licht und Substrat bestimmten unteren Vorkommensgrenzen werden in den letzten Jahrzehnten in starkem Maße durch die Meeresverschmutzung, insbesondere Eutrophierung, sekundär über den Lichtfaktor verändert. Die Zunahme der Planktondichte durch erhöhtes Nährstoffangebot hat in vielen Teilen der Ostsee das Lichtklima so verschlechtert, daß die Tiefen- wie auch Obergrenzen der Benthospflanzen um 2 bis 3 m nach oben verschoben wurden (Breuer u. Schramm 1988; Kautsky et al. 1992). Die Braunalge *Laminaria saccharina*, die eher als Schwachlichtform eingestuft werden kann und normalerweise nur in der Tiefe vorkommt, kann an geschützten Standorten jetzt auch im flachen Wasser gefunden werden. Besonders auffällig sind auch die Veränderungen der vormals so typischen *Fucus*-Bestände, die in der Kieler Bucht früher bis zu einer Tiefe von 11 bis 13 m vorkamen, zur Zeit einer Bestandsaufnahme im Jahr 1990 jedoch nicht unter 2 m gefunden wurden und um etwa 90 % zurückgegangen waren (Vogt u. Schramm 1991). Neueste Untersuchungen von Schaffelke (persön. Mitteilung, 1994) zeigen, daß in der Kieler Bucht die Jahressumme der Photonenflußrate in 2 m Tiefe nicht für eine positive Jahresbilanz für *Fucus vesiculosus* ausreicht. Eine wichtige Rolle bei den beobachteten Erscheinungen spielt auch das unterschiedliche Verhalten von Pflanzen gegenüber erhöhtem Nährstoffangebot. Sogenannte Nährstoff-Opportunisten, insbesondere annuelle fädige Feinalgen wie *Pilayella littoralis*, *Ectocarpus* spp., *Ceramium* spp., *Cladophora* spp., oder flächige Grünalgen wie *Enteromorpha* spp., *Ulva* spp. u.a., sind bei erhöhtem Nährstoffangebot anderen Makrophyten überlegen durch schnelle Nährstoffaufnahme und sehr rasches Wachstum (Abb. 81). In eutrophierten Gebieten der Ostsee führt diese Massenentwicklung solcher Algen zu Licht-, Substrat- und möglicherweise auch Nährstoffkonkurrenz und schließlich zur Verdrängung z. B. von *Fucus-*, *Laminaria-*, Seegras- oder anderen Gemeinschaften (Schramm et al. 1988).

Schließlich sei noch auf die ökophysiologischen Wirkungen anderer Schadstoffe wie z. B. Schwermetalle oder organische Gifte hingewiesen, die in der Ostsee mindestens regional, etwa durch die Papierindustrie in Schweden und Finnland, oder in den polnischen Küstengewässern, zu starken Veränderungen der Vegetation führten (Kautsky et al. 1992). Auch hierbei gilt wohl, daß euryöke Oberflächenformen aufgrund ihrer meistens größeren plasmatischen Resistenz auch eine größere allgemeine Schadstoffresistenz aufweisen im Vergleich zu stenöken Tiefenformen. Diese konnte beim

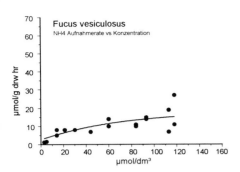
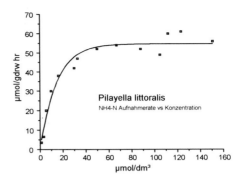

Abb. 81. Aufnahmeraten für NH₄-N (mol/h/g Trockengewicht) der Braunalgen *Fucus vesiculosus* im Vergleich zu *Pilayella littoralis* aus der Kieler Bucht in Abhängigkeit von der NH₄-N-Konzentration (mol/h). Messung der Aufnahmeraten bei 15 °C, 15 ‰ Salzgehalt, 500 µE/m²/s

Vergleich der Schwermetalleinflüsse auf Photosynthese und Atmung von Nord- und Ostseealgen gezeigt werden.

6.5.2 Tiere

Hans Theede

Die Vorkommensgrenzen der Ostsee-Organismen, seien es marine oder limnische Einwanderer oder spezifische Brackwasserarten, werden weitgehend durch ihr genetisch bedingtes abiotisches Potential bestimmt, d.h. durch die Toleranz gegenüber den verschiedenen Faktoren wie Salzgehalt, Temperatur und Sauerstoffgehalt und durch die Leistungen innerhalb ihrer Toleranzbereiche. Dabei sind nicht nur die Adulten, sondern auch die meist empfindlicheren Entwicklungsstadien zu berücksichtigen. Exemplare einiger euryhaliner (in einem weiten Salzgehaltsbereich überlebensfähiger) Arten von verschiedenen Standorten können allerdings unterschiedliche Toleranzbereiche aufweisen, bedingt durch individuelle Adaptation oder durch genetische Selektion, wobei im letzteren Fall die Standort-Populationen genetisch fixierte physiologische Unterschiede aufweisen.

Die im Vergleich zum Meerwasser herabgesetzten und vor allem im westlichen Teil deutlich schwankenden **Salzgehalte** der Ostsee stellen höhere Anforderungen an die osmotische Anpassungsfähigkeit der Tiere als die gleichbleibenden osmotischen Verhältnisse im Meer oder Süßwasser. Der optimale Ablauf der Stoffwechselprozesse in den Zellen der Organismen ist an bestimmte Elektrolytkonzentrationen gebunden. Um diese zu gewährleisten, dürfen die wichtigsten Elektrolyte im Blut, und bei wasserlebenden Tieren im Außenmedium, nur in gewissen, artspezifisch festgelegten Grenzen schwanken.

Bei den meisten wirbellosen Tieren aus vollmarinen Bereichen (Hochsee) stimmt die Gesamtkonzentration des Innenmediums mit der des Meerwassers überein (Isotonie). Ein osmoregulatorisches Problem stellt sich für solche Organismen erst dann, wenn sich der Salzgehalt des Außenmediums ändert. Hochseetiere besitzen nur sehr enge Toleranzgrenzen für solche äußeren Salzgehaltsschwankungen und kommen deshalb in der Ostsee nicht vor.

Die meisten marinen Einwanderer, die im Brackwasser der Ostsee leben, verhindern durch aktive Osmoregulation ein zu starkes Absinken der Konzentration ihrer Körperflüssigkeiten. Sie halten dadurch ein gegenüber dem Außenmedium konzentrierteres (hypertonisches) Innenmedium aufrecht, verhalten sich also bei den verringerten Salzgehalten des Brackwassers in gewissen Grenzen homoiosmotisch, z. B. die Strandkrabbe (*Carcinus maenas*), die Brackwassergarnele (*Crangon crangon*) und der Aal (*Anguilla anguilla*) (Abb. 82). Mit der Osmoregulation der homoiosmotischen Arten ist außerdem eine Ionenregulation verbunden. Sie bewirkt, daß im Brackwasser nicht alle Ionenkonzentrationen proportional zur osmotischen Gesamtkonzentration verändert werden. Vielmehr werden gewisse physiologisch wichtige Ionen (K^+, Ca^{2+}, Mg^{2+}) zusätzlich reguliert. Bei Crustaceen und Fischen spielt vor allem die aktive Ionenaufnahme über die Chloridzellen der Kiemen eine herausragende Rolle. Dabei können Populationen von Arten aus dem Brackwasser bei niedrigen Salzgehalten eine wirkungsvollere Osmo- und Ionenregulation aufweisen als Artgenossen von hohen Standortsalzgehalten der Nordsee. Die Strandkrabbe erreicht diesen Unterschied zum Teil durch individuelle Salzgehaltsadaptation. Die Brackwasser-Exemplare besitzen in den Kiemen mehr solcher Transport-ATPase-Varianten, die schon bei niedrigen Ionenkonzentrationen ihre volle Ionentransport-Aktivität entfalten.

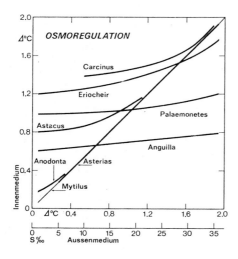

Abb. 82. Beziehungen zwischen den osmotischen Konzentrationen des Innen- und Außenmediums bei wirbellosen Arten und Fischen im Brackwasser. (Nach Schlieper 1974)

Auch alle Süßwasserbewohner weisen eine Osmoregulation auf. Sie scheiden das überschüssige eingedrungene Wasser in Form eines hypotonischen Harns aus und nehmen Elektrolyte (besonders Na^+ und Cl^--Ionen) entgegen einem Konzentrationsgradienten aktiv auf. Außer der Rückresorption in den oft sehr differenzierten Exkretionsorganen können für aktive Ionenaufnahme bestimmte Bezirke der Außenmembran (Kiemen) oder Darmabschnitte eine Rolle spielen.

Das Ausmaß des Vordringens homoiosmotischer Tiere in salzarmes Brackwasser hängt von der osmoregulatorischen Leistung ab. Werden die osmoregulatorischen Organe überfordert, so ist die Grenze der Überlebensfähigkeit erreicht. Die osmo- und ionenregulatorische Leistung wird bei vielen homoiosmotischen Arten im Brackwasser dadurch wesentlich unterstützt, daß die Durchlässigkeit ihrer äußeren Oberflächen für Wasser und Salze stark herabgesetzt ist. Formen wie die Chinesische Wollhandkrabbe (*Eriocheir sinensis*) und der Aal (*Anguilla anguilla*), die sowohl im Süßwasser als auch im Brack- und Meerwasser lebensfähig sind, zeichnen sich durch eine besonders geringe Oberflächenpermeabilität aus. Ihr Innenmedium ist bei Aufenthalt im Meer hypoosmotisch und bei Aufenthalt im Brackwasser und im Süßwasser hyperosmotisch.

Die geringe osmotische Konzentration der marinen Knochenfische, die etwa ein Drittel der des Meerwassers beträgt, wird verständlich, wenn man die Meeresfische stammesgeschichtlich als Rückwanderer aus dem Süßwasser auffaßt. Auch die höheren Wirbeltiere des Meeres (Meeresvögel, Seehunde, Wale, Delphine) weisen wie der Mensch ein im Vergleich zum Meerwasser verdünntes Innenmedium auf. Im Gegensatz zum Menschen können sie jedoch ihren Wasserbedarf durch Trinken von Meerwasser decken. Im Brackwasser ist in der Nähe des Isotoniewertes der osmo- und ionen-regulatorische Aufwand am geringsten. Die überschüssigen Ionen werden bei den Fischen im Meer durch die Kiemen, bei den Vögeln durch Salzdrüsen und bei den Säugetieren durch die Nieren ausgeschieden.

Manche Meerestiere können in die Ostsee eindringen, obwohl sie poikilosmotisch sind und nicht über die Fähigkeit einer wirksamen Osmoregulation auf dem Niveau der Körperflüssigkeiten verfügen. Bei schwankenden äußeren Salzgehalten paßt sich das Innenmedium dieser Tiere den osmotischen Werten des Außenmediums an (vgl. Abb. 82). Sinkt der Salzgehalt des Meerwassers, so dringt infolge von Osmose Wasser in die Organismen ein, was eine Zunahme ihres Volumens und Gewichtes bewirkt. Dieses Wasser wird je nach Wirksamkeit der Exkretionsorgane mehr oder weniger schnell wieder herausgeschafft, so daß sich das ursprüngliche Volumen allmählich wieder einstellen kann (Volumenregulation). Innerhalb gewisser Grenzen werden die wichtigen Lebensfunktionen nicht entscheidend beeinträchtigt. Bei poikilosmotischen Tieren wirkt die im Brackwasser herabgesetzte osmotische Konzentration direkt auf die Gewebe und Zellen ein. Auch die Zellsäfte sind isotonisch zu den Körperflüssigkeiten. Sie zeichnen sich aber durch einen mehr oder weniger erhöhten Gehalt an einzelnen Ionen (z. B. Kalium) und organischen löslichen Verbindungen aus. Bei Verringerung des

Salzgehaltes im Außenmedium treten bei ihnen nicht so leicht schädigende osmotische Wasserbewegungen in den Geweben auf, weil sie ihre osmotische Zellsaftkonzentration durch aktive zelluläre Prozesse (vor allem Verringerung des Gehaltes der osmotisch aktiven intrazellulären Aminosäuren) der des umgebenden Blutes oder der Hämolymphe angleichen (intrazelluläre isosmotische Regulation). Besonders Veränderungen der Gehalte an Alanin, Arginin, Asparaginsäure, Glutaminsäure, Glycin, Taurin und Betain spielen hierbei eine wichtige Rolle (Theede 1984).

Etliche marine poikilosmotische Einwanderer in die Ostsee wachsen bei zunehmender Verdünnung des Brackwassers zu einer geringeren Endgröße heran (Größenreduktion). In diesem Zusammenhang ist interessant, daß die Miesmuschel *Mytilus edulis* (Kautsky u. Tedengren 1992) und die Klaffmuschel *Mya arenaria* (Groth u. Theede 1989) bei Verringerung des Salzgehaltes im Außenmedium langanhaltend einen ungünstigeren Energiestoffwechsel aufweisen, der durch ein niedrigeres molares O:N-Verhältnis (veratmeter Sauerstoff/ausgeschiedene Stickstoffkomponenten, angegeben in Atomäquivalenten) angezeigt wird. Ein verringerter O:N-Index weist dabei auf eine stärkere Beteiligung von Proteinen und Aminosäuren am Katabolismus hin. In Übereinstimmung hiermit weist *M. edulis* im Experiment bei Abnahme des Salzgehaltes unter 15 ‰, trotz gleichbleibenden Nahrungsangebotes, eine Verringerung der Wachstumsrate auf. Als weitere Ursachen für die Größenreduktion wurden diskutiert: verringerte Intensität der Nahrungsaufnahme im Salzgehalts-Grenzbereich, kürzere Freßzeiten aufgrund von vorübergehend wirkenden Extrembedingungen, lokal ärmere Ernährungsbedingungen, frühere Geschlechtsreife, kürzere Lebensspanne. Zu bedenken bleibt auch, daß sich bei manchen Arten im Laufe der langfristigen Anpassung an Ostseestandorte genetische Varianten herausgebildet haben. So ist beispielsweise bekannt, daß Nordsee-Populationen von *M. edulis* eine größere genetische Diversität aufweisen als Ostsee-Populationen. Ähnliches gilt für weitere Arten.

Auch die **Temperatur** wirkt sich entscheidend auf die Lebensvorgänge in der Ostsee aus. Arten, die in der Ostsee vor allem im Flachwasser leben und auch in der Gezeitenregion der Nordsee und des Nordatlantiks vorkommen, wie die Klaffmuschel *Mya arenaria*, die Miesmuschel *Mytilus edulis* und die Strandkrabbe *Carcinus maenas*, sind vergleichsweise unempfindlich gegenüber Hitze und Kälte und in einem weiten Temperaturbereich lebensfähig (eurytherm). Hinzu kommt, daß sie zusätzlich durch individuelle Anpassungsvorgänge ihre Lebensfähigkeit gegenüber jahreszeitlich schwankenden Extremtemperaturen erhöhen können, allerdings sind diese Temperaturgrenzen im Brackwasser etwas enger als im vollmarinen Milieu.

Die in der Nordsee in die Gezeitenregion vordringenden marinen Muscheln (*Mytilus edulis, Cerastoderma edule, Mya arenaria, Macoma balthica*), Seepocken (*Balanus balanoides*) und Strandschnecken (*Littorina saxatilis*), die auch in der Ostsee leben, bilden im Winter eine Gefrierresistenz aus, indem sie durch Eisbildungskeime den Gefrierverlauf so steuern, daß intrazelluläre Eisbildung zunächst vermieden wird, die Bildung von extrazellulärem Eis aber in bestimmten Grenzen von den Zellen ertragen werden kann (Theede u. Stein 1989). Hierbei spielen relativ hohe Gehalte der Zellen an gelösten organischen Substanzen und die Aufrechterhaltung einer gewissen Fluidität der Zellmembranen bei niedrigen Temperaturen eine wichtige Rolle (Theede 1986). Diese Resistenz der marinen Arten ist im Brackwasser der Ostsee deutlich geringer als bei den exponiert im Nordseewatt vorkommenden Artgenossen, spielt aber in der westlichen Ostsee für das Überleben im Winter durchaus eine Rolle, wenn starke ablandige Winde extreme Niedrigwasserstände verursachen. In der östlichen Ostsee können solche Arten extreme Winterkälte nur überleben, wenn sie von Wasser bedeckt bleiben. Individuen, die sich im Sommer zu nahe an der Wasserlinie angesiedelt haben, sterben schon beim ersten längeren Niedrigwasser und gleichzeitig auftretendem starken Frost oder später durch den Eisgang.

Einige Meeresfische (z.B. der Seeskorpion *Myoxocephalus scorpius* und die Aalmutter *Zoarces viviparus*), die im Flachwasser der Ostsee in strengen Wintern mit Eis in Berührung kommen können, und deren Verbreitungsgebiete bis in die Arktis reichen, verhindern die Gefahr des Ausfrierens durch Frostschutz-Proteine im Blut (Schneppenheim u. Theede 1982). Diese bewirken einen Hysteresis-Effekt der Blutflüssigkeit, d.h. eine charakteristische Differenz zwischen dem Schmelz- und dem Gefrierpunkt, indem letzterer stärker erniedrigt wird, als man aufgrund des osmotischen Wertes erwarten würde.

Im Gegensatz zu den genannten Formen können die meisten Organismen, deren Vorkommen auf das relativ gleichbleibend kühle Tiefenwasser begrenzt ist, auf Dauer keine Temperaturen oberhalb von 10 bis 15 °C ertragen (kaltstenotherm). Auch sind sie recht frostempfindlich. Formen, die in ihrem arktischen Verbreitungsbereich im Sublitoral leben (die Pferdemuschel *Modiolus modiolos*, die Große Plattmuschel *Macoma calcarea* und *Astarte*-Muscheln), sind bereits auf zellulärer Ebene sehr hitzeempfindlich. Warmwasserformen, deren Vorkommen bis in tropische Zonen an der westafrikanischen Küste reicht (die Große Pfeffermuschel *Scrobicularia plana* und Kleine Pfeffermuschel *Abra alba*), sind besonders hitzeresistent, gleichzeitig aber relativ kälteempfindlich und weisen in langanhaltenden Eiswintern besonders hohe Mortalität auf (Theede 1984).

Bei **Sauerstoffmangel** können viele Tiere zunächst mit Hilfe von physiologischen Mechanismen wie Erhöhung der Ventilationsrate und Durchblutungssteigerung weiterhin eine ausreichende Sauerstoffversorgung garantieren. Die Strandkrabbe *Carcinus maenas* erhöht bei Herabsetzung des Sauerstoffpartialdrucks das Ventilationsvolumen, d.h. sie pumpt mehr Wasser durch die Atemhöhlen an den Kiemen vorbei. Gleichzeitig kommt es innen durch Abnahme des Herzminutenvolumens (bei zunächst unveränderter Herzfrequenz) zu einer Verringerung des Perfusionsvolumens, d.h. zur Abnahme der pro Zeiteinheit durch die Kiemen hindurchgepumpten Hämolymphmenge. Hierdurch hat das Hämocyanin, das im Gegensatz zum Hämoglobin den Sauerstoff nur sehr langsam bindet, mehr Zeit, sich verstärkt mit Sauerstoff aufzuladen. Während bei normaler Sauerstoffsättigung des

Wassers der größere Anteil des Sauerstoffs in der Hämolymphe physikalisch gelöst vorliegt, wird bei Abnahme des äußeren Sauerstoffpartialdrucks mehr Sauerstoff an Hämocyanin gebunden.

Aktive Tiere können ihre Atmungsgröße oft nur in einem engen O_2-Partialdruckbereich von diesem unabhängig halten, während ruhige Tiere mit niedrigerem Stoffwechsel diesen in einem weiteren Sauerstoff-Partialdruckbereich leichter regulieren können. Auf Weichboden lebende Muscheln (*Astarte borealis, Arctica islandica*) weisen auf einem sehr niedrigen Stoffwechselniveau in einem weiten Bereich bis unter 10 % Luftsättigung eine Regulationsfähigkeit auf.

Bei sehr niedrigen Sauerstoffpartialdrücken oder bei Fehlen von Sauerstoff können die zu biotopbedingter Anaerobiose fähigen Arten auf einen anaeroben Stoffwechsel umschalten. Tiere, die bei Anoxie lange überleben (beispielsweise *Astarte*-Arten, *Arctica islandica, Halicryptus spinulosus*), wenden zur ATP-Bildung bei der Langzeit-Anaerobiose vor allem die Succinat-Propionatgärung an (Oeschger 1990). Der Übergang zum anaeroben Stoffwechsel verläuft dabei weitgehend ähnlich wie bei Wattbewohnern. Die Arten verlassen sich langfristig aber sehr wenig auf die zunächst beschrittenen Wege, die besonders für die Kurzzeit-Anaerobiose von Bedeutung sind, wie Beteiligung von Phosphagenen, Aminosäurestoffwechsel und anaerobe Glykolyse mit Bildung von Laktat oder verschiedenen Opinen.

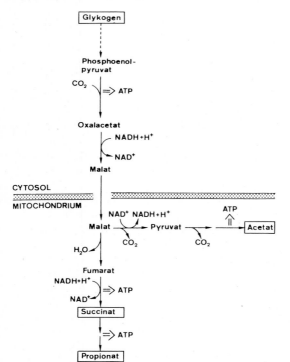

Abb. 83. Vereinfachtes Schema des anaeroben Glykogen-Abbaus bei Langzeit-Anaerobiose mit den Stoffwechsel-Endprodukten der Succinat-Propionat-Gärung. (Nach Urich 1990, verändert)

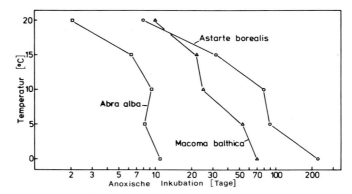

Abb. 84. Einfluß der Temperatur auf die Anoxie-Resistenz einiger besonders toleranter Arten. (Nach Theede 1984, verändert)

Bei länger andauernder Anaerobiose kann der Embden-Meyerhof-Parnas-Weg bereits auf der Stufe des Phosphoenolpyruvats verlassen werden (Abb. 83). Dann wird nach Carboxylierung des Phosphoenolpyruvats zu Oxalacetat und dessen Reduktion zu Malat in den Mitochondrien Succinat gebildet. Aus Succinat kann über einige Zwischenstufen Propionat gebildet werden, das meist ausgeschieden wird. Der Abbau von Glykogen und die Bildung von Succinat sind essentiell für den Energiestoffwechsel während Langzeit-Anaerobiose. Der Gewinn an ATP aus der Succinat-Propionat-Gärung ist größer als aus der anaeroben Glykolyse.

Die gespeicherten Glykogenmengen (bei *Astarte*-Muscheln und *Halicryptus spinulosus* zwischen 5 bis 12 % des Trockengewichtes) sind niedriger als z. B. bei der Miesmuschel. Um trotzdem lange bei Fehlen von Sauerstoff überleben zu können, ist eine außerordentlich starke Drosselung der Stoffwechselrate erforderlich. Die Höhe des Erhaltungsstoffwechsels während Langzeit-Anaerobiose liegt bei den o. a. besonders anoxie-resistenten Arten unter 1 % der vorherigen aeroben Stoffwechselrate. Unterstützt wird die Resistenz gegenüber Sauerstoffmangel durch die niedrigen Temperaturen im Tiefenwasser der Ostsee (Abb. 84).

Das Auftreten anoxischer Bereiche im Meer ist auch mit dem Vorkommen von giftigem **Schwefelwasserstoff** verbunden. Meist wird dieser in marinen Sedimenten schon unterhalb einer dünnen oxischen Schicht gefunden. Unter anaeroben Bedingungen wird er dort in erster Linie durch sulfatreduzierende Bakterien gebildet, in geringerem Maße auch durch enzymatischen Proteinabbau.

Den im Sediment lebenden Arten der Makrofauna gelingt es nicht immer, Gänge und Röhren mit H_2S-freiem Wasser zu durchströmen, z. B. während des Röhrenbaus, bei Fehlen ventilierbarer Gänge oder in Habitaten, in denen die über dem Sediment stehende Wassersäule bereits Schwefelwasserstoff enthält. Sie haben in unterschiedlichem Maße die Fähigkeit ausgebildet, diesen zu entgiften und bei erhöhten H_2S-Konzentrationen zu überleben. An verschiedenen Beispielen – *Halicryptus spinulosus, Saduria entomon, Arenicola marina* – wurde gezeigt, daß diese Tiere eingedrungenen Schwefelwasserstoff bei Gegenwart von Sauerstoff zu weniger giftigen oder ungiftigen Schwefelkomponenten (vor allem Thiosulfat, etwas Sulfit) oxidieren können. Besonders die Mitochondrien sind zur Thiosulfatbildung in der Lage. Wenn die Sulfid-Oxidationskapazität überschritten wird, steigt die H_2S-Konzentration in den Körperflüssigkeiten an. Dann wird der aerobe Stoffwechsel blockiert, und bei den sulfidresistenten Arten setzt eine sulfidinduzierte Anaerobiose ein, die auch trotz Gegenwart von Sauerstoff im Medium ablaufen kann (Grieshaber et al. 1992; Oeschger u. Vetter 1992). Bei anoxischer Sulfidinkubation ist die Thiosulfatbildung durch die begrenzte Sauerstoff-Speicherkapazität der Hämolymphe begrenzt. Die Reaktionen, die der Schwefelwasserstoff-Resistenz insgesamt zugrunde liegen, sind noch nicht vollständig geklärt.

6.6 Ökologie der Bodden und Förden

ULRICH SCHIEWER und KLAUS GOCKE

Bodden/Haffe und Förden – mehr oder minder landumschlossene Gewässer (vgl. Kap. 3.2 Abb. 5) – sind vor allem an der Südküste der Ostsee weit verbreitet. Sie werden von Gessner (1957) erstmals ausführlich beschrieben. Im Südwesten sind es überwiegend Förden, in der Eiszeit entstandene Rinnen (z. B. Schlei, Kieler Förde), oder flache, weitgehend landumschlossene Bodden (z. B. Darß-Zingster Boddenkette, Rügensche Bodden). Im Südosten dominieren Haffe, offene, sandige und flache Lagunen (z. B. Kurisches Haff). Im Nordosten und im Norden der Ostsee prägen dagegen felsige Buchten und Einschnitte das Bild. Einige Charakteristika der Bodden und Förden sind in Tabelle 13 dargestellt.

   Bodden/Haffe und Förden sind wichtige Transport-, Filter- und Puffersysteme der Ostsee. Durch den verlangsamten seeseitigen Transport sedimentieren Partikel samt adsorbierten anorganischen und organischen Verbindungen und werden im Sediment festgelegt. Die Flachheit der Gewässer

Tabelle 13. Charakteristika der Bodden/Haffe und Förden

- Polymiktische Flachgewässer mit horizontalem Salzgradienten, sehr häufiger Resuspension, hoher natürlicher Produktivität und hohem Detritusgehalt (häufig als Aggregate besetzt mit Mikroorganismen)
- Gezeitenlos, aber mit unregelmäßigen Austauschprozessen zur Ostsee, wobei der Ausstrom überwiegt („Ausräumungseffekt")
- Zeitweise Eisbedeckung in kalten Wintern
- Große Ökosystemfluktuationen, die vorwiegend durch physikalische Faktoren (Salinität, Temperatur, Wasseraustausch u. a.) kontrolliert werden
- Dominanz von Arten, die eine hohe Variabilität der Umweltfaktoren tolerieren
- Hohe anthropogen bedingte Einträge von Pflanzennährstoffen, die mit zunehmender Eutrophierung zum Verlust der Makrophytendominanz führen

garantiert eine hohe autotrophe und heterotrophe Produktion, wobei die gute O_2-Versorgung des Pelagials große Abbauleistungen der heterotrophen Organismen erlaubt. Auf diese Weise werden auch nach zeitweise deutlich erhöhten Phytoplanktonproduktionen keine nennenswerten Zunahmen des gesamten organischen Materials (Seston) gemessen. Anoxische Bereiche im Sediment sind vor allem im Frühjahr für hohe Denitrifikationsraten und damit für eine Stickstoffentlastung über N_2-Bildung verantwortlich (Selbstreinigung).

Eine ausgewogene multivalente Nutzung dieses Potentials hinsichtlich der Selbstreinigung und des biologischen Eintrags sowie für Transport- und Erholungszwecke garantiert eine ökologische Stabilität und optimalen ökonomischen Nutzen. Dagegen schränkt eine einseitige und/oder überhöhte Nutzung die Gesamtnutzung ein. So hat die Überbeanspruchung des Reinigungspotentials heute vielfach zum Verlust der Filter- und Pufferkapazität geführt. Eine Umwandlung dieser Gewässer in Belastungsquellen der Ostsee ist die Folge.

Tabelle 14. Jahresmittelwerte einiger Parameter im Vergleich zwischen der Kieler Bucht, der „Mündung" der Schlei und der Inneren Schlei (1992)

Parameter	Kieler Bucht	Schleimünde	Innere Schlei
Salzgehalt (‰)	17,0 (13,1–19,8)	16,2 (12,1–19,6)	6,8 (5,1–8,8)
PO$_4$-Konzentration	0,82 (< 0,1–1,6)	1,54 (0,2–3,7)	4,9 (0,9–12,4)
(µmol/l)	1	1,9	6,0
Secchi-Tiefe (m)	6,8 (4,0–11,0)	2,9 (1,4–5,0)	0,8 (0,4–1,5)
	1	0,4	0,1
Phytoplankton-	0,10 (0,04–0,28)	0,25 (0,03–0,78)	3,55 (1,18–6,48)
Biomasse (mg C/l)	1	2,5	35,5
Primärproduktion	162	223	817
(g C/m^2/a)	1	1,4	5,0
Primärproduktion	8,2 (1,2–25)	27,0 (1,6–95)	293 (34–590)
(µg C/l/h)	1	3,3	35,7
Respiration (µg C/l/h)	3,1 (0,26–6,7)	4,7 (0,65–8,3)	12,6 (1,8–26,9)
	1	1,5	4,1
Gesamtbakterienzahl	1,2 (0,4–3,6)	2,3 (0,6–5,0)	18,1 (4,1–53,2)
(x 10^6/ml)	1	1,9	15,1
Mittleres Zellvolumen	0,117 (0,098–0,168)	0,110 (0,068–0,146)	0,114 (0,052–0,187)
(µm^3)	1	0,9	1
Saprophyten	1,12 (0,01–5,30)	5,72 (0,04–27,9)	11,9 (0,45–38,5)
(x 10^3/ml)	1	5,1	10,6
Gesamtcoliforme	0 (0–0)	17 (0–133)	1520 (0–8600)
(pro 100 ml)			
Bakterienproduktion	0,22 (0,03–0,57)	1,1 (0,17–2,8)	3,7 (0,8–8,8)
(µg C/l/h)	1	5	16,8
Umsatzrate von	5,9 (< 1–15)	16,7 (3–32)	99 (11–183)
Glukose (%/h)	1	2,8	16,8

(Spannbreite der Werte in Klammern)

Bodden und Förden sind zwischen Land und offene See eingeschaltet. Die Verknüpfung zum Land erfolgt über diffuse und direkte Einträge sowie über Lufteinträge, die Rückkopplung mit der Ostsee über das Aus- und Einstromgeschehen. Die Größe und die Art der Nutzung der Gewässer und ihrer Einzugsgebiete, ihr Selbstreinigungspotential sowie der Austausch mit der Ostsee führen zur Ausbildung typischer horizontaler Gradienten innerhalb dieser Gewässer (Tabelle 14, Abb. 85) und bestimmen ihre **trophische Entwicklung** (Gocke u. Rheinheimer 1991b). HELCOM (1991b) gibt einen ersten Zwischenbericht zur Gesamtsituation. Die klimatischen Faktoren bewirken charakteristische Jahresgänge im Pelagial (Abb. 86) und im Benthal. Sie verringern außerhalb der Vegetationsperiode die biotischen und verstärken die abiotischen Unterschiede zwischen den inneren und äußeren Bereichen dieser Gewässer (weitere Angaben: Limnologica 1989 Heft 1, Int. Rev. ges. Hydrobiol. 1991 Heft 3). Am Beispiel der gut untersuchten Darß-Zingster Boddenkette (DZBK) kann der Einfluß der **Eutrophierung** exemplarisch dargestellt werden. Anfang der 50er Jahre setzte eine verstärkte anthropogene Nährstoffbelastung, vor allem im Westteil der DZBK, ein. Das führte zu Beginn der 70er Jahre zum Zusammenbruch des submersen Makrophytenbestandes und zur Dominanz des Phytoplanktons im inneren Teil (Westteil) der Boddenkette. In den östlichen Bodden vollzog sich dieser Prozeß erst zu Beginn der 80er Jahre, verzögert durch den besseren „Ausräumungseffekt" der Ostsee. Der unterschiedliche Eutrophierungsgrad im West- und Ostteil der DZBK spiegelt sich u. a. in der Struktur des kommerziellen Fischfangs wider (Abb. 87). Die eutrophierungsbedingten Veränderungen waren stets ungleichmäßig und sprunghaft. Ab Mitte der 80er Jah-

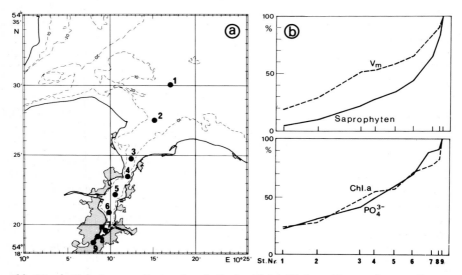

Abb. 85a, b. Belastungsgradienten innerhalb der Kieler Förde. **a** Untersuchungsstationen, **b** Maximale Aufnahmegeschwindigkeit für Glukose V_m, Saprophytenzahl, Chlorophyll-a- und Phosphatgehalt (mittlerer Jahresgang 1973)

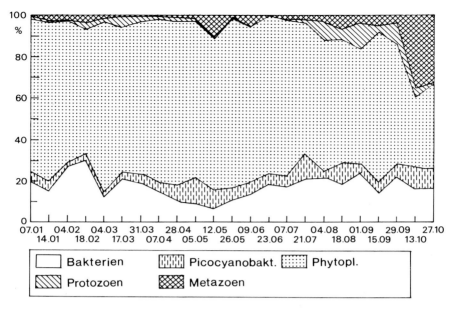

Abb. 86. Prozentuale Anteile der einzelnen Organismengruppen an der Gesamtbiomasse im Pelagial des Zingster Stromes (Jahresgang 1992)

re fand eine starke Zunahme des Nano- und Picoplanktons statt. Gegen Ende der 80er Jahre kam es zu einer Verschiebung im Zooplankton in Richtung Proto-/Mikrozooplankton. Im Zuge der Gesamtentwicklung traten offensichtlich mehrere „kritische Punkte" auf, die mit charakteristischen Strukturveränderungen in den dominanten Komponenten des Ökosystems verbunden waren. Ihnen folgten stabilere Phasen (Abb. 88). Vermutlich könnte eine rechtzeitige Einflußnahme an den „kritischen Punkten" die weitere Entwicklung deutlich beeinflussen.

Die für die DZBK beschriebenen Prozesse vollziehen bzw. haben sich in modifizierter Form auch in anderen Bodden und Förden vollzogen, wie dies in der Kieler Förde, der Schlei, dem Greifswalder Bodden und der Danziger Bucht beobachtet wurde. Stets finden wir zunächst eine Abnahme der submersen Makrophyten in den tieferen Bereichen und einen Rückgang des Bedeckungsgrades. Dieser Vorgang ist gekoppelt mit einer Biomassezunahme in den darüber liegenden Zonen und einem Rückgang der Artenzahl. Die zunehmende Saprobisierung und die höhere Sedimentbeweglichkeit beschleunigen diese Prozesse. Kontaminationen verschärfen die Belastung z. T. irreversibel (z. B. Putzker Bucht).

Traditionelle Vorstellungen, gestützt durch Befunde in Gezeitenästuaren, gingen von der Dominanz des typischen „Weidenahrungsnetzes" aus. Neuere Untersuchungen in der DZBK (Schiewer et al. 1992, 1993) belegen die Dominanz des mikrobiellen Nahrungsgefüges im Pelagial. Insgesamt laufen

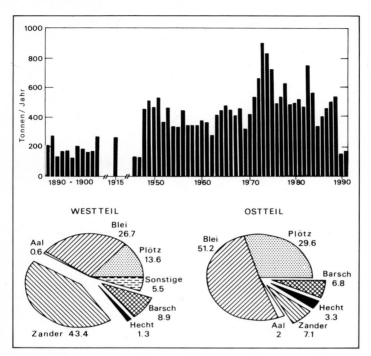

Abb. 87. Einfluß des unterschiedlichen Eutrophierungsgrades auf den Fischfang in der Darß-Zingster Bodenkette. Oben Gesamtfang ohne marine Arten, unten Artanteil der kommerziellen Fänge (Angaben in Gewichtsprozent) im inneren (West-) und äußeren (Ost-)Teil der Bodenkette für den Zeitraum 1980 bis 1989. (Nach Winkler in Schiewer et al. 1992)

während des Jahres über diesen Weg mehr als 90 % des Kohlenstoffumsatzes. Ähnliche Verhältnisse wurden auch in der Schlei und der Danziger Bucht angetroffen. Sie dürften für eutrophe Bodden und Förden der Ostsee allgemeine Gültigkeit haben. Unklar ist bisher die Rolle der Aggregate im Stoffumsatz. Sie sind Konzentrationsorte für organische Substanzen und Mikroorganismen und maßgeblich am Stoffaustausch zwischen Pelagial und Sediment beteiligt.

Hervorzuheben ist die erheblich verstärkte **Pufferkapazität** des Ökosystems aufgrund der Dominanz des mikrobiellen Nahrungsgefüges. So ist das Pelagial der DZBK z. B. in der Lage, unter aeroben Bedingungen in der Vegetationsperiode die durch einwöchige Nährstoffimpulse gesteigerte Phytoplanktonbiomasse innerhalb von zwei Wochen vollständig abzubauen. Auch massive Einträge von Bakterien werden innerhalb weniger Tage kompensiert. Gesteigert werden die Umsatzleistungen, während sich die Biomassen der beteiligten heterotrophen Organismen aufgrund enger Verkoppelungen untereinander nur wenig ändern. Verbunden damit sind erhebliche Remineralisierungsraten (Abb. 89), die vor allem auf die Aktivität der heterotrophen Flagellaten und der Ciliaten zurückgehen. Ein solches System ist naturgemäß auch gegenüber Entlastungsmaßnahmen relativ resistent und erschwert sie.

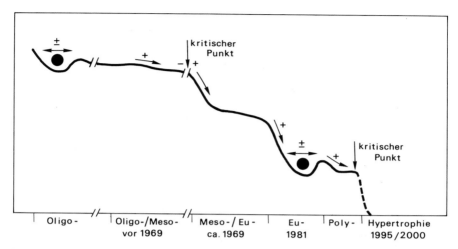

Abb. 88. Hypothetischer Verlauf der Eutrophierung im Barther Bodden. Der oligotrophe Abschnitt war durch einen umfangreichen Austausch mit der Ostsee gekennzeichnet und ist dem Entstehungszeitraum der DZBK zuzuordnen. Oligomesotroph dürfte der Barther Bodden bis zum Zeitpunkt der Abriegelung des Prerow-Stromes von der Ostsee im Jahre 1874 gewesen sein. Der erste „kritische Punkt" wurde in den 1960er Jahren erreicht. Er ist verbunden mit dem Zusammenbruch der submersen Makrophyten im Westteil der DZBK. Im Barther Bodden (Ostteil) kennzeichnet dieser 1981 den Übergang zur Hypertrophierung. Der Rückgang der Belastung in den 1990er Jahren auf 35 % und die Dominanz des mikrobiellen Nahrungsgefüges stabilisieren den erreichten Zustand

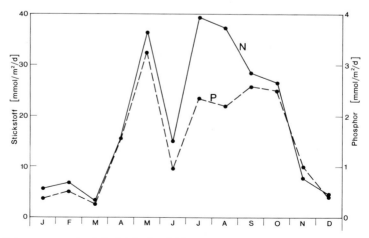

Abb. 89. Remineralisierungsraten im Pelagial der Darß-Zingster Boddenkette im Jahresverlauf

6.7 Ökologie der Salzwiesen, Dünen und Schären

DIETER BOEDEKER und HANS DIETER KNAPP

Dünen, Salzwiesen und Schären sind typische Landschaftselemente der Ostseeküste. Abb. 90 gibt einen Überblick über die Verteilung der verschiedenen Küstenformen, Während das nordöstliche Festland durch kristalline Gesteine des baltischen Schildes geprägt wird, zeichnet sich der Südwesten durch das Vorherrschen eiszeitlicher Lockergesteinsküsten aus. So sind Schären eine charakteristische Form der nordöstlichen Küsten, während die Dünen den südwestlichen Teil des Ostseeraumes prägen (vgl. Kap. 3.2, 3.3).

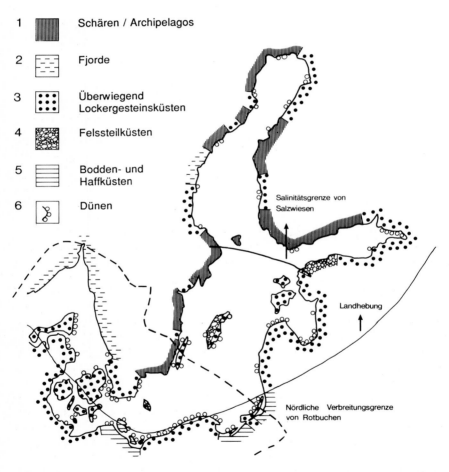

1 Schären / Archipelagos

2 Fjorde

3 Überwiegend Lockergesteinsküsten

4 Felssteilküsten

5 Bodden- und Haffküsten

6 Dünen

Salinitätsgrenze von Salzwiesen

Landhebung

Nördliche Verbreitungsgrenze von Rotbuchen

Abb. 90. Küstentypen der Ostsee mit Verbreitungsgrenze von Buchen und Salzwiesen. (Nach Klug 1985; HELCOM 1993a; Doody 1991, verändert und ergänzt)

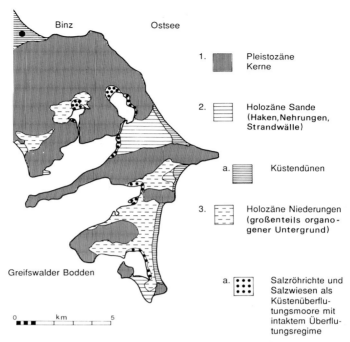

Abb. 91. Südost-Rügen als Beispiel für die kleinräumige Differenzierung verschiedener Küsten-formen

Die Verteilung der Salzwiesen hingegen folgt nicht den geologischen Ge-gebenheiten, sondern ist vielmehr vom Salzgehaltsgradienten abhängig. Den oft kleinräumigen Wechsel verschiedener Küstentypen im Ostseeraum zeigt Abb. 91 am Beispiel Südost-Rügens.

Salzwiesen sind eine typische Erscheinung der Niederungsküsten der westlichen und südlichen Ostsee, wo der Salzgehalt des Meerwassers 5 ‰ übersteigt. Salzwiesen charakteristischer Zusammensetzung kommen an den Küsten salinitätsbedingt nur bis Estland und zu den Aaland-Inseln vor. Wegen der geringen Salinität gibt es am Finnischen und Bottnischen Meer-busen nur noch Fragmente dieses Vegetationstyps auf Felsstandorten im Spritzwasserbereich. Die Verbreitungsgrenze der Salzwiesen wurde anhand der Vorkommen von *Trifolium fragiferum* festgelegt (Abb. 90).

Natürliche Salzwiesen treten nur sehr kleinflächig auf episodisch von Meerwasser überspülten Schlickablagerungen zwischen den Felsblöcken von Moränenküsten auf. Die ausgedehnten Salzwiesen an flachen Niederungs-küsten bis ca. 0,5 m über NN der westlichen und südlichen Ostsee hingegen sind **anthropogene Pflanzengemeinschaften**, die sich seit dem Mittelalter unter dem Einfluß von Beweidung mit Pferden und Rindern aus vormaligen Salzröhrichten entwickelt haben. Es handelt sich also um Salz„weiden".

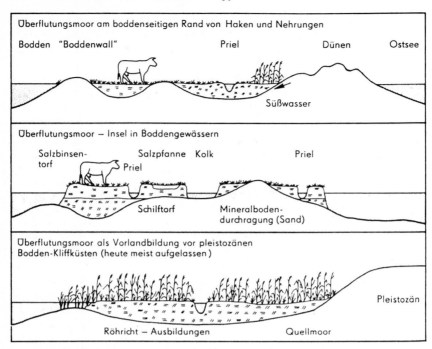

Abb. 92. Salzweiden und Röhricht an der Ostseeküste. (Nach Jeschke in Wegener 1991)

Durch witterungsbedingte episodische Überflutung wird flächenhaft salzwasserhaltiger Schlick abgelagert. Durch den Tritt der Weidetiere wird er zusammen mit Pflanzenresten zu dem sehr festen, schwarzen Salzwiesentorf, der bis 1 m Mächtigkeit und 50 ‰ Salzgehalt erreichen kann. Deshalb ist der Begriff „Küstenüberflutungsmoor" geprägt worden.

Salzweiden sind in der Regel ein Komplex aus fast ebenen, in sich jedoch bultigen Salzrasenflächen, flachen Rinnen, sogenannten Prielen, die als fein verästeltes Netz die Salzweiden durchziehen und in denen bei Hochwasser das Brackwasser einströmt und wieder abfließt. In Senken mit zurückbleibendem Wasser (Röten) kann der Torf bis auf den mineralischen Untergrund aufgelöst werden, so daß wasserführende Kolke entstehen. Bei Verdunstung des Wassers in flachen Senken entstehen Salzpfannen mit deutlicher Salzanreicherung. Oft werden Salzweiden von flachen Sandrücken durchzogen (Abb. 92).

Das Standorts- und Vegetationsmosaik ist differenziert in:

- **Rotschwingel-Salzbinsenrasen** auf den trockensten Stellen auf Salzwiesentorf, vorherrschendes Gras ist Rotschwingel (*Festuca rubra*) in einer speziellen Salzform;
- **Strandaster-Salzbinsenrasen** (Juncetum gerardii) als „typische Salzwiese" auf wechselnassem Salzwiesentorf. Es handelt sich um kurzgrasige, dicht geschlossene Rasen aus Salzschwaden (*Puccinellia distans*), Rot-

schwingel (*Festuca rubra*) und Salzbinse (*Juncus gerardii*) sowie weiteren charakteristischen Salzpflanzen wie Strand-Dreizack (*Triglochin maritimum*), Erdbeer-Klee (*Trifolium fragiferum*), Milchkraut (*Glaux maritimum*), Strand-Wegerich (*Plantago maritima*)

- **Flutrasen** in länger überstauten Mulden mit Strandsimse (*Bolboschoenus [scirpus] maritimus*), Straußgras (*Agrostis stolonifera*), Sumpfsimse (*Eleocharis palustris*), Salzsimse (*Schoenoplectus [scirpus] tabernaemontani*)
- **Salzbodenpionierfluren** (Salicornietum patulae, Puccinellio-Sperguletum marinae) in der Boddenlandschaft selten auf nacktem Salzwiesentorf in zeitweilig austrocknenden Senken (Salzpfannen) mit Queller (*Salicornia europaea*), Schuppenmiere (*Spergularia salina*), Andel (*Puccinellia maritima*).

Salzweiden entwickeln sich nach Einstellung der Beweidung relativ schnell wieder zu Brackwasserröhrichten, im flachen Wasser zum Strandsimsenröhricht (Bolboschoenetum maritimae), oberhalb der Mittelwasserlinie zum Strandaster-Schilfröhricht (Astero-Phragmitetum). Brackwasserröhrichte sind die natürlichen Pflanzengesellschaften der Überflutungsräume. Auf trockeneren Standorten gehen aus den Salzweiden bei Auflassung der Nutzung Meerbinsenried (Juncetum maritimae) und Queckenrasen hervor, im Bereich der westlichen Ostsee auch Strandbeifußfluren (Artemisietum maritimae).

Salzweiden sind nicht nur Standort zahlreicher spezifischer Pflanzenarten, sondern auch bedeutendes Brutbiotop für verschiedene Küstenvögel, insbesondere für Alpenstrandläufer, Kampfläufer, Rotschenkel, Uferschnepfe, Säbelschnäbler. Auch als Rastbiotop für ziehende Wat- und Wasservögel sind sie von Bedeutung, z. B. für nordische Gänse.

Sowohl die Salzweiden als auch die Brackwasserröhrichte stellen als Feuchtgrünländer der Küsten natürliche Puffersysteme für Nährstoffe dar und sind wichtiger Bestandteil des Ökosystems der Ostsee. Infolge der Überflutungen werden Nährstoffe durch Schlickablagerungen im Sediment festgelegt. Der Flächenanteil intakter Überflutungsregime ist an der ganzen deutschen Ostseeküste durch Deichbaumaßnahmen und Entwässerungsprojekte in diesem Jahrhundert drastisch zurückgegangen. Im Gegensatz zur

Tabelle 15. Küstenüberflutungsmoore in Mecklenburg-Vorpommern (Freundliche Mitteilung von Christof Herrman, Landesamt für Umwelt und Natur M-V)

Küstenüberflutungsmoore in Mecklenburg-Vorpommern	Fläche in ha
Potentielle Gesamtfläche	**31 200**
Durch Drainage oder Eindeichung gestört bzw. zerstört	24 800
davon seit Ende des 2. Weltkrieges	14 000
Intakt (inklusive Rückstaubereich der Flüsse)	**6 400**
davon: Röhrichte	3 100
Salzweiden	3 300
in Naturschutzgebieten oder Nationalparks geschützte Flächen	2 400
von M-V gefördertes Salzweidenmanagement	2 100

schleswig-holsteinischen Ostseeküste, wo es nur noch Fragmente von intakten Überflutungsräumen mit Salzweiden gibt, gehören sie zu den typischen Erscheinungsformen der mecklenburg-vorpommerschen Küsten- und Boddenlandschaft. Eine Übersicht für Mecklenburg-Vorpommern gibt Tabelle 15.

Biotopschutz- und Managementmaßnahmen sollten eine natürliche Dynamik im Grenzsaum Wasser/Land gewährleisten und die Selbstreinigung der Gewässer in diesem Übergangsbereich fördern. Dies gilt insbesondere auch für die Küsten Polens und der baltischen Staaten, wo noch ausgedehnte Flächen mit intakten Überflutungsregimen zu finden sind.

Einerseits sind an der deutschen Ostseeküste gegenwärtig mehrere Projekte zur Wiederherstellung des Überflutungsregimes in Planung, Durchführung oder bereits abgeschlossen. Andererseits sind insbesondere durch touristische Großvorhaben, aber auch durch Küstenschutzplanungen Flächen mit intakten Regimen noch immer von Zerstörung bedroht.

Die **Küstendünen** der Ostsee sind junge Flugsandbildungen, die im Zuge der holozänen Küstendynamik immer wieder neu entstehen (vgl. Kap. 3.3). Für ihre Ausbildung sind im wesentlichen zwei Faktoren von Bedeutung:

- Ausreichend großes Liefergebiet fein- bis mittelsandiger Sedimente auf der dem Ufer vorgelagerten Schorre und auf dem Strand und Vorstrand,
- Exposition zur freien Ostsee.

Im Zusammenspiel mit der Lage zur Hauptwindrichtung wird durch diese beiden Faktoren bestimmt, wo Dünen entstehen und in welchem Maße sie sich zu großen Dünenkomplexen entwickeln können. Dünen sind nicht zwingend an ursprünglich flache Küsten gebunden, sondern treten auch als Kliffranddünen dort auf, wo exponierte Steilufer mit hohem Sandanteil zu finden sind (z.B. an den Küsten Mecklenburgs). Die Ablagerung des verwehten Sandes erfolgt zumeist an Pflanzen und anderen Hindernissen.

In der Abfolge der Dünenentwicklung lassen sich mehrere Stadien von den vegetationsarmen Primärdünen bis zu Dünenwäldern unterscheiden, die in der Regel als Komplex nebeneinander vorkommen:

- **Primärdünen** bilden das Anfangsstadium der Dünenentwicklung mit niedrigen, salzwasserbeeinflußten Sandanhäufungen auf dem Strand, die starken Überwehungen ausgesetzt sind; deshalb weisen sie meist nur sehr lockeren Bewuchs mit einzelnen Horsten der Binsenquecke (*Agropyron junceum*) auf.
- **Weißdünen** sind bereits höher aufgewehte Dünen mit beginnender Ausbildung von Süßwasserlinsen auf noch kalkreichen Standorten. Sie unterliegen ständiger Sandzufuhr, sind vielfach mit Strandhafer (*Ammophila arenaria* und *Calammophila baltica*) lückig bewachsen. Im östlichen Bereich der Ostseeküste tritt verstärkt Strandroggen (*Elymus arenarius*) auf.
- **Dünenrasen** (Graudünen) kennzeichnen höhere, im Oberboden bereits entkalkte Dünen, die gering bis mäßig mit Humus angereichert sind und

nur noch geringe Übersandung aufweisen. Typische Pflanzengesellschaften sind: Silbergrasfluren (Corynephorion canescentis) und Schillergrasfluren (Koelerion arenariae).

- **Küstendünenheiden** (Braundünen) sind primäre und sekundäre Zwergstrauch-Heiden auf Dünen. Der Boden zeigt bereits deutliche Humusanreicherung bei gleichzeitig völliger Entkalkung und beginnender Podsolierung. Typische Pflanzengesellschaften sind: Krähenbeer-Zwergstrauch-Heiden auf Braundünen an Standorten, die noch einer leichten Sandüberwehung unterliegen; Calluna-Heiden stellen sich meist auf durch extensive Beweidung offengehaltenen Braundünen mit Dominanz von Besenheide (*Calluna vulgaris*) ein.
- **Feuchte bzw. nasse Dünentäler und Dünenmoore** sind infolge Windausblasung oder Meerwasserausspülung eingetiefte Täler innerhalb großer Dünengebiete an der Küste. Der Grunwasserkontakt bedingt eine Sumpf- oder Moorvegetation, die in Abhängigkeit von Kalk- und Salzgehalt des Bodens variiert. Typische Pflanzengesellschaften sind Sumpfbärlapp-Pionierfluren, *Erica-tetralix*-Feuchtheiden, Wollgrassümpfe und Gagelstrauchgebüsche.
- **Dünengebüsch/Dünenwald:** Bei fortschreitender Sukzession auf Dünen (einhergehend mit Sandfestlegung, Humusanreicherung, Entkalkung usw.) können sich Gebüsche aus Kriechweide (*Salix repens*), Sanddorn (*Hippophaë rhamnoides*) oder Bibernell-Rose (*Rosa pimpinellifolia*) oder Dünen-Kiefernwälder entwickeln.

Im weiteren Verlauf der Sukzession stellt sich schließlich **Rotbuchenwald** als Klimaxstadium innerhalb des Verbreitungsgebiets der Rotbuche ein (vgl. Abb. 90: östliche Verbreitungsgrenze der Rotbuche). In den feuchten Dünentälern kann sich hingegen ein **Erlenbruchwald** entwickeln.

Insbesondere dort, wo sich der großräumige Küstenausgleich noch in voller Dynamik befindet oder bereits weitgehend abgeschlossen ist, können sich Dünen zu riesigen Komplexen mit meist parabelförmigen **Wanderdünen** entwickeln. Die wohl beeindruckendsten Wanderdünen des Ostseeraums befinden sich bei Leba im polnischen Slowinski-Nationalpark und bei Nida in dem litauischen Nationalpark Kurische Nehrung. Sie erreichen Höhen von mehr als 60 m. Die Wanderdüne bei Nida unterscheidet sich von der bei Leba durch ihre Lage auf einer langgezogenen Nehrung, die durch das Kurische Haff vom Festland getrennt ist. Die Leba-Düne liegt dagegen auf dem Festland der polnischen Ausgleichsküste. Wanderdünen können bis 20 m jährlich wandern, stellenweise noch mehr. Die Sandmassen überrollen alles, was sich ihnen in den Weg stellt. Die Leba-Düne verschüttet z. B. den leewärts gelegenen Wald, so daß sie in ihren großen Deflationswannen von einer gespenstisch anmutenden Landschaft abgestorbener und z. T. bis zum Gipfel verschütteter Bäume geprägt ist. Ihr Leehang schiebt sich als scharfe Linie unmittelbar in den Wald vor, der im Laufe der Zeit von der Düne begraben wird.

Die ökologische Bedeutung der Wanderdünen liegt allgemein in ihrer Dynamik und den hiermit verbundenen Veränderungen von Ökosystemen begründet. Da im Zuge der Binnenwanderungen auch menschliche Siedlungen überdeckt werden, bemühte sich der Mensch schon früh, die Dynamik durch Anpflanzungen von Strandgräsern bzw. durch Aufforstungen zu stoppen. Zum Küstenschutz werden Dünen nicht nur bepflanzt, sondern auch künstlich aufgeschoben bzw. erhöht. So werden heute die meisten Dünen der Ostseeküste, auch die kleineren Formen wie z. B. auf der Insel Rügen (vgl. Abb. 91), breiträumig durch Kieferforsten geprägt, die unmittelbar auf die durch Strandhaferpflanzungen festgelegten Weißdünen folgen.

An der deutschen Ostseeküste ist die große Düne bei Prerow auf der Halbinsel Darß im Nationalpark Vorpommersche Boddenlandschaft die einzige noch unbefestigte Weißdüne. Das Naturschutzgebiet „Bewaldete Düne Noer" in der Eckernförder Bucht (Schleswig-Holstein) ist ein schönes Beispiel im Kleinformat für alle Stufen der Dünensukzession bis hin zum Stieleichenwald.

Entsprechend der oft kleinräumigen Verzahnung einzelner für Dünenkomplexe spezifischer Biotoptypen und Pflanzengesellschaften werden die Küstendünen von einer z. T. hochspezialisierten Flora und Fauna besiedelt. Viele der Tier- und Pflanzenarten sind unterschiedlich stark gefährdet. Dies wird durch ihre Aufnahme in die nationalen und die ostseeweite Rote Liste dokumentiert.

Alle hier beschriebenen Biotoptypen der Küstendünen gelten nach der Roten Liste der gefährdeten Biotoptypen der Bundesrepublik Deutschland zumindest als stark gefährdet. Trotz der generellen Unterschutzstellung durch das Bundesnaturschutzgesetz (§ 20c) haben insbesondere der Küstenschutz und der Tourismus bewirkt, daß nur noch Restlebensräume in strengen Schutzgebieten erhalten geblieben sind.

Die Küsten von Finnland und Mittelschweden werden durch unzählige vorgelagerte Inseln geprägt. Tausende und abertausende Felsinseln unterschiedlichster Größe, von wenigen Quadratmetern bis mehreren tausend Quadratkilometern ragen über den Meeresspiegel der Ostsee hervor (vgl. Abb. 5a). Diese **Schären** sind eine typische Erscheinung felsiger Hebungsküsten des Baltischen Schilds (vgl. Kap. 3.2). Sie bestehen überwiegend aus Graniten und Gneisen, wurden von den Gletschern des nordischen Inlandeises abgehobelt und rundgeschliffen (Rundhöcker, Gletscherschrammen) und tauchen infolge isostatischer Landhebung allmählich aus dem Meer auf. Im Bottnischen Meerbusen erfolgt die Bildung von Schären bei einer Landhebung von etwa 1 m/100 Jahre immer noch relativ rasch.

Es werden innere und äußere Schärengürtel unterschieden. Zum inneren Schärengürtel werden die festländische Felsküste sowie die festlandsnahen, meist bewaldeten und dicht benachbarten Inseln, zum äußeren Gürtel die stärker vom Meer geprägten, der Küste vorgelagerten, meist kahlen Felsinseln gerechnet. Die dichteste Ansammlung von Schären findet sich in der finnisch-schwedischen Archipelago-See mit den Aaland-Inseln. Die Schären bilden somit einen amphibischen Saum zwischen Land und Meer. Infolge der Landhebung wachsen landwärtige Inseln zu größeren Inseln und Festland zusammen, während meerwärts immer neue Inseln über dem Meeresspiegel auftauchen. Meeresboden wird dabei zu Land, Lagunen der Felsküste, sogenannte Fladas, werden zu Strandseen, sogenannten Glo-Lakes, abgeschnürt, exponierte Felskuppen sind der Verwitterung ausgesetzt, abgetragener Verwitterungsschutt sammelt sich in Senken und unterliegt Bodenbildungsprozessen. Das Vorkommen von Schären unterliegt geologischen Prozessen und ist vom Salzgehalt der Ostsee unabhängig. Schären kommen jedoch geographisch bedingt nur in Bereichen mit weniger 7 ‰ vor.

Die ökologischen Bedingungen der Schären sind durch extreme geologische (einförmige Felssteine), edaphische (nackter Fels bzw. Rohböden in Felsspalten und -senken), hydrologische (Trockenheit, Salzeinfluß am Strand und in der Spritzwasserzone) und kleinklimatische Bedingungen (Wind, starke Einstrahlung) gekennzeichnet.

Moränenstandorte und alte Schären mit Verwitterungsdecken sind mit Wald bestanden, insbesondere Kiefernwäldern mit Elementen der borealen Nadelwaldzone (Wacholder, Zwergsträucher, Moose, Strandflechten). In Senken bilden sich Moore aus Torfmoosen und Wollgräsern. An windexponierten Kuppen bedecken Zwergstrauchheiden aus Krähenbeere, Bärentraube, Preiselbeere u. a. den Fels. Junge aus dem Meer aufsteigende Schären sind oft nur spärlich mit epilithischen Flechten und ersten Pionierpflanzen bewachsen.

Die nackten Felsen sind Bruthabitate zahlreicher nordischer Küstenvögel, z. B. Trottellumme, Tordalk, Gryllteiste, Steinwälzer, Heringsmöwe, Mantelmöwe, Raubseeschwalbe u. a. Die Schären vor der schwedischen Ostküste und die Aaland-Inseln sind das nördlichste Überwinterungsgebiet derjenigen nordischen Wasservögel, die am wenigsten weit nach Süden ziehen, z. B. Eisente, Gänsesäger, Eiderente, Schellente, Kormoran u. a. Die oft flachen, nackten Felsen der Schären sind wichtige Ruheplätze für Ringelrobben und Kegelrobben, die hier ihre Hauptvorkommen in der Ostsee haben (vgl. Kap. 6.4.2).

Die marinen Benthos-Lebensgemeinschaften auf den Gesteinsböden unter Wasser sind wegen des geringen Salzgehaltes artenarm (vgl. Kap. 4.3.1). Das Makrophytobenthos wird von Blasentangbeständen beherrscht. Baltische Plattmuschel und Miesmuschel sind charakteristische Leitarten der Benthosfauna.

Insbesondere die Schären der finnischen Archipelago-See sind durch Bebauung mit Wochenendhäusern gefährdet. Pro Jahr entstehen ca. 1000 solcher Häuser neu. Damit verbunden ist ein zunehmender Bootsverkehr zwischen den Inseln, der u. a. eine wachsende Störung für die Avifauna darstellt. Darüber hinaus erzeugt die steigende Zahl von Booten einen ständigen Bedarf an neuen Liegeplätzen am Festland. Hafenaus- und -neubauten sind die Folge.

6.8 Die Ostsee als Ökosystem

BODO V. BODUNGEN und BERNT ZEITZSCHEL

Definitionen mariner Ökosysteme sind noch heute aufgrund ihrer erheblichen Größe und problematischen visuellen Erfaßbarkeit unbefriedigend. Das Verständnis der komplexen Zusammenhänge wird durch den weiten Bereich der Raum- und Zeitskalen in Größe und Variabilität der physikalischen, chemischen und biologischen Werte erschwert. Die Heterogenität in der horizontalen Verteilung der Organismen einer Lebensgemeinschaft, die mit steigender Größe und Lebensdauer zunimmt (Menzel u. Steele 1978), ist häufig größer als die der physikalischen Variablen, die Teile dieser Lebensgemeinschaft beeinflussen. Obwohl heute biologische Variablen in vergleichbarer Feinauflösung und großräumiger Abdeckung (z. B. Chlorophyll durch Fluoreszenzsonden und Satelliten) wie physikalische Variablen aufgenommen werden können, besteht, insbesondere in Gebieten wie der Beltsee mit hoher hydrographischer Variabilität, weiterhin das Problem des Untersammelns. Dadurch ist die Zuordnung von Meßergebnissen zu den entsprechenden ökologischen Raum- und Zeitskalen oft unzulänglich. Dies erschwert sowohl die Reduzierung der natürlichen Vielfalt auf überschaubare Prinzipien für die Ökosystemmodellierung als auch die räumliche Eingrenzung eines marinen Ökosystems. Das gilt insbesondere für holistische aber auch für mechanistische Ökosystemansätze. Räumliche Umschreibungen mariner Ökosysteme mit den entsprechenden Ökotonen (den Übergangszonen zwischen unterschiedlichen Lebensgemeinschaften, wie z. B. den Boddengewässern als Übergang zwischen Land und Ostsee) sind daher uneinheitlich. Sie werden nach Größe (Mikro- bis Globalsysteme), nach geographischen Gegebenheiten und schließlich auch nach der „Handhabbarkeit" bezüglich eines vertretbaren Untersuchungsaufwandes definiert.

Bezogen auf die Organismen ist die Beltsee eine sinnvolle Grenze für die eigentliche Ostsee, da hier die stärkste Reduzierung des Salzgehaltes und damit der Übergang von einer marinen zu einer brackischen Flora und Fauna stattfindet (vgl. Kap. 4.4 und 6.2). Für den Wasseraustausch zwischen Ostsee und Nordsee muß diese Grenze weitergefaßt werden (vgl. Kap. 4). Gegenüber anderen Binnen- und Küstenmeeren weist die Ostsee eine spezielle Kombination von Rahmenbedingungen auf.

Durch den Süß- und Salzwasseraustausch mit der Nordsee kann die Ostsee mit einem Ästuar verglichen werden (vgl. Kap. 4.2). Bezogen auf den Stoffhaushalt gleicht sie eher einem See, da gegenüber den internen Quellen (einschließlich des Einflusses vom Land) und Senken der Import und Export aus und in die Nordsee unbedeutend sind (Stigebrandt u. Wulf 1987). Diesem Vergleich entgegen stehen jedoch die deutlichen Unterschiede in Lebensgemeinschaften, Produktion, N- und P-Limitierung und der pelagisch-benthischen Kopplung (vgl. Kap. 5.1, 6 bis 6.7, 7.3), die die Gradienten in den abiotischen Rahmenbedingungen widerspiegeln.

Anhand der Rahmenbedingungen läßt sich die Ostsee zwar von anderen Ökosystemen abgrenzen, innerhalb ihrer Grenzen erscheint sie im Hinblick auf die Lebensgemeinschaften jedoch nicht als einheitliches Ökosystem. In allen Bereichen ist aber das Wechselspiel zwischen physikalischen, chemischen und biologischen Variablen bei der Ausprägung der Lebensgemeinschaften und der biogeochemischen Stoffkreisläufe ähnlich komplex. Regionale Unterschiede liegen in der relativen Bedeutung der gleichen Prozesse und in der Rückkopplung zwischen Prozessen. Im folgenden werden anhand von makroskopischen Eigenschaften die generellen Muster und Unterschiede in der Ostsee dargestellt.

Der wichtigste **externe Antrieb** ist das Sonnenlicht als Energiequelle für die primäre Bildung der organischen Substanz und für die direkte Übertragung von Wärme in das Wasser und die indirekte Übertragung als Momentum durch den Wind. Wellen, Turbulenz, Dichteschichtungen (= Stratifizierung) und Strömungen sind die Folgen dieser Energieübertragung. Die Wasserbewegung wird zwar von den Organismen nicht für ihren Metabolismus benötigt. Sie variiert von Ort zu Ort und beeinflußt großskalig insbesondere im Benthal die Art der Organismen, die einen Ort besiedeln, sowie den Transport von gelöster und partikulärer Materie. Kleinskalig verändert sie die Grenzschichten um Organismen, beeinflußt die Begegnungsrate zwischen Organismen und damit die Räuber-Beute-Beziehung und die Aggregation von Partikeln (Riebesell u. Wolf-Gladrow 1992).

Die regionalen Unterschiede im **Lichtangebot** und in der **Wassertemperatur** wirken sich auf den Metabolismus und die Wachstumsgeschwindigkeit der Organismen aus. Die endliche Biomasseakkumulation (= erntbarer Ertrag) und das Ausmaß der Stoffkreisläufe wird durch Licht und Temperatur nur mittelbar über die durch sie beeinflußte Transportenergie und Nährstoffverteilung gesteuert. Der Jahresgang des Zusammenwirkens dieser Umweltvariablen ist in Abb. 93 dargestellt und gilt mit zeitlichen Variationen für den gesamten Bereich der Ostsee (vgl. Kap. 6.2.1).

Durch die Abkühlung des Wassers (Abb. 93c) und stärkere Winde nimmt im späten Herbst bis frühen Winter bei gleichzeitiger Abnahme des Lichtes (Abb. 93a) die vertikale Durchmischung zu (Abb. 93b), die Nettoproduktion des Phytoplanktons kommt zum Erliegen. In der Oberflächenschicht können Nährstoffe durch den Aufwärtstransport von Remineralisierungsprodukten aus tieferen Schichten und laterale Zufuhr aus Süßwasserquellen akkumulieren (Abb. 93c). Nach der These des norwegischen Pioniers der Meereskunde Sverdrup reicht die Durchmischungstiefe bis weit unter die kritische Tiefe (Abb. 93b), in der für diese Wassersäule die Respiration der autotrophen Gemeinschaft größer ist als ihre Photosynthese. Das Planktonwachstum setzt erst wieder ein, wenn im späten Winter bis Frühjahr durch die Sonneneinstrahlung die kritische Tiefe zunimmt und durch die Erwärmung eine Temperatursprungschicht entsteht (vgl. Kap. 4), durch die die Durchmischungstiefe geringer als die kritische Tiefe wird (Abb. 93b). In Erweiterung der These von Sverdrup beginnt die Wachstumsperiode, wenn das Lichtklima in der Wassersäule sich so verbessert, daß die primäre Bil-

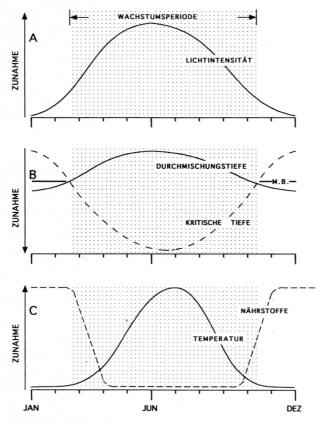

Abb. 93A–C. Schematische Darstellung des Jahresganges der physiko-chemischen Rahmenbedingungen. **A** Der Jahresgang der Sonneneinstrahlung, **B** die saisonale Verflachung der durchmischten Schicht und Vertiefung der kritischen Tiefe, die Andeutung des Meeresbodens (M.B.) gilt nur für flache Bereiche, **C** der Jahresgang der Nährstoffe und der Temperatur in der durchmischten Schicht. (In Anlehnung an Valiela 1991)

dung organischer Substanz durch Nährstoffaufnahme der Autotrophen größer als die Abbaurate durch Bakterien, Proto- und Metazooplankton und die Verluste durch Sedimentation ist.

In der Ostsee zeigen sich viele Varianten dieses generellen Schemas. Insbesondere in der westlichen Ostsee geht die **Temperaturschichtung** mit einer Salzgehaltsschichtung einher. In flachen Gebieten setzt das Frühjahrswachstum ein, wenn die kritische Tiefe den Boden oder eine Halokline, die die winterliche Durchmischung begrenzt, erreicht (Abb. 93b). Entsprechend setzt hier die Frühjahrsblüte früher als in den tieferen Gebieten ein (vgl. Kap. 6.2.1). In den eisbedeckten Gebieten wird durch das leichte Schmelzwasser eine flache Deckschicht von wenigen Metern gebildet. In vielen Bereichen der Ostsee wird die Verringerung der Durchmischungstiefe durch den Eintrag von Süßwasser unterstützt. Hierdurch werden bis in die offene See mesoskalig distinkte Wasserkörper mit verschiedenem Salzgehalt und unterschiedlichem Stadium der Frühjahrsentwicklung angetroffen (Kahru et al. 1990). Der Prozeß der Stabilisierung der Wassersäule wird häufig durch wetterbedingte tiefgreifende Konvektion unterbrochen. Dieses führt zu einer Aufnahme der Nährstoffe bis zum Boden oder bis zur Halokline auch in größeren Tiefen (vgl. Kap. 5.1.3), obwohl eine Nettophotosynthese nur oberhalb von 10 bis 15 m stattfindet (v. Bodungen 1986; Stigebrandt u. Wulff 1987). Entsprechend der jeweiligen meteorologischen Bedingungen zeigen Beginn und Verlauf starke interannuelle Schwankungen. Die Temperaturen können zwischen < 0 °C und > 5 °C liegen, ohne große Auswirkung auf die Wachstumsraten.

Im Sommer kehrt sich die wachstumsfördernde Wirkung der saisonalen **Sprungschicht** um. Die Partikel können aufgrund der Gravitation durch die Sprungschichten sinken und chemisch gebundene Energie exportieren. Der Aufwärtstransport von gelösten Abbauprodukten aus dem tieferen Wasser und der Abwärtstransport von Sauerstoff werden effizient unterbunden. Nur in flachen Küstengewässern, in denen die durchmischte Schicht das ganze Jahr bis zum Boden reicht, besteht eine solche Barriere nicht. Hier kann es zu starker Verminderung des Lichteintrages durch aufgewirbelte Trübstoffe und/oder hohe Chlorophyllgehalte kommen. In den hypereutrophierten Bodden, Haffs und Nehrungen mit Chlorophyllgehalten von 100 bis maximal 300 µg/l ist dieses Phänomen besonders ausgeprägt, da bei einem Chlorophyllgehalt von ~300 µg/l das gesamte Licht im Wasser absorbiert wird. Im Herbst wird durch Abkühlung und zunehmende Winde die Sprungschicht erodiert. Wenn die kritische Tiefe zu dieser Zeit noch tiefer als die Durchmischungstiefe ist, aus der Nährstoffe an die Oberfläche transportiert werden können, kann es zu verstärktem Herbstwachstum kommen (vgl. Kap. 6.2.1). Die Nettozunahme der Biomasse kommt durch Lichtlimitierung zum Erliegen, wenn die kritische Tiefe geringer als die Durchmischungstiefe wird (Abb. 93b).

Für die Ostsee stellt die **Flußwasserzufuhr** einen weiteren wichtigen externen Antrieb dar. Der Süßwassereintrag verstärkt regional die vertikalen Dichtegradienten, die den vertikalen Transport gelöster Substanzen behindern (vgl. Kap. 4.2, 4.4). Die Partikelfrachten des Flußwassers verschlechtern regional das Lichtklima. Die anorganischen Nährstoffe und chemisch gebundene Energie in organischer Materie im Flußwasser und aus der Atmosphäre stellen zwei externe Antriebsformen dar, die durch die intensive Nutzung des Küstenraumes durch die Menschen zu einer unerfreulichen Bedeutung gelangt sind. Die Einträge von Schwermetallen und organischen Schadstoffen aus diesen Quellen sind erheblich (vgl. Kap. 7.3), die schädliche Wirkung im Ökosystem, z.B. die Verminderung des Reproduktionserfolges, ist jedoch bis heute nur schwer abzuschätzen.

Der externe Antrieb bewirkt zwei völlig unterschiedliche Phasen im Pelagial: Zu Beginn und Ende der Wachstumsperiode der autotrophen Organismen ist das System bei niedrigen Temperaturen nährstoffgesättigt, und der

Beginn des Wachstuns im Frühjahr und das Ende im Herbst wird durch das Lichtklima gesteuert. Dazwischen liegt eine lange Phase des Überangebotes an Licht mit hohen Temperaturen und Nährstoffverknappung in der euphotischen Zone. Generell können diese Phasen auch mit neuer (NP) und regenerierter Produktion (RP) umschrieben werden (zur genaueren Definition siehe Tabelle 16 und Kap. 6.2.1). Import- und Exportraten bezogen auf die euphotische Zone unterscheiden sich grundsätzlich ebenso wie die Vernetzung der verschiedenen pelagischen Kompartimente des Phytoplanktons, der Bakterien, des Proto- und des Metazooplanktons (Abb. 94; vgl. Kap. 6.1 und 6.2).

Tabelle 16. Generalisierte Unterschiede zwischen pelagischen Phasen überwiegend neuer (NP) und überwiegend regenerierter Produktion. Bezogen auf die euphotische Zone basiert die NP auf allochthonen Nährstoffquellen, während die RP durch autochtone Nährstoffquellen, der Remineralisierung von ursprünglich durch Phytoplankton gebundenen Nährstoffen durch das Nahrungsnetz in der euphotischen Zone, charakterisiert ist (Eppley u. Peterson 1979). Außer den Nährstoffen im Tiefenwasser haben terrestrische und atmosphärische Nährstoffeinträge einen großen Anteil an der NP in der Ostsee

Ökologische Eigenschaften	NP	RP
Jahreszeit	Frühjahr/Herbst	Sommer
Dauer	je 1 Monat	4 Monate
Räumliche Heterogenität im Auftreten	hoch	niedrig
Zeitliche Veränderung in Umwelt und Biomasse	schnell	graduell
Interannuelle Variabilität		
– in Auftreten und Dauer	hoch	niedrig
– in der Artenzusammensetzung	hoch	niedrig
Anteile des Phytoplankton an der Gesamtbiomasse	> 80 %	< 60 %
f-Verhältnis	> 0,6	< 0,3
P:B (Primärproduktion zu Phytoplanktonbiomasse)	niedrig	hoch
P:GB (Primärproduktion zu Gesamtbiomasse	hoch	niedrig
Nettogemeinschaftsproduktion („erntbarer Ertrag")	hoch	niedrig
Anorganische Nährstoffe	extern	gebunden in Biota, Detritus, DOM
Trophische Vernetzung	linear	Netz
Nährstoffkonservierung	gering	effizient
Mineralische Kreisläufe	offen	geschlossen
Remineralisierung von Detritus und DOM	unbedeutend	bedeutend
Artendiversität	gering	hoch
Artengleichverteilung	gering	hoch
Biochemische Diversität	gering	hoch
Lebenszyklen	einfach, kurz	komplex, lang
Ausprägung der Spezialisierung	wenig	stark
Strategie	r-Selektrion	k-Selektion
Kontrolle	„bottom-up"	„top-down"
Vertikaler Partikelexport	hoch	niedrig
Zusammensetzung des Exportes	Phytodetritus	Detritus, Kotballen
Pelagisch-benthische Kopplung	hoch	niedrig

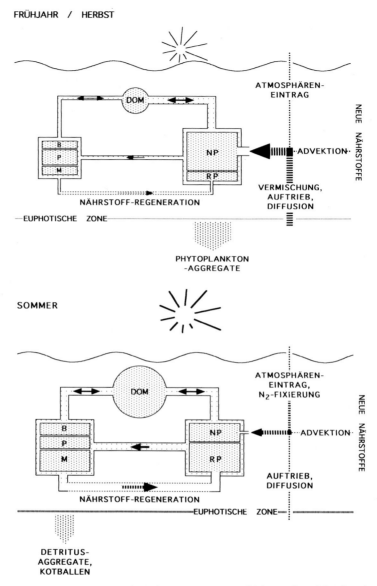

Abb. 94. Generalisierte Unterschiede im pelagischen System im Frühjahr/Herbst *(oben)* und im Sommer *(unten)*. *B* Bakterien, *P* Protozooplankton, *M* Metazooplankton, *DOM* gelöste organische Substanz, *NP* neue Produktion, *RP* regenerierte Produktion. Die Größe der Symbole deutet die relativen Unterschiede an

Die Frühjahrsphase wird weitgehend durch autotrophe Aktivität bestimmt. Das f-Verhältnis, der Quotient (NP/(NP+RP) ist hoch (Tabelle 16). Nur das Protozooplankton mit seinen schnellen Teilungsraten ist in der Lage, einen Teil der neu produzierten Biomasse zu nutzen (Abb. 94). Die bakterielle Aktivität erreicht während der Blütenentwicklung noch nicht ihr Maximum (vgl. Kap. 6.1.2), und aufgrund seiner längeren Entwicklungszeit ist der Fraßdruck des Metazooplanktons von untergeordneter Bedeutung (vgl. Kap. 6.2.2). Die Nährstoffkonservierung durch die gesamten heterotrophen Aktivitäten hat daher geringen Einfluß (Smetacek et al. 1984). In den Frühjahren 1992 und 1993 wurden allerdings Massenvermehrungen von Rotatorien in der offenen Ostsee beobachtet. Dieses Auftreten könnte durch die extrem warmen Winter begünstigt worden sein. Die Auswirkung auf die Frühjahrsphase ist aber bisher nicht dokumentiert. Diese Phase endet nach der Erschöpfung von Nährstoffen bei hoher Akkumulation von Phytobiomasse, deren Höhe eine geringe interannuelle Variabilität aufweist, mit deren Massensedimentation. Auch in flachen Gewässern kann die Nährstoffregeneration im Benthal dieses Ereignis nicht verhindern.

Individuelle Planktonzellen sinken mit etwa 1 m/Tag, der häufig beobachtete rapide Abfall der pelagischen Biomasse läßt jedoch auf wesentlich höhere Sinkgeschwindigkeiten von > 50 m/Tag schließen (Kahru et al. 1990). In der Bornholm-See wurden nach einer Blüte von *Skeletonema costatum* Sinkgeschwindigkeiten zwischen 40 und 60 m/Tag beobachtet (v. Bodungen et al. 1981). Diese Sinkgeschwindigkeiten setzten die Aggregation zu größeren Partikeln voraus, die im Frühjahr überwiegend physikalisch gesteuert ist. Unterschiedliche Sinkgeschwindigkeiten, Brownsche Bewegung und Scherung fördern die Partikelkollision, die biologischen Variablen Zellgröße, Kettenbildung und Schleimbildung nach Nährstoffverknappung („stickiness") unterstützen die Aggregation zu großen Partikeln (Riebesell u. Wolf-Gladrow 1992). Für die Zeit vom Beginn der Wachstumsperiode bis zur Sedimentation zeigen sich signifikante Korrelationen zwischen der Aktivität der autotrophen Organismen und den physiko-chemischen Variablen. Das pelagische System unterliegt in der gesamten Ostsee einer „bottom-up"-Kontrolle in dem Sinne, daß „unten" die abiotischen Variablen und „oben" die Endglieder der Nahrungspyramide stehen.

Nach der Sedimentation der Frühjahrsblüte setzt in weiten Teilen der Ostsee ein **Klarwasser-Stadium** wie in Seen ein, da die flockenartigen Algenaggregate durch ihre „stickiness" einen erheblichen Teil der sehr langsam sinkenden suspendierten Partikel (< 1 m/Tag) einfangen und so die Wassersäule „ausfegen". In flacheren Gewässern, in denen die saisonale Sprungschicht noch nicht endgültig etabliert ist, sind kleine motile Phytoplankter durch die erhöhte Eindringtiefe des Lichtes in der Lage, in 10 bis 15 m Tiefe die vom Benthos regenerierten Nährstoffe aufzunehmen. Das Biomassemaximum in 10 bis 15 m Tiefe ist ein jährlich wiederkehrendes Muster im Mai, das schon von Lohmann (1908) für die Kieler Bucht beschrieben wurde. Im Vergleich zum Frühjahr, Sommer und Herbst ist die Biomasse zwar niedrig (vgl. Kap. 6.2.1), sie wird aber effizient von den heterotrophen Organismen genutzt, was sich auch im geringsten vertikalen Partikelfluß im Jahresgang ausdrückt (Smetacek et al. 1984; v. Bodungen 1986). Diese Vorgänge stellen für Gebiete mit 20 bis 30 m Wassertiefe einen effektiven biologischen Rücktransport von Nährstoffen in das Pelagial dar, bevor die saisonale Schichtung etabliert ist.

Die Zeit nach dem Maximum der Frühjahrsblüte ist gekennzeichnet durch den Anstieg der Aktivität der heterotrophen Organismen (Abb. 94). Das nicht abgesunkene Phytoplankton, geringe Reste an anorganischen Nährstoffen und gelöste organische Substanz (= DOM, dissolved organic matter) aus der Exsudation der Autotrophen werden effizient genutzt ebenso wie der Detritus (= tote partikuläre organische Materie). Die DOM, die nicht sinken kann, hat wahrscheinlich für die Übergangszeit als Überträger von chemisch gebundener Energie aus der Frühjahrsproduktion in den Sommer eine wichtige systemerhaltende Funktion, die zur Zeit aber für die marinen Ökosysteme nicht ausreichend quantifiziert ist. Die Primärproduktion ist im Sommer von der pelagischen Regeneration abhängig, was sich durch ein niedriges f-Verhältnis ausdrückt (Tabelle 17). Gegenüber dem Frühjahr unterliegt das Phytoplankton nun einer „top-down"-Kontrolle. Eine besondere Rolle spielt hierbei der sog. „microbial loop", der durch die enge trophische Vernetzung einer diversen Artengemeinschaft aus kleinen Autotrophen, Bakterien und Protozoen gekennzeichnet ist (vgl. Kap. 6.1, 6.2.1 und 6.6). Die Vernetzung findet zum Teil in großen biologisch geformten Aggregaten statt (= „marine snow"). Diese Schleife wird ihrerseits durch das Metazooplankton „top-down" kontrolliert (vgl. Kap. 6.2.2). Aus einem Vergleich zwischen Nordpazifik und Nordatlantik, von denen der erstere eine höhere Metazooplanktonbiomasse und der letztere eine ausgeprägte Frühjahrsblüte aufweist, schließen Parsons u. Lalli (1988), daß sich das Metazooplankton (insbesondere die Crustaceen) effektiver über den „microbial loop" ernähren und nur zu einem geringen Teil von Planktonblüten profitieren.

In diesem System (RP, Abb. 94) sind die vorhandenen Nährstoffe in der organischen Substanz gebunden, und die internen Umsätze sind höher als die Import- und Exportraten. Der vertikale Partikelexport ist daher ebenfalls gering, er führt aber in Form von Detritus, Kotballen und -resten zu einem ständigen Verlust an essentiellen Elementen. In einem idealen „steady-state"-System wird dieser Verlust durch diffusiven Transport von Nährstoffen durch die Sprungschicht ausgeglichen. In der Ostsee wird der Sinkverlust aus mehreren Quellen überkompensiert, was sich in den über den Sommer ansteigenden Biomassen im Pelagial niederschlägt. Die diffusiven Prozesse spielen dabei quantitativ eine untergeordnete Rolle. Auftriebsphänomene in Küstennähe, Schwingungen von Dichteschichtungen über das Sediment (vgl. Kap. 4), terrestrische und atmosphärische Einträge (vgl. Kap. 5.1.3, 7.3.1) sowie die Fixierung von molekularem Stickstoff durch Cyanobakterien (vgl. Kap. 6.2.1) sind regional unterschiedliche Nährstoffquellen für neue Produktion in dieser Jahreszeit. Diese Importe sowie der Anteil der Nährstoffe, der im pelagischen System konserviert und der Anteil der vertikal exportiert wird, sind für die gesamte Ostsee und regional nur unvollkommen quantifiziert. Insbesondere herrscht Unklarheit über Höhe und Schicksal der Primärproduktion aus der Stickstofffixierung.

Im späten Sommer nimmt die Abundanz des Metazooplanktons bei noch ausreichender Nahrung ab (vgl. Kap. 6.2.2). In neueren Untersuchungen wird vermutet, daß interne Rhythmen des Metazooplanktons gegen Ende des Sommers Inaktivität oder Ruhestadien auslösen (Valiela 1991). Der nachlassende Freßdruck kann zu erhöhter Primärproduktion führen. Die Herbstblüten jedoch werden durch den weiter oben beschriebenen Mechanismus ausgelöst. Sie sind jährlich wiederkehrende Muster in den Küstengewässern, treten aber in Gewässern > 40 m Wassertiefe entsprechend der meteorologischen Steuerung von Jahr zu Jahr unregelmäßig oder gar nicht auf (vgl. Kap. 6.2.1). Die Biomasseakkumulation zeigt ebenfalls große interannuelle Unterschiede, da diese Blüten durch Lichtmangel bei ausreichend vorhandenen Nährstoffen beendet werden. Das Schicksal der Herbstblüten ist wie im Frühjahr die Sedimentation zum Meeresboden. Die anthropogenen Nährstofffrachten beeinflussen die Herbstblüten nicht, während sie sich im Frühjahr und Sommer direkt auf die Erhöhung der pelagischen Biomasse in der Ostsee auswirken.

Der saisonale Wechsel zwischen Belüftung durch vertikale Konvektion und Stagnation des bodennahen Wassers sowie die zeitweilige Entkopplung des autotrophen Wachstums vom pelagischen Nahrungsnetz mit dem daraus resultierenden hohen Partikelexport wirkt sich direkt auf das Benthal aus. In Abb. 95 wird deutlich, daß die Aktivität der benthischen Organismen, z. B. gemessen als Wärmeproduktion und Sauerstoffverbrauch (Graf 1992), stark an die Temperatur, die Sauerstoffversorgung des bodennahen Wassers und die pulsartige Zufuhr von organischer Substanz aus dem Pelagial gekoppelt ist (~„bottom-up"-Kontrolle).

Nach dem Winter steigt der Metabolismus, der auf dem Abbau von im Sediment eingelagerter organischer Materie beruht, aufgrund der zuneh-

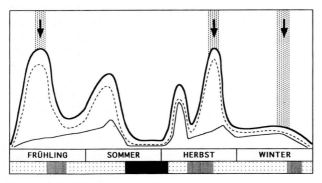

Abb. 95. Schematisierter Jahresgang der benthischen Aktivität als Reaktion auf die Partikelzufuhr. *Dicke Linie* gesamter benthischer Metabolismus, *gestrichelte Linie* Metabolismus als direkte Reaktion auf die Partikelzufuhr, *dünne Linie* Metabolismus basierend auf im Sediment deponierter organischer Substanz. Die Schattierung an der Zeitskala zeigt die oxischen Verhältnisse an: *hell* oxisch, *mittel* suboxisch, *schwarz* anoxisch. Die *Pfeile* kennzeichnen von links nach rechts die Partikelzufuhr im Frühjahr, Herbst und Winter. (Nach Graf 1992, verändert)

menden Temperatur und ausreichender Sauerstoffversorgung ständig an. In den flacheren Gebieten der Ostsee betragen die saisonalen Unterschiede in der bodennahen Temperatur bis zu 14 °C (vgl. Kap. 4.4); in den tiefen Bekken mit sporadischer lateraler Wassererneuerung sind saisonale Unterschiede in der bodennahen Wassertemperatur zu vernachlässigen. In der Kieler Bucht wurde ein Q_{10}-Faktor von 3 bis 4 ermittelt. Während des Sommers führt die benthische Aktivität zu einem Aufstieg der Chemokline (= „Redox-Discontinuity-Layer") im Sediment und in Gebieten mit saisonal stagnierendem Bodenwasser zu anoxischen Verhältnissen an der Sedimentoberfläche, wodurch der gesamte Metabolismus stark absinkt. An den Grenzflächen zwischen oxischem und anoxischem Milieu dient das Nitrat als Sauerstoffdonator, hier findet der für die Stickstoffbilanz im Ökosystem wichtige Prozeß der Denitrifikation statt, bevor das Sulfat der dominierende Sauerstoffdonator wird (vgl. Kap. 6.3.3). Ein starker Anstieg erfolgt nach dem Wiedereinsetzen der Sauerstoffversorgung durch die durch Abkühlung und verstärkte Winde einsetzende vertikale Konvektion zum Herbst.

Diesem „Grundmetabolismus" überlagert ist die schnelle Reaktion der benthischen Heterotrophen auf die Zufuhr von organischer Substanz. Die Reaktion auf das Ereignis der Frühjahrssedimentation setzt generell innerhalb von ein bis zwei Wochen ein, die Dauer der erhöhten Aktivität spielt sich in der gleichen Größenordnung ab. Aufgrund der geringen Wassertiefe der Ostsee erreicht die absinkende Substanz den Meeresboden in wenigen Tagen, so daß der pelagische Abbau unerheblich ist. Der rapide Anstieg der benthischen Aktivität ist daher nicht nur auf die Quantität an zugeführter organischer Substanz, sondern auch auf die Qualität, insbesondere den hohen Stickstoffgehalt, zurückzuführen. Der Abbau dieser frischen Materie stimuliert die Ko-Oxidation von älterem, refraktärerem Material, wobei der Abbau des letzteren mehrfach höher als der der frischen Materie sein kann. Eine weitere Nahrungsquelle in dieser Jahreszeit stellen die Makroalgen dar (vgl. Kap. 6.3.1). In weiten Teilen der Ostsee, in denen durch die Belüftung im Winter die Chemokline in die Sedimentsäule zurückgedrängt wird, führt der Abbau des Nahrungspulses im Frühjahr noch nicht zu anoxischen Verhältnissen. Neben dem oxischen Abbau laufen Fermentationsprozesse ab (= Oxidation von organischen Verbindungen mit anderen organischen Verbindungen), durch die ein erheblicher Betrag an organischer Materie abgebaut werden kann (Graf 1992). Dabei entstehen die Vorprodukte für die spätere Sulfatreduktion (vgl. Kap. 6.3.3).

Im Sommer stellt der vertikale Partikelfluß aus dem Pelagial eine geringere aber konstantere Nahrungszufuhr für das Benthal dar. Reste von Makroalgen und in flacheren Regionen organische Substanz aus der Primärproduktion der benthischen Mikroalgen sind zwei weitere Nahrungsquellen von sehr unterschiedlicher Qualität. Im oxischen Milieu folgt die Reaktion des Benthos auf die pulsartige Zufuhr von pelagischer Biomasse nach der Herbstblüte dem gleichen Muster wie im Frühjahr.

Während die pelagisch-benthische Kopplung (= Partikelzufuhr zum Sediment) unabhängig vom Jahresgang der Schichtungsverhältnisse einer reinen pelagischen Steuerung unterliegt, wird das Ausmaß der benthisch-pelagischen Kopplung (= Rückfuhr von Remineralisierungsprodukten vom Benthal ins Pelagial) von der saisonal unterschiedlichen, vertikalen Konvektion bestimmt.

Die direkte Nutzung des pelagischen Materials und der entsprechende Zuwachs der Biomasse während der Phasen stark erhöhter Aktivität ist nicht gleichmäßig über die Makro- und Meiofauna sowie die Mikroorganismen verteilt, deren Abundanz das zahlenmäßige Verhältnis von etwa $10:10^3:10^{10}$ zeigt (vgl. Kap. 6.3.2). Bei den Bakterien kann die Biomasse im Frühjahr um den Faktor 2 bis 3 ansteigen, und das Größenspektrum verschiebt sich zu größeren Zellen (vgl. Kap. 6.3.3). Auch die Protozoen erhöhen aufgrund ihrer schnellen Teilungsraten ihre Biomasse erheblich. Die schnelle Reaktion der kleinen Organismen könnte dazu führen, daß zunächst nur wenig Nahrung für die langsamer wachsenden Metazoen zurückbleibt. Der schnelle Abfall in der Biomasse der kleineren Organismen nach dieser Entwicklung legt jedoch nahe, daß ein Teil in die nächsten trophischen Ebenen, z. B. die Meiofauna des benthischen Nahrungsnetzes gelangt. Auch das Makrobenthos scheint an die pulsartige Zufuhr von Nahrung angepaßt zu sein. Die Nahrungsaufnahme im Frühjahr ist für einige Arten Voraussetzung für die Produktion von Gameten; Kohortenbildung und Larvenfall können mit den Sedimentationsereignissen im Frühjahr und Herbst in Zusammenhang gebracht werden (vgl. Kap. 6.3.2).

Die saisonalen Pulse in der Partikelzufuhr zur Sedimentoberfläche beeinflussen nicht nur die Aktivitäten an der Oberfläche, eine direkte Reaktion kann bis tief in die Sedimentsäule verfolgt werden. Im oxischen Milieu führt die Aktivität des Makrozoobenthos zu einem bis zu zehnfach schnelleren Vertikaltransport von Flüssigkeit als durch ausschließlich molekulare Diffusion. Durch diese Bioturbation werden auch Partikel schneller in größere Sedimenttiefen verfrachtet. Im Bereich von wenigen Tagen wird durch diesen biologischen Transportmechanismus frische organische Materie in das Sediment eingeführt, wodurch der Metabolismus der tiefer lebenden Organismen stimuliert wird (vgl. Kap. 6.3.2. 6.3.3).

Dieses jahreszeitliche Muster der benthischen Aktivität zeigt in Abhängigkeit von Vertikalkonvektion sowie lateralem Wassertransport in Kombination mit der Bodentopographie starke regionale Abweichungen. In den tieferen Becken der Ostsee ist die Reaktion im Benthal auf die Partikelzufuhr aus dem Pelagial während langer Stagnationsphasen wesentlich gedämpfter, während in den flachen Gebieten mit ständiger Sauerstoffzufuhr zum Sediment eine mehr unimodale Aktivitätsverteilung im Jahresgang, als in Abb. 95 dargestellt, zu beobachten ist. Die zunehmende Eutrophierung wirkt sich direkt über die erhöhte neue Produktion auf die Umsätze im Benthal und damit auf verlängerte Phasen und/oder größere regionale Ausbreitung eines anoxischen Milieus aus (vgl. Kap. 6.3.2 und 7.3.1).

Die Rolle der lateralen Komponente im Ökosystem Ostsee wird deutlich durch den Eintrag von Flußwasser mit seinen terrigenen/anthropogenen Frachten und dem Salzwassereinstrom als einzigem Belüftungsmechanismus für die tieferen Bereiche. Im benthischen Milieu kommt dem lateralen Partikeltransport bei der Umverteilung von Sediment und Nahrung eine besondere Bedeutung zu. Dieses zeigen auch lokale Kohlenstoffbudgets, bei denen aus der vertikalen Zufuhr von organischem Kohlenstoff die benthische Aktivität unterbestimmt werden würde.

Bei Stromgeschwindigkeiten in Bodennähe von etwa 5 bis 10 cm/s wird die **Resuspension** von Partikeln von der Sedimentoberfläche initiiert. Bei Geschwindigkeiten von > 15 cm/s können Partikel bis zu 30 m von der Sedimentoberfläche in die Wassersäule aufgewirbelt werden. In der Ostsee werden diese Initialstromgeschwindigkeiten häufig überschritten (vgl. Kap. 4.2, 4.3). Durch die bodennahen Strömungen sowie durch bis zum Boden reichende wind- und seeganginduzierte Turbulenz in flacheren Gebieten ist die Partikelkonzentration in Bodennähe, in der sog. Boden-Nepheloidschicht (= Trübungsschicht, Abb. 96), in der Regel um ein mehrfaches höher als in der Wassersäule. Durch die benthischen Organismen wird dieser Konzentrationsanstieg in Bodennähe direkt durch die Ausscheidung von Fäzes und indirekt durch Turbulenzerhöhung durch Röhrenbauten und Organismen, die in die Wassersäule hineinragen, mit aufrechterhalten. Die frisch sedimentierten Partikel aus den Frühjahrs- und Herbstpulsen unterliegen trotz schneller Oxidation ebenfalls dieser Resuspension. Ein weiterer Mechanismus für die Resuspension ist das Schwingen von Pyknoklinen über geneigte Sedimentflächen. Dabei können Dichteunterschiede, wie sie schon von etwa 1 °C hervorgerufen werden, Partikel vom Sediment aufwirbeln, die sich als Trübungsschichten in der Wassersäule ausbreiten und weit von dem Ort der Resuspension wieder absinken (Abb. 96).

Die Resuspension und der bodennahe Transport dieser Partikel ist von weitreichender Bedeutung für die biogeochemischen Prozeßabläufe und die

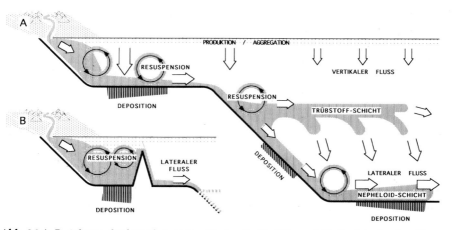

Abb. 96 A, B. Schema der lateralen und vertikalen Partikelflüsse. **A** Flußzufuhr in ein offenes Küstengewässer (z. B. Oder-Bucht) und bodennaher lateraler Transport in die tieferen Regionen der Ostsee, **B** Flußzufuhr in ein Küstengewässer mit eingeschränktem Austausch mit den tieferen Bereichen durch eine flache Sattelschwelle (z. B. Kurische Nehrung)

Nahrungsversorgung im Benthal. Aus dem anoxischem Milieu in der Sedimentsäule können organische Substanzen durch Resuspension in oxisches Milieu transportiert und vollständiger abgebaut werden (v. Bodungen 1986). Bakterien auf resuspendierten Partikeln überwinden auf diesen erfolgreicher die Viskosität des Wassers (= Erhöhung der Reynoldszahl), wodurch die turbulente Diffusion und somit der Transport von gelösten Substanzen an ihre Zelloberfläche stark erhöht wird. Entsprechend werden in der Boden-Nepheloidschicht höhere Aktivitäten als an der Sedimentoberfläche gefunden (Ritzrau 1994). Des weiteren profitieren Suspensionsfresser durch den lateralen Transport von Nahrungspartikeln zu ihrem Standort. Bei hoher Besiedlungsdichte von Suspensionsfressern, die häufig in oberen Hanglagen zu finden sind, können diese einen erheblichen Anteil des lateralen Partikelflusses durch Fäzesbildung im Sediment deponieren.

Neben den biologischen Variablen wird der laterale Transport der Partikel und ihre endgültige Ablagerung von Bodentopographie, -rauhigkeit und Sedimentbeschaffenheit beeinflußt (vgl. Kap. 3.2 bis 3.4). Aus offenen Buchten und Küstengewässern mit mehr oder weniger kontinuierlichem Gefälle zur offenen Ostsee findet ein größerer Export von Partikeln, die aus Küstenerosion, Flußfrachten und aus dem Küstensediment stammen, in die Becken statt (Abb. 96a) als aus Küstengewässern, die eine seeseitige flache Schwelle aufweisen (Abb. 96b, vgl. Kap. 6.6). Entsprechend ist auch der Austausch zwischen den Becken eingeschränkt. In Gebieten wie der Oderbucht, in denen die wind- und welleninduzierte Durchmischung fast permanent bis zum Boden reicht, ist der laterale Export von allochthonen und autochthonen Partikeln und damit auch von partikulärer organischer Substanz besonders hoch. Diese Gebiete sind dadurch im Benthal nur sehr spärlich besiedelt.

Die **Akkumulationsraten** für organische Substanz in den tieferen Bereichen mit laminierten Sedimenten (= geschichtete Sedimente ohne bioturbate Vermischung) sind 5- bis 8fach höher, als aus der neuen Produktion zu erwarten ist, dieses zeigt die Bedeutung der tieferen Gebiete auch als Senke für anthropogene Frachten. Das Aussterben des Makrobenthos in vielen Bereichen der Ostsee (vgl. Kap. 6.3.2) hat in den letzten Jahrzehnten zu einer Ausbreitung der Flächen mit laminierten Sedimenten und hohen Akkumulationsraten geführt, die heute, ohne Berücksichtigung des Finnischen Meerbusens und der Rigaer Bucht, etwa ein Drittel der gesamten Fläche der Ostsee einnehmen (Johnsson et al. 1990). Die hohen jährlichen Akkumulationsraten von 1,0 bis 1,5 mm werden jedoch nicht nur durch allochthones Material hervorgerufen, ein erheblicher Teil stammt aus der Erosion von Flachwassersedimenten als Folge der isostatischen Landhebung. Dieses Beispiel demonstriert eindrucksvoll die bis heute andauernde dynamische Entwicklung der Ostsee im Postglazial.

Die Diversität bezüglich der Artenzahl zeigt ausgeprägte regionale Unterschiede (vgl. Kap. 6.2), zusätzlich treten saisonale Unterschiede in Diversität und Äquitabilität (= Gleichverteilung) auf (Tabelle 16). Die verschiedenen Mechanismen zum Erhalt der Stabilität wie die Konstanz der Individuenzahl, Artenzahl und Biomassen, die Beibehaltung eines Zustandes, Zyklus oder Trends sowie die elastische Reaktion der Rückkehr zu einem „Normalmuster" nach Abweichungen als Reaktion auf Störungen sind daher für die Ostsee allenfalls regional zu definieren, wie z.B. in den Boddengewässern (vgl. Kap. 6.6 und 6.7). Für weite Bereiche wird dieses jedoch durch ihre „geologische Jugendlichkeit" und das im biologischen Sinne frühe Entwicklungsstadium erschwert.

Das Aussterben und die Einwanderung von Arten hält auch ohne anthropogene Einwirkungen weiter an (Tabelle 17), obwohl für limnische und marine Arten die entsprechenden scharfen Salinitätsbarrieren existieren. Es erscheint jedoch fraglich, ob die eigentliche Ostsee in den Bereichen des Artenminimums instabiler als andere aquatische Systeme ist. Die Immigration und Einschleppung von neuen Arten kann zur Verdrängung bis dahin heimischer Arten führen, die aber bisher nicht zu dramatischen Ereignissen geführt hat. Andere Arten, wie der 1985 in der Ostsee aufgetauchte Polychaet *Marenzelleria viridis*, besiedeln Areale, ohne einheimische Arten zu verdrängen. Die Bioturbation von *M. viridis* kann in den bisher dünn besiedelten Arealen Auswirkungen auf den Stoffkreislauf haben, wenngleich ohne Konsequenzen für die gesamte Ostsee.

Trotz der Artenarmut in der Ostsee sind die Energieflüsse durch die trophischen Ebenen des Nahrungsnetzes in der gleichen Größenordnung wie

Tabelle 17. Auswahl von absichtlich und unabsichtlich in die Ostsee und das Kattegat eingeführten Arten. *EB* erste Beobachtung; *UR* Ursprungsregion; *AE* Art der Einführung, Schiffe *(Ba)* Ballastwasser, Schiffe *(Be)* Bewuchs. Etwa 50 Arten wurden durch menschliche Aktivitäten eingeführt oder eingeschleppt. Bis heute sind mehr Arten in die Ostsee eingeführt oder eingewandert, als durch menschliche Aktivitäten verschwunden sind

Art	EB	UR	AE
Phytoplankton			
Odontella sinensis	1903	Indopazifik	Schiffe (Ba)
Prorocentrum minimum	1983	?	?
Gymnodinium catenatum	1993	?	?
Makroalgen			
Fucus evanescens	1924	Nordatlantik	Treibend, Schiffe (Be)
Sargassum muticum	1985	Japan	?
Chara connivens	1858	Nordafrika	Fester Ballast
Cnidarien			
Cordylophora caspia	1900	Kaspisches Meer	Schiffe (Be) über Flüsse
Polychaeten			
Marenzelleria viridis	1985	Nordamerika	Schiffe (Ba)
Polydora redeki	1960	Westeuropa	Schiffe (Be)
Mollusken			
Dreissena polymorpha	1824	Kaspisches Meer	Schiffahrt über Flüsse
Mya arenaria	1700?	Nordamerika	Eingeführt als Nahrung
Arthropoden			
Corophium curvispinum	1920	Kaspisches Meer	Schiffe (Be) über Flüsse
Acartia tonsa	1934	Nordamerika	Schiffe (Ba)
Rithropanopeus harrisi	1951	Nordamerika	Schiffe (Ba)

die in der artenreichen Nordsee (Elmgren 1984). Inwieweit sich die Energieflüsse, Stoffkreisläufe und die saisonal wiederkehrenden Muster in der
unterschiedlichen trophischen Vernetzung im Pelagial und in der pelagisch-
benthischen Kopplung unter der fortschreitenden Eutrophierung und
Schadstoffbelastung grundlegend verändern und welche Elastizität die Ostsee besitzt, ihren Normalzustand nach entsprechenden Gegenmaßnahmen
wieder herzustellen, kann bis heute nur in einzelnen Details beantwortet
werden. Ein Normalzustand ist aufgrund der fortschreitenden postglazialen
Entwicklung und klimabedingter Variabilität in Zeitskalen < 10 bis > 100
Jahren (wie z. B. die bis in das Gotland-Becken reichenden Salzwasserein-
schübe) nicht präzise zu definieren.

Einige Reaktionen im Ökosystem auf die anthropogenen Nährstofffrachten, wie etwa die relative Verarmung an Silikat gegenüber Phosphor und
Stickstoff und ihre Auswirkung auf die Diatomeen oder die Zunahme der
Stickstoffixierung bei relativer Anreicherung von Phosphor (v. Bodungen
1986), können schon heute in numerischen Modellen zum biogeochemischen Stoffkreislauf recht gut simuliert werden (Stigebrandt u. Wulff 1987).
Andere wichtige Phänomene wie die Wechselwirkung zwischen Eutrophierung und Schadstoffestlegung beziehungsweise -freisetzung und deren
Auswirkung auf das Ökosystem sind zur Zeit nicht prognostizierbar. Stellt
die Ostsee schon für sich ein schwer zu erfassendes Ökosystem dar, muß sie
dennoch als Teil eines größeren Ganzen, d. h. im Rahmen ihres gesamten
Einzugsgebietes inklusive der darin lebenden Bevölkerung gesehen werden
(Jansson 1984). Zum Verständnis eines derart komplexen Lebensraumes
bedarf es in der Wissenschaft einer wesentlich verstärkten Wechselwirkung
zwischen Feldmessungen, gezielten Experimenten und Modellentwicklung.

7 Nutzung und Belastung

7.1 Verkehr und Wirtschaft im Ostseeraum

GERHARD KORTUM

Der Ostseeraum umfaßt als Meeresgebiet 415 000 km², das hydrographische Einzugsgebiet, in dem über 70 Mio. Menschen leben, ist mit 1 671 233 km² nahezu viermal so groß und verteilt sich auf neun Anrainerstaaten, die bis vor kurzem drei Machtblöcken zugeordnet waren. In sozialer, wirtschaftlicher und politischer Hinsicht sind die heutigen Gegensätze der Lebensbedingungen in den Küstenräumen der Ostsee außerordentlich groß. Sie reichen vom Wohlfahrtsland Schweden mit seinem High-Tech-Stand bis zu den unterentwickelten Küstenlandschaften des Baltikums. Es gibt wichtige historische Gründe, den Ostseeraum als zusammenhängende **geographische Einheit** zu betrachten. Im europäischen Rahmen kommt der Ostseeregion, die lange im ökonomischen und verkehrspolitischen Abseits lag, mit der Norderweiterung der Europäischen Union (Beitritt Schwedens und Finnlands am 1. 1. 1995) ein neues Gewicht mit Perspektiven zu.

Die Aussichten der **wirtschaftlichen Entwicklung** des Ostseeraumes wurden jüngst von schwedischer Seite im Auftrage des Anrainerlandes Schleswig-Holstein vor dem Hintergrund der historischen Vorraussetzungen und heutigen Gegebenheiten in mehreren Szenarien dargestellt (Eurofutures Research and Consulting 1994). Man fragt sich vor diesen eher düsteren Raumprognosen, ob die Formel der „Einheit in der Vielfalt" wie in der Vergangenheit nicht eher Fiktion als Wirklichkeit ist.

Von Bedeutung für die Zukunft sind die Bevölkerungsentwicklung und -verteilung der Region, die industriellen Aktivitäten und die Entwicklung der Landwirtschaft in dem gesamten Einzugsgebiet oder in den Küstenlandschaften. Der Fremdenverkehr heute und in der Zukunft ist ein Bereich, in dem Wohlstandsindikatoren, soziale Rahmenbedingungen, aber auch physische Vorraussetzungen von der „Angebotsseite" eine Rolle spielen. Nördlich der Aaland-Inseln erreicht die Oberflächentemperatur der Ostsee nur noch für wenige Sommerwochen mehr als 17 °C. Der Bäderverkehr begann 1793 an der mecklenburgischen Ostseeküste mit der Gründung des Seebades Heiligendamm. Die landschaftlichen Reize der Ostseeküsten müssen heute mit Fernzielen in anderen Klimazonen konkurrieren. Dennoch zählt der **Tourismus** wohl zukünftig zu den Wachstumsbranchen der Ostseewirtschaft. Bornholm oder der Raum St. Petersburg seien hier als Beispiele genannt.

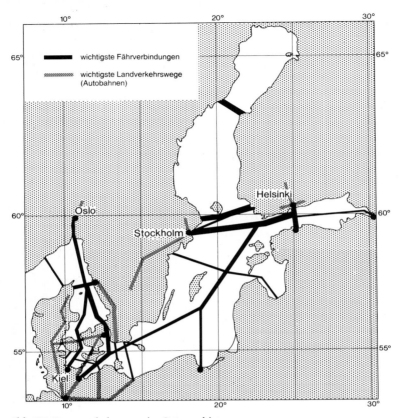

Abb. 97. Hauptverkehrswege im Ostseegebiet

Handel bringt Wandel. Dieser alte Kaufmannsspruch wird auch und gerade für die Zukunft gelten, wenn es um die Einbindung der bisher sozialistischen Volkswirtschaften am östlichen und südlichen Gestade des Baltischen Meeres geht. Handel bedeutet Verkehr. **Verkehr**, das heißt Austausch von Rohstoffen, Handelsgütern, Waren, Personen und Dienstleistungen inklusive Kapitaltransfer und Investitionen, das alles wird letztlich die zukünftige Integration des Ostseegroßraumes in ein wachsendes Europa bestimmen. Auch Wanderungsbewegungen entlang der Küsten oder über See, seien sie politischen oder ökonomischen Charakters, gehören zu dem Verkehrskomplex im weitesten Sinne, ebenso die Ausbreitung von Ideen oder Innovationen im Kommunikationsbereich.

Die internen Verflechtungen des Ostseeraumes, die in wichtigen Aspekten der Land- und Seeverbindungen aus Abb. 97 hervorgehen, lassen den deutlichen Vorrang der Achse Hamburg – Öresund – Stockholm – Helsinki erkennen. Über diese wird zur Zeit auch die 6-Millionen-Ballung des St. Petersburger Raumes angeschlossen. Erst eine heute noch nicht erkennbare südliche Infrastrukturleitlinie wird eine Anbindung des Baltikums über den Raum Danzig hinaus herstellen. Feste Querungen der dänischen Meerengen mit Tunnel- und Brückenkonstruktionen am Großen Belt, Öresund bei Saltholm sowie zukünftig wohl auch am Fehmarn-Belt werden zielstrebig ausgebaut.

Der Fährverkehr im Ostseeraum hat sich seit den ersten Eisenbahntrajektlinien (1903 Warnemünde – Gedser, 1909 Saßnitz – Trelleborg) in mehreren verkehrstechnischen Phasen entwickelt (Marzinzik 1990). Weitere Marksteine waren die Einführung immer größer werdender Passagierfähren mit Kraftfahrzeugbeförderung ab Mitte der 60er Jahre, die Einweihung der Vogelfluglinie über den Fehmarn-Belt 1963 und insbesondere der schnelle Übergang zum Containerverkehr sowie die Einführung von Ro-Ro-Schiffen für den LKW-Transport.

Die Ostsee ist in navigatorischer Hinsicht seit hansischer Zeit ein gut beschiffbares Nebenmeer mit überschaubaren Entfernungen gewesen. Die leichte Querung hat auch in der Vergangenheit häufiger in beide Richtungen zu territorialen oder ökonomischen Expansionsperioden Anlaß gegeben. Wismar und Stralsund waren lange schwedisch, ebenso Teile von Finnland; der Danebrog, als dänische Staatsflagge, entstand auf einem Kreuzzug gegen heidnische Esten vor Reval im Mittelalter. Die handelspolitische Durchdringung des Ostseegebietes ist hinreichend bekannt und hat bis heute Spuren hinterlassen (Zimmerling 1993). Abgesehen davon, daß die Hanse durch Aktivitäten im Nordseeraum über die Kontore in Brügge und London bis zur Entdeckung Amerikas durch die weltwirtschaftliche Einbindung des Raumes sicherstellte, ist festzustellen, daß durch die Hanse und vielfach über ihr Zentrum Lübeck nicht nur Handelsgüter verkehrten, sondern auch Ideen und kulturelle Elemente ausgetauscht wurden. Die Ausbreitung der Reformation im Ostseegebiet folgte alten Handelsbeziehungen. Verwiesen sei ferner auf die Ausbreitung der Stadtrechte oder organisatorische Formen des Handwerkertums. Teilweise gingen Vertreter dieser Berufsstände selbst in die noch heute bedeutenden Hafenstädte wie Reval und Riga.

Die heute oft beschworene Neubelebung der Hanse als Instrument der Einbindung des gesamten Ostseeraumes an Kerneuropa ist unter veränderten Bedingungen ein nützlicher, wenn auch erst langsam umzusetzender Weg. Das Gutachten von Eurofutures (1994) gibt hierzu wichtige Hinweise in den Bereichen des Wandels durch Wirtschaftsdynamik, internationale Unternehmensverflechtungen, moderne Unternehmerstrategien sowie Innovationen und regionsspezifische Forschung.

Die Dimensionen des Raumes und dessen physische Bedingungen einschließlich monatelanger Eisbedeckung weiter Teile und gelegentlicher noch heute gefährlicher Sturmereignisse (Untergang des modernen Großfährschiffes „Estonia" auf der Fahrt von Reval nach Stockholm im September 1994) sind seit der Zeit der Hanse unverändert. Für die Reise von Lübeck über Gotland in den Finnischen Meerbusen brauchte eine „Kogge", seinerzeit ein hochmodernes Segellastschiff, etwa 12 bis 14 Tage; heute bewältigt die Jumbo-Fähre „Finjet" die Entfernung Travemünde-Helsinki in weniger als 30 Stunden. Die Technik änderte sich, das Verkehrsbedürfnis ist auf dieser wichtigen Diagonalverbindung geblieben. Auf den Spuren der Hanse bewegen sich auch die Ausflugsprogramme der zunehmenden Ostsee-Kreuzfahrten als neue Form der Seetouristik.

Das Ostseegebiet ist nie ein isolierter, in sich geschlossener Wirtschafts- und Verkehrsraum gewesen. Am westlichen Ende der Schlei fanden sich in der bedeutenden Fernhandelssiedlung Haithabu am Haddebyer Noor Münzen aus Arabien und Byzanz. Die Drachenboote der Wikinger wurden teilweise über die schmalste Stelle der Cimbrischen Halbinsel bei Schleswig zum 17 km entfernten Hollingstedt gezogen. Bis hierhin reichte ehemals die Gezeitenwelle der Treene von der Nordsee. Das Warägerreich der Rus beruhte ebenfalls auf einer maritimen Überwindung der Wasserscheiden. Schon 1810 stellten die russischen Zaren über den Ladoga- und Onega-See und die sie verbindenden Flüsse Newa und Swir mit dem Marienkanal die Verbindung zum Kaspischen Meer her. Dieses alte zur Wolga führende schleusenreiche System wurde 1962 für Seeschiffe bis 5 000 t ausgebaut, ebenso der Ostsee-Weißmeer-Kanal über die Karelische Landenge, der den Ostseeraum zumindest im Sommer mit dem Weißen Meer verbindet.

Bis 1857 erhoben die dänischen Könige beim Hamlet-Schloß Kronborg zu Helsingör den Sundzoll. Der Zugang zur Ostsee war also nicht frei in seerechtlicher Hinsicht. Heute ist der Zugang über den Sund für größere tiefgehende Seeschiffe über die Drogden Schwellentiefe von 8 m im Öresund nicht mehr möglich. Der 1784 von Rendsburg zur Kieler Förde bei Holtenau als technisches Wunderwerk in der zeitgenössischen Einschätzung angesehene Alte Eiderkanal wurde am 21. Juni 1895 durch den Nord- und Ostseekanal (Kaiser-Wilhelm-Kanal) zur Befriedigung des Verkehrsbedürfnisses und seestrategischer Wünsche ersetzt. Der „NOK" blickt inzwischen nach mehreren Ausbauphasen auf eine 100jährige Geschichte zurück. Über ihn ist die Ostsee für Seeschiffe auf dem schnellsten Weg zu erreichen. Größere Tanker müssen den engen Tiefwasserweg durch den Großen Belt nehmen.

Die großen **Häfen** des Ostseeraumes von Lübeck über Stettin, Danzig, Königsberg, Libau und Petersburg, aber auch Stockholm werden bei der schnellen schiffbaulichen Entwicklung und dem weltwirtschaftlichen Wandel weiter an Bedeutung einbüßen. In sozialistischer Zeit haben die betreffenden Staaten ihre Überseehäfen stark gefördert, hierzu gehört auch Rostock. Göteborg am Kattegat hat aber für Schweden bereits viel Handel über den Container-Terminal auf sich gezogen. Ebenso steht außer Frage, daß die Hamburger und Rotterdamer Häfen dem Ostseeverkehr nur eine Zubringerfunktion zukommen lassen. Eine erneute Umwertung des Ostseeverkehrs steht somit bevor.

7.2 Fischerei

DIETRICH SCHNACK

Im Rahmen vielfältiger Nutzung der Ostsee durch den Menschen nimmt die Fischerei seit alters her ihren besonderen Platz ein. Zeugnisse fischereilicher Aktivitäten reichen in der westlichen Ostsee bis in die Jungsteinzeit zurück. Die Zusammensetzung steinzeitlicher Abfallhaufen auf dänischen Inseln verrät uns, daß man zu jener Zeit bereits Angelhaken aus Stein benutzte und u.a. Heringe, Dorsche, Aale und Flundern als Nahrungsmittel verwendet hat. In norwegischen Felszeichnungen aus dieser und späteren Phasen wird der Fischfang mit Angeln von Einbäumen aus dargestellt. Im Laufe der **geschichtlichen Entwicklung** haben die Formen der Fischerei, der Nutzungsgrad und die Ertragsfähigkeit der Bestände sowie die wirtschaftliche Bedeutung dieses Erwerbszweiges wesentliche Änderungen erfahren, und auch in der Gegenwart sind sie noch starkem Wandel unterworfen. Die Entwicklung und Vielfalt der Fischereimethoden werden in Kap. 7.2.1 näher erläutert. Nutzungsgrad und direkter Einfluß der Fischerei auf die nutzbaren Bestände waren bis zum Anfang unseres Jahrhunderts noch sehr gering; die eingesetzten Methoden und rechtlichen Grundlagen beschränkten die Fangtätigkeit bis in diese Zeit hinein allein auf den küstennahen Raum. Der jährliche Gesamtertrag lag um die Jahrhundertwende noch bei wenig über 10 % des Ertrages aus der Nordsee. Dennoch war die Ostsee für einzelne Anrainerstaaten wie Finnland, Schweden und auch Deutschland ein wichtiges Fanggebiet. Die deutsche Fischerei erzielte 1907 einen Fangertrag von rund 34 000 t im Vergleich zu etwa 52 000 t aus der Nordsee. In historischer Zeit hatte die Fischerei auch überregional vorübergehend eine erhebliche wirtschaftliche Bedeutung. Sie entwickelte sich in der ersten Hälfte des 2. Jahrtausends n. Chr. zu einem tragenden Wirtschaftsfaktor im Ostseeraum und erreichte im 14. und 15. Jahrhundert einen besonderen Höhepunkt: Die überaus ertragreiche **Heringsfischerei** vor der Südküste Schwedens (damals noch Dänemark), die sogenannte Schonenfischerei, und der darauf basierende Handel mit Salzheringen stellten eine wichtige Grundlage für den wirtschaftlichen Erfolg der Hanse dar. Nach dem Ausbleiben der großen Heringsschwärme im Öresundbereich und dem Zusammenbruch dieser lokal sehr konzentrierten Großfischerei, gewannen die kleinen örtlichen Fischereien im Küstenraum auch gesellschaftlich an Bedeutung. Zahlreiche Küstenstädte erhielten Fischereirechte, es bildeten sich berufsständische Organisationen, Fischerzünfte und -gilden.

Die **Fischereirechte** in Deutschland und Rußland erlaubten auch Anfang unseres Jahrhunderts noch keinen freien Fischfang in der Ostsee einschließlich der offenen Seebereiche, während in den skandinavischen Ländern bereits ein freier Zugang gegeben war. Eine umfangreichere, auch den offenen Seebereich nutzende Fischerei begann erst nach dem ersten Weltkrieg, auf der Basis fortgeschrittener technischer Entwicklung (Schleppnetze), eines erweiterten Verkehrsnetzes und veränderter rechtlicher Grundlagen. Die

Gesamterträge blieben zunächst zwar noch gering; Schleppnetze konnten erst langsam gezogen werden und waren nur für den Fang von Plattfischen geeignet. Der steigende Fischereiaufwand wirkte sich nun aber bereits deutlich auf diese gezielt und weiträumiger befischten Bestände aus. Insbesondere Schollen aber auch Flundern waren beliebte Fangobjekte. Als sichtbare Effekte wurden eine Verjüngung der Bestände festgestellt sowie eine Beschleunigung des Wachstums, die mit der Auslichtung der Bestände und dadurch verminderter Nahrungskonkurrenz in Zusammenhang gebracht wird. Das „Plattfischzeitalter" reichte bis in die 30er Jahre. Auf der Basis stärkerer Motoren und Gespannfischerei (Tuckzeesen) zum Fang auch schnellerer Fischarten, trat nach dem 2. Weltkrieg dann eine sehr rasche Entwicklung der Fischerei ein, die vorübergehende Gesamtfangerträge von maximal etwa einer Million Tonnen pro Jahr erreichte (vgl. Kap. 7.2.2).

Bei der gegenwärtig hohen Fischereiintensität beträgt der **Fangertrag** pro Flächeneinheit in der Ostsee generell nur gut $1/3$ des Flächenertrages aus der Nordsee. Dies erscheint zunächst überraschend niedrig, da die Primärproduktion hier generell nicht geringer ist als in der Nordsee. Die fischereilichen Ertragsmöglichkeiten sind jedoch innerhalb der Ostsee regional sehr unterschiedlich zu bewerten. Dies hängt mit der Vielgestaltigkeit des Lebensraumes, den ausgeprägten horizontalen und vertikalen hydrographischen Gradienten und den damit verbundenen Verbreitungsmustern der Fische (vgl. Kap. 6.4.1) und generellen Produktionsbedingungen (vgl. Kap. 6.2) zusammen. Grundsätzlich sind die inneren nördlichen Bereiche sehr viel weniger produktiv und ertragreich als zentrale und westliche Bereiche. Die Küstenfischerei basiert auf einer Reihe von Meeres- und Süßwasserarten mit regional unterschiedlichen, meist kleinen, mehr oder weniger isolierten Beständen. Diese sind in ihrer Entwicklung in starkem Maße von den unmittelbar im Küstenraum wirkenden menschlichen Einflüssen (Verbauung, Eutrophierung, Verschmutzung) abhängig. Der Gesamtertrag aus dieser recht vielseitigen Fischerei ist nur gering im Vergleich zum Ertrag aus der Seefischerei, die sich dagegen sehr einseitig auf nur wenige marine Massenfischarten stützen kann. Im Gewichtsertrag überwiegen hier vor allem die beiden pelagischen Arten Hering und Sprotte sowie der bodennah lebende Dorsch. Da marine Arten sich in der Ostsee wegen des abnehmenden Salzgehaltes im Grenzbereich ihres Verbreitungsgebietes aufhalten und im salzreichen Tiefenwasser häufig auch noch Sauerstoffmangel herrscht, ist ihre Bestandsentwicklung in starkem Maße von klimatischen Einflüssen sowie vom aktuellen Wettergeschehen und dadurch gesteuerten Wasseraustausch mit der Nordsee abhängig. Dies gilt in besonderem Maße für den Dorschbestand in der zentralen Ostsee und ebenso für die Plattfischarten, während die Sprotte und vor allem der Hering sich noch bei recht niedrigen Salzgehalten erfolgreich fortpflanzen können und aus diesem Grunde auch weniger Probleme mit der Sauerstoffversorgung haben (vgl. Kap. 7.2.3).

Während ihrer ontogenetischen Entwicklung nutzen die marinen **Massenfischarten** z. T. sehr unterschiedliche Bereiche des Gesamtsystems Ostsee, und auch im Artenvergleich zeigen sich charakteristische Unterschiede bei der Einbindung in die örtlich jeweils sehr spezifischen Produktionsbedingungen der küstennahen oder offenen Seebereiche. Die drei dominierenden Nutzfischarten stehen gleichzeitig in enger wechselseitiger Räuber-Beute-Beziehung: Der Dorsch tritt als Räuber von Hering und Sprotte und diese wiederum als Räuber der planktischen Dorschbrut auf. Die Bestandsentwicklung dieser drei Arten wird somit jeweils von den wechselseitigen Abhängigkeiten und in unterschiedlichem Maße von den wetterabhängigen Einstromsituationen bestimmt. Zur Vermeidung negativer Einflüsse auf das Ökosystem durch die Fischerei, mit der Folge auch wirtschaftlicher Probleme, ergibt sich hieraus die Notwendigkeit, die Arten im ausgewogenen Verhältnis zu befischen und im Gesamtaufwand das unvermeidliche aber unberechenbare Auftreten auch längerer Phasen mangelnder Rekrutierung beim Dorschbestand zu berücksichtigen. Wesentlich erscheint in diesem Zusammenhang, eine ausreichende Anzahl von Jahrgängen im Bestand zu erhalten, damit dieser gegen auch wiederholten Nachwuchsausfall ausreichend abgepuffert ist.

7.2.1 Fischereimethoden

WILFRIED THIELE

Das Meer als Nahrungsquelle wurde gleichzeitig mit der Besiedlung der Küsten genutzt. Die ersten Fanggeräte waren Fischspeere und Angeln. Einbäume dienten als erste Fischereifahrzeuge im Küstenbereich. Lange Zeit blieb der in der See gefangene Fisch ein Nahrungsmittel für den Sofortverzehr. Erst durch die Kenntnis und Anwendung von Konservierungsverfahren entwickelte sich der Fisch zu einem Wirtschaftsfaktor. Im Bereich der jetzigen Ostsee zählt die zu Zeiten der Hanse alljährlich stattgefundene „Schonenfischerei" zu den herausragenden fischereilichen Ereignissen. So waren z.B. noch im Jahr 1537 37 500 Menschen in den „Vitten" an den Südküsten Dänemarks und Schwedens mit dem Einsalzen von rund 100 000 t Hering beschäftigt. Als Fanggeräte dienten vorwiegend die Vorläufer der heute noch gebräuchlichen Treibnetze, Strandwaden und Zugnetze. Unverändert blieben über die Jahrhunderte die Wirkprinzipien des Fischfanges: Verschlucken eines Köders, Vermaschen der Fische oder Sammeln in sackartigen Behältnissen.

In der Ostsee werden in Abhängigkeit von der Zielfischerei und dem Einsatzgebiet eine Vielzahl von **Fangmethoden** angewendet. So finden wir die Angelfischerei in Form von Langleinen, die Fischerei mit stehenden oder passiven Geräten wie Reusen und Stellnetzen und die Fischerei mit sogenannten aktiven Fanggeräten, den Schleppnetzen.

Schleppnetzfischerei ist von der Fangmenge und von der Anzahl der Fahrzeuge, die diese Fanggeräte benutzen, die wichtigste Fangmethode in der Ostsee. Wann und wo der erste Versuch unternommen wurde, den bislang fest verankerten „Hamen", einen durch einen Holzrahmen offengehaltenen Netzsack, an einem treibenden oder segelnden Fahrzeug zu befestigen und damit zu einem ortsveränderlichen Fanggerät werden zu lassen, kann nicht mehr festgestellt werden. An den deutschen Küsten wird im 13. Jahrhundert im Kurischen Haff von einem sogenannten „Keitelnetz" berichtet. Dieses Netz wurde durch einen Spreizstab, der zwischen zwei seitlichen senkrechten Knüppeln saß, offengehalten und hinter einem Segelfahrzeug geschleppt. Diese Entwicklung führte zur Baumkurre, einem geschleppten Fanggerät, das in der Plattfisch- und Garnelenfischerei der Nordsee sehr erfolgreich eingesetzt wird, in der Ostsee jedoch keinerlei Anwendung findet. Zwei Methoden, die seitliche Öffnung eines Netzes zu bewerkstelligen, sind heute in der Ostseefischerei verbreitet. Einmal die Tuckfischerei, bei der ein Netz von zwei Fahrzeugen, die in einem bestimmten Abstand voneinander fahren, gezogen wird. Die andere Variante ist die Scherbrettfischerei, bei der das Netz von nur einem Fahrzeug geschleppt wird. Die seitliche Öffnung des Netzes wird durch Scherbretter bewerkstelligt. Die einfachste Form des Scherbrettes ist das sogenannte Planscherbrett, eine aus Holz oder Metall bestehende Platte, die unter einem bestimmten Winkel zur Anströmrichtung gestellt wird und dadurch eine seitlich gerichtete hydrodynamische Kraft erzeugt. Welche Methode angewendet wird, hängt von verschiedenen wirtschaftlichen und technischen Faktoren ab. Einmal müssen die Fahrzeuge hinsichtlich der Maschinenleistung und der Manövriereigenschaften zueinander passen, zum anderen muß der mit nur einem Netz erzielte Ertrag die Wirtschaftlichkeit von zwei Fahrzeugen sicherstellen. Vorteile bietet die Tuckfischerei zweifelsfrei in Flachwassergebieten und bei Fischerei an der Oberfläche, da störende Einflüsse des Fischereifahrzeugs wie Schraubenwasser und Schall keinen unmittelbaren Einfluß auf das Fanggerät haben. Allgemein hat sich in der Ostseefischerei durchgesetzt, daß bei Grundfischarten wie Dorsch und Plattfisch vorwiegend mit Einzelfahrzeugen und Scherbrettnetzen gearbeitet wird, während beim Fang von pelagischen Fischarten wie Hering und Sprotte vorwiegend Tucknetze zum Einsatz gelangen. Grundschleppnetze und pelagische Schleppnetze unterscheiden sich in erster Linie durch ihre Größe und konstruktive Gestaltung. Grundschleppnetze sind meist Zweilaschennetze (als Lasche wird die Naht zwischen zwei Netzblättern bezeichnet), d.h. sie bestehen aus zwei Netzblättern, dem Ober- und dem Unterblatt. Das Oberblatt ragt im vorderen Bereich dachförmig über das Unterblatt hinaus und verhindert somit das Entkommen des Fisches nach oben. Die Netzöffnung ähnelt einer Ellipse. Die vertikale Netzöffnung beträgt bei den in der Ostsee gebräuchlichen Grundschleppnetzen zwischen 2 und 6 m in Abhängigkeit von der Fahrzeuggröße und der zu fangenden Fischart. Grundschleppnetze sind starken Scheuerbeanspruchungen am Meeresboden ausgesetzt und werden daher aus dickeren Netztuchen gefertigt. Zum Schutz der Netze und zum leichteren Überwinden von Steinen usw. wird das Grundtau häufig mit Gummirollen oder Plastikkugeln bestückt.

Pelagische Schleppnetze (Abb. 98) bestehen aus vier gleichen bzw. paarweise gleichen Netzblättern. Die Netzöffnung ähnelt einem an den Ecken

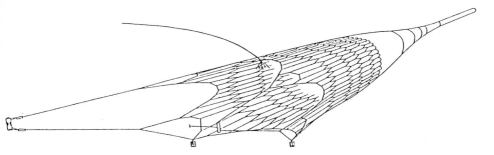

Abb. 98. Aufbau eines modernen pelagischen Schleppnetzes

abgerundeten Viereck. Die Öffnungsfläche eines pelagischen Schleppnetzes ist wesentlich größer als die eines Grundschleppnetzes. Die vertikalen Netzöffnungen liegen bei pelagischen Netzen (für die Ostsee) zwischen 12 und 25 m, je nach Wassertiefe und Schiffsgröße. Bei Wassertiefen bis zu 20 m kommt es vor, daß das Grundtau des pelagischen Netzes den Meeresboden berührt, während die am Kopftau befindlichen Auftriebskugeln an der Oberfläche sichtbar sind. Auffällig ist bei modernen pelagischen Schleppnetzen die Verwendung von großmaschigen Netztüchern bzw. von annähernd parallel verlaufenden Leinen im vorderen Bereich der Netze. Hier wurde eine für verschiedene pelagisch lebende Arten typische Verhaltensweise, nämlich das Bestreben, einen bestimmten Abstand zur Netzwand einzuhalten, für eine Vergrößerung der Schleppnetze bzw. für eine Reduzierung des hydrodynamischen Widerstandes ausgenutzt. Der großmaschige Anteil eines in der Ostsee eingesetzten pelagischen Netzes beträgt bis zu 40 % der gesamten Netzlänge.

Um die Bestände zu schonen, wurden für bestimmte Fischarten Mindestanlandelängen und Mindestmaschenweiten der verwendeten Netztuche festgelegt. So beträgt z.B. die Mindestmaschenöffnung bei der Heringsfischerei 32 mm, bei der Sprottfischerei 16 mm und bei der Dorschfischerei 105 mm. Diese Zahlenwerte kennzeichnen den Mindestabstand zweier gegenüberliegender Knoten in der Netzmasche. Durch diese Maschenweiten soll den untermaßigen bzw. Jungfischen eine Möglichkeit zum Entkommen gegeben werden.

Reusen und Stellnetze gehören zu den sogenannten passiven Fanggeräten. Das heißt, die Fanggeräte sind fest an einem Ort installiert und „erwarten" den Fisch, der sich in einer Art Kammer oder Korb fängt bzw. in den Maschen steckenbleibt. Am bekanntesten sind die Korb- oder Bügelreusen, wie sie auch vielfach in der Binnen- und Hobbyfischerei verwendet werden. In der kommerziellen Fischerei werden solche Reusen in Form einer Korbkette ausgelegt und hauptsächlich zum Aalfang eingesetzt. Weite Verbreitung finden auch die Kammer- oder Kumreusen. In geschützten Gebieten (Bodden und Buchten) sind diese Reusen als Pfahlreusen ausgeführt. Zur offenen See hin werden sie als Anker-Kumreusen eingesetzt. Der Einsatz solcher meist Zweikammerreusen erfolgt hauptsächlich in der Heringsfischerei. Der Fisch wird am Leitwehr und den Flügeln entlang zur ersten Kammer, dem sogenannten Rückfang, geleitet und sammelt sich dann in den beiden Fangkammern, dem Vor- bzw. Achterkum. Von diesem Fangprinzip ausgehend, haben sich die verschiedensten Aufstellformen von Reusen herausgebildet.

Stellnetze gehören wegen ihrer einfachen Handhabung, ihres unkomplizierten Aufbaus und der selektiven Fangweise zu den wichtigsten Fanggeräten der Küstenfischerei. Unterschieden wird bei Stellnetzen nach einwandigen Kiemennetzen oder mehrwandigen Stellnetzen, auch Ledderings oder Spiegelnetze genannt. Im ersteren bleiben die Fische in den Maschen stecken, im zweiten verwickeln sich die Fische in den Maschen. Der Einsatz von Stellnetzen erfolgt ganzjährig. Gefangen werden hauptsächlich Hering, Dorsch, Lachsfische und in den küstennahen Gebieten auch Süßwasserfische wie Plötze, Zander, Barsch. Stellnetze sind Fanggeräte mit ausgezeichneten Selektionseigenschaften. Durch die Wahl der Maschenweite kann die zu fangende Fischgröße in ziemlich engen Grenzen gehalten werden. Durch die schonende Fangweise hat der in Stellnetzen gefangene Fisch eine hohe Qualität. Für die Fängigkeit von Stellnetzen sind die Sichtbarkeit des Netzes (Farbe), der Knotensitz und die Steifigkeit des Netztuches und das Verhältnis von Auftriebs- und Beschwerungskräften, d.h. wie straff das Netz im Wasser steht, von entscheidender Bedeutung. Die Stellnetze werden vom Fangfahrzeug ausgesetzt und verankert. Das Fischereifahrzeug kann in den Hafen zurückkehren. Die Aufnahme der Netze und das Bergen des Fanges geschieht am nächsten Tag.

Eine besondere, der Stellnetzfischerei sehr ähnliche Fangmethode ist die Treibnetzfischerei, die in der Ostsee nur noch auf Lachs betrieben wird. Ein Treibnetz besteht aus einer senkrechten Netzwand, in deren Maschen die Fische steckenbleiben. Das Fangfahrzeug bleibt nach dem Aussetzen am Abend mit der Fleet verbunden und holt am nächsten Morgen die Fleet mit dem Fang ein (Abb. 99).

Das typische Fanggeräte der Kleinfischerei in der Ostsee ist die **Langleine**. Die wirtschaftliche Bedeutung dieses Fanggerätes hat in den letzten Jahrzehnten sehr stark abgenommen. Noch gegen Ende der 50er Jahre wurden

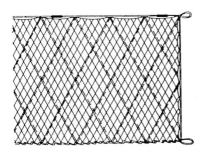

Abb. 99. Wirkungsweise eines Ledderingnetzes. (Nach Bobzin u. Finnern 1975)

in Deutschland über 1 000 t hauptsächlich Ostsee-Dorsch mit der Langleine geangelt. Gegenwärtig sind es nur noch wenige Tonnen. Technik und Technologie dieser Fangmethode blieben über die Jahrzehnte fast unverändert. Die wichtigsten Bestandteile einer Langleine sind die Hauptschnur, die Mundschnüre und die Haken. Auf der Hauptschnur sind in Abständen von ca. 2 m die ca. 0,5 bis 0,6 m langen Mundschnüre mit den Haken befestigt. Die Haken werden mit Ködern versehen und die Leine in der Regel in den Nachmittagsstunden ausgelegt und am nächsten Morgen wieder eingeholt. Je nach Art und Weise der Anbringung der Auftriebs- und Beschwerungs

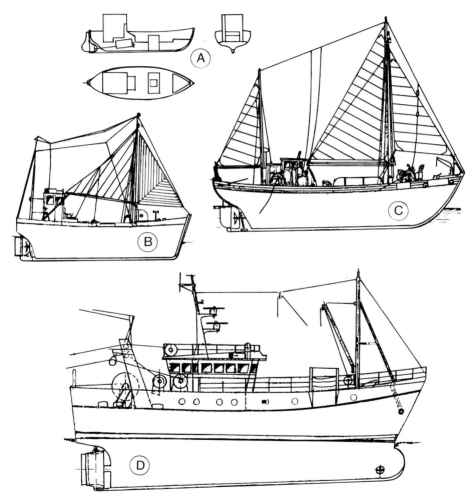

Abb. 100A–D. Typische Fischereifahrzeuge der Ostsee: **A** Reusenboot (Zeichnung Kuhlmann), **B** 12-m-Kutter (Zeichnung Kuhlmann), **C** 17-m-Kutter, **D** moderner 24-m-Heckkutter (Zeichnung Top-Marin, Lübeck)

körper kann die Leine entweder am Grunde liegend, halbschwimmend, schwimmend oder an der Oberfläche ausgelegt werden. Die Wahl der Hakengröße entscheidet auch über die Größe des Fisches, so daß die Langleinenfischerei eine zwar arbeitsaufwendige aber sehr selektive Fangmethode ist. Ein weiterer Vorteil der Langleinenfischerei ist die Möglichkeit, auch Fangplätze mit schwieriger Grundbeschaffenheit zu befischen. Unter dem Aspekt Umweltverträglichkeit wäre zu bemerken, daß durch eine Langleine keinerlei Zerstörungen oder Beeinträchtigungen des Meeresbodens hervorgerufen werden.

Als Binnenmeer wird die Ostsee fast ausschließlich von **Fischereifahrzeugen** der unmittelbaren Anrainerstaaten befischt. Anfahrtwege und Entfernungen zu Anlandehäfen halten sich in Grenzen, was sich natürlich im Typ und der Größe der Fahrzeuge niederschlägt. Sie haben sich im Laufe der Jahrhunderte bis zu ihrer heutigen Form entwickelt. So finden wir in Strandnähe oftmals noch offene Boote, teils mit Ruder, teils motorisiert, die in geringem Umfang Stellnetzfischerei und Angelfischerei betreiben. Einige dieser Fahrzeute besitzen noch sie sogenannte „Bünn", einen seewassergefüllten Kasten zur Hälterung des Fanges. Etwas größer sind die Fahrzeuge, mit denen die Reusen gesetzt und besehen werden. Abb. 100a zeigt die Silhouette eines solchen ca. 7 m langen Schiffes. Die kleinsten kommerziellen Fahrzeuge in der Schleppnetzfischerei haben eine Länge von ca. 10 m. Moderne Schiffe dieser Art haben zwei Mann Besatzung und betreiben hauptsächlich die Tagesfischerei. Stellnetz- und Reusenfischerei wird auch vielfach von Fahrzeugen in dieser Größenordnung (10 bis 17 m Länge) betrieben. Die größeren Schiffe bis zu 26 m Länge betreiben in der Ostsee fast ausschließlich die Schleppnetzfischerei und können Fangplätze je nach Vorhandensein einer Quote im gesamten Ostseebereich aufsuchen. Fahrzeuge im Längenbereich ab 24 m sind oftmals so ausgelegt, daß sie auch die Fischerei in den angrenzenden Seegebieten, z.B. Nordmeer bzw. norwegische Küste, betreiben können, um in den fangarmen Zeiten in der Ostsee Ausweichmöglichkeiten zu haben. Abb. 100 zeigt einige typische in der Ostsee eingesetzte Fahrzeuge.

7.2.2 Fischbestände und Erträge

OTTO RECHLIN

Die Fischbestände der Ostsee waren im offenen Seebereich, d.h. außerhalb der 3–12 sm breiten Territorialgewässer vor den Küsten der Anrainerländer, in diesem Jahrhundert bis 1978 gemeinsames Eigentum aller, die an einer fischereilichen Nutzung teilnehmen wollten. In den Jahren 1978 und 1979 änderte sich die bis dahin bestehende freie Nutzungsmöglichkeit fischereilicher Ressourcen drastisch durch Errichtung nationaler Fischereizonen und exklusiver Wirtschaftszonen. Seitdem vollzogen sich alle fischereilichen Aktivitäten und die sie begleitenden Versuche der Fang- und Fischbestandsregulierung vor dem Hintergrund einer in Fischereizonen mit nationalem oder gemeinschaftlichem Charakter (Europäische Union) aufgeteilten Ost-see. Die fortschreitende Vergrößerung der Europäischen Union kann nun allmählich wieder zu einer Annäherung an die Bedingungen vor 1978 füh-ren. Nach wie vor ist die am 13. September 1973 von allen damaligen Anrai-nerstaaten unterzeichnete Danziger „Konvention über die Fischerei und die Erhaltung der lebenden Ressourcen der Ostsee" gültig und die Grundlage für die internationalen Bemühungen um eine nachhaltige rationelle Nut-zung der Fischbestände. Ein Instrument zur Umsetzung dieser Bemühungen ist die 1974 gebildete Internationale Ostseefischereikommission mit Sitz in Warschau (vgl. Kap. 7.5).

Die einzige Quelle für einigermaßen verläßliche Fischereistatistiken sind die Unterlagen des Internationalen Rats für Meeresforschung (ICES) (vgl. Kap. 7.5). Aber selbst die **ICES-Fangstatistik** enthält für eine Reihe von Jah-ren nur die Fänge der Mitgliedsländer, und dazu gehörten im Verlauf dieses Jahrhunderts nicht durchgehend alle Ostseeanrainerstaaten. Gleichwohl kann uns die Darstellung der Fänge im Abstand von jeweils 5 Jahren, wie sie die Abb. 101 zeigt, einen Eindruck von den Veränderungen im Verlauf der Zeit geben.

Ab 1957 enthält die ICES-Fangstatistik auch die Fänge der ehemaligen Sowjetunion (UdSSR). Darin waren neben den russischen auch die Anlan-dungen in den heute wieder selbständigen baltischen Staaten enthalten. Der Sprung, den die Fangentwicklung zum Ende der 50er Jahre machte, ist aber nicht nur Ausdruck für eine vollständigere Fangstatistik, sondern er zeigt auch die Intensivierung der Ostseefischerei nach dem 2. Weltkrieg. Ab 1966

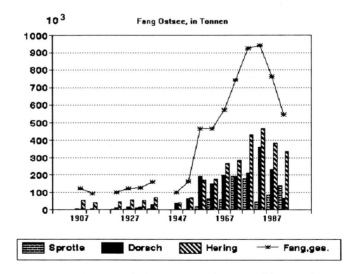

Abb. 101. Fangerträge der internationalen Ostseefischerei in den Jahren 1907 bis 1992. (Unter Gesamtfang sind neben Hering, Sprotte und Dorsch auch alle anderen Fischarten zusammen-gefaßt)

wurden auch die nicht unbedeutenden Fänge der ehemaligen DDR, die erst ab 1974 Mitgliedsstaat war, in der ICES-Statistik aufgeführt.

Bis in die 50er Jahre und nach 1957 dominierte der Hering ganz eindeutig die Anlandungen, aber 1957 lag mit einem Jahresertrag von etwa 194 400 t der Dorsch vor dem Hering (ca. 170 800 t). Die Sprotte erreichte zwischen 1972 und 1974 mit Jahreserträgen um 200 000 bis 240 000 t nach dem Hering die zweite Position in den Anlandungen und kam auch 1992 wieder auf diesen Platz. Die Artengruppe der Plattfische, in den meisten Jahren dominiert von der Flunder, war über längere Zeiträume mit einem Jahresfang um etwa 10 000 t am Gesamtfang beteiligt. Die Extremwerte lagen bei diesen Fischen zwischen 22 865 t (1978) und 5 831 t (1947).

Die Entwicklung des Schwimmtrawls und die Weiterentwicklung akustischer Geräte zur Fischortung waren technische Voraussetzungen für die verstärkte fischereiliche Nutzung der pelagischen Fischvorkommen in der offenen Ostsee, die schon um 1960 begann. Der Niedergang der Heringsfischerei in der Nordsee einige Jahre später führte zur Verlagerung ganzer Fangflotten in die Ostsee und zum deutlichen Anstieg der Heringsfänge um 1973/74. Als dann zum Ende der 70er Jahre die Nordsee zum EG-Meer wurde und auch in der Ostsee nationale Fischereizonen eingeführt wurden, verlagerte sich bei einigen Anrainerländern ein weiterer Anteil der Fangkapazitäten in die Ostsee. Diese Entwicklung führte zu weiterem Fanganstieg, bis 1984 nahezu 1 Mio. t Gesamtfang erreicht wurde. Der danach einsetzende Fangrückgang ist zunächst durch naturbedingte Veränderungen wie Rückgang der Dorsch- und Sprottenbestände verursacht. Nach 1989 führten dann die politischen und wirtschaftlichen Veränderungen in den östlichen Anrainerländern zu einem weiteren Absinken der Fischereierträge aus der Ostsee.

Bis etwa zur Mitte dieses Jahrhunderts gab es allem Anschein nach international keine ernsthafte Besorgnis über Zustand und Nutzung der fischereilichen Ressourcen in der Ostsee. Vor dem Hintergrund deutlich angewachsener Dorschfänge wurde dann aber 1957 im Rahmen der Jahrestagung des ICES das „Special Meeting on Measures for Improving the Stock of Demersal Fish in the Baltic" in Bergen, Norwegen, durchgeführt. Diese wissenschaftliche Veranstaltung erfolgte in dem Bemühen, den Zustand der Grundfischbestände und den Grad ihrer fischereilichen Nutzung in der Ostsee zu erfassen, mögliche Schutz- und Schonmaßnahmen zur Bestandserhaltung zu erörtern und deren Einführung vorzuschlagen. In den nachfolgenden Jahren blieb, bei deutlich verbesserten Fischereitechniken, der Dorschertrag bis 1970 auf einem annähernd stabilen Niveau und die Heringsfänge stiegen stetig. Nun verstärkte sich die Besorgnis über eine möglicherweise schon laufende Überfischung der Ostsee, und der ICES führte im September 1971 wiederum ein „Special Meeting on Cod and Herring" in Helsinki durch. Neben anderen Empfehlungen wurden der inzwischen gebildeten Arbeitsgruppe des ICES zur Abschätzung der Grundfischbestände eine Reihe konkreter Aufgaben zur Bearbeitung übertragen. 1974 kam es dann zum ersten gemeinsamen Treffen dieser und einer weiteren Arbeitsgruppe in Riga, zur Abschätzung der pelagischen Fischbestände in der Ostsee. Wenig später wurde auch eine Arbeitsgruppe zur Abschätzung des Lachsbestandes der Ostsee gebildet. Seitdem haben diese Arbeitsgruppen alljährlich Abschätzungen des Zustandes der einzelnen Bestände von Dorsch, Hering, Sprotte und teilweise der Flunder sowie des Laches durchgeführt und Vorhersagen der weiteren Bestandsentwicklung erarbeitet. Diese Abschätzungen, die auf den Ergebnissen der nationalen fischereibiologischen Forschung der Anrainerländer aufbauen, bilden die Grundlage des nun alljährlich gegebenen wissenschaftlichen Ratschlags des ICES für die **Bestands- und Fangregulierung** der internationalen Ostseefischerei.

Unter Mitwirkung der ICES-Arbeitsgruppen zur Abschätzung der Fischbestände der Ostsee wurde das Seegebiet in statistische Untergebiete (Abb. 102) aufgeteilt, die gleichzeitig Grundlage für Abschätzungs- oder Bestandseinheiten bei den fischereilich wichtigsten Fischarten sind. Bei der Zusammenfassung von Untergebieten zu den einzelnen „assessment units" des Dorsches, Herings oder der Sprotte wurden Kenntnisse über biologische Charakteristika wie Wachstum, Reproduktion, Laichzeit, Nahrungs- oder Laichwanderungen etc. zugrundegelegt. Eine solche Gebietsaufteilung kann den natürlichen Bestandserhebungen nur sehr grob entsprechen. Es sind fließende Übergänge zwischen den einzelnen Beständen vorhanden, so daß anfangs immer wieder Korrekturen in den Abgrenzungen vorgenommen wurden. Dieses System ist nicht vollkommen, es bietet jedoch nach dem gegenwärtigen Kenntnisstand die bestmögliche Grundlage für die fischereiliche Bewirtschaftung der Ostseefischbestände mit Hilfe von Bestandsforschung. Unter den am Boden oder überwiegend in Grundnähe lebenden

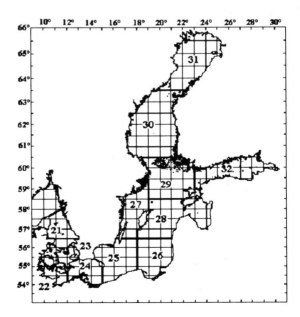

Abb. 102. Statistische Untergebiete innerhalb der Ostsee, nach denen Bestandseinheiten zusammengefaßt werden. (Nach ICES)

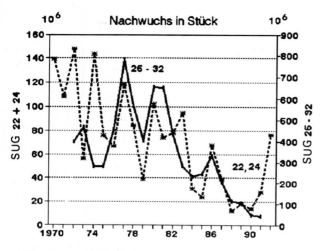

Abb. 103. Entwicklung des jährlichen Nachwuchsaufkommens in der Altersgruppe 1 (westl. Ostsee) und Altersgruppe 2 (übrige Ostsee)

Fischarten sind der Dorsch und die Gruppe der Plattfische fischereilich bedeutend und nahezu über das gesamte Seegebiet verbreitet.

Für den **Dorsch** wurden durch die zuständige ICES-Arbeitsgruppe zwei Bestandseinheiten festgelegt: Dorsch der westlichen Ostsee, Untergebiete 22 und 24 und Dorsch der übrigen Ostsee, Untergebiete 25 bis 32. Die Abbildungen 103 und 104 vermitteln einen Eindruck von der Entwicklung der Dorschbestände seit 1970. Mit Hilfe der Virtuellen Populationsanalyse (VPA) kann aus den Fangerträgen vergangener Jahre und aus der Kenntnis

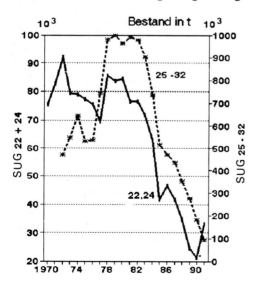

Abb. 104. Entwicklung der Biomassen der Dorschbestände

der Altersstruktur die Bestandsbiomasse für diese Jahre und die Stärke der Nachwuchsjahrgänge ermittelt werden.

Die von der Arbeitsgruppe zur Abschätzung der Grundfischbestände im ICES durchgeführten Berechnungen (Anonym 1993, 1994a) zeigen für die jährliche Rekrutierung und den Bestand des Dorsches in der westlichen Ostsee seit 1970 einen erst allmählichen und dann zunehmenden Rückgang, der vielleicht 1992 erstmalig deutlich unterbrochen wurde. Beim Dorsch der zentralen bis nördlichen Ostsee wurde die Bestandsgröße durch ein besonders großes Nachwuchsaufkommen 1978 (Jahrgang 1976) auf ein deutlich höheres Niveau angehoben. Durch zwei weitere starke Jahrgänge (1979, 1980) blieb dieses hohe Bestandsniveau bis 1983 erhalten. Das Nachwuchsaufkommen verringerte sich seit 1980 fast kontinuierlich und erreichte 1992 einen vorläufigen Tiefpunkt. Mit einer 2- bis 3jährigen Verzögerung sank die Bestandsbiomasse ebenfalls kontinuierlich ab und hat seit 1989 das Minimum aller zuvor berechneten Werte unterschritten.

Der Vergleich von Bestandsrekrutierung (Abb. 103), Bestandsbiomassen (Abb. 104) und Fängen (Abb. 101) läßt erkennen, daß eine wesentliche Ursache für das Abfallen der Bestandsgröße des Ostseedorsch, nach einem zunächst starken Ansteigen, in dem deutlich reduzierten Nachwuchsaufkommen ab 1983 liegt. Da auf den Zeitraum zwischen 1983 und 1993 die bisher längste beobachtete Stagnationsperiode, ohne Einstrom von Nordseewasser in die Ostsee, fiel, liegt der Schluß nahe, daß die ungünstigen Umweltbedingungen (Sauerstoffmangel in tieferen Wasserschichten und geringer Salzgehalt) wesentlich zum Rückgang des Dorschbestandes in der Ostsee beigetragen haben und die dem geringen Nachwuchsaufkommen nicht angepaßte hohe Fangentnahme diesen Vorgang stark beschleunigte.

Unter den **Plattfischfängen** aus der Ostsee dominiert in den meisten Jahren die Flunder. Der Schollenbestand scheint wegen des geringen mittleren Salzgehaltes von der Rekrutierung durch eindriftende Larven und zuwandernde Jungfische aus dem Übergangsgebiet zur Nordsee abhängig zu sein. Daher schwanken sowohl Bestandsgröße als auch Fangertrag bei dieser Art deutlich, und die Verbreitung der Scholle ist nach Osten hin begrenzt. Für weibliche Schollen und Flundern ist zur Bestandserhaltung eine Schonzeit (zeitliches Fangverbot) während der Laichzeit festgelegt. Ein fischereilich wichtiger weiterer Plattfisch ist der Steinbutt, dessen Ertrag aus der Ostsee jährlich einige hundert Tonnen nicht übersteigt, der als wertvoller Speisefisch aber einen guten Preis erzielt. Die Fänge dieser Art stiegen in den letzten Jahren leicht an, möglicherweise als Folge einer vor allem durch deutsche Fischer konsequent eingehaltenen Laichschonzeit. Auch diese Fischart ist nur begrenzt an das Brackwassermeer Ostsee angepaßt und nicht in ihren nördlichen und östlichen Teilen anzutreffen.

Unter den **pelagischen Fischen**, d.h. den Fischen, die sich hauptsächlich im Freiwasser und nur gelegentlich in Bodennähe aufhalten, sind die fischereilich wichtigsten der Hering und die Sprotte. Beide Arten sind Planktonfresser und nutzen die Sekundärproduktion der Ostsee. Eine weitere

wichtige Art ist der Lachs, der als Raubfisch und Wanderer zwischen Süßwasser und Ostsee auftritt.

Heringe werden nach ihrer Laichzeit in Frühjahrs- und Herbstheringe
eingeteilt. Seit Ende der 1960er Jahre sind in der Ostsee nur noch vereinzelt
Herbstheringe anzutreffen. Vorher war das Verhältnis zwischen Frühjahrs-
und Herbstlaichern über lange Zeit etwa ausgewogen.

Für das plötzliche Verschwinden des Herbstherings gibt es unterschiedliche Erklärungsversuche. Einer davon hält als Ursache die Kombination aus
erhöhter fischereibedingter Sterblichkeit und Ausfall des Nachwuchses
durch Sauerstoffmangel auf den Laichplätzen für möglich (Rechlin 1991).

Für Bestandsberechnungen im ICES wird der im Frühjahr in der westlichen Ostsee laichende Hering (Untergebiete 22 bis 24) mit den Frühjahrslai-
chern im Öresund, Kattegat und Skagerrak zusammengefaßt. Dieser Bestand wird abgegrenzt von den Untergebieten 25 bis 29, einschließlich Rigaer Bucht und des Untergebietes 32 als einem weiteren großen Bestands-
komplex. In den Untergebieten 30 und 31 werden die Heringe jeweils als
getrennte Bestandseinheiten behandelt. Beim Frühjahrshering der westlichen Ostsee ergeben die Bestandsberechnungen für die letzten 20 Jahre
deutlich erkennbare Schwankungen der Biomasse des Laicherbestandes mit
einem Tiefpunkt 1976 bis 1978 und einem hohen Niveau von 1983 bis 1991
(Anonym 1993) (Abb. 105). Ein starkes Nachwuchsaufkommen bewirkte,
daß in den 1980er Jahren der Elternfischbestand ungeachtet einer hohen
Fangentnahme stabil blieb. Ein Nachlassen der Rekrutierung führte nach
1991 zu einem Bestandsrückgang. In der zentralen Ostsee verlief die Bestandsentwicklung gegenläufig zu der in der westlichen Ostsee. Dort trat ein
erster Gipfel der Bestandsgröße zwischen 1977 und 1979 auf, und ein Tief-

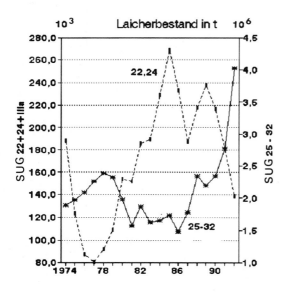

Abb. 105. Entwicklung von zwei
wichtigen Laicherbeständen des
Ostseeherings

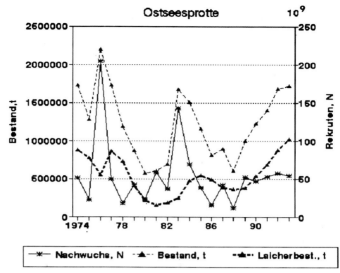

Abb. 106. Entwicklung von Nachwuchsaufkommen (Altersgruppe 1) und Bestand der Ostsee-
sprotte

punkt lag zwischen 1982 und 1988. Danach nahm die Größe des Laicherbestandes wieder zu und erreichte 1992 einen vorläufigen Höhepunkt.

Die Bestandsschwankungen beim Ostseehering scheinen bisher vorrangig
durch naturbedingte Schwankungen der Nachwuchsstärke beeinflußt zu
sein. Allerdings ist beim frühjahrslaichenden Heringsbestand in der westlichen Ostsee, im Kattegat und im Skagerrak ein Einfluß der Fangentnahme
auf die Bestandsentwicklung zu vermuten. Es besteht ein deutlicher Zusammenhang zwischen diesen Gebieten, da die adulten Tiere des Ostseeherings in der Zeit der Nahrungsaufnahme auch in die östliche Nordsee wandern.

Der **Sprottenbestand** der Ostsee wird seit 1990 zusammengefaßt für alle
Untergebiete abgeschätzt. Die Verbreitungsgrenze dieser eurythermen und
euryhalinen pelagischen Fischart liegt in der nördlichen Bottensee. Das
Überleben der pelagischen Sprotteneier ist an einen Salzgehalt des Wassers
von mindestens 8 ‰ gebunden. Das Nachwuchsaufkommen und die Größe
des Gesamtbestandes an Sprotten in der Ostsee schwanken sehr stark
(Abb. 106). Dabei scheint die Größe des Gesamtbestandes in engem Zusammenhang mit dem Aufkommen einjähriger Sprotten zu stehen. Dieses
Bild ergibt sich zumindest aus den vorliegenden Bestandsberechnungen, die
einen Zeitraum von 19 Jahren zwischen 1974 und 1993 erfassen (Anonym
1994b).

Für diese Schwankungen sind anscheinend weitgehend Bedingungen der
Umwelt verantwortlich, die Einfluß auf die alljährlich überlebende Anzahl
an Sprottenlarven und ihr Hineinwachsen als einjährige Sprotten in den

Bestand haben. Besonders die ersten und die letzten Jahre der vorliegenden Zeitreihe lassen aber auch einen anderen Zusammenhang deutlich werden: die Abhängigkeit des Sprottenbestandes von der Größe des Dorschbestandes. Für den Dorsch gehört die Sprotte zu den wichtigsten Nahrungstieren, und ein starker Dorschbestand kann offensichtlich recht schnell Gesamt- und Laicherbestand der Sprotte dezimieren, auch nach gutem Nachwuchs- aufkommen. Die Entwicklung im Zeitraum 1978 bis 1982 erscheint von die- sem Zusammenhang geprägt. Die Fangentnahme durch die Fischerei war in diesen Jahren relativ gering und hatte kaum Einfluß auf den Sprottenbe- stand. Dennoch zeigt dieser auf einen sehr starken Jahrgang basierende Be- stand eine rasche Abnahme, die nicht nur mit anschließend geringer Rekru- tierung, sondern auch mit hoher Zehrung durch den stark erhöhten Dorschbestand der zentralen Ostsee in dieser Zeit in Verbindung gebracht werden kann. Eine entgegengesetzte Entwicklung trat nach 1987 ein. Bei nur durchschnittlichem Nachwuchsaufkommen wuchs der Sprottenbestand un- geachtet steigender Fangentnahmen wieder an (vgl. Abb. 101). Der Dorschbestand der Ostsee war zu dieser Zeit stark abgesunken.

Unter den marinen Fischen hat neben den genannten Hauptarten nur der **Hornfisch** oder **Hornhecht** eine gewisse regelmäßige lokale Bedeutung in der Fischerei. Andere Arten, die vorübergehend in die westliche Ostsee ein- wandern, treten gelegentlich als Beifang auf.

Die Küstengewässer, insbesondere östlich von 12° östl. Länge und vor al- lem die halbgeschlossenen Bodden, Haffs oder Fjorde, aber auch die offenen Küstengewässer der nördlichen Ostsee, beherbergen eine artenreiche Süß- wasserfischfauna, die nicht nur durch die Sportfischerei, sondern auch kommerziell genutzt wird.

Der **Lachs** als anadromer Wanderfisch ist in seinem natürlichen Vor- kommen durch Flußverbauungen, Zerstörung von Laichplätzen und schlechte Wasserqualität in den meisten Flüssen stark zurückgegangen. Die- se Fischart ist ein Beispiel dafür, daß unter bestimmten Bedingungen eine Bestandserhaltung durch künstliche Nachwuchsaufzucht möglich ist. Die über Jahrzehnte gesammelten Erfahrungen haben dabei aber auch gezeigt, welche Probleme mit dieser Methode verbunden sind. Insbesondere besteht die Gefahr des völligen Verlustes der Wildlachsbestände und damit der na- türlichen Vielfalt des genetischen Materials.

Die bisherige Entwicklung von Fangerträgen und Fischbeständen in der Ostsee hat nur in wenigen Fällen, wie jetzt beim Dorsch und vor allem beim Ostseelachs, Konflikte zwischen Ertragsfähigkeit und Fangkapazitäten deut- lich werden lassen. Daraus kann nicht unbedingt geschlossen werden, daß die Ostsee, im Vergleich zu anderen Meeresgebieten mit deutlichen Anzei- chen der Überfischung, einem besonders guten Fischereimanagement un- terliegt. Es gibt positive Beispiele, wie die konsequente Reduzierung der in- ternationalen Sprottenfänge in den 1980er Jahren und die Einhaltung der allerdings sehr hohen zulässigen Jahresfangmengen für Hering. Die Anwen- dung wissenschaftlicher Ratschläge für die Bewirtschaftung der Fischerei- ressourcen in der Ostsee hält jedoch einer objektiv kritischen Betrachtung nicht durchgehend stand, auch wenn das Bemühen um eine mindestens mittelfristige Nutzung der Fischbestände erkennbar ist. Seit Mitte der 1990er Jahre sind nun fischereilich nicht voll genutzte Reserven an Hering und Sprotte in der Ostsee vorhanden, die zu Erwägungen des Aufbaus einer Industriefischerei zur Herstellung von Fischmehl und -öl führen. Diese Entwicklung hat in einigen Anrainerländern sogar schon begonnen. In der Nordsee wird bereits seit Jahrzehnten Industriefischerei betrieben, vor allem auf Massenfischarten, die nicht für den menschlichen Konsum geeignet sind. Die Ostsee bietet jedoch keine entsprechenden Ressourcen. Bei Hering und Sprotte kann eine Industriefischerei schnell zur Bestandüberfischung führen und gleichzeitig auch große Mengen an Jungfischen mitfangen, z.B. vom Dorsch. Eine Industriefischerei wird in der Ostsee nur schwer zu regulieren sein und kann das bisher einigermaßen gewahrte Gleichgewicht zwischen Fischbeständen und Fangentnahme nachhaltig stören. Dies wird sich dann sehr schnell auch auf die Fischerei negativ auswirken.

7.2.3 Reproduktionsbiologie der Fische

Dietrich Schnack

Die Ostsee ist vielfältig strukturiert und bietet eine Lebensgrundlage für Fischarten sehr verschiedenartiger Fortpflanzungsbiologie. In den litoralen Gemeinschaften gibt es Beispiele für Brutpflege unterschiedlichster Art, angefangen von den lebendgebärenden Aalmuttern über intensive Brutpflege im körpereigenen Brutbeutel der Männchen bei Seenadeln oder im streng bewachten Nest bei Stichlingen bis zur Bewachung von Eiballen bei Seeskorpionen oder von einzeln auf Substrat festgesetzten Eiern bei Grundeln. Andere Arten lassen ihre Brut unbewacht, wenngleich die Eier z.T. sehr gezielt an geeignetem Platz abgelegt werden und sich dort zwischen Bewuchs verhaken (Hornhecht) oder am Substrat festkleben (Hering).

Die im Fischereiertrag vorherrschenden marinen Massenfischarten betreiben meist keine Brutpflege. Sie zeichnen sich vielmehr durch eine besonders **hohe Fruchtbarkeit** aus und entlassen ihre große Anzahl kleiner Eier ungeschützt ins freie Wasser hinein. Durch die Wahl der Laichzeit und des Laichplatzes ist zwar Vorsorge für durchschnittlich günstige Entwicklungsbedingungen getroffen; aber die sehr kleinen, nur etwa Millimeter großen Eier und auch die noch recht empfindlichen frühen Larvenstadien sind sehr unsicheren, für das planktische Leben typischen Bedingungen und vielfältigen Sterblichkeitsursachen ausgesetzt. Die hohe Fruchtbarkeit, die mit dem Alter der Fische noch zunimmt, stellt eine Anpassung an die generell hohe Sterblichkeit der frühen planktischen Jugendstadien dar und ermöglicht unter günstigen Entwicklungsbedingungen einen schnellen Bestandsaufbau, auch aus einem sehr kleinen Elternbestand heraus. Die Unsicherheiten und jährlichen Variationen in den Entwicklungsbedingungen führen jedoch zu großen Schwankungen in der Stärke der einzelnen Nachwuchsjahrgänge, so daß Vorhersagen über die künftige Bestandsentwicklung und eine Optimierung des Fischereimanagements dadurch außerordentlich erschwert werden.

In der Ostsee ist die Fruchtbarkeit mariner Fischarten im Vergleich zur Nordsee noch weiter erhöht. Dies gilt sowohl für die Anzahl als auch für das Gesamtgewicht (die Trockenmasse) an Eiern, die insgesamt pro Einheit Körpergewicht gebildet wird. Jedes einzelne Ei weist dabei jedoch eine reduzierte Trockenmasse auf. Da die pelagischen Eier gleichzeitig größer sind als in der Nordsee, haben sie ein geringeres spezifisches Gewicht und damit eine erhöhte Schwebfähigkeit als Anpassung an den reduzierten Salzgehalt in der Ostsee. Die Anpassungsmöglichkeiten sind jedoch begrenzt und stellen einen begrenzenden Faktor für die Ausbreitung mariner Arten mit pelagischen Eiern in die inneren, zunehmend ausgesüßten Bereiche dieses Lebensraumes dar. Die Aussage der erhöhten Fruchtbarkeit mariner Fische in der Ostsee bezieht sich auf Individuen gleicher Größe und muß im Zusammenhang mit einem gleichzeitig reduzierten Wachstum dieser Arten im Brackwassermilieu gesehen werden. Die Individuen erreichen hier nur ein geringeres Endgewicht, so daß die insgesamt pro Individuum erzeugte Anzahl oder Masse an Eiern geringer bleibt als in rein marinen Bereichen, obwohl relativ mehr Energie für die Fortpflanzung aufgewendet wird.

Die vom Gewichtsertrag her wichtigsten marinen Nutzfischarten Hering, Sprotte und Dorsch sind mit ihrer Reproduktionsbiologie jeweils in sehr spezifischer Weise in die unterschiedlichen Teilbereiche des Ökosystems Ostsee eingebunden und stehen gleichzeitig in einer engen Wechselbeziehung miteinander. Die Ökologie ihrer frühen, planktischen Lebensstadien stellt einen wesentlichen Schlüssel zum Verständnis ihrer Bestands- und Ertragsentwicklung in diesem Lebensraum dar.

Die **Heringe** (*Clupea harengus* L.) unterscheiden sich in ihrer Fortpflanzungsstrategie besonders auffällig von den meisten marinen Nutzfischarten und damit auch von Sprotte und Dorsch: Ihre Eier entwickeln sich nicht frei im Wasser schwebend (pelagisch), sondern an Substrat festgeklebt. Sie sind somit auf Laichplätze mit ausreichendem Wasseraustausch für eine gute Sauerstoffversorgung der Eier angewiesen. An den Salzgehalt stellen die in küstennahen Gewässern lebenden Heringsformen dagegen keine hohen Ansprüche. Sie sind dementsprechend in der gesamten Ostsee vertreten, wo sie eine Vielzahl mehr oder weniger deutlich getrennter lokaler Bestände bilden (vgl. Kap. 7.2.2). Die stark aufgefächerte Bestandsstruktur wird getragen von der für Bodenlaicher relevanten morphologischen Vielgestaltigkeit des Lebensraumes, den lokalen Unterschieden in den hydrographischen Bedingungen mit Einfluß auf Entwicklungserfolg, Wachstum und Reifezyklus und vom ausgeprägten Instinkt der erwachsenen Tiere, immer wieder dasselbe Laichgebiet aufzusuchen, in dem sie selbst aus dem Ei geschlüpft sind.

In der Ostsee dominieren gegenwärtig die Frühjahrsheringe (vgl. Kap. 7.2.2). Sie laichen bei einer Temperatur im Bereich von 2 bis 9 °C auf Bewuchs oder festem Substrat im unmittelbaren Küstenbereich in Wassertiefen von wenigen Metern. Bei ihrer Laichwanderung und der Laichplatzsuche orientieren sie sich außer an der Wassertiefe besonders an Temperatur- und

Salzgehaltsgradienten und streben generell in ausgesüßte Bereiche hinein (Kils 1987). Dabei dringen sie z.T. sehr weit bis in innerste Buchten- und Fördenbereiche ein, wo sie noch bei Salzgehalten bis hinab zu 5 ‰ erfolgreich ablaichen können. Die Eier benötigen für ihre Entwicklung bis zum Schlupf je nach Temperatur etwa 1 bis 4 Wochen. Der Entwicklungserfolg ist in dieser Zeit außer vom Wegfraß sehr wesentlich von der Sauerstoffversorgung abhängig, beeinflußt vor allem durch Strömung, Qualität des Substrates, Packungsdichte der Eier und Sedimentation. Die Larven wachsen bei meist gutem Nahrungsangebot rasch heran und formen im Sommer bereits Jungfischschwärme, deren weitere Entwicklung quantitativ nur schwer zu erfassen ist. Offenbar kann es jedoch trotz der generell hohen Produktivität im unmittelbaren Küstenraum aufgrund ausgeprägter zeitlicher Variationen in den Zooplanktonbeständen vorübergehend durchaus auch zu einem Mangel an Nahrung geeigneter Größe und Qualität kommen (Schnack u. Böttger 1981). Die jüngsten Larvenstadien können durch eine frühzeitig in der Saison einsetzende Quallen-Entwicklung einer erheblichen Wegfraßsterblichkeit ausgesetzt sein (Möller 1980).

Die **Sprotten** (*Sprattus sprattus*) haben pelagische Eier wie die Dorsche. Sie können sich dennoch aufgrund besonders hoher Schwebfähigkeit ihrer Eier bei sehr niedrigen Salzgehalten, bis hinab zu 6 ‰, erfolgreich fortpflanzen. Abweichend vom Hering laichen die Sprotten meist nicht in Küstennähe, sondern im Oberflächenwasser des offenen Seebereiches, vor allem in den Gebieten der tiefen Becken. Ihre Laichgebiete sind weiter ausgedehnt und weisen keine so kleinräumigen Bestandsstrukturen wie beim Hering auf. Dennoch werden auch von dieser über die gesamte Ostsee verteilten Art mehrere lokale Bestände beschrieben, die sich in Fruchtbarkeit, Wachstum und Sterblichkeit unterscheiden. Eine sichere Abgrenzung der einzelnen Teilbestände ist jedoch schwierig, so daß für Fragen des Fischereimanagements gegenwärtig nur der Gesamtbestand betrachtet wird.

Die Sprotte hat als südlich orientierte Art (vgl. Kap. 6.4.1) zwei für die Reproduktionsbiologie und die Bestandsentwicklung in der Ostsee bedeutende Eigenschaften:

- Sie ist Portionslaicher, bei dem die Einzelfische die Eiproduktion einer Saison nicht innerhalb eines kurzen Zeitraumes ablaichen, sondern in einzelnen Portionen über einen längeren Zeitraum hinweg abgeben;
- die Eier sind für diesen Lebensraum relativ kälteempfindlich, sie benötigen für eine erfolgreiche Entwicklung Temperaturen über etwa 5 °C.

Die Gesamtfruchtbarkeit ist bei Portionslaichern schwer einzuschätzen und von den Umwelt- und Ernährungsbedingungen der adulten Tiere nicht nur während der Gonadenreifung, sondern auch noch während der Laichzeit abhängig. Angaben zur Fruchtbarkeit in der Größenordnung von 6 000 bis 10 000 Eier pro Weibchen stellen nach neueren Ergebnissen offenbar Unterschätzungen dar. Die Weibchen sollen während einer Saison, die in der zentralen Ostsee etwa von März bis Juli dauert, 8 bis 11 Laichportionen von jeweils etwa 1 000 bis 5 000 Eiern produzieren. Diese werden im tageszeitlichen Rhythmus, bevorzugt in der zweiten Nachthälfte, in den oberen 20 m abgelaicht. Sie können sich dann in der gesamten Wassersäule innerhalb und oberhalb der permanenten Dichtesprungschicht entwickeln, sofern der Salzgehalt noch über 6 ‰ liegt (Abb. 107). Die hohe Schwebfähigkeit der Eier bewirkt, daß ihr Entwicklungserfolg nicht so sehr von der kritischen Sauerstoffversorgung des salzreichen Tiefenwassers abhängig ist. Dagegen können niedrige Wintertemperaturen, die im Zwischenwasser oberhalb der Sprungschicht noch weit ins Jahr hinein erhalten bleiben (Wieland 1995), einen erheblichen Einfluß haben. Die vertikale Verteilung der Eier, die sich meist auf einen Tiefenbereich oberhalb der Sprungschicht konzentriert, kann sich in kalten Jahren auf einen sehr engen Bereich an der Grenze zum wärmeren Tiefenwasser beschränken und dann gegebenenfalls auch von Sauerstoffmangel beeinflußt werden (Abb. 107 oben). Ergänzend zur Wirkung dieser abiotischen Faktoren ist auch die Zehrung durch planktonfressende Tiere von der Vertikalverteilung der Eier abhängig. In der zentralen Ostsee sind vor allem Hering und Sprotte als Räuber planktischer Fischbrut zu nennen. Bei den Eiern der Sprotten wirkt sich diese Zehrung, anders als beim Dorsch (s.u.), aufgrund ihrer oberflächennahen Verteilung offenbar nur in geringerem Maße aus. Auch die Larven werden generell nur in geringer Anzahl aufgenommen.

Der **Dorsch** (*Gadus morhua* L.) ist eine Grundfischart und Räuber für die beiden zuvor genannten pelagischen, planktonzehrenden Arten. Er kommt ebenfalls in der gesamten Ostsee vor, sein möglicher Reproduktionsbereich ist hier jedoch deutlich eingeschränkt und in besonderer Weise abhängig von der Salzgehaltsverteilung (s.u.). Als nördlich orientierte Art ist er dagegen besser an kältere Temperaturen angepaßt als die Sprotte. Innerhalb der eigentlichen (zentralen) Ostsee tritt der Dorsch als eigene Formvariante (*Gadus morhua callarias* L.) in einem großen zusammenhängenden Bestand auf, dessen Laichplätze sich auf die tiefen Becken dieses Gebietes konzentrieren (Abb. 108). (Die klare Trennung der Laichplätze beruht allein auf der Beckenstruktur und Salzgehaltsverteilung; sie ist nicht Ausdruck einer weiteren Bestandsaufgliederung.) Nach morphologischen und biochemischen Kriterien läßt dieser Bestand sich recht gut von einem Bestand der atlantischen Form (*G. m. morhua*) in der westlichen Ostsee trennen. Die Grenze zwischen beiden Beständen liegt etwa bei Bornholm. Trotz generell recht ausgedehnter Wanderungen dieser Tiere innerhalb ihres Lebensraumes findet offenbar nur ein geringer Bestandsaustausch über die genannte Grenze hinweg statt. Die Abgrenzung des westlichen Ostseebestandes zum Skagerrak- und Nordseegebiet hin erscheint dagegen weniger eindeutig.

Generell sind die Dorsche in ihrer Fortpflanzungsbiologie mit ebenfalls portionsweiser Abgabe pelagischer Eier den Sprotten ähnlicher als den Heringen. Sie haben jedoch eine deutlich höhere Fruchtbarkeit, die in der Ostsee je nach Alter meist in einem Bereich zwischen 0,5 und 2 Mio. Eiern pro Weibchen variiert. Aufgrund geringerer Schwebfähigkeit der Dorscheier im Vergleich zur Sprotte und der ebenfalls vom Salzgehalt abhängigen Bewegungsfähigkeit der Spermien benötigt der Dorschbestand der zentralen Ost-

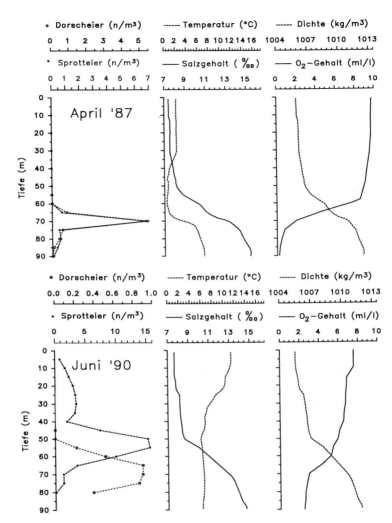

Abb. 107. Vertikalverteilung von Dorsch- und Sprotteneiern bei unterschiedlichen hydrographischen Bedingungen im Bornholmbecken. *April 1987* Bei sehr niedriger Temperatur im Zwischenwasser und Sauerstoffmangel im Tiefenwasser ist die Vertikalverteilung der Eier beider Arten auf den gleichen engen Tiefenbereich innerhalb der permanenten Dichtesprungschicht begrenzt und reicht zum überwiegenden Teil in den Bereich unzureichender Sauerstoffversorgung hinein (< 2 mlO₂/l). *Juni 1990* Bei relativ hohen Temperaturen im Zwischenwasser erlaubt die Schwebfähigkeit für Sprotteneier eine ausgedehnte Vertikalverteilung oberhalb der Dichtesprungschicht, die Ausdehnung in das sauerstoffarme Tiefenwasser ist gering. Die Dorscheier bleiben aufgrund ihrer geringeren Schwebfähigkeit auf den Tiefenbereich der Sprungschicht konzentriert, mit einem überwiegenden Anteil im Bereich unzureichender Sauerstoffversorgung. (Nach Wieland u. Zuzarte 1991)

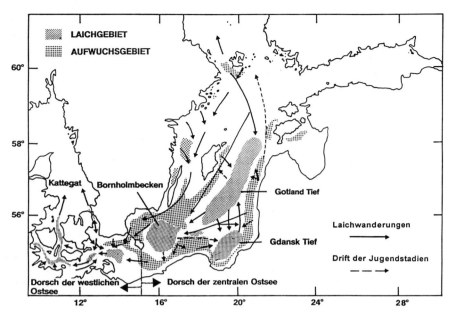

Abb. 108. Verteilung der Laich- und Aufwuchsgebiete für Dorsche in der Ostsee. (Aus Köster 1994)

see einen Salzgehalt von über 11 ‰ für eine erfolgreiche Fortpflanzung (Westin u. Nissling 1991). Diese Werte sind im Oberflächenbereich nicht anzutreffen, sondern treten erst an der Grenze zum salzreichen Tiefenwasser auf (vgl. Kap. 4.4). Die Eier konzentrieren sich dort überwiegend auf den Salzgehaltsbereich von 11 bis 14 ‰, innerhalb und unterhalb der permanenten Sprungschicht. In der maximalen Ausdehnung werden sie etwa zwischen 9,5 und 16,5 ‰ angetroffen (Wieland 1995; Abb. 109). Der Konzentrationsbereich kann regional und jährlich etwas variieren, da die Schwebfähigkeit der Eier auch vom jeweiligen Salzgehaltsniveau während der Eireifung im Ovar und beim Ablaichen abhängig ist.

Aufgrund der Ansprüche an den Salzgehalt können sich die Dorscheier in der zentralen Ostsee nur in den tiefen Becken erfolgreich entwickeln. Gleichzeitig ist jedoch die Sauerstoffversorgung des Tiefenwassers dort sehr problematisch (vgl. Kap. 4.4). Die Chancen für einen guten Entwicklungserfolg der Eier als Grundlage für eine erfolgreiche Reproduktion des Bestandes erscheinen somit in kritischer Weise von den Wasseraustausch-Prozessen mit der Nordsee abhängig. Experimentelle Untersuchungen haben gezeigt, daß bei Sauerstoffgehalten unter 5 ml/l die Überlebensrate der Eier deutlich absinkt und unter 2 ml/l die Eier frühzeitig absterben. Betrachtet man letzteren Wert als Grenzwert für einen möglichen Reproduktionserfolg, dann hat sich das in der Ostsee verfügbare „Reproduktionsvolumen" für den Dorsch während der letzten Dekade mit anhaltender Stagnationsphase soweit reduziert, daß schließlich nur noch im Bornholmbecken eine Nachwuchspro-

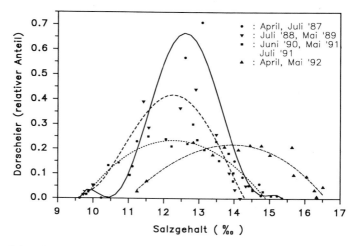

Abb. 109. Relative Häufigkeit der Dorscheier in Abhängigkeit vom Salzgehalt zu unterschiedlichen Aufnahmeterminen. Bei generell höherem Salzgehalt während der Eireifung im Ovar und beim Ablaichen 1992 war die Schwebfähigkeit der Eier vermindert und die Vertikalverteilung der Eier zu höheren Salzgehalten hin verschoben. (Aus Wieland 1995)

duktion möglich war und auch dort meist ein überwiegender Teil der Eier in Tiefen mit unzureichendem Sauerstoffgehalt auftrat.

Der kontinuierlich über das letzte Jahrzehnt abnehmende Rekrutierungserfolg des Bestandes (vgl. Kap. 7.2.2) wird aus der hydrographischen Entwicklung bei der gegebenen Vertikalverteilung der Eier verständlich. Dennoch liegt kein einfacher Zusammenhang allein mit den Sauerstoffbedingungen in den Laichgebieten vor. Die ausgeprägten Einstromlagen und verbesserten Sauerstoffbedingungen seit 1991 (vgl. Kap. 4.4) haben nicht unmittelbar zu besonders guten Nachwuchsjahrgängen geführt. Dies zeigt, daß andere Einflußfaktoren (z.B. Nahrungsangebot, Wegfraßsterblichkeit) in ihrer Bedeutung stärker in den Vordergrund rücken, wenn der eine dominierende Faktor Sauerstoff zurücktritt. Über das mögliche Nahrungsangebot der Larven gibt es für den Ostseebereich bisher nur generelle Informationen. Da saisonale Änderungen in der Artenzusammensetzung und Verteilung des potentiellen Nahrungsangebotes auftreten, können auch Änderungen in der Laichzeit der Dorsche, wie sie in den letzten Jahren im Bornholmbecken beobachtet wurden, für den Entwicklungserfolg eine besondere Rolle spielen. Von ursprünglich maximaler Laichintensität in den Monaten April und Mai trat bei dem stark reduzierten Laichbestand ab 1990 eine Verschiebung des Maximums zum Juni und Juli hin auf (Wieland 1995). In Bezug auf die Wegfraßsterblichkeit der Eier könnte sich hieraus ein positiver Effekt für den Bestand ergeben. Im Bornholmbecken sind es im wesentlichen die Sprotten und zum geringeren Teil auch Heringe, die an den Dorscheiern zehren. Diese Zehrung erscheint bei den Sprotten vor allem in den Frühjahrsmonaten bedeutend, während sie im Sommer durch Änderungen im übrigen Nahrungsangebot und in ihrer räumlichen Verteilung zurückgeht (Köster 1994).

Der Sprottenbestand zeigte nach 1987 bei relativ warmen Wintern, stabilem durchschnittlichen Rekrutierungserfolg, stark reduzierter Zehrung durch den abnehmenden Dorschbestand und moderater Befischung einen deutlichen Bestandsanstieg (vgl. Kap. 7.2.2). Dieser könnte nun, trotz günstiger Sauerstoffbedingungen, durch starke Zehrung von Eiern einer Erholung des Dorschbestandes entgegenstehen. Bei kalten Wintern könnte sich die Situation durch Rekrutierungsmangel bei Sprotten dann wieder umkehren und durch Erholung des Dorschbestandes ein erhöhter Fraßdruck auf den Sprottenbestand entstehen. Für ein umfassenderes Verständnis und eine quantitative Modellierung des Wechselspiels zwischen den Arten und der Wirkung der Umweltfaktoren bleiben noch viele Detailfragen zu klären. Insbesondere gilt es, das Wander- und Laichverhalten der Elterntiere in Abhängigkeit von der Hydrographie zu erfassen, den Einfluß von Struktur, Kondition, Schadstoffbelastung der Elterntiere und Bedingungen während der Eientwicklung auf die Lebensfähigkeit der frühen Larvenstadien zu prüfen, das Verhalten der Larven und frühen Jungfischstadien, ihre Nahrungsbiologie und Drift in der Bedeutung für den Entwicklungserfolg zu untersuchen. Besonders wichtig und bisher noch weitgehend vernachlässigt erscheint außerdem der Aspekt des Einflusses von Krankheiten und Parasiten auf den Reproduktionserfolg von Beständen.

7.3 Verschmutzung

Jan C. Duinker und Sebastian A. Gerlach

Aus dem Einzugsgebiet der Flüsse, also von den über 70 Mio. Menschen, die dort wohnen, gelangen Schadstoffe, abbaubare organische Substanzen und Nährsalze in die Ostsee. Woher auch immer die Winde wehen, sie transportieren Ammoniak, Stickstoffoxide, Schwermetalle und organische Schadstoffe in die Ostsee, auch von weither, von den Massentierhaltungen, Kraftwerken, Kraftfahrzeugmotoren und Industrien in Westeuropa. Aus geographischen Gründen ist also die Ostsee stärker belastet als andere Meeresgebiete.

Im Oberflächenwasser der zentralen Ostsee beträgt der Salzgehalt ungefähr 7 ‰. Das entspricht einem Mischungsverhältnis von 4 Teilen Süßwasser (0,1 ‰ Salz) mit 1 Teil Meerwasser (35 ‰). In der Ostsee vermischt sich das mit Schadstoffen stark belastete Flußwasser mit dem im Verhältnis dazu schadstoffarmen Nordseewasser, welches durch das Kattegat und die Beltsee einströmt (vgl. Kap. 4.3, 4.4).

Zum Vergleich: im Wassergürtel vor der Nordseeküste ist der Salzgehalt ungefähr 34 ‰. Das enstpricht einem Mischungsverhältnis von nur 1 Teil des mit Schadstoffen belasteten Flußwassers mit 33 Teilen „sauberem" Meerwasser. Darum sind in Fischen von der Nordseeküste die Schadstoffkonzentrationen geringer als in Ostseefischen. Die in der Elbmündung bei 7 ‰ lebenden Fische haben allerdings einen ähnlich hohen Schadstoffgehalt wie die Fische, die bei 7 ‰ im Brackwasser der zentralen Ostsee leben.

Trotz der hohen Schadstoffbelastung des Binnenmeeres Ostsee ist nach den lebensmittelrechtlichen Festlegungen küstenfern gefangener Ostseefisch unbedenklich. Diese Aussage gilt für Menschen, die durchschnittlich 200 g Fisch in der Woche verspeisen. Aber auch Menschen, die mehr Fisch essen als der Durchschnitt, erleiden keinen Schaden. Anders ist es mit Seevögeln, Ringelrobben, Kegelrobben, Seehunden und Schweinswalen. Diese Tiere ernähren sich ausschließlich von Fisch. Eine erwachsene Kegelrobbe wiegt 150 kg und braucht pro Woche 50 kg Nahrung. Sie nimmt mit ihrer Fischnahrung grob gerechnet 100mal mehr Schadstoffe auf als der Durchschnittsbürger der Bundesrepublik Deutschland. Deshalb sind in der Ostsee die fischfressenden Robben nicht bei bester Gesundheit. Möglicherweise

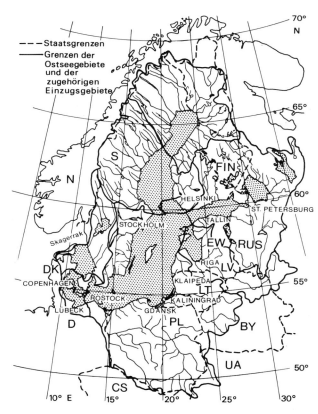

Abb. 110. Einzugsgebiet, aus dem die Flüsse zur Ostsee fließen (vgl. Tabelle 18). (Aus HELCOM 1993b)

Tabelle 18. Untergebiete der Ostsee (Flächen nach Mikulski 1986), zugehörige Einzugsgebiete der Flüsse (nach HELCOM 1993b) und Flußwassereinträge (Mittel der Jahre 1951 bis 1990, nach Bergström u. Carlsson 1993). *BY* Weißrußland, *CS* Tschechische Republik und Slowakei, *D* Deutschland, *DK* Dänemark, *EW* Estland, FIN Finnland, *LT* Litauen, *LV* Lettland, *PL* Polen, *RUS* Rußland, *S* Schweden, *UA* Ukraine

Untergebiet	Fläche km²		Einzugsgebiet km²	km²	Flußwasser km³/Jahr
		FIN	146 000		
		S	131 000[1]		
Bottenwiek	36 260	insgesamt		277 000	98
		FIN	48 000		
Bottensee		S	180 100		
einschl. Archipelsee	79 257	insgesamt		228 100	91
		FIN	107 300		
		RUS	276 100		
		EW	26 400		
		LV	3 500		
Finnischer Meerbusen	29 600	insgesamt		413 300	112
		RUS	23 700		
		EW	17 600		
		LV	48 500		
		BY	25 800		
		LT	16 500		
Rigaer Meerbusen	13 839	insgesamt		132 100	32
		EW	1 100		
		LV	12 600		
		LT	48 800		
		BY	46 900		
		RUS	15 000		
		PL	311 900		
		UA	11 000		
		CS	8 500		
		D	12 600		
		DK	1 200		
		S	84 900		
Zentrale Ostsee	211 096	insgesamt		554 500	114
		D	10 950		
		DK	12 400		
Westliche Ostsee	18 273	insgesamt		23 350	8
		DK	1 700		
		S	2 600[1]		
Öresund	1 848	insgesamt		4 300	
		DK	15 800		
		S	71 600[1]		
Kattegat	22 387	insgesamt		87 400	29
Ostsee insgesamt	412 560			1 720 050	483
Ostsee ohne Kattegat	390 173			1 632 650	454

[1] Einzugsgebiete einschließlich der norwegischen Anteile.

sind sie wegen der Schadstoffe in ihrer Fischnahrung vom Aussterben bedroht. Steigende Schadstoffkonzentrationen im Ostseewasser würden sie
wohl nicht überleben.

Auch wenn einmal für alle Ostsee- und Nordseestaaten dieselben Quali-
tätsstandards für Abwässer und Abgase gelten (vgl. Kap. 7.4.1), auch wenn
es gelingt, überall in den Ostseeländern die Umweltschutzmaßnahmen auf
dasselbe hohe Niveau zu bringen wie in den Anrainerstaaten der Nordsee,
selbst dann werden aus geographischen Gründen die Ostseefische höhere
Schadstoffkonzentrationen haben als die Nordseefische. Dies wird verstärkt
durch die Anreicherung von organischen Schadstoffen in den Sedimenten.
Durch Freisetzung aus dem Sediment wird das Ostseewasser über viele Jahrzehnte auch dann noch mit erhöhten Schadstoffkonzentrationen belastet
sein, wenn die Schadstoffzufuhr mit Flußwasser und über die Atmosphäre
verringert wird. Will man die Schadstoffkonzentrationen im Ostseefisch auf
Nordseeniveau senken, dann muß man im Einzugsgebiet der Ostsee wesentlich strengere Maßnahmen als im Nordseegebiet ergreifen.

Ganz anders sind die Verhältnisse bei den Pflanzennährstoffen. Auf den
ersten Blick mutet die Situation paradox an: aus einem riesigen Einzugsgebiet (Abb. 110 und Tabelle 18) gelangen seit Jahrtausenden naturgegeben
Schwebstoffe, sauerstoffzehrende organische Substanzen und Nährsalze in
die Ostsee. Trotzdem war diese bis 1950 ein oligotrophes, nährsalzarmes
Gewässer. Wegen der Nährsalzarmut im Oberflächenwasser war die Planktondichte gering und das Wasser so durchsichtig, daß man den Meeresboden noch bei einer Tiefe von 10 bis 13 m deutlich erkennen konnte.

Für den von der Natur vorgegebenen „unterernährten" Zustand der Ost-
see gibt es zwei Gründe: Erstens ist das Wasser ganzjährig halin geschichtet.
Auch im Winter vermischt sich das salzreiche Tiefenwasser nicht vollständig
mit dem salzärmeren Oberflächenwasser. Nährsalze, die in absinkenden
Planktonleichen enthalten sind, gehen der Oberflächenschicht verloren.
Zweitens waren früher die meisten zur Ostsee fließenden Flüsse extrem
nährsalzarm und viele sind es noch heute. Denn in weiten Regionen des
Einzugsgebietes besteht der Untergrund aus Granit. Oft ist dort der nähr-
salzarme Boden mit Wald bedeckt. Nur 380 000 km^2 werden landwirtschaft-
lich genutzt. Trotz der Eutrophierungsprozesse in den vergangenen Jahrzehnten sind deshalb die Nährsalzkonzentrationen im Wasser der offenen
Ostsee immer noch geringer als in der zentralen Nordsee.

7.3.1 Eutrophierung

Sebastian A. Gerlach

Seit den 70er Jahren beträgt in der zentralen Ostsee die Sichttiefe nur noch 5
bis 7 m. Es gibt jetzt mehr Partikel, die das Wasser trüben. Das hängt mit der
größeren Menge der Planktonalgen zusammen. Durch die vom Menschen
unbeabsichtigte Düngung mit Phosphor und Stickstoff wurde das Wachstum dieser Algen begünstigt. Mehr abgestorbene Algen sinken in die Tiefe

ab und werden am Meeresboden von Bakterien zersetzt. Dabei wird mehr Sauerstoff als früher verbraucht. Die Nachlieferung von O_2 in die Tiefen der Ostsee konnte den steigenden Verbrauch nicht wettmachen. Denn sie wird naturgegeben durch die ganzjährig vorhandene Salzgehaltssprungschicht behindert.

Diese Abfolge von Nährsalzeintrag, zunehmenden Planktonmengen im Oberflächenwasser und steigendem Sauerstoffverbrauch im Tiefenwasser bezeichnet man als Eutrophierung. Wenn es gelingt, die Nährsalzeinträge zu verringern, dann kann man sich davon eine Verbesserung der Sauerstoffverhältnisse in den Tiefen der Ostsee erhoffen.

1990 hat die Helsinki-Kommission (vgl. Kap. 7.4) in allen Ostseestaaten die **Nährsalzeinträge** messen lassen (Tabelle 19). 592 824 t Gesamt-Stickstoff (Ges.-N) und mehr als 43 098 t Gesamt-Phosphor (Ges.-P) wurden für die Ostsee (ohne Kattegat) ermittelt (HELCOM 1993b). Ältere Abschätzungen von Larsson et al. (1985), die sich auf die Periode 1977–1981 beziehen, ergaben jährlich 741 600 t Ges.-N und 71 800 t Ges.-P (Tabelle 19).

Aus der Differenz darf man aber nicht schließen, daß die Nährsalzeinträge zwischen 1980 und 1990 um 20 % bei Stickstoff und um 40 % bei Phosphor geringer geworden sind. Denn bei Zusammenstellungen der Helsinki-Kommission gehen fehlende Daten als Null-Werte in die Addition der Frachten ein. Larsson et al. (1985) kommen vor allem deshalb zu höheren Frachten, weil sie fehlende Eintragsdaten durch plausible Abschätzungen ergänzten. Für die Ostsee insgesamt läßt sich also leider noch nicht sagen,

Tabelle 19. Einträge vom Land in die Ostsee. *BSB* Biochemischer Sauerstoffbedarf in 5 oder 7 Tagen. Daten über Unterregionen, Einzugsgebiete und Flußwasserzufuhr vgl. Tabelle 18.

		Larsson et al. (1985)			HELCOM (1993b)		
		BSB$_{5/7}$ t O_2/Jahr	Gesamt-P t P/Jahr	Gesamt-N t N/Jahr	BSB$_7$ t O_2/Jahr	Gesamt-P t P/Jahr	Gesamt-N t N/Jahr
Bottenwiek	Gemeinden	4 000	100	1 900	2 731	49	1 630
	Industrie	57 900	200	2 300	18 457	162	1 567
	Flüsse	117 400	2 400	36 900	79 793	2 134	35 034
Bottensee	Gemeinden	5 000	200	3 100	1 796	87	2 338
(einschl.	Industrie	138 000	400	1 700	58 500	495	4 198
Archipelsee)	Flüsse	88 400	1 900	33 500	96 316	2 515	50 855
Finnischer	Gemeinden	34 900	600	8 500	70 027	4 078	30 045
Meerbusen	Industrie	37 200	200	1 100	14 324	70	868
	Flüsse	258 000	4 200	65 900	201 935	7 642	109 530
Zentrale	Gemeinden	109 200	11 700	53 500	> 98 926	3 552	29 721
Ostsee	Industrie	79 200	600	5 700	> 20 199	781	2 745
	Flüsse	566 600	38 200	447 400	631 669 >	1 686	262 102
Öresund und	Gemeinden	75 700	5 500	20 100	28 952	2 522	13 887
westliche	Industrie	55 200	2 200	3 200	> 32 164	224	1 894
Ostsee	Flüsse	63 700	3 400	56 800	> 5 017	1 923	46 412
Ostsee ohne Kattegat	insgesamt	1 690 400	71 800	741 600	>1 360 821	>43 098	592 824

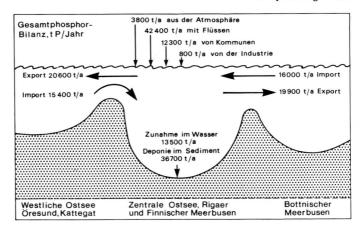

Abb. 111. Phosphor-Bilanz für das Gebiet „Zentrale Ostsee und Finnischer Meerbusen" in der Periode 1977 bis 1981. Angaben in t Ges.-P/Jahr. Das Wasservolumen beträgt 14 780 km³; darin sind (nach Wulff u. Rahm 1988) 564 000 t Ges.-P bzw. 440 000 t Phosphat-P enthalten. (Nach Wulff u. Stigebrand 1989)

ob die seit den 70er Jahren getroffenen Umweltschutzmaßnahmen, ob die vielen in den skandinavischen Ländern gebauten Kläranlagen bereits Wirkung gezeigt haben.

Die atmosphärischen Stickstoffeinträge in das Ostseewasser (einschließlich Kattegat) wurden für die Periode 1986 bis 1990 auf 300 000 t/Jahr geschätzt und bestehen jeweils etwa zur Hälfte aus Nitrat-N und Ammonium-N (HELCOM 1991a). Atmosphärische Stickstoffeinträge stellen also etwa ein Drittel. Sie stammen aus der Viehhaltung, aus den Abgasen der Heizungen und Kraftwerke und von den Kraftfahrzeugmotoren.

Wulff u. Stigebrandt (1989) haben ein **Modell** für das Gebiet „Zentrale Ostsee und Finnischer Meerbusen" entwickelt (Abb. 111). Das Gebiet ist einschließlich Archipelsee 267 000 km² groß. In der Periode 1977 bis 1981 wurden (nach Larsson et al. 1985) jährlich 55 500 t Ges.-P und 582 100 t Ges.-N von Land und 3 800 t P und 252 300 t N aus der Atmosphäre eingetragen (Tabelle 19). Dazu muß man den Import von 15 400 t P/Jahr mit dem vom Kattegat einfließenden Salzwasser hinzurechnen, jedoch den Export von 20 600 t P/Jahr mit zum Kattegat abfließendem salzärmeren Oberflächenwasser abziehen. Das ergibt netto einen Export von 5 200 t Ges.-P/Jahr. Bei Ges.-N beträgt der Nettoexport zum Kattegat 102 400 t/Jahr. Die Westliche Ostsee, der Öresund und das Kattegat werden also gegenwärtig nicht nur unmittelbar durch die Einleitungen von den Anliegerstaaten gedüngt, sondern zusätzlich mit Nährsalzen aus der Zentralen Ostsee. So lassen sich die Veränderungen der Nährsalzkonzentrationen im Fehmarnbelt deuten. Die Konzentrationen waren dort in den 60er Jahren konstant und stiegen erst in den 70er Jahren an (Gerlach 1986, 1989, 1990). Zum Bottnischen Meerbusen hin ergibt die Rechnung netto einen Export von 3 900 t Ges.-P/Jahr und von 11 800 t Ges.-N/Jahr.

In den 70er Jahren stiegen die Phosphatkonzentrationen im Ostseewasser an (vgl. Abb. 44) und die Phosphormenge im Wasser der zentralen Ostsee vergrößerte sich jährlich um 13 500 t. Jährlich 36 700 t P dürften auf den Meeresboden abgesunken sein und wurden dort im Sediment festgelegt. Im Laufe der Jahre hat sich so ein gewaltiges Eutrophierungspotential angesammelt.

Die jährlich 582 100 t Ges.-N, die in der Periode 1977 bis 1981 vom Land her in das Gebiet „Zentrale Ostsee und Finnischer Meerbusen" eingetragen wurden (Tabelle 19), sind zum größten Teil in organischen Verbindungen enthalten. Dazu gehören zwar auch Harnstoff und Aminosäuren, die als Pflanzennährstoffe wirken, aber diese Verbindungen machen nur einen geringen Anteil am organisch gebundenen Stickstoff aus. Stickstoff, der in Huminstoffen gebunden ist, steht nicht unmittelbar als Pflanzennährstoff zur Verfügung. Nur 25 % von den 3 814 000 t Ges.-N im Wasser des Gebietes „Zentrale Ostsee und Finnischer Meerbusen" lagen in Form der Pflanzennährsalze Nitrat, Nitrit und Ammonium vor (Wulff u. Rahm 1988).

Die atmosphärischen Stickstoffeinträge in dieses Gebiet sind auf 252 300 t/Jahr geschätzt worden. Einige Arten der Cyanobakterien („Blaualgen") haben die Fähigkeit, elementaren Stickstoff zu binden und in körpereigenen Aminostickstoff umzusetzen (vgl. Kap. 6.2.1). Diesen biogenen Stickstoffeintrag berechneten Larsson et al. (1985) mit 130 000 t, Melvasalo u. Niemi (1985) mit 80 000 t N/Jahr. Insgesamt dürften über die Atmosphäre und über die N_2-Bindung durch Cyanobakterien also mehr Stickstoffverbindungen in die Ostsee gelangen als die Ammonium- und Nitrateinträge vom Land.

Bei Sauerstoffkonzentrationen unter 0,5 ml/l wird Nitrat-N durch die Tätigkeit denitrifizierender Bakterien aus dem Nährsalzvorrat des Ökosystems Ostsee entfernt. Diese Bakterien setzen Nitrat (NO_3) zu molekularem Stickstoff (N_2) und in geringeren Mengen zu Distickstoffoxid (N_2O) um (vgl. Abb. 44). Für die Gebiete tiefer als 60 m in der zentralen Ostsee (einschließlich Finnischer Meerbusen) wurde eine Denitrifikationsleistung von 470 000 t N/Jahr errechnet (Rönner 1985). Große Stickstoffmengen werden also durch natürliche Prozesse aus dem System Ostsee eliminiert.

Die Kenntnisse der Meereskundler sind aber gegenwärtig noch nicht ausreichend, um eine zuverlässige **Stickstoffbilanz** für die Ostsee zu erstellen. Deshalb läßt sich auch gegenwärtig noch nicht voraussagen, welche Auswirkungen eine Verringerung der vom Menschen stammenden Stickstoffeinträge auf die Eutrophierung der offenen Ostsee haben wird.

Am schnellsten kann man die Auswirkungen von Umweltschutzmaßnahmen in den Küstengebieten verfolgen, denn dorthin gelangen ja zunächst die Phosphor- und Stickstoffeinträge. Zusätzliche Nährsalze begünstigen im Flachwasser das Wachstum von fadenförmigen und anderen schnellwüchsigen benthischen Algen. Dazu gehören auch die Aufwuchsalgen (Epiphyten), die sich auf dem Blasentang (*Fucus vesiculosus*) ansiedeln. Zugleich bewirken die eingeleiteten Nährsalze eine Vermehrung des Phytoplanktons. Durch die im Wasser schwebenden Algenzellen wird das Meerwasser getrübt. Das Sonnenlicht dringt weniger tief ein. Wegen Lichtmangel kann die Großalgenvegetation nicht mehr in größeren Tiefen existieren und wird auf das Flachwasser beschränkt. An Stellen mit geringem Wasserwechsel kommt es im Sommer wegen der erhöhten O_2-Zehrung zu O_2-Mangel. Wo aber keine Sauerstoffprobleme auftreten, nimmt die Zoobenthosbiomasse zu, da die Bodenfauna dank des besseren Pflanzenwachstums reichlicher Nahrung findet (Cederwall u. Elmgren 1990).

Dieses als Eutrophierung bezeichnete Szenario ergab sich überall an den Ostseeküsten, wo Nährsalze vom Land eingeleitet wurden (HELCOM 1993c). Nach dem Bau von Kläranlagen haben sich die Verhältnisse in den Schärengebieten vor Stockholm, Helsinki und anderen Ostseestädten gebessert.

Vor 1950 wurde vermutlich das Pflanzenwachstum in den Küstengebieten vor allem durch Phosphormangel begrenzt. Seit 1950 sind die Phosphorfrachten auf das Vierfache gestiegen. Man beobachtet deshalb vielfach, daß in Küstengebieten Nitrat schneller als Phosphat aus dem Wasser verschwindet und das Pflanzenwachstum begrenzt. Die Eutrophierung der Küstengebiete wurde zwischen 1970 und 1980 besonders auffällig, als auch die Nährsalzkonzentrationen im Wasser der offenen Ostsee stark anstiegen (vgl. Abb. 44).

In dem Wassergürtel zwischen der Küste und der offenen Ostsee verschiebt sich das Nährsalzverhältnis in Richtung Stickstoffverknappung. Im Winterwasser der offenen Ostsee beträgt das molare Verhältnis von Nitrat zu Phosphat 7 bis 9 : 1 und liegt damit weit unter dem in Phytoplanktonzellen vorhandenen Verhältnis 16 : 1. In der offenen Ostsee ist also zu Beginn der Vegetationsperiode der Stickstoff das limitierende Element. Während der Frühjahrsblüte des Phytoplanktons wird der gesamte im Winterwasser vorhandene Nitratstickstoff von den Algen verbraucht. Anschließend sinkt das Phytoplankton an den Meeresboden ab und wird dort von Bakterien remineralisiert. Dabei wird Sauerstoff verbraucht.

Die Ostsee in der ersten Hälfte des Jahrhunderts. Um 1900 brachten wahrscheinlich die Flüsse jährlich nur 6 800 t Ges.-P in die Ostsee (ohne Kattegat). Um die Jahrhundertwende gab es zwar in den Städten bereits das Wasserklosett, damals wurde auch schon mit Guano gedüngt, aber insgesamt war der Einfluß des Menschen noch verhältnismäßig gering. Vermutlich hatte damals der Phosphoreintrag mit Flußwasser ungefähr dieselbe Größenordnung wie der Phosphorimport mit dem einströmenden Nordseewasser. Für 1950 schätzen Wulff u. Stigebrandt (1989), daß die Einträge vom Land mit 15 000 t etwa doppelt so groß waren wie die 8 200 t Ges.-P/ Jahr, die mit Salzwasser aus dem Kattegat importiert wurden. Auf etwas weniger (7 100 t/Jahr) wurde damals der Phosphorexport mit dem zum Kattegat abfließenden salzärmeren Oberflächenwasser geschätzt. Also war auch noch um 1950 die Ostsee ein oligotrophes, ein nährstoffarmes System ohne Nettoexport von Phosphor. Es gab darum nur wenig Phytoplankton. In der Zeit vor 1939 betrug die Wassertiefe, bis zu der eine Secchi-Scheibe gerade noch sichtbar ist, 9,3 m gegenüber 6,5 m in den Jahren nach 1969 (Cederwall u. Elmgren 1990).

Auch in den Jahrzehnten vor 1950 wurde der Ostseeboden unterhalb von 130 m Wassertiefe nur jeweils nach Salzwassereinbrüchen kurzfristig von einer spärlichen Bodenfauna besiedelt. Die Tiere starben wieder ab, wenn der Sauerstoff während der anschließenden Stagnationsperiode knapp wurde. Dagegen lebten im Tiefenbereich von 70 bis 100 m Muscheln am Meeresboden, *Macoma baltica* im mittleren und nördlichen Teil der zentralen Ostsee, *Macoma calcarea* und *Astarte borealis* im Bornholmbecken und im Danziger Becken. Die Anwesenheit von solchen langlebigen Muscheln zeigt längere Perioden mit guten Sauerstoffbedingungen in 70 bis 100 m Tiefe an. Diese besseren Sauerstoffbedingungen vor 1950 gab es nicht nur deshalb, weil die Eutrophierung noch nicht weit fortgeschritten war, sondern auch wegen der hydrographischen Verhältnisse (Abb. 112): vor 1940 war das Ostseewasser weniger salzig als zwischen 1950 und 1980. Der salzarme, gut mit O_2 versorgte Oberflächenwasserkörper reichte weiter nach unten als nach 1950.

Nach 1950 wurden immer mehr Haushalte an die Kanalisation angeschlossen und schickten ihre Abwässer direkt oder über die Flüsse in die Ostsee. Die Landwirtschaft wurde intensiver und verwendete mehr Mineraldünger. Für die Viehmast wurden immer mehr nährstoffhaltige Futtermittel importiert. Die Phosphoreinträge in die Ostsee vervierfachten sich in 30 Jahren und waren um 1980 schätzungsweise achtmal größer als um 1900. Trotzdem stiegen die Phosphatkonzentrationen im Winterwasser der zentralen Ostsee bis 1969 nur geringfügig an. Erst zwischen 1969 und 1978 verdreifachten sie sich von 0,2 auf 0,6 µmol/l (vgl. Abb. 44). Die Stickstoffeinträge verdoppelten sich vermutlich zwischen 1950 und 1980 (Wulff u. Stigebrandt 1989). Zwischen 1969 und 1978 stiegen die Nitratkonzentrationen im Winterwasser von 2 auf 5 µmol/. an. Leider fehlen Meßdaten über das Phytoplankton aus dieser Zeit. Vermutlich vergrößerte sich die Primärproduktion auf das 1,3- bis 1,7fache (Elmgren 1989). Die Biomasse des Copepodenplanktons in der östlichen und südöstlichen Ostsee vermehrte sich um die Hälfte (Behrends et al. 1990). Ob aber auch Heringe und Sprotten von der besseren Ernährungssituation profitierten, ist strittig, denn die stark zunehmenden Fänge wurden mit mehr Fischereiaufwand erzielt (vgl. Kap. 7.2.2).

Wegen der höheren Primärproduktion vermehrte sich seit 1950 die Menge der absinkenden abbaufähigen organischen Substanzen vermutlich um mehr als 60 % (Elmgren 1989). Daraus ergab sich eine entsprechend höhere O_2-Zehrung im Tiefenwasser und am Meeresboden. Wo diese intensiver war als die Nachlieferung von O_2, entstanden Zonen mit Sauerstoffmangel (vgl. Abb. 38). Die Bodenfauna starb in diesen Gebieten ab. Man kann aber die vom Menschen verursachten Einträge von Phosphor und Stickstoff nicht als die alleinige Ursache für den Sauerstoffmangel am Boden der Ostsee brandmarken, da sich auch die hydrographischen Bedingungen in den Jahren 1950 bis 1980 nachteilig für die Sauerstoffbedingungen veränderten.

Vor 1978 befand sich die Ostsee in einer Phase der „Ozeanisierung". Salzwassereinbrüche kamen häufig vor. Die Süßwasserzufuhr mit Flußwasser war verhältnismäßig gering. Zwischen 1969 und 1978 stieg der Salzgehalt um etwa 0,5 ‰ an (vgl. Abb. 34). Die Salzmenge in den 14 780 km³ Wasser in dem Gebiet „Zentrale Ostsee und Finnischer Meerbusen" erhöhte sich in diesen 10 Jahren um etwa 7 300 Mio. t. Das Volumen des salzreichen Tiefenwassers vermehrte sich auf Kosten des salzärmeren Oberflächenwassers (Abb. 112). Die Salzgehaltssprungschicht verlagerte sich dadurch nach oben. Der Meeresboden in 70 bis 100 m Wassertiefe gelangte in den Einflußbereich von Wassermassen, die unterhalb der Salzgehaltssprungschicht liegen und die in Stagnationsperioden von Sauerstoffmangel bedroht sind. Die langlebigen Muscheln starben aus. Nur jeweils nach einem Salzwassereinbruch konnten sich kurzfristig kleine, schnellwüchsige Würmer und Krebse ansiedeln. Diese Bodenfauna starb aber jeweils nach 1 bis 2 Jahren wieder ab, wenn der Sauerstoff aufgebraucht war.

Letztmalig im Mai 1977 war das gesamte Tiefenwasser gut mit Sauerstoff versorgt und frei von Schwefelwasserstoff. Zwischen 1976 und 1993 gab es dann keine größeren Salzwassereinbrüche mehr (vgl. Kap.4.4). Die Dekade 1981 bis 1990 brachte mit 526 km³/Jahr die höchsten Flußwassereinträge, die seit 1921 gemessen wurden (Bergström u. Carlsson 1993). Der Salzgehalt im Ostseewasser verringerte sich um etwa 0,5 ‰. Parallel dazu verringerte sich auch wieder das Volumen des Tiefenwassers (Abb. 112). Das Zentrum der Sprungschicht verlagerte sich zwischen 1977 und 1987 von 69 auf 77 m Wassertiefe (Matthäus 1990a). Die in diesem Tiefenbereich liegenden Flächen des Meeresbodens, die bis dahin unter Sauerstoffmangel zu leiden hatten,

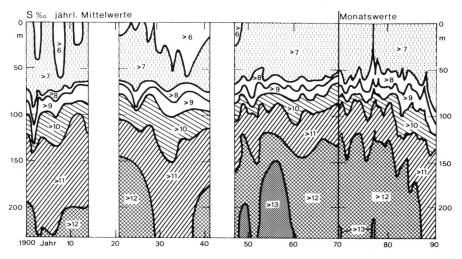

Abb. 112. Veränderungen der Tiefenstruktur des Salzgehaltes an der Station Gotlandtief. *Links* Jahresmittel des Salzgehaltes 1900 bis 1970. Jeweils zwischen 1930 und 1950 und zwischen 1960 und 1980 verlagerte sich das Zentrum der Salzgehaltssprungschicht nach oben. (Nach Fonselius aus Grasshoff 1975). *Rechts* Monatsmittel des Salzgehaltes 1970 bis 1990. Seit 1978 verlagerte sich die Salzgehaltssprungschicht wieder nach unten. (Nach Andersson et al. 1992 u. Gerlach 1994).

gelangte in den Einflußbereich des in der Regel gut mit O_2 versorgten Wasserkörpers oberhalb der Sprungschicht (Gerlach 1990). Die Sauerstoffverhältnisse verbesserten sich oberhalb von 100 m Wassertiefe. Es gibt inzwischen erste Anzeichen einer Wiederbesiedlung mit Bodentieren.

Seit 1978 sind die Phosphatkonzentrationen im Oberflächenwasser nicht weiter angestiegen (vgl. Abb. 44). Liegt das daran, daß die Einträge vom Land nicht weiter stiegen, daß sie inzwischen vielleicht sogar rückläufig sind? Wahrscheinlicher sind Auswirkungen der veränderten hydrographischen Bedingungen, also veränderte Austauschvorgänge zwischen nährstoffreichem Tiefenwasser und nährstoffarmem Oberflächenwasser. Es handelt sich also wohl um Klimawirkung.

Wenn der Salzgehalt in der Ostsee klimabedingt weiter sinkt, wenn sich das Volumen des sauerstoffarmen Tiefenwassers weiter verringert, wenn die Salzgehaltssprungschicht sich auch in Zukunft weiter nach unten verlagert, dann könnten sich die hydrographischen Verhältnisse denen in der Zeit vor 1940 nähern, als die Sauerstoffkonzentrationen in 70 bis 100 m Wassertiefe verhältnismäßig hoch waren (Abb. 112). Ob sich dann auch wieder langlebige Muscheln ansiedeln werden, weil es dort regelmäßig und langfristig wieder O_2 im Wasser über dem Meeresboden geben wird? Wohl kaum, denn der Sauerstoffmangel am Meeresboden der Ostsee wird nicht nur vom Klima gesteuert, sondern auch durch die Eutrophierung. Eine dauerhafte Verbesserung der Verhältnisse wird nur nach einer Verringerung des Nährsalzeintrags erfolgen.

7.3.2 Schadstoffe und ihre Auswirkungen

DETLEF SCHULZ-BULL und JAN C. DUINKER

In der marinen Umwelt sind Tausende von chemischen Substanzen vorhanden. Viele dieser Stoffe kommen natürlich vor, andere sind ausschließlich anthropogenen Ursprungs. Wenn sie in über den natürlichen Werten liegenden Konzentrationen vorkommen, werden sie als „Kontaminanten" bezeichnet. Sind schädliche Effekte von chemischen Substanzen nachgewiesen, gelten diese als Schadstoffe.

Nur wenige anorganische Substanzen sind als Schadstoffe anzusehen. Dennoch kann es lokal durch (anthropogene) Einträge zu sehr stark erhöhten Gehalten und schädlichen Wirkungen kommen, wie z.B. durch hohe Phosphateinträge. Durch hohe Konzentrationen im Abwasser der Titandioxidproduktion kam es z.B. zum Absterben der benthischen Fauna in der nördlichen Ostsee. In vielen Fischen wurden erhöhte Gehalte von Spurenelementen und solche von Chrom in Seehunden festgestellt. Toxische Wirkungen von Spurenelementen sind in den gefundenen Konzentrationen in Fischen und Seehunden aber nicht nachweisbar (HELCOM 1993a).

Durch die besondere Situation des Wasseraustausches in der Ostsee sind die Einträge von Nährstoffen, die zu lokalen Sauerstoffmangel-Situationen führen, besonders bedeutend (vgl. Kap. 5.1.3).

Sehr viel komplexer ist die Situation bei den organischen Stoffen. Die meisten natürlichen organischen Substanzen sind nicht als Schadstoffe anzusehen. Ausnahme sind z.b. Algentoxine, deren Auftreten in der Ostsee relativ häufig beobachtet wird. Die für die Meeresumwelt bedeutendsten Schadstoffe sind anthropogene organisch-chemische Substanzen, die durch industrielle Produktion und Verbrennungsprozesse über die Atmosphäre und Flüsse in die Meere gelangen.

Dazu zählen **Erdölkohlenwasserstoffe** (n-Alkane) und polycyclische Aromaten (PAH). Die toxischen PAH sind zum Teil relativ stark vertreten. Bei großen lokalen Einträgen (Tankerunfälle, industrielle Aktivitäten, Flußmündungen) sind direkte lethale Wirkungen (Massensterben) auf benthische Organismen und Meeresvögel zu beobachten. In der Ostsee sind außer in Flußmündungen kaum erhöhte Erdölgehalte gefunden worden. Die letzten größeren Tankerunfälle fanden in den Jahren 1979 (6 000 t) und 1981 (5 000 t) statt (HELCOM 1993a). Trotz der relativ niedrigen Erdölkohlenwasserstoff-Konzentrationen in der Ostsee könnten diese Stoffe durch ihr Akkumulationsvermögen zu langfristigen biologischen Veränderungen, besonders im benthischen Bereich, führen.

Pro Jahr werden global über hunderttausend Tonnen von **Halogenkohlenwasserstoffen** produziert, hierunter sind die bedeutendsten: flüchtig chlorierte Verbindungen (Freone), chlorierte Paraffine, Chlorbenzole, chlorierte Phenole und halogenierte polyaromatische Verbindungen. Zu dieser letzten Gruppe gehören u.a.: PCB (Polychlorbiphenyle), PCDD (Polychlordibenzo-p-Dioxine, z.B. 2,3,7,8-TCCD), PCDF (Polychlordibenzofurane) und Pestizide (z.B. DDT, DDD, DDE).

Viele halogenierte Kohlenwasserstoffe besitzen die drei Eigenschaften, die eine anthropogene organische Verbindung als „**Schadstoff**" identifizieren: Persistenz, Akkumulation in Organismen und toxische Wirkung. Hierbei ist der Nachweis der Toxizität aus Laborexperimenten häufig schwierig, da diese Effekte von der tatsächlichen Konzentration in der Umwelt und von gegenseitigen Beeinflussungen der Stoffe untereinander abhängig sind.

In der marinen Umwelt konnten bisher nur relativ wenige der oben angeführten Substanzen identifiziert werden. Dennoch stellen die halogenierten Kohlenwasserstoffe und ihre Metabolisierungsprodukte die potentiell wichtigsten Schadstoffe dar. In der Ostsee wurden viele grundlegende Arbeiten der Erforschung von chlorierten Kohlenwasserstoffen (besonders von DDT und PCB) durchgeführt. Dem schwedischen Wissenschaftler Sören Jensen gelang 1966 bei der Untersuchung von Seehunden erstmals der Nachweis von PCB in der Umwelt. In den letzten Jahren wurden viele Studien zur Belastung der Ostsee mit chlorierten Dioxinen durchgeführt. Der Schwerpunkt der meisten Untersuchungen lag auf der Bestimmung der Schadstoffgehalte in höheren marinen Organismen (Fische, Vögel, Seehunde). Diese Arbeiten führten dazu, daß die Ostsee als eines der am stärksten belasteten Meeren angesehen wird.

In nationalen und internationalen Überwachungsprogrammen wird den organischen Schadstoffen eine hohe Bedeutung zugewiesen (Environmental

Protection Agency, USA, EG-Liste von gefährlichen Stoffen). Dennoch sind meistens keine Messungen von organischen Schadstoffen in den Meßprogrammen zwingend vorgeschrieben. Der Grund hierfür liegt in der komplizierten Analyse und Beurteilung der Toxizität dieser Stoffe. Zudem ist bisher zu wenig über die Einträge und Transportprozesse (Atmosphäre-Wasser-Partikel-Sediment) von chlorierten Kohlenwasserstoffen bekannt.

Die chlorierten Biphenyle (CB) sind aufgrund der Variabilität ihrer physikalisch-chemischen Parameter als Modellsubstanzen zur Untersuchung von Prozessen (u.a. Transport, Anreicherung in Nahrungsketten und Metabolisierung) am besten geeignet. Bestimmte CB haben außerdem mit dem TCDD vergleichbare Strukturmerkmale und Toxizität. Durch ihre relativ hohen Gehalte sind CB deshalb vermutlich die chemischen Komponenten mit der größten ökologischen Bedeutung. Diese Stoffklasse wird im folgenden exemplarisch diskutiert.

Die Konzentrationen von organischen Schadstoffen im Meerwasser sind sehr niedrig, üblicherweise unter 10^{-9} g/l, da diese Stoffe meist nur eine geringe Wasserlöslichkeit haben. Die Verteilung zwischen Wasser, Partikeln und Sediment ist durch Gleichgewichtszustände gegeben, die aufgrund des lipophilen Charakters weit auf der Seite der partikulären Phase liegen. Trotz der relativ niedrigen Konzentrationen im Vergleich mit Organismen sind die Gehalte im Wasser, in Partikeln und im Sediment von sehr großer Bedeutung. Die Konzentrationen im Wasser sind die Ausgangswerte für die Bioakkumulation in den marinen Organismen. Weiterhin sind hohe Schadstoffgehalte im Wasser am besten geeignet, um Schadstoffquellen zu identifizieren. Organische Spurenstoffe müssen aus Meerwasser sehr stark angereichert werden (aus mehreren 100 Litern), um sie nachweisen zu können. In den letzten 10 Jahren sind moderne Techniken entwickelt worden, die es ermöglichen, auch geringste Mengen verläßlich zu bestimmen. Hierdurch sind die Voraussetzungen gegeben, daß zukünftig die Mechanismen der Schadstoffverteilung, der Aufnahme durch Organismen und ihre Effekte besser verstanden werden.

Die organischen Schadstoffgehalte im Wasser der Ostsee wurden erst seit etwa 1990 verläßlich bestimmt. Frühere Untersuchungen wurden mit unzureichenden Techniken durchgeführt (Kontaminationen), oder die Ergebnisse ergaben, daß die gesuchten Schadstoffe nicht nachweisbar waren.

Aufgrund der oben erwähnten Verteilungsprozesse sind die Konzentrationen von Schadstoffen im Wasser selbst sehr niedrig, obwohl die Ostsee aufgrund der hohen Schadstoffgehalte in den Organismen als sehr stark belastetes Gebiet angesehen wird. Dies liegt daran, daß durch die hohen Partikelgehalte die Schadstoffe gebunden und aus dem Wasser ins Sediment entfernt werden. So wird für PCB geschätzt, daß nur etwa 1 % der Gesamtmenge im Wasser (incl. suspendierte Partikel) vorliegen, der überwiegende Teil ist in den Oberflächensedimenten gebunden. Aufgrund der geringen Wassertiefen sind die Schadstoffe im Ostseesediment aber nicht der marinen Nahrungskette entzogen, sondern stehen in ständigem Gleichgewicht mit den Organismen und dem Wasserkörper.

Tabelle 20. Konzentrationsbereiche für organische Schadstoffklassen in der Ostsee

	PCB	DDT	TCDD	PAH
Wasser [pg/l]	1–250	0,2–10	0,05	100–500
Partikel [pg/l]	1–2500	–	0,2	50–400
Sediment [ng/g]	1–10	0,5	–	–
Plankton [µg/kg]	20–80	1–6	–	–
Invertebraten [µg/kg]	50–200	2–10	–	–
Hering [mg/kg] (TCDD in pg TEQ[1]/g)	0,1–2	0,2–1	1–20	–
Seehund [mg/kg]	2–15	1–20	–	–

[1] Toxic Equicalent Factor

In der Tabelle 20 sind die Konzentrationsbereiche der wichtigsten Chlorkohlenwasserstoffe und der PAH in der Ostsee zusammengefaßt. Die PCB haben wahrscheinlich die im ökologischen Sinne größte Bedeutung. Im Vergleich mit anderen Meeren (Nordsee, Mittelmeer, Atlantik) ist die Ostsee stark mit Schadstoffen belastet, auch wenn sehr hohe Werte, wie zum Beispiel in den Flußmündungen von Rhein und Elbe, in der Ostsee nicht gefunden wurden.

Die Gehalte von CB im Wasser und Partikeln der Ostsee wurden vom Institut für Meereskunde Kiel im November 1989 und April/März 1991 gemessen. Die höchsten Konzentrationen an Chlorbiphenylen wurden im Kattegat und den angrenzenden Gebieten gefunden (200 pg/l). Eine weitere Schadstoffquelle befand sich im Finnischen Meerbusen (150 pg/l). Entsprechende Beobachtungen wurden früher auch für Organismen gemacht. Besonders wichtig in bezug auf die Verteilung der CB war die biologische Situation der Ostsee während der Beprobung. In Gebieten, in denen die Frühjahrsblüte eingesetzt hatte, waren nur noch sehr wenig CB in der Wasserphase nachweisbar; die an Partikel gebundenen Mengen waren höher. Während der November-Expedition lagen die CB hauptsächlich in der gelösten Phase vor und waren in der Ostsee einheitlicher verteilt.

Im Gegensatz zur geringen Wasserlöslichkeit sind **apolare organische Stoffe in Geweben und Organen von Tieren** sehr gut löslich. In Organismen, die über Kiemen oder die Haut in direktem Kontakt mit dem umgebenden Meerwasser stehen, bestehen Verteilungsgleichgewichte zwischen Wasser und den Lipiden des Tieres. Hierdurch ist eine Aufnahme oder Abgabe von Schadstoffen möglich. So erreichen die PCB-Gehalte in Algen und Muscheln der Ostsee Werte von 1 bis 40 µg/kg Trockengewicht (als Summe der gemessenen Komponenten). Zwar werden in der Ostseeregion unterschiedliche Gehalte mit zum Teil höheren Werten in der zentralen Ostsee als in den Küstengebieten beobachtet. Die Datenbasis ist aber noch nicht ausreichend, um regionale Quellen zu belegen. Eindeutig ist aber, daß seit etwa 1960 eine Abnahme besonders der DDT- und auch der PCB-Gehalte zu verzeichnen ist (HELCOM 1993a). Zwischen 1972 und 1989 sind in Heringen aus der südlichen Ostsee die DDT-Gehalte von 25 bis auf 5 mg/kg Lipid-Gewicht zurückgegangen; für PCB betrug die Abnahme von 15 bis auf 5 mg/kg Lipid-Gewicht.

In der Abb. 113 ist die Anreicherung, ausgehend vom Wasser bis zu marinen Säugern, dargestellt. Fische, Meeresvögel und marine Säuger akkumulieren organische Schadstoffe in ihren Lipiden. Im Fettgewebe von Seehunden sind es bis zu 10 mg/kg. Diese Bioakkumulation in einer Nahrungskette (z.B. Wasser-Plankton-Fisch-Seehund) erfolgt durch Aufnahme von belasteter Nahrung, wobei trophisch höhere Organismen nicht die direkte Möglichkeit haben, die aufgenommenen Schadstoffe an das umgebende Wasser abzugeben. Vielmehr findet eine Verteilung in den unterschiedlichen Geweben statt, mit den höchsten Gehalten im Fettgewebe. Besonders marine Säuger sind aber in der Lage, auch chlorierte Verbindungen zu metabolisieren und auszuscheiden.

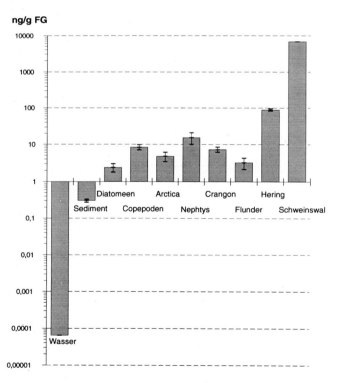

Abb. 113. Gesamt-CB in Wasser, Sediment und Organismen auf der Basis der Frischgewichte

Es ist sehr schwierig, eine **schädliche Wirkung** von einzelnen chemischen Stoffen auf Meeresorganismen eindeutig nachzuweisen. Zwar sind in Laborversuchen Effekte festgestellt worden, aber die Ergebnisse sind nicht leicht übertragbar, vor allem, wenn es um Langzeitbelastungen geht, die im Labor bei den erforderlichen niedrigen Konzentrationen im Wasser nicht durchgeführt werden können. Außerdem sind sehr viele Stoffe als potentiell gefährlich einzustufen. Viele davon sind unbekannt, und ihre gemeinsame Wirkung ist dann nicht einschätzbar.

Es wird vermutet, daß die größte Bedrohung für das Ökosystem Ostsee von bestimmten organischen Schadstoffen ausgeht. Dabei sind primär die marinen Säuger vor allem von chlorierten Verbindungen (PCB, TCDD) betroffen (vgl. Tabelle 20).

Es wird angenommen, daß organische Stoffe für die starke Verringerung der Population der grauen Seehunde in der Ostsee (von 100 000 im Jahr 1900 auf 2000 in den 70er Jahren) mitverantwortlich sind.

Pathologische Untersuchungen wurden in einem großangelegten Vier-Jahres-Projekt „Seals and Seal Protection", das stark interdisziplinär geprägt war, zur Klärung der Frage durchgeführt, ob toxikologische Mechanismen bei der Populationsabnahme eine Rolle spielen. Mehrere pathologische Änderungen wurden gefordert, die als Hyperadrenacorticism zusammengefaßt werden: Störung des Metabolismus, Immunosuppression und Störung des Hormon-Kreislaufes. PCB sind vermutlich die Ursache.

Die Untersuchungen wurden kompliziert durch das Auftreten des PDV (Phocine Distemper Virus), das 1988 die Harbor Seal Population im Skagerrak, Kattegat und der südwestlichen Ostsee stark getroffen hat (30 % Verringerung). Einer der Effekte war Immunosuppression. Es ist bis jetzt ungeklärt, ob dies ausschließlich eine Folge des PDV war oder ob hohe Schadstoffgehalte den Ausbruch des PDV gefördert haben.

Es gibt große Unterschiede zwischen einzelnen Chlorbiphenylen in ihrer Wirkung. Aufgrund ihrer molekularen Struktur sind drei planare CB (system. Nr. 77, 126, 169) die am meisten toxischen. Sie haben eine ähnliche Wirkung wie der am meisten toxische Stoff überhaupt (2,3,7,8-TCDD) und kommen in relativ niedrigen Konzentrationen vor.

Dies hat zur Folge, daß andere Chlorbiphenyle und Dioxine mit einer geringeren spezifischen Toxizität als die planaren CB, aber mit einer höheren Konzentration, eine größere Wirkung haben können als die Komponente mit der höchsten Toxizität. Dies wird kompliziert durch die Tatsache, daß die planaren nonorthochlor CB von marinen Säugern metabolisiert werden können, wodurch die Chlorbiphenyle mit der höchsten Toxizität bei Tieren mit den höchsten Totalgehalten an chlorierten organischen Verbindungen nicht oder kaum nachweisbar sind.

Die Untersuchungen von Schadstoffen und ihrer Effekte in der marinen Umwelt sind ein wichtiges Thema von zukünftigen Forschungen in der Meereskunde.

7.4 Schutzmaßnahmen

SEBASTIAN A. GERLACH

In der Zeit vor 1965 kümmerte sich weder die deutsche Meeresforschung noch die Öffentlichkeit um die Meeresverschmutzung. Zwar gab es die auch früher, aber abgesehen vom Öl war die Gefährdung noch nicht offenkundig geworden. Erst 1968 wurde vom Internationalen Rat für Meeresforschung (ICES) eine Arbeitsgruppe „Verschmutzung der Ostsee" gebildet. Auf dem Dritten Internationalen Ozeanographen-Kongreß im September 1970 in Tokio und auf der Meeresverschmutzungs-Konferenz der Welt-Ernährungsorganisation (FAO) im Dezember 1970 in Rom wurde dann deutlich, welche Bedeutung die Meeresverschmutzung inzwischen weltweit gewonnen hatte. Nicht nur in Japan, auch in Ostseebuchten ging von Quecksilbereinleitungen eine tödliche Bedrohung aus. DDT machte die Eischalen bei Lummen und Seeadlern zerbrechlich. Der schlechte Zustand der Kegelrobben in der Ostsee wurde Polychlorierten Biphenylen (PCBs) angelastet. Abwässer der Zellulosefabriken belasteten weite Küstengewässer. Die Auswirkung der Eutrophierung wurde 1969 offensichtlich, als über 55 000 km² Ostseeboden kein Sauerstoff im Wasser war.

Ein weltweit gültiges „Übereinkommen zur Verhütung der Verschmutzung der See durch Öl" war schon 1954 abgeschlossen worden. Das weltweit gültige „Übereinkommen über die Verhütung der Meeresverschmutzung durch das Einbringen von Abfällen und anderen Stoffen" (London-Konvention) wurde 1972 abgeschlossen und ist erst seit 1975 in Kraft. Regionale Konventionen für den Nordostatlantik und die Nordsee (Oslo-Konvention von 1972, Paris-Konvention von 1974, als „Übereinkommen zum Schutz der Meeresumwelt des Nordostatlantiks" 1992 neu gefaßt) schließen zwar das Kattegat ein, nicht jedoch die Ostsee. Aber schon 1972 begannen auch die damals sieben Ostsee-Anliegerstaaten (die NATO-Mitglieder Dänemark und Bundesrepublik Deutschland, die Ostblockländer Deutsche Demokratische Republik, Volksrepublik Polen und Union der Sowjetrepubliken, die neutralen Länder Schweden und Finnland), eine regionale Konvention für die Ostsee zu erarbeiten. Dieses „Übereinkommen über den Schutz der Meeresumwelt des Ostseegebiets" (Helsinki-Konvention) wurde am 22. März 1974 unterzeichnet und trat am 3. Mai 1980 in Kraft (deutsche Texte der Übereinkommen s. Edom et al. 1986).

Die Helsinki-Konvention hat Modellcharakter: Sie berücksichtigt Schadstoffeinträge aus allen Quellen, auch die vom Land und über die Atmosphäre, und sie ermöglichte eine bemerkenswert gute Zusammenarbeit zwischen Staaten mit sehr verschiedenen politischen und wirtschaftlichen Systemen. Allerdings ist es erst nach 1984 und nur zögerlich gelungen, die territorialen Küstengewässer einzubeziehen. Die Überwachung fand fast nur in der offenen Ostsee statt.

Nach dem Ende der politischen Konfrontationen im Ostseeraum beschlossen die Ostseestaaten 1988, daß bis 1995 die Einträge von giftigen

Schwermetallen, giftigen Organohalogen-Verbindungen und Nährstoffen in
die Ostsee gegenüber dem Stand von 1987 halbiert werden sollen. Dieses Ziel
kann nicht überall erreicht werden, nicht nur wegen finanzieller Engpässe,
zum Teil auch deswegen nicht, weil manche Schadstoff-Frachten 1987 falsch
berechnet wurden, oder weil bereits vor 1987 eine starke Reduktion der
Frachten erzielt werden konnte. 1990 begann eine Arbeitsgruppe der Helsinki-Kommission, 132 Punktquellen der Ostseeverschmutzung zu lokalisie-
ren. Deren Sanierung dürfte bis zum Jahre 2010 dauern, vorausgesetzt, es
können dafür 36 Milliarden DM aufgebracht werden. Am 9. April 1992 wurde schließlich eine neue Helsinki-Konvention beschlossen, welche nicht nur
von den neuen Ostseestaaten Litauen, Lettland und Estland, sondern auch
von Staaten unterzeichnet werden soll, die zwar nicht an die Ostsee grenzen,
aus denen aber Flußwasser zur Ostsee strömt (vgl. Abb. 110 und Tabelle 18
in Kap. 7.3). Dieses neue „Übereinkommen von 1992 über den Schutz der
Meeresumwelt des Ostseegebiets" (deutscher Text: Bundesgesetzblatt Teil II
1994, S. 1397–1431) wird allerdings erst in Kraft treten, wenn alle Anrainerstaaten der Ostsee und die Europäische Gemeinschaft ratifiziert haben. Bis
dahin gilt die Helsinki-Konvention von 1974 (Fitzmaurice 1993).

An den Ostseeküsten der Bundesrepublik Deutschland wird die Helsinki-
Konvention durch nationale Gesetze und Verordnungen ergänzt, nämlich
durch die Rahmenbestimmungen des Wasserhaushaltsgesetzes des Bundes
und   durch   entsprechende   Wasserhaushaltsgesetze   der   Bundesländer
Schleswig-Holstein und Mecklenburg-Vorpommern. Dazu kommen die
Richtlinien der Europäischen Gemeinschaft über die Qualität der Badege-
wässer und über Qualitätsanforderungen an Muschelgewässer. In den verschiedenen Ostseestaaten gibt es unterschiedliche nationale Regelungen.
Auch die Umweltschutzorganisationen tragen zur Verbesserung der Um-
weltverhältnisse bei. Sie haben erreicht, daß der Verbraucher heute chlorfrei
gebleichtes Papier verlangt. Die Zellstoffindustrie im Ostseeraum mußte sich
darauf einstellen. Seitdem wird weniger Chlor eingeleitet und es bilden sich
geringere Mengen giftiger Organochlorverbindungen im Ostseewasser.

7.4.1 Helsinki-Konvention

SEBASTIAN A. GERLACH

Die Helsinki-Konvention gilt für die gesamte Ostsee einschließlich Kattegat.
Die neue Konvention von 1992 bezieht sich auch auf die „inneren Gewässer", Buchten, Bodden und Fjorde (Artikel 1). Die Vertragsparteien ver-
pflichten sich, die Verschmutzung der Ostsee aus allen Quellen zu verhüten
und zu beseitigen (Artikel 5) und auch entsprechende Maßnahmen im Einzugsgebiet der Flüsse zu treffen (Artikel 6). Anlage I definiert die verschiedenen Schadstoffgruppen. Im Einzugsgebiet der Ostsee ist die Verwendung
von DDT verboten. Polychlorierte Biphenyle und Polychlorierte Terphenyle
dürfen nur noch vorübergehend und nur in geschlossenen Systemen verwendet werden. Organozinnverbindungen sind im Unterwasseranstrich von

Sportbooten unter 25 m Länge und als Bewuchshemmer bei Fischzucht-Netzkäfigen verboten.

Neu ist die Auflistung von solchen Pflanzenschutz- und Schädlingsbekämpfungsmitteln, deren Anwendung auf ein Mindestmaß beschränkt werden soll und die nach Möglichkeit verboten werden sollen. Es folgt eine gegenüber der ersten Helsinki-Konvention etwas veränderte Liste „anerkannter Schadstoffe", auf die besonders geachtet werden soll: Schwermetalle und ihre Verbindungen, Organohalogenverbindungen, organische Verbindungen von Phosphor und Zinn, Pflanzenschutz- und Schädlingsbekämpfungsmittel, aus Erdöl gewonnene Öle und Kohlenwasserstoffe, sonstige schädliche organische Verbindungen, Stickstoff- und Phosphorverbindungen, radioaktive Stoffe, beständiges Material, das treiben, schweben oder absinken kann und Stoffe, die z.B. den Geschmack von Speisefischen oder den Geruch und andere Eigenschaften des Meerwassers beeinträchtigen.

Jegliches Einbringen von Stoffen durch Schiffe und Luftfahrzeuge wurde bereits durch die Helsinki-Konvention von 1974 grundsätzlich verboten (Artikel 11 des neuen Abkommens). Anlage V regelt die Ausnahmen für Baggergut. Auch die Verbrennung von Abfällen auf See wird durch das neue Abkommen verboten (Artikel 10).

Neu aufgenommen in den Konventionstext wurden das Vorsorgeprinzip und das Verursacherprinzip (Artikel 3 und Anlage II). Bei der Verhütung von Schadstoffeinträgen und bei der Beseitigung von Schadstoffquellen soll „die beste Umweltpraxis" und bei Punktquellen sogar „die beste verfügbare Technologie" angewendet werden (Artikel 6). Schadstoffe aus Punktquellen dürfen nur mit vorheriger besonderer Erlaubnis eingeleitet werden. Anlage III regelt die Grundsätze für die Erteilung von Erlaubnissen. Für kommunale Abwässer wird gefordert, daß sie mindestens in einer biologischen Kläranlage oder gleichwertig behandelt werden und daß eine wesentliche Verringerung der Nährsalzfrachten erfolt.

Bereits bei der Konvention von 1974 gab es eine Anlage IV, die Maßnahmen gegen die Verschmutzung durch Schiffe fordert und Einrichtungen für die Aufnahme von Ölrückständen, Abwasser und Müll in den Häfen vorschreibt. Diese Bestimmungen entsprachen der Sondergebietsregelung der damals noch nicht ratifizierten MARPOL-Konvention (Internationales Übereinkommen von 1973/78 zur Verhütung der Meeresverschmutzung durch Schiffe). Die neue Helsinki-Konvention verweist lediglich auf die inzwischen weltweit gültigen MARPOL-Vorschriften. Schiffen jeder Größe ist danach jegliches Ablassen von Öl in Sondergebieten verboten. Im über Bord gepumpten Abwasser darf die Ölkonzentration nicht höher als 15 ppm (Teile pro Million) sein. Nur unter bestimmten Voraussetzungen sind 100 ppm zugelassen. Wird diese Bestimmung eingehalten, gibt es keine Ölflecken auf der Meeresoberfläche. MARPOL bezieht sich auch auf schädliche flüssige Stoffe als Massengut, auf Schadstoffe in verpackter Form und auf Speise-, Haushalts- und Betriebsabfälle von Schiffen jeder Größe. In Sondergebieten wie der Ostsee dürfen selbst Ruderboote und andere kleine Sportfahrzeuge keine Lebensmittelabfälle näher als 12 Seemeilen vom Land entfernt über Bord geben. Alle anderen Abfälle dürfen überhaupt nicht über Bord gehen. Dieses Verbot gilt auch für Seile, Fischnetze, Kunststoffplanen, Stauholz und Verpackungsmaterial. Nachdem mit der Helsinki-Konvention diese Bestimmung 1980 in Kraft trat, gingen die auf der Ostsee treibenden Müllmengen drastisch zurück. Seitdem wird nur noch wenig Müll an den Ostseestränden angespült.

Anlage IV der Helsinki-Konvention regelte schon in der Fassung von 1974 die Behandlung des Toiletten-Abwassers von allen Schiffen mit mehr als 200 Raumtonnen Vermessung und von allen kleineren Schiffen, wenn sie für die Beförderung von mehr als 10 Personen zugelassen sind. In Küstengewässer darf nur Abwasser eingeleitet werden, welches in vorschriftsmäßigen Schiffskläranlagen behandelt wurde. Wird das Abwasser nur mechanisch behandelt und desinfiziert, dann darf es nicht näher als 4 Seemeilen, wird es überhaupt nicht behandelt, dann darf es nicht näher als 12 Seemeilen vom Land eingeleitet werden.

Anlage VI bezieht sich auf die Vermeidung von Schäden bei der Ausbeutung des Meeresbodens. Anlage VII bestimmt, daß sich die Vertragsparteien gegenseitig unterrichten sollen, wenn es zu größeren Verschmutzungsereignissen kommt. Sie sollen zusammenarbeiten, um die Verschmutzung zu beseitigen. Artikel 15 bezieht sich auf Naturschutz im Küstengebiet und fordert Maßnahmen, um die natürlichen Lebensräume und die biologische Vielfalt zu erhalten. Auf diesem Gebiet sind in den vergangenen Jahren bereits zahlreiche Umweltschutzverbände tätig geworden.

In regelmäßigen Abständen sollen die Vertragsparteien über getroffene Maßnahmen und deren Wirksamkeit und über auftretende Probleme berichten. Informationen über Einleitungserlaubnisse, Emissionsdaten und Umweltqualitätsdaten sollen den Vertragsparteien zur Verfügung gestellt werden (Artikel 16). Informationen über die ausgestellten Erlaubnisse und die damit verknüpften Auflagen, über die Analysenergebnisse von Gewässer- und Abwasserproben und über die Qualitätsziele für Gewässer sollen der Öffentlichkeit zugänglich gemacht werden (Artikel 17). Allerdings bleiben davon Bestimmungen nach innerstaatlichem Recht zum Schutz von geistigem Eigentum, z.B. von Geschäfts- und Betriebsgeheimnissen, unberührt (Artikel 18).

Die „Kommission zum Schutz der Meeresumwelt der Ostsee" (Helsinki-Kommission, HELCOM) war schon mit der Helsinki-Konvention von 1974 geschaffen worden. Sie wird weiterhin tätig sein. Den Vorsitz übernimmt jeweils für zwei Jahre eine der Vertragsparteien (Artikel 19 der neuen Konvention). Arbeitssprache der Kommission ist Englisch, das Sekretariat befindet sich in Helsinki (Artikel 21). Die Helsinki-Kommission hat keine Machtbefugnisse, aber sie konnte zahlreiche Empfehlungen zur Sicherheit des Schiffsverkehrs auf der Ostsee und für die Verringerung des Eintrages schädlicher Substanzen geben. Eine Arbeitsgruppe von HELCOM hat begonnen, die Nährsalz- und Schadstoff-Frachten zu ermitteln, welche in die Ostsee gelangen. Andere Arbeitsgruppen erarbeiteten Vorschriften für das seit 1979 laufende „Baltic Monitoring Programme" (vgl. Kap. 7.4.2) und bewerteten die Meßdaten.

Die Umsetzung der neuen Helsinki-Konvention wird kaum Änderungen des bislang in Deutschland geltenden Rechts notwendig machen. Auf Bund, Länder und Gemeinden werden also keine zusätzlichen Kosten zukommen. Die Forderungen der Helsinki-Konvention werden in Deutschland von den vorschriftsmäßigen Kläranlagen erfüllt, die entweder schon seit Jahren funktionieren oder im Bau sind. In Polen, Litauen, Lettland, Estland und Rußland ist dagegen nur ein kleiner Teil der Bevölkerung an Kläranlagen angeschlossen. In welchem Maße hier die Bestimmungen der neuen Helsinki-Konvention durchgesetzt werden können, wird nicht zuletzt von der Wirtschaftskraft dieser Länder und von der Hilfe durch die reicheren Ostseeländer abhängen.

7.4.2 Umweltüberwachung

HANS ULRICH LASS und DIETWART NEHRING

Die Bedeutung von Umweltüberwachungsprogrammen in der Ostsee wurde bereits frühzeitig von den führenden baltischen Ozeanographen erkannt. Entsprechende Meßprogramme begannen unmittelbar nach Gründung des Internationalen Rates für Meeresforschung (ICES) im Jahre 1902. Sie waren zunächst auf die Belange der Ostseefischerei konzentriert und umfaßten vorrangig Untersuchungen über die Wassertemperatur, den Salz- und Sauerstoffgehalt sowie das Plankton. Für die Stationen und die Termine der Beprobungen galten konkrete Festlegungen. Da die Messungen jeweils im Februar, Mai, August und November erfolgten, wurden die entsprechenden Schiffsreisen auch als saisonale Terminfahrten bezeichnet. Diese bereits sehr frühzeitig getroffenen Festlegungen sind bis in die Gegenwart wirksam. Der 1. Weltkrieg unterbrach die für die damalige Zeit gut koordinierte Zusammenarbeit. Zwischen den beiden Weltkriegen blieb die Initiative zur Fortsetzung der kontinuierlichen Messungen den einzelnen Ostseeländern überlassen.

Eine Empfehlung auf der ersten Konferenz der Baltischen Ozeanographen im Jahre 1957 verlieh dem Umweltüberwachungsprogramm in der Ostsee neue Impulse. Dieses sah saisonale Messungen auf Profilen vor, die die Ostsee querten. Obgleich diese Querprofile zum Teil auch heute noch Bestandteil nationaler Überwachungsprogramme sind, verlagerte sich der Schwerpunkt der Untersuchungen nach dem Internationalen Ostseejahr (International Baltic Year = IBY) 1969/70 auf Stationen, die dem Talweg durch die Ostsee folgen (vgl. Abb. 38). Dieses Konzept, das wesentliche Elemente des ursprünglichen Terminfahrtprogramms berücksichtigt, hat sich insbesondere im Zusammenhang mit der Überwachung des Wasseraustausches und der Stagnationsperioden in den Tiefenbecken der zentralen Ostsee bewährt (vgl. Abb. 39). Es wurde im wesentlichen auch in dem seit 1979 eingeführten **Baltic Monitoring Programme** (BMP) der Helsinki-Kommission (HELCOM) zum Schutz der Meeresumwelt der Ostsee beibehalten.

Die Zielstellung des BMP ist es, die langzeitigen Änderungen ausgewählter Parameter des Ökosystems zu bestimmen, die Zeitskalen von einem Jahr und mehr umfassen. Die durch das Überwachungsprogramm gewonnenen Daten bilden die Grundlage für eine Einschätzung des Zustandes der marinen Umwelt der Ostsee und Identifizierung von anthropogen bedingten Änderungen. Die natürlichen und anthropogenen Änderungen des Ökosystems umfassen gleiche Zeitskalen und vergleichbare Amplituden. Sie können deshalb nicht alleine durch die Messung der zeitlichen Änderung ausgewählter Parameter (z.B. technogene Schadstoffe, Nährsalze oder Sauerstoff) unterschieden werden. Die Lösung dieser grundlegenden Aufgabe erfordert die Beobachtung und quantitative Bestimmung der funktionellen Zusammenhänge wesentlicher Kompartimente der marinen Umwelt in den verschiedenen Regionen der Ostsee. In diesem Zusammenhang ist ferner die Überwachung der Energie- und Materialeinträge sowie anderer Randbedingungen, die die Dynamik des Ökosystems maßgeblich beeinflussen, von entscheidender Bedeutung.

Mit den Daten des BMP werden im 5jährigen Abstand Zustandseinschätzungen der Ostsee durch die HELCOM erarbeitet. Diese unter Beteiligung aller Ostseeländer durchgeführten periodischen Zustandseinschätzungen dienen dazu, die Änderungen der marinen Umwelt in dem betrachteten Zeitraum zu beschreiben sowie die Schadstoffbelastung und ihre Auswirkungen auf die verschiedenen Lebensformen zu erfassen. Außerdem werden sie zusammen mit aktuellen Forschungsergebnissen zur Einschätzung der Effektivität und der Überarbeitung des jeweiligen Monitoring-Programms verwendet. Sie bilden darüber hinaus die wissenschaftliche Grundlage für umweltpolitische Entscheidungen. Die Ergebnisse der ersten periodischen Zustandseinschätzung (1985) führten zum Beschluß der für den Umweltschutz zuständigen Minister, den Schadstoffeintrag in die Ostsee bis zum Jahre 1995 zu halbieren. Die Ministerpräsidenten der Ostseeländer beschlossen auf der Grundlage der zweiten periodischen Zustandseinschätzung (1990) erste Schritte, die der Wiederherstellung des ökologischen Gleichgewichts bis zum Jahr 2010 dienen sollen. Für die Verwirklichung dieses anspruchsvollen Sanierungskonzepts, das auch die wichtigsten Schadstoffquellen im Flußwassereinzugsgebiet der Ostsee umfaßt, sind Kosten von 18 Milliarden ECU, etwa 36 Milliarden DM, veranschlagt.

Zu den Zielen des BMP gehört ferner, den Erfolg der eingeleiteten Schutz- und Sanierungsmaßnahmen zu bewerten und gegebenenfalls korrigierend einzugreifen. Selbst bei einer drastischen Reduzierung der Schadstoffeinträge sind unmittelbare Auswirkungen auf die Ostsee kaum zu erwarten, weil die bereits vorhandene, im Verlauf von mehreren Jahrzehnten erfolgte Belastung nicht kurzfristig rückgängig gemacht werden kann.

Die internationalen Überwachungsprogramme werden durch nationale, die den Anschluß zum küstennahen Bereich bilden, ergänzt. Seit 1984 ist das in nationaler Verantwortung durchgeführte Coastal Monitoring Programme

(CMP) in die Zustandseinschätzungen der HELCOM integriert und wird in Zukunft ein fester Bestandteil des HELCOM Monitoring-Programms werden.

Unter Berücksichtigung von Einzelwerten, die bereits Ende des vorigen Jahrhunderts gemessen wurden, liegen von einigen Ostseestationen für die Wassertemperatur sowie den Salz- und Sauerstoffgehalt mehr als 100jährige Meßreihen vor (vgl. Abb. 34 und 40). Für einige Nährsalze existieren ebenfalls langjährige Datensätze, so für Phosphat seit 1958 und für Nitrat seit 1969 (vgl. Abb. 37 und 44). Einige Phyto- und Zooplanktongrößen werden nach ersten Anfängen zu Beginn des Jahrhunderts seit 1975 systematisch im Rahmen des Ostseeüberwachungsprogramms gemessen.

Wesentlich schwieriger gestaltet sich die **Überwachung technogener Schadstoffe,** die im Meerwasser häufig nur in Ultraspurenkonzentrationen vorkommen, aber in der marinen Nahrungskette angereichert werden können. Hierzu gehören einige Schwermetalle sowie die Halogen- und Erdölkohlenwasserstoffe, bei denen zwischen einer Vielzahl von Einzelkomponenten unterschiedlicher Toxizität unterschieden werden muß. Für die meisten dieser Substanzen existieren erst seit den 80er Jahren geeignete Analysenmethoden. Ihre Bestimmung im Meerwasser erfordert häufig Anreicherungsverfahren sowie eine aufwendige Analysentechnik, wobei insbesondere eine Kontamination der Proben verhindert werden muß. Im BMP der HELCOM beschränkt sich deshalb die Überwachung dieser Schadstoffe auf die Untersuchung von Fischproben, in denen bereits ein natürlicher Anreicherungsprozeß erfolgt ist. Erschwerend kommt hinzu, daß die Zahl umweltrelevanter Chemikalien im Meer ständig zunimmt. Für die Bestimmung dieser Substanzen müssen häufig erst neue und kostenintensive Nachweisverfahren entwickelt werden.

Die Vergleichbarkeit der Meßwerte ist von entscheidender Bedeutung für internationale Umweltüberwachungsprogramme. Dies wurde von den Baltischen Ozeanographen frühzeitig erkannt und führte bereits im Jahre 1965 zu ersten Methodenvergleichen und Interkalibrierungen, denen in mehr oder weniger regelmäßigen Abständen weitere folgten (Nehring 1994a). Sie sind eine wichtige Voraussetzung für die im 5jährigen Abstand angestrebte Revision der Guidelines des BMP, die 1994/95 zum vierten Mal durchgeführt wird. Neben Festlegungen zu Meßprogrammen und methodischen Hinweisen werden dabei auch Empfehlungen zur Ergänzung des Ostseeüberwachungsprogramms gegeben. Hierzu gehört beispielsweise die Durchführung prozeßorientierter Untersuchungen, die auch das Effekt-Monitoring einschließen.

Für **Trenduntersuchungen,** einer der wichtigsten Aufgaben des Ostseeüberwachungsprogramms, sind Langzeitmessungen am gleichen Ort und in äquidistanten Zeiten erforderlich. Die letzte Forderung ist insbesondere bei periodisch auftretenden Veränderungen von Bedeutung. In der Ostsee muß vor allem das jahreszeitliche Signal berücksichtigt werden. Für Trenduntersuchungen an Nährsalzen hat sich unter Berücksichtigung ihres Jahresganges die Verwendung der Winterkonzentrationen als günstig erwiesen (vgl.

Abb. 44). In der zentralen Ostsee sind dabei die innerjährlichen Fluktuationen von geringerer Bedeutung als die zwischenjährlichen Unterschiede. Für gesicherte Trendaussagen sind bei mittleren jährlichen Veränderungen von 3 bis 5 % Meßreihen von 15 bis 20 Jahren erforderlich, während eine Meßfrequenz von 2- bis 3mal jährlich ausreichend ist. In Richtung Bornholmsee, Arkonasee, besonders aber in den Übergangsgebieten zwischen Ostsee und Nordsee, nehmen die Amplituden der innerjährlichen Fluktuation stark zu, so daß die zeitlichen Trends deutlich an Schärfe verlieren (Nehring u. Matthäus 1991).

Als eine weitere wichtige Datenquelle stehen die **meterologischen** und **hydrographischen Beobachtungen** zur Verfügung, die mehrmals täglich von Bord der Feuerschiffe durchgeführt wurden. Diese Feuerschiffe sind allerdings in den 70er Jahren eingezogen und durch unbemannte Schiffahrtszeichen ersetzt worden. Die in den Archiven der hydrographischen Dienste vorhandenen Zeitreihen wurden vielfach für klimatologische und auch pro-

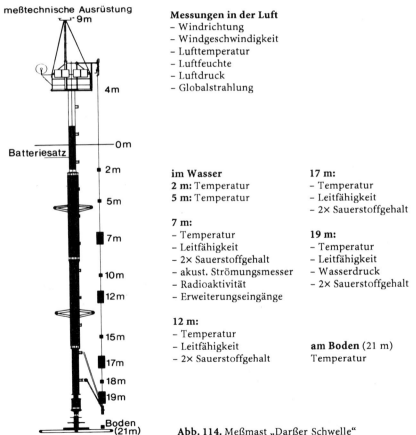

meßtechnische Ausrüstung
9m

4m

Batteriesatz

0m
2m
5m
7m
10m
12m
15m
17m
18m
19m
Boden (21m)

Messungen in der Luft
– Windrichtung
– Windgeschwindigkeit
– Lufttemperatur
– Luftfeuchte
– Luftdruck
– Globalstrahlung

im Wasser
2 m: Temperatur
5 m: Temperatur

7 m:
– Temperatur
– Leitfähigkeit
– 2× Sauerstoffgehalt
– akust. Strömungsmesser
– Radioaktivität
– Erweiterungseingänge

12 m:
– Temperatur
– Leitfähigkeit
– 2× Sauerstoffgehalt

17 m:
– Temperatur
– Leitfähigkeit
– 2× Sauerstoffgehalt

19 m:
– Temperatur
– Leitfähigkeit
– Wasserdruck
– 2× Sauerstoffgehalt

am Boden (21 m)
Temperatur

Abb. 114. Meßmast „Darßer Schwelle"

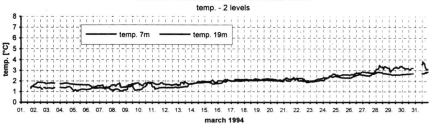

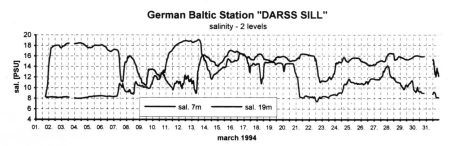

Abb. 115. Kontinuierliche Aufzeichnung von Temperatur und Salzgehalt in 7 m (untere Linien) und 19 m (obere Linien) Tiefe am Meßmast

zeßorientierte Untersuchungen genutzt. Die Überwachungsaufgaben der Feuerschiffe werden in zunehmendem Maße durch feststehende Plattformen oder verankerte Bojenstationen übernommen, die mit entsprechenden Meßfühlern und Datenübertragungssystemen ausgerüstet sind. Ein Beispiel ist der in Abb. 114 schematisch dargestellte Meßmast des Instituts für Ostseeforschung Warnemünde, der im Auftrag des Bundesamtes für Seeschiffahrt und Hydrographie in Hamburg betrieben wird. Abb. 115 zeigt als Beispiel die kontinuierliche Aufzeichnung ausgewählter hydrographischer Parameter, die in „Echtzeit" an eine Landstation übertragen wurden.

Automatisch registrierende Stationen mit Datenfernübertragung werden auch von Dänemark und Schweden in den Ostseezugängen unterhalten. Durch den Austausch der Daten zwischen den beteiligten Ländern ist die Möglichkeit gegeben, auf aktuelle Ereignisse wie Salzwassereinbrüche, mit zusätzlichen Untersuchungen schnell zu reagieren.

Die punktförmigen Beobachtungen der feststehenden Meßsysteme werden ergänzt durch kontinuierliche Registrierungen verschiedener physikalischer, chemischer und biologischer Parameter in der Oberflächenschicht des Meeres, die von Fährschiffen aus erfolgen. Die Überwachung der marinen Umwelt der Ostsee mittels Satelliten steckt dagegen erst im Anfangsstadium. Ihre Wirkung wird insbesondere durch die häufige Wolkenbedeckung eingeschränkt.

7.4.3 Naturschutz

Hans Dieter Knapp, Dieter Boedeker und Henning von Nordheim

Naturschutz an der Ostsee hat eine jahrzehntelange Tradition, die aber erst seit wenigen Jahren zu intensiver internationaler Zusammenarbeit geführt hat. Erste Schutzgebiete wurden bereits Anfang des Jahrhunderts angelegt, z.B. in Schweden Naturschutzgebiete auf den Ostseeinseln Gotska Sandön (1910) und Blu Jungfru (1926), in Deutschland die Vogelschutzinseln Fährinsel (1911), Gänsewerder (1922), Ruden (1925) sowie die Naturschutzgebiete Jasmund (1935), Insel Vilm (1936) und Dornbusch auf Hiddensee (1937). Größere Schutzgebiete an der Ostseeküste wurden jedoch erst in den vergangenen vierzig Jahren eingerichtet, z.B. das Naturschutzgebiet Westdarß und Darßer Ort (1957) in Deutschland, der Slowinski-Nationalpark in Polen (1966), der Lahemaa-Nationalpark in Estland (1971), die Schäreninseln des Saristomeri-Nationalparks in Finnland (1983).

Ende der 60er Jahre hat es erste Ansätze zu einer meeresübergreifenden Naturschutz-Zusammenarbeit der Ostseeländer gegeben, die aufgrund der politischen Situation in Europa jedoch nicht fortgeführt wurde. So wird in der ersten Helsinki-Konvention zum Schutz des Meeresumwelt der Ostsee (1974) Naturschutz gar nicht berücksichtigt. Seither wurde jedoch deutlich, welch außerordentlich wertvolles Naturpotential die Ostsee und ihre Küstenlandschaften umfassen, welche bedeutsame ökologische Rolle Küstengewässer, Feuchtgebiete und Küstenbiotope spielen und welch akuter Gefährdung durch wirtschaftliche Interessen diese Naturreichtümer ausgesetzt sind. Die existierenden **Schutzgebiete** sind in der Regel klein. Weniger als 5 % der Gebiete sind größer als 5 000 ha Gesamtfläche, über 55 % hingegen gehören der kleinsten Größenklasse (50 bis 500 ha) an. Der Grad des Schutzes ist in der Regel nicht sehr hoch. Mehr als 90 % der Schutzgebiete gehören den IUCN-Kategorien IV und V (geschützte Landschaft) an, hingegen weniger als 4 % den strengsten Schutzkategorien I (striktes Naturschutzgebiet) und II (Nationalpark) (Stand Juni 1993).

Nur wenige Gebiete (2 %) sind vorrangig für den Schutz mariner Ökosysteme ausgewiesen. Davon gehört nur ein Drittel den strengen Schutzkategorien I und II an. Die 12 einzelnen Gebiete sind auf Dänemark (1), Estland (4), Finnland (2), Litauen, Polen (je 1) und Schweden (3) verteilt. Aufgrund der unterschiedlichen gesetzlichen Regelungen ist es sehr schwierig die Schutzgebiete der neun Ostseeanrainerstaaten miteinander zu vergleichen. Unter den Schutzgebieten an der Ostsee befinden sich so großartige Landschaften von europäischer Bedeutung wie der Slowinski-Nationalpark in Polen, die Kurische Nehrung in Litauen und Rußland, Stora Alvaret auf Öland, die Schären von Saaristomeri, die Kreideküsten von Rügen und Moen und die Vorpommersche Boddenlandschaft. Ein erster, von der Umweltstiftung WWF zusammengestellter Entwurf eines Katalogs der Küsten- und Meeres-Schutzgebiete in der Ostseeregion (Stand Juni 1993) führt 628 Schutzgebiete über 50 ha auf (Tabellen 21 und 22).

Tabelle 21. Größenklassen der Schutzgebiete in der Ostseeregion

Größe in ha	Anzahl	(davon Meeresschutzgebiete)
50–500	355	(2)
500–5 000	216	(1)
5 000–25 000	40	(6)
25 000–50 000	8	(2)
>50 000	9	(1)
Gesamt	628	(12)

Tabelle 22. Verteilung der Gebiete auf die verschiedenen Schutzkategorien

IUCN-Kategorien		Anzahl (davon Meeresschutzgebiete)	
I	(striktes Naturschutzgebiet)	10	(2)
II	(Nationalpark)	13	(2)
III	(Naturdenkmal)	7	–
IV	(Naturschutzgebiet)	523	(5)
V	(geschützte Landschaft)	72	(3)
XI	(Biosphärenreservat)	3	
Gesamt		628	(12)

Seit der politischen Wende in Osteuropa und damit auch in den südlichen und südöstlichen Anrainerstaaten der Ostsee haben sich jedoch die Rahmenbedingungen für einen umfassenden internationalen Naturschutz im Meeres- und Küstenbereich erheblich verbessert. Einen wichtigen Beitrag leisten hier auch die nicht-staatlichen international tätigen Organisationen wie zum Beispiel der World Wide Fund for Nature (WWF), die Baltic Marine Biologists (BMB) oder die Coalition Clean Baltic (CCB).

Auf der Konferenz der Regierungschefs der Ostseeländer in Roneby (Schweden) im September 1990 wurde beschlossen, ein umfassendes Naturschutzprogramm für den Ostseeraum aufzustellen. Die 1992 gezeichnete Neufassung der **Helsinki-Konvention** fordert mit Artikel 15 „Nature Conservation and Biodiversity" die Mitgliederstaaten auf, „einzeln und gemeinsam alle geeigneten Maßnahmen hinsichtlich des Ostseegebietes und seiner von der Ostsee beeinflußten Küstenökosysteme zu treffen, um natürliche Lebensräume und die biologische Vielfalt zu erhalten und ökologische Abläufe zu schützen. Sie treffen solche Maßnahmen auch, um die nachhaltige Nutzung der natürlichen Ressourcen im Ostseegebiet zu gewährleisten". Naturschutz im Ostseeraum ist damit im umfassenden Sinne als Instrument zur Sicherung der Lebensgrundlagen definiert, als Naturschutz, in dem der Schutz von Ökosystemen und ökologischen Prozessen im Vordergrund steht und mit Fragen ökologisch tragfähiger Nutzung von Naturgütern verbunden wird.

Die Helsinki-Konvention beinhaltet mit Artikel 15 Ziele der „Agenda 21" und der „Konvention über die biologische Vielfalt" von Rio (1992) bezogen auf einen konkreten geographischen Raum. Sie ist damit das wichtigste überstaatliche Instrument zur Durchsetzung von Natur- und Umwelt-schutzbestimmungen der Ostseeanrainerstaaten.

Aus Artikel 15 der Helsinki-Konvention können im einzelnen folgende **Naturschutzziele** für das Konventionsgebiet abgeleitet werden. Natur und Landschaft im Küstengebiet der Ostsee sind so zu schützen, zu pflegen, zu entwickeln und, soweit erforderlich, wiederherzustellen, daß

- die Funktionsfähigkeit des Naturhaushaltes,
- die Regenerationsfähigkeit und nachhaltige Nutzungsfähigkeit der Natur-güter,
- die Tier- und Pflanzenwelt einschließlich ihrer Lebensstätten und Lebens-räume (Biotope),
- die Vielfalt, Eigenart und Schönheit von Natur und Landschaft

auf Dauer gesichert sind.

Die 1993 auf der Ostseeinsel Vilm konstituierte Arbeitsgruppe „EC Na-ture" innerhalb des Umwelt-Komitees der Helsinki-Kommission (HEL-COM) erarbeitet die fachlichen Grundlagen für ein umfassendes Natur-schutzprogramm der Ostseeländer. Als ein erstes Ergebnis wurden von der HELCOM Umweltministerkonferenz im März 1994 folgende Empfehlungen an die Mitgliedstaaten gegeben:

- Die landseitige Abgrenzung des Geltungsbereiches von Artikel 15 wird festgelegt. Er umfaßt über den Wasserkörper der Ostsee hinaus alle Inseln bis 1 000 ha, die Flußästuare im Rückstaubereich der Ostsee sowie die vom Meer beeinflußten Küstenökosysteme.
- Eine erste Liste von Meeres- und Küsten-Biotoptypen von besonderer ökologischer Bedeutung wird als Grundlage für eine Liste generell ge-schützter Biotoptypen vorgelegt. Darin sind sowohl die verschiedenen Strandbiotope (z.B. Fels-, Block-, Sand, Geröllstrände), Küstengewässer, Salzwiesen und Salzröhrichte als auch marine Benthos-Biotope aufgeli-stet. Ferner soll zukünftig eine Rote Liste gefährdeter Biotoptypen des Ostseegebietes erarbeitet werden.
- Die Ausweisung eines generell geschützten Streifens von mindestens 100 bis 300 m seewärts und landwärts der mittleren Wasserlinie. Er soll die Küstenlandschaft vor allem vor unkontrollierter Verbauung schützen. Darüber hinaus wird eine mindestens 3 km breite spezielle Küstenpla-nungszone vorgeschlagen. Landwärts geschützte Küstenstreifen gibt es bisher in allen Ostseeländern außer Finnland und Rußland, jedoch in unterschiedlicher Breite, in Schleswig-Holstein und einigen Provinzen in Schweden sind es 100 m, in Mecklenburg-Vorpommern, Polen und Est-land 200 m, in Lettland 300 m. Dabei sind jedoch erhebliche Unterschiede bei den rechtlichen Regelungen und der administrativen Zuständigkeit und Umsetzung festzustellen.
- Vorschlag für ein System von 62 Großschutzgebieten („Baltic Sea Pro-tected Areas") im Geltungsbereich der Konvention. Es handelt sich dabei überwiegend um küstennahe Meeresgebiete und Küstenlandschaften, mit

denen alle wesentlichen Naturraumtypen der Ostsee und ihrer Küsten repräsentiert werden sollen. Die bislang von den einzelnen Nationen vorgeschlagenen Gebiete umfassen bereits insgesamt eine Land- und Wasserfläche von ca. 3 Mio. ha (Abb. 116).

Eine weitere Arbeitsgruppe der Helsinki-Kommission befaßt sich seit 1993 mit Naturschutz, Renaturierung und ökologisch tragfähiger Bewirtschaftung von küstennahen Flachwasser- und Feuchtgebieten. Es handelt sich dabei um fünf vorrangig ausgewählte Meeres- und Küstenregionen im südlichen und südöstlichen Ostseeraum: die Matsalu Bucht (Estland), die Riga Bucht (Lettland/Estland), das Kurische Haff (Litauen/Rußland), das Frische Haff (Polen/Rußland) und das Oder Haff (Deutschland/Polen).

Neben der Helsinki-Konvention ist für den Schutz der biologischen Vielfalt im Ostseeraum auch das „Übereinkommen über Feuchtgebiete, insbesondere als Lebensraum für Wat- und Wasservögel" (Ramsar-Konvention, 1976) von Bedeutung (Tabelle 23).

Finnland, Schweden, Dänemark und Deutschland sind Mitgliedstaaten der Bonner Konvention, die mit den Regionalabkommen zur Erhaltung der Kleinwale der Nord- und Ostsee (1992) und dem Afrikanisch-eurasischen Wasservogelabkommen für den Naturschutz im Ostseeraum wichtig ist.

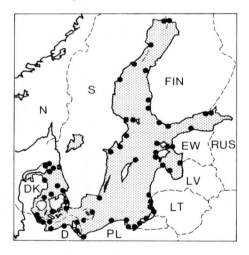

Abb. 116. Großschutzgebiete im Küstenbereich der Ostsee

Tabelle 23. RAMSAR-Feuchtgebiete im Ostseeraum (WWF 1991)

	Anzahl	Größe (km^2)
Finnland	11	1 013
Estland	1	486
Polen	5	71
Deutschland (M-V)	4	336
Dänemark	27	7 400
Schweden	30	3 828
Gesamt	78	13 134 km^2

Im Rahmen des UNESCO-Programms „Man and Biosphere" sind bisher drei **Biosphärenreservate** an der Ostsee anerkannt. Südostrügen in Deutschland, der Slowinski-Nationalpark in Polen und die Westestnische Inselgruppe in Estland. Mehrere Vorschläge zur Einrichtung von Biosphärenreservaten zum Schutz, zur Pflege und Entwicklung charakteristischer, vom Menschen geprägter Kulturlandschaften des Ostseeraumes sind in Diskussion, z.B. die Kurische Nehrung in Litauen und eine Küstenlandschaft bei St. Petersburg unter Einschluß mehrerer Inseln im Finnischen Meerbusen. Ein sehr ausgedehntes Biosphärenreservat wird für die großen Ostseeinseln Gotland, Öland, Saaremaa, Hiiumaa und Åland sowie für den Schärengürtel von Stockholm geplant.

Mit dem Beitritt von Schweden und Finnland zur Europäischen Gemeinschaft wird im größten Teil des Ostseeraumes die seit 1992 für alle Mitgliedstaaten rechtsverbindliche Flora-Fauna-Habitat-Richtlinie der EU wirksam. Sie verpflichtet die Mitgliedsländer, ein kohärentes, europäisches Netz besonderer Schutzgebiete (Natura 2000) einzurichten, das alle Biotoptypen von europäischer Bedeutung sowie die Lebensräume seltener und gefährdeter Pflanzen- und Tierarten umfaßt. Die vorgeschlagenen Baltic Sea Protected Areas können zukünftig zugleich auch einen Beitrag zu diesem Schutzgebietsnetz darstellen.

Folgende **Maßnahmen** des Natur- und Umweltschutzes werden als besonders dringlich für den Ostseeraum erachtet:

* Verringerung der flächendeckenden Belastung, insbesondere die Verringerung des Nähr- und Schadstoffeintrags aus dem Einzugsgebiet über den Luftweg oder die Gewässer in den Küstenbereich der Ostsee als vorrangige Aufgabe des allgemeinen Umweltschutzes.
* Grundsätzlicher Schutz der vom Meer beeinflußten Küstenzone vor Bebauung und anderen Nutzungen, die diesen Bereich nachhaltig störend beeinflussen.
* Ausweisung großer Naturschutz-Vorrangflächen auch auf der Grundlage bestehender internationaler Konventionen mit angemessenen Pufferzonen/-gürteln (eventuell auch grenzüberschreitend) und Ausstattung mit entsprechenden administrativen Strukturen, ausreichendem Personal und Managementplänen.
* Aus Bestands- und Situationsanalysen der Lebensräume und der Tier- und Pflanzenbestände im Küsten- und Meeresbereich der Ostsee müssen notwendige Sofortmaßnahmen zur Sicherung von Restpopulationen gefährdeter Pflanzen- und Tierarten abgeleitet werden.
* Kritisches Überdenken der Deichbau- und Küstenbefestigungskonzepte in den bisherigen Küstenschutzstrategien im Hinblick auf globale Klimaveränderung und Meeresspiegelanstieg. So sind in einigen Gebieten Renaturierungsmaßnahmen zum Anschub natürlicher Gesundungsprozesse in geschädigten Landschaftsteilen und zur Wiederherstellung ökologisch wirksamer Entsorgungspotentiale durchzuführen. Dies gilt besonders für die Renaturierung von küstennahen Feuchtgebieten und Flußmündungs-

bereichen und dem damit häufig notwendigerweise verbundenen Rückbau von Deichen.

- Öffentlichkeitsarbeit und Bildungsprogramme zur Entwicklung allgemeinen Naturschutzbewußtseins und persönlicher Mitverantwortung.
- Entwicklung ökologisch tragfähiger Landnutzungs- und Wirtschaftsformen im Einzugsgebiet.

Ziel aller Naturschutzaktivitäten ist die Bewahrung des Lebens in seiner faszinierenden Vielfalt und Schönheit.

7.5 Management der Ostsee

PHILOMÈNE A. VERLAAN, LORENZ MAGAARD und HANS-JÜRGEN BROSIN

Dieser Beitrag konzentriert sich auf das Management der Ostsee im Zusammenhang mit der Regulierung menschlicher Aktivitäten in diesem Meeresgebiet durch internationale Abkommen. Diese Abkommen sind so umfassend, daß sich die nationale Gesetzgebung in den neun Anrainerstaaten zur Regelung mariner Fragen für dieses Seegebiet nur in geringem Maße ihrem kontrollierenden Einfluß entziehen kann. Das Ausmaß der tatsächlichen Durchführung dieser Gesetze und der Durchsetzung internationaler Abkommen hängt jedoch im wesentlichen von der Stärke des politischen Willens innerhalb jedes Landes ab, die notwendigen Mittel zur nationalen Anwendung der internationalen Verpflichtungen einzusetzen. In dieser Hinsicht unterscheidet sich die Ostsee nicht von vielen anderen internationalen Meeresgebieten: die generellen Regelungen für das Management sind zwar im wesentlichen vorhanden, aber ihre Umsetzung in die Praxis läßt noch viel zu wünschen übrig, insbesondere im Hinblick auf eine für alle Anrainerstaaten einheitliche Praxis.

Die drei durch internationale Abkommen regulierten Hauptgebiete mariner Aktivitäten sind:

- Schutz der marinen Umwelt,
- Ausbeutung lebender mariner Ressourcen,
- Meeresforschung.

Die wichtigsten internationalen Abkommen als Grundlage für das Management der Ostsee sind in diesen drei Gebieten:

- Seerechtskonvention (Law of the Sea Convention), in Kraft getreten am 16. November 1994,
- Übereinkommen zum Schutz der Meeresumwelt der Ostsee 1992 (Convention on the Protection of the Marine Environment of the Baltic Sea Area, HELCON),

- Internationales Übereinkommen zur Verhütung der Meeresverschmutzung durch Schiffe (International Convention for the Prevention of Pollution from Ships, MARPOL),
- Internationales Übereinkommen über die Verhütung der Meeresverschmutzung durch das Einbringen von Abfällen und anderen Stoffen (Convention for the Prevention of Marine Pollution by Dumping of Wastes and other Matter),
- Konvention über Bereitschaft, Reaktion und Zusammenarbeit im Zusammenhang mit Ölverschmutzung (Convention on Oil Pollution Preparedness, Response and Cooperation),
- Übereinkommen über die Fischerei und den Schutz der lebenden Ressourcen in der Ostsee und in den Belten (Convention on Fishing and Conservation of Living Resources in the Baltic Sea and the Belts),
- Konvention über den Internationalen Rat für Meeresforschung (Convention on the International Council for the Exploration of the Sea).

Die wichtigste globale Konvention, die sich unter anderem mit den drei hier zu diskutierenden Hauptgebieten mariner Aktivitäten beschäftigt, ist die Seerechtskonvention. Sie wurde von über 150 Staaten unterzeichnet und trat am 16. November 1994 in Kraft, nachdem nunmehr die nötigen 60 Ratifizierungen bzw. Beitritte vorlagen. Von 1974 bis 1982 dauerten die Bemühungen der 3. Seerechtskonferenz der Vereinten Nationen, die schließlich zur Schaffung dieses einzigartigen und umfassenden Instruments führten, das sich anschickt, „alle Fragen des Seerechts zu klären" (to settle all issues relating to the law of the sea), so wie es in der Präambel heißt. Nicht umsonst bezeichnete der Vorsitzende der Konferenz dieses Übereinkommen auch als eine „Verfassung für die Meere" (constitution for the oceans). Ungeachtet des langen Zeitraums zwischen Fertigstellung und Inkrafttreten hat ein Großteil der Staaten viele Elemente dieser Konvention entweder de facto oder de jure unabhängig von der Unterzeichnung befolgt.

Im Ostseeraum haben Dänemark, Finnland, Polen, die Russische Föderation (als Nachfolger der ehemaligen Sowjetunion) und Schweden die Seerechtskonvention unterzeichnet, aber noch nicht ratifiziert. Die Bundesrepublik Deutschland hatte nicht unterzeichnet und auch nach der Wiedervereinigung die frühere Unterzeichnung durch die DDR nicht anerkannt. Estland, Lettland und Litauen können nur beitreten, weil der Unterzeichnungszeitraum abgelaufen war, bevor sie unabhängige Staaten wurden. Sie sind jedoch bisher noch nicht beigetreten. Diese letzteren Staaten und Deutschland sind daher keine Vertragsparteien der Seerechtskonvention. Dennoch wurden alle regionalen Übereinkommen, die sich mit der Ostsee befassen sowie andere weltweite Konventionen, in denen auch für die Ostsee bedeutende Fragen behandelt werden, entweder von Beginn an im Einklang mit der Seerechtskonvention konzipiert oder später geändert und an sie angepaßt. Andererseits stellen die regionalen Übereinkommen oftmals dort spezifischere und den Bedürfnissen der fraglichen Region besser angepaßte Umsetzungen der Konvention bereit, wo die Seerechtskonvention breit angelegte Zielstellungen verfolgt, wie etwa auf dem Gebiet der marinen Umwelt. Die Managementinstrumente für die Ostsee sind ein besonders gutes Beispiel für die Beziehungen zwischen regionalen und globalen Regulierungsmechanismen.

Der **Schutz der marinen Umwelt** der Ostsee ist seit 1974 Gegenstand internationaler Regelungen, als das Übereinkommen zum Schutz der Meeresumwelt der Ostsee, bekannt als Konvention von Helsinki, unterzeichnet wurde (vgl. Kap. 7.4.1). Dieses Übereinkommen befaßte sich als erste Konvention mit allen Quellen der Meeresverschmutzung und trat im Mai 1980 nach Ratifizierung durch die damaligen sieben Ostseeanliegerstaaten (Bundesrepublik Deutschland, Dänemark, DDR, Finnland, Polen, Schweden und UdSSR) in Kraft.

Im Jahre 1992 wurde ein revidiertes und erweitertes Abkommen über die Verschmutzung der Ostsee von den nunmehrigen neun Ostseeanliegerstaaten (Dänemark, Deutschland, Estland, Finnland, Lettland, Litauen, Polen, Russische Föderation und Schweden) sowie von der Europäischen Union unterzeichnet. Diese zweite Helsinki-Konvention wird die erste Konvention zwei Monate nach Ratifizierung durch die obigen Unterzeichner ablösen. Mit dem Stand vom Juni 1994 hat nur Schweden ratifiziert. Bis die Helsinki-Konvention von 1992 in Kraft tritt, bleibt das Übereinkommen von 1974 das regulierende internationale Instrument. Es ist jedoch allgemein anerkannte internationale Praxis, daß die Unterzeichnerstaaten bezüglich einer noch nicht in Kraft getretenen Konvention nichts unternehmen dürfen, was diese Konvention vor ihrem Inkrafttreten aushöhlen könnte. (Zwar ist die Wiener Konvention über das Recht von Verträgen, die dieses Prinzip verkörpert, nicht in Kraft, sie wird jedoch allgemein in der Praxis angewandt. Diese de facto Form internationaler Übereinkunft ist als Gewohnheitsrecht bekannt.) Für alle praktischen Fragen kann daher davon ausgegangen werden, daß bereits jetzt die Helsinki-Konvention von 1992 die nationale Praxis der Umweltregulierung in der Ostsee bestimmt.

Die Gewässer, auf welche die Helsinki-Konvention von 1992 Anwendung findet, umfassen die Ostsee, den Eingang zur Ostsee bis zur Breite von Skagen (57° 44,8' N) und in Erweiterung der Konvention von 1974 auch die inneren Gewässer der Anrainerstaaten bis zur landwärtigen Seite der Grundlinie, von der aus ihre Territorialgewässer gemessen werden (Artikel 1). Der Einfluß der Konvention erstreckt sich weit landeinwärts, insofern als es die Vertragsparteien auch auf sich nehmen, angemessene Maßnahmen im Einzugsgebiet der Ostsee zu ergreifen, um die Verschmutzung des Meeres zu verhindern und zu beseitigen.

In Artikel 2 ist der Begriff der Verschmutzung umfassender als in der früheren Konvention definiert als „die unmittelbare oder mittelbare Zuführung von Stoffen oder Energie durch den Menschen in die Meeresumwelt einschließlich der Flußmündungen, die geeignet sind, Gefahren für die menschliche Gesundheit zu erzeugen, die lebenden Ressourcen und das marine Ökosystem zu schädigen, die rechtmäßige Nutzung des Meeres einschließlich der Fischerei zu behindern, den Gebrauchswert des Meerwassers zu beeinträchtigen und zu einer Verringerung der Annehmlichkeiten zu führen". Diese Begriffsbestimmung ist im allgemeinen im Einklang mit der Verschmutzungsdefinition der Seerechtskonvention. Alle vom Land ausgehenden Quellen der Meeresverunreinigung sind in der Konvention von Helsinki erfaßt, unabhängig davon wie die Verschmutzung das Meer erreicht, ob auf dem Wasser- oder Luftweg oder unmittelbar von der Küste aus. Einbezogen ist auch die Verunreinigung als Folge einer absichtlichen Verbringung unterhalb des Meeresbodens.

Artikel 3 führt mehrere Prinzipien auf, nach denen die Parteien ihre nationale Gesetzgebung ausrichten müssen. Diese umfassen:

- das Vorsorgeprinzip, nach dem Vorsichtsmaßnahmen zu treffen sind, wenn es Grund zur Annahme gibt, daß gewisse Aktionen der Ostseeumwelt schaden könnten, auch wenn es noch keine schlüssigen Beweise für einen Kausalzusammenhang zwischen solchen Aktionen und einer schädlichen Auswirkung gibt;
- das Verursacherprinzip, das fordert, daß die Verursacher einer Verschmutzung für die Kosten aufkommen, die durch den Schaden und die Wiederherstellung der Umwelt entstehen;
- die Verpflichtung zur Anwendung der besten Umweltpraxis und des Standes der Technik.

Andere wichtige Elemente der Konvention sind:

- Maßnahmen zur Vermeidung von Verschmutzungsquellen an Land,
- Maßnahmen zur Verhütung der Verschmutzung als Folge von Offshore-Aktivitäten,
- Auflistungen von Substanzen, deren Anwendung entweder völlig untersagt oder stark eingeschränkt ist,
- Verbot der Verbrennung oder Verklappung (mit Ausnahme von Baggergut),
- Maßnahmen zum Erhalt natürlicher Lebensräume und zum Schutz der biologischen Vielfalt,
- Maßnahmen bei Verschmutzungsunfällen,
- Maßnahmen zur Berichterstattung und zum Informationsaustausch.

Die Konvention von 1974 sah die Einrichtung der Kommission zum Schutz der marinen Umwelt, bekannt als Helsinki-Kommission oder HELCOM vor, welche die Konvention verwaltet und ihren Sitz in Helsinki hat. Es ist die einzige zwischenstaatliche Körperschaft, die sich speziell mit den Umweltangelegenheiten der Ostsee zu befassen hat. HELCOM arbeitet durch vier Unterkomitees und entwickelt Vorschläge zur Durchführung der Verpflichtungen im Rahmen der Konvention:

- Das Umweltkomitee befaßt sich mit gemeinsamen Überwachungsprogrammen der marinen Umwelt. Die Daten werden regelmäßig zusammengestellt und durch Experten in einem laufenden Programm zur Zustandseinschätzung bewertet.

- Das Technologiekomitee beschäftigt sich mit den Einträgen aus städtischen Gebieten, Industrie und durch diffuse Quellen unter Einschluß der Landwirtschaft in Gewässer und Atmosphäre.

- Das maritime Komitee befaßt sich mit der betriebsbedingten Verschmutzung durch Schiffe und Offshore-Anlagen sowie mit Einrichtungen zur Beseitigung von Schiffsabfällen in den Häfen; es koordiniert auch die Aktivitäten der Staaten zum Schutz der Ostsee vor der Verschmutzung durch Schiffe.

- Das Verschmutzungsbekämpfungskomitee erarbeitet Regeln und Richtlinien für die Zusammenarbeit bei der Bekämpfung von Havarien mit Öl und anderen schädlichen Substanzen (z.B. Chemikalienladungen).

Gleichzeitig mit der Unterzeichnung der Helsinki-Konvention von 1992 wurde als weiteres Gremium die Arbeitsgruppe zur Durchführung des HELCOM-Programmes (HELCOM PITF) eingerichtet. Sie ist für die Koordinierung der Umsetzung des internationalen Ostsee-Aktionsprogrammes zuständig. Dieses Programm geht auf die Konferenz der Regierungschefs der Ostseestaaten im September 1990 zurück. Ausgehend von der Erkenntnis, daß es in der Ostsee nicht an rechtlichen Instrumentarien, sondern an der Umsetzung der Anforderungen in die Praxis fehlt, wurde auf dieser Konferenz der Auftrag erteilt, ein Sanierungsprogramm für die Ostsee zu erarbeiten. Hierzu wurde eine Task-Force eingerichtet, in der neben Vertretern der Ostseeanliegerstaaten und der Europäischen Union auch internationale Finanzinstitutionen wie Weltbank oder Europäische Bank für Wiederaufbau und Entwicklung maßgeblich mitwirkten. Auf der Grundlage nationaler Programme zur Sanierung der Ostsee und Studien wurde ein internationales Ostsee-Aktionsprogramm erarbeitet, das von den Umweltministern gleichzeitig mit der Verabschiedung der Helsinki-Konvention von 1992 in seinen Grundzügen bestätigt wurde. Dieses Programm ist auf mindestens 20 Jahre angelegt und erfordert Investitionen von mindestens 36 Mrd. DM. Es konzentriert sich auf dringende Maßnahmen zur Wiederherstellung der Ostseeumwelt. Wichtigster Bestandteil sind die im Programm vorgesehenen Investitionsmaßnahmen zur Verringerung der belastenden Einträge aus Punktquellen sowie aus diffusen Quellen. Im einzelnen benennt das Programm 132 „hot spots", d.h. Belastungsschwerpunkte, in denen vorrangig Maßnahmen zur Kontrolle der Verschmutzung erforderlich sind. Von diesen befinden sich 98 in Polen, in der Russischen Föderation, der Slowakischen und Tschechischen Republik. Deutschland ist im wesentlichen mit sieben kommunalen Kläranlagen an dem Programm beteiligt. Ein Hauptaugenmerk muß auch im Ostseebereich künftig der Landwirtschaft und den damit verbundenen Nährstoffeinträgen gewidmet werden. Die HELCOM PITF schließt auch Länder ein, die nicht an die Ostsee grenzen, aber deren Aktivitäten ihre Umwelt beeinflussen, insbesondere Belorußland, Norwegen, die Slowakei, die Tschechische Republik und die Ukraine. Damit ist das Programm in der Lage, Prioritäten für seine Umsetzung für das gesamte Einzugsgebiet der Ostsee zu setzen.

Eine Gruppe von Rechtsexperten tritt nach Bedarf zusammen. Vorschläge der HELCOM werden in Form von Empfehlungen an die Vertragsparteien auf den jährlichen Treffen gegeben. Die Entscheidungen erfolgen einstimmig, wobei jede Vertragspartei eine Stimme hat. Der Vorsitz rotiert alle zwei Jahre durch die Länder in alphabetischer Reihenfolge. Auf den 14 regulären Jahrestreffen bis 1993 wurden insgesamt 136 Empfehlungen zu Schutzmaßnahmen getroffen. Während sich die Empfehlungen anfangs vorwiegend auf den Seeverkehr und die Wissenschaftskooperation zur Zustandseinschätzung der Ostsee konzentrierten, lag der Schwerpunkt der Empfehlungen seit Mitte der 80er Jahre auf Maßnahmen zur Reduzierung der Einträge von landseitigen Quellen.

Im Zusammenhang mit dem Schutz der marinen Umwelt bedarf das Problem der **Verschmutzung durch Schiffe** besonderer Erwähnung. Es wird unabhängig durch eine Reihe von weltweiten Vorschriften geregelt, die unter der Schirmherrschaft der Internationalen Maritimen Organisation (IMO), einer in London beheimateten Spezialorganisation der Vereinten Nationen, verbreitet werden. Die Beziehung zwischen der Helsinki-Konvention und den von der IMO geförderten Konventionen ist vielschichtig, und in diesem Beitrag wird nur ein allgemeiner Umriß angesprochen. Die Seerechtskonvention setzt generelle Rahmenbedingungen für spezielle Aktivitäten zu dieser Problematik, die in den von der IMO geförderten Konventionen aufgegriffen wurden.

Die Meeresverschmutzung durch Schiffe wird durch das Internationale Übereinkommen zur Verhütung der Meeresverschmutzung durch Schiffe reguliert, bekannt als MARPOL 73/78. Das Endziel von MARPOL 73/78 ist „die völlige Beseitigung der absichtlichen Meeresverschmutzung durch Öl und andere Schadstoffe und die Verringerung des unfallbedingten Einleitens solcher Stoffe auf ein Minimum". Dieses Übereinkommen gibt einen generellen Rahmen, der das absichtliche, unfallbedingte, fahrlässige und betriebsbedingte Freisetzen von Öl und anderen Schadstoffen durch Schiffe umfaßt (ein solches Abkommen wird als Rahmenabkommen bezeichnet). Zur Zeit hat dieses Abkommen fünf Anlagen, die sich jeweils mit spezifischen Kategorien von Substanzen und anderen Aspekten der Verunreinigung durch Schiffe befassen (vgl. Kap. 7.4.1).

Die Anhänge enthalten einschneidendere Regelungen für Sondergebiete. Das sind Meeresgebiete, für die es aus spezifischen ozeanographischen, ökologischen oder verkehrsbedingten Gründen notwendig ist, besonders strenge Vorschriften zur Verhütung der Meeresverschmutzung einzuhalten. MARPOL 73/78 bestimmt nicht, welche Gebiete diese Anforderungen erfüllen. Auf Antrag der Anliegerstaaten der Ostsee ist dieses Meer als Sondergebiet benannt worden. Für die Zwecke von MARPOL 73/78 ist es definiert als die eigentliche Ostsee mit dem Bottnischen und Finnischen Meerbusen und dem Breitenkreis von Skagen im Skagerrak von 57° 44,8' N unter Ausschluß der inneren Gewässer der Anrainerstaaten.

Alle Vertragsparteien der Helsinki-Konvention sind auch Parteien von MARPOL 73/78. Die Helsinki-Konvention ist im wesentlichen so aufgebaut, daß MARPOL 73/78 und seine Anlagen maßgeblich sind, sobald die letzteren in Kraft treten. Bis dahin finden die entsprechenden Bestimmungen der Helsinki-Konvention Anwendung. Das maritime Komitee der HELCOM arbeitet eng mit den entsprechenden Komitees der IMO zusammen, in deren Zuständigkeit die Verwaltung von MARPOL 73/78 fällt, insbesondere mit dem IMO-Komitee zum Schutz der Meeresumwelt.

Die beiden anderen von der IMO verwalteten globalen Konventionen, die hier Bedeutung haben, sind das Übereinkommen von 1972 zur Verhütung der Meeresverschmutzung durch das Einbringen von Abfällen und anderen Stoffen (bekannt als die London-(Dumping)-Konvention) und das Übereinkommen von 1990 über Bereitschaft, Reaktion und Zusammenarbeit im Zusammenhang mit Ölverschmutzung (bekannt als „OPRC Convention"). Die Helsinki-Konvention von 1992 enthält Bestimmungen, die mit diesen beiden Abkommen in Einklang stehen, die ihrerseits wiederum im allgemeinen übereinstimmend mit der Seerechtskonvention sind.

Das hauptsächliche rechtliche Instrument zur Regelung der **Ausbeutung lebender mariner Ressourcen** ist das Übereinkommen über die Fischerei und den Schutz der lebenden Ressourcen in der Ostsee und in den Belten, bekannt als die Danziger Konvention. Die Danziger Konvention, die nicht auf die inneren Gewässer sowie auf das Skagerrak und das Kattegat Anwendung findet, deckt jedoch alle Fischarten und andere lebenden marinen Ressourcen im Vertragsgebiet ab. Sie hat zur Zeit acht Vertragsparteien: Estland, die Europäische Union (die ihre vier Ostseeanliegerstaaten vertritt), Lettland, Litauen, Polen und die Russische Föderation. Das ausführende Organ des Abkommens ist die Internationale Ostsee-Fischereikommission (IBSCF) mit Sitz in Warschau. Diese Kommission arbeitet eng mit der HELCOM und dem Internationalen Rat für Meeresforschung (ICES) zusammen (der unter der regionalen ICES-Konvention eingesetzt wurde; siehe weiter unten bei den Regelungen für die Meeresforschung). Sie ist Mitglied der HELCOM PITF.

Die Danziger Konvention verpflichtet die Vertragspartner zur Zusammenarbeit hinsichtlich der Erhaltung und Vermehrung der lebenden Ressourcen der Ostsee und der Belte, der Durchführung von Untersuchungen zu diesem Zweck, der Vorbereitung und Ausführung von Projekten zum Erhalt und zur Entwicklung der lebenden Ressourcen und anderer Schritte zur rationellen und effektiven Ausbeutung dieser Ressourcen (Artikel 1).

Die IBSFC koordiniert das Management der lebenden Ressourcen durch das Sammeln, Analysieren und Verbreiten einschlägiger Daten. Sie fördert die Koordinierung wissenschaftlicher Untersuchungen und gemeinsame Forschungsprogramme, bereitet Empfehlungen zu Erwägung durch die Vertragspartner vor und prüft von diesen vorgelegte Informationen. Die Aktivitäten der Kommission werden auf den Jahrestagungen organisiert und zeitlich festgelegt. Obwohl Entscheidungen und Empfehlungen mit einer Zweidrittelmehrheit der anwesenden und abstimmenden Vertragsparteien verabschiedet werden können, operiert die Kommission in der Praxis auf der Grundlage der Einstimmigkeit.

Die Tätigkeit der Kommission begann mit technischen Maßnahmen wie etwa die Einführung von Schutzgebieten und Schonzeiten, Maschenweiten und Mindestgrößen für Fische. Sie ist jetzt aber erweitert auf die Festlegung zugewiesener Gesamtfänge (TAC) für verschiedene Fischarten und die Zuweisung von maximalen Jahresgesamtfängen für die Gebiete, die sich unter der fischereilichen Oberhoheit der Vertragspartner befinden.

Das Management der Fischereiressourcen der Ostsee unterliegt z.T. auch den Regeln der gemeinsamen Fischereipolitik (CFP) der Europäischen Union. Diese wurden erstmals 1983 vom Ministerrat beschlossen. Die Regelungen der CFP legen für die betroffenen Ostseegewässer ebenfalls Gesamtfänge fest, weisen Quoten zu und legen Schutz-, Kontroll- und Vollzugsmaßnahmen in Befolgung der IBSFC-Empfehlungen fest. Die lebenden Ressourcen im Skagerrak und Kattegat werden durch Abkommen zwischen der Europäischen Union und Norwegen reguliert.

Die Seerechtskonvention betont die Wichtigkeit der regionalen Zusammenarbeit in ihren Bestimmungen zum Management der Fischerei und anderer lebender Ressourcen, besonders im Hinblick darauf, daß die Beweglichkeit dieser Ressource ein individuelles Management durch die Küstenstaaten unmöglich macht. Die Konvention fordert von den Küstenstaaten die Sicherstellung, „daß die Erhaltung der lebenden Ressourcen ... nicht durch überzogene Ausbeutung gefährdet wird" und daß sie zu diesem Zwecke mit den zuständigen subregionalen, regionalen und globalen Organisationen zusammenarbeiten. Die Konventionen von Helsinki und Danzig sind regionale Anfangsschritte in die von der Seerechtskonvention geforderte Richtung.

Drei wesentliche Punkte sind bei der Betrachtung der internationalen Regelung der wissenschaftlichen **Meeresforschung** zu beachten. Erstens ist es nicht mehr einfach, den Zugang zu den meisten Meeresgebieten für Forschungszwecke zu erhalten.

Bis 1982 konnte wissenschaftliche Meeresforschung überall in der Welt ungehindert von jedem Schiff betrieben werden, solange es sich außerhalb der Hoheitsgewässer der Staaten hielt, vor deren Küsten es operierte. Mit dem Beginn der Unterzeichnungsperiode der Seerechtskonvention im Jahre 1982 und ungeachtet der Tatsache, daß diese Konvention erst 12 Jahre später in Kraft trat, bedurfte die Ausführung wissenschaftlicher Meeresforschung mit Schiffen, die nicht die Flagge des Staates trugen, vor dessen Küsten die Untersuchungen erfolgen sollten, der Genehmigung des entsprechenden Staates für seine Gewässer innerhalb einer Zone von 200 Seemeilen vor der Küste. Nur die sogenannte Hohe See, d.h. die Gewässer außerhalb der nationalen Rechtsprechung jenseits der 200-Seemeilen-Zone, ist noch jedem Forschungsschiff frei zugänglich.

Zweitens gibt es sowohl juristische als auch wissenschaftliche Definitionen der Meeresforschung. Diese sind unterschiedlich, und insbesondere Wissenschaftler mögen den juristischen Begriffsbestimmungen nicht zustimmen. Es ist jedoch die juristische Definition, die im Bereich internationaler Regelungen dominiert. Wissenschaftliche Meeresforschung ist weder wissenschaftlich noch juristisch in der Seerechtkonvention oder in anderen einschlägigen internationalen Verträgen definiert. Dennoch ist die Annahme berechtigt, daß jede Tätigkeit, die auf die Erweiterung der Kenntnisse über die marine Umwelt gerichtet ist, juristisch als wissenschaftliche Meeresforschung verstanden werden wird. Es ist deshalb ratsam, um Genehmigung nachzusuchen, wenn innerhalb der 200-Seemeilen-Zone eines anderen Landes operiert werden soll.

Drittens, obwohl die Seerechtskonvention feststellt, wann normalerweise eine Genehmigung zur Ausführung wissenschaftlicher Forschungen zu gewähren ist, gibt es doch eine spezielle Ausnahme für die auf natürliche Ressourcen gerichteten Untersuchungen. Es zeigte sich, daß insbesondere von Entwicklungsländern diese Ausnahme so interpretiert wird, daß häufiger keine Genehmigung erteilt wird.

Für diese Einschränkungen der wissenschaftlichen Meeresforschung innerhalb der 200-Seemeilen-Zone eines Küstenstaates gibt es zwei Hauptgründe – seine Besorgnisse um die nationale Sicherheit und sein Interesse an den Forschungsergebnissen, insbesondere wenn diese im Zusammenhang mit den Ressourcen in den Gewässern dieser Zone oder darunter stehen. Trotz des offenkundigen Interesses der Anrainerstaaten an einem wirksamen Austausch von Informationen über die Umwelt der Ostsee und ungeachtet der langjährigen Tradition gemeinsamer Meeresforschungen, beides sowohl im Zusammenhang mit den Abkommen von Danzig, Helsinki und zum ICES als auch unter der Schirmherrschaft anderer zwischenstaatlicher Organisationen wie der Europäischen Union und der Zwischenstaatlichen Ozeanographischen Kommission (IOC) der UNESCO, gibt es keine Koordinierung der Bedingungen für die Beantragung und Genehmigung von wissenschaftlichen Meeresforschungen. Diese Bedingungen sind in den einzelnen Anliegerstaaten sehr unterschiedlich. Sie sind mit langen Wartezeiten verbunden und enthalten keine objektiven Kriterien, mit deren Hilfe die Wahrscheinlichkeit für die Zustimmung zu einem geplanten Forschungsprojekt beurteilt werden könnte. Bis jetzt gibt es noch nicht einmal den Entwurf für einheitliche Regelungen zur Genehmigung von Forschungsprojekten in der Ostsee unter irgendeinem dieser Abkommen. Das gilt auch für die Helsinki-Konvention, obwohl es in deren Artikel 24 heißt, „daß die Vertragsparteien zur Erleichtung der Forschungs- und Monitoringaktivitäten in der Ostsee zusichern, ihre Regelungen für Genehmigungsverfahren für solche Aktivitäten abzustimmen".

Besondere Erwähnung verdienen hier die ICES-Konvention und das zugehörige Protokoll, die 1968 bzw. 1970 in Kraft getreten sind. Diese Konvention bildet jetzt den formellen Rahmen für den Internationalen Rat für Meeresforschung (ICES), der bereits 1902 als älteste zwischenstaatliche meereswissenschaftliche Organisation der Welt gegründet wurde. Zur Zeit sind siebzehn Länder Mitglied des ICES: Belgien, Dänemark, Deutschland, Finnland, Frankreich, Großbritannien, Irland, Island, Kanada, die Niederlande, Norwegen, Polen, Portugal, die Russische Föderation, Spanien, Schweden und die USA. Lettland hat 1992 um Wiederaufnahme gebeten. Entsprechende Anträge werden ebenfalls von Estland und Litauen erwartet. Obwohl auch der ICES bisher nicht in der Lage war, in einer Konvention regional einheitliche Regelungen für die Durchführung von Forschungsarbeiten durchzusetzen, hatte er doch großen Erfolg bei der Organisation gemeinsamer wissenschaftlicher Meeresforschung.

Der ICES konzentriert seine Tätigkeit auf Probleme der Meeresverschmutzung, der Fischerei und der regionalen Ozeanographie im Nordatlantik und seinen Nebenmeeren unter Einschluß der Ostsee. Diese Aktivitäten erfolgen auf kooperativer Basis. Artikel 1 der Konvention nennt als die drei grundlegenden Ziele des ICES:

- die Förderung und Unterstützung der Erforschung des Meeres insbesondere bezüglich der lebenden Ressourcen;
- die Entwicklung von entsprechenden Programmen und in Übereinstimmung mit den Vertragsparteien die Organisation solcher Forschungen und Untersuchungen, sofern sich diese als notwendig erweisen;
- die Veröffentlichung und anderweitige Verbreitung von Ergebnissen der unter der Schirmherrschaft des ICES ausgeführten Forschungsprojekte.

Das Sekretariat des ICES befindet sich in Kopenhagen. Die Arbeitsstruktur schließt zwölf wissenschaftliche Komitees ein, von denen sich eins, das Ostseefischkomitee, speziell mit der Ostsee befaßt. Hinzu kommen zwei Beratungskomitees, eins für Fischereimanagement und eins für die marine Umwelt. Beide Komitees beraten die zwischenstaatliche Regulierungskommission (unter Einschluß von HELCOM und IBSFC) und die Regierungen der eigenen Vertragspartner. 95 Arbeitsgruppen (im Jahre 1992) planen, realisieren und analysieren die eigentliche Arbeit und berichten darüber. Von diesen befassen sich 13 Gruppen in einer Vielzahl von Untersuchungen über Fisch, Verschmutzungen, Modellierung, Umwelt, Flüsse und hydroakustische Vermessungen speziell mit der Ostsee. Der ICES unterhält Datenbanken und arbeitet unter anderem mit dem Datenzentrum der HELCOM in Finnland zusammen.

Neben dem ICES tragen in der Ostsee auch noch eine Reihe weiterer nichtstaatlicher Organisationen zur regionalen wissenschaftlichen Zusammenarbeit bei. Gremien wie die 1957 begründete Konferenz der Baltischen Ozeanographen (CBO) oder die seit 1968 tätigen Baltischen Meeresbiologen (BMB) haben spezielle Aufgaben und führen ihre Aktivitäten in engem Kontakt mit den regionalen zwischenstaatlichen Organisationen aus.

Die Regelung von Angelegenheiten, die sich auf Fragen der Landesverteidigung und nationalen Sicherheit, der Navigation, der Schiffahrt (ohne Bezug zur Meeresverunreinigung), des Technologietransfers sowie der Regelung von Streitigkeiten und der marinen Grenzziehung beziehen, wird in diesem Beitrag nicht diskutiert. Diese Probleme werden ebenfalls in der Seerechtskonvention angesprochen und sind für die Ostsee in spezifischen internationalen Konventionen, regionalen Abkommen und vielen bilateralen Übereinkünften weiter ausgearbeitet. Für diese Themen sei auf die umfangreiche Spezialliteratur verwiesen. Neue Herausforderungen für das Management der Ostsee resultieren aus den geplanten oder auch schon in der Realisierung befindlichen Brücken- und Dammprojekten z.B. in den Belten und im Sund oder im Finnischen Meerbusen und aus solchen technischen Aktivitäten wie der Verlegung von Hochspannungskabeln über große Strekken in der Ostsee. Derartige in nationalem oder bilateralem Rahmen ausgeführte Vorhaben können sowohl für die marine Umwelt als auch für die verschiedenen Nutzungsaspekte von Bedeutung sein.

Weiterführende Arbeiten zur Zusammenarbeit in der Ostsee sind: Ehlin 1994; Fitzmaurice 1992; Platzoeder u. Verlaan 1994.

8 Aufgaben der internationalen Ostseeforschung

GOTTHILF HEMPEL

In der ersten Ausgabe der „Meereskunde der Ostsee" hatte Klaus Grasshoff (1974) kurz vor seinem Tode die Geschichte der internationalen Meeresforschung im Ostseeraum dargestellt. Er gehörte damals zu den aktivsten Verfechtern einer engen Kooperation aller Ostseeanrainer. In dem folgenden Beitrag sind einige seiner historischen Passagen eingearbeitet.

Meeresforschung ist von **internationaler Zusammenarbeit** ebenso abhängig wie von multidisziplinärer Kooperation und interdisziplinärem Denken. Dies gilt für die Ostsee aus politischen und wissenschaftlichen Gründen im besonderen Maße.

Forschungsschiffe aus neun Anrainerstaaten operieren in der Ostsee. Darüber hinaus lockt sie Meeresforscher aus anderen Teilen der Welt, denn sie ist einerseits eines der größten Brackwassermeere der Erde und andererseits ein überschaubarer, vom Menschen stark beeinflußter Mini-Ozean für viele grundlegende meereskundliche Studien.

In Kap. 2 erwähnt Kortum die Rolle des Internationalen Rates für Meeresforschung (ICES), der seit 1902 jahrzehntelang die internationale Zusammenarbeit in der Ostsee geprägt hat. Die Suche nach den Ursachen für den Rückgang von Fischereierträgen und das wissenschaftliche Interesse an meereskundlichen Phänomenen standen dabei im Vordergrund. Um die jahreszeitlichen Veränderungen erfassen zu können, einigte man sich auf eine Reihe von internationalen Standardstationen und -schnitten, die regelmäßig aufgesucht werden sollten. Planung und Umsetzung internationaler Programme gingen damals schneller vonstatten als heute. Schon im August und November 1902 fanden die ersten vom ICES koordinierten „Terminfahrten" statt. Gemeinsame Untersuchungen erforderten einheitliche Meßmethoden. Das gab damals wie heute den Anstoß zu kritischen Vergleichen, Interkalibrierungen und zu methodischen Neuentwicklungen. Ein internationales Laboratorium unter Leitung von Fritjof Nansen wurde eingerichtet. Es diente der Erarbeitung physikalischer und chemischer Meßmethoden, zum Methodenvergleich und zur Ausbildung von Wissenschaftlern.

Eine Kommission für Fischereiprobleme der Ostsee konzentrierte sich auf Lachs, Meerforelle, Hering, Aal und Flunder. Bis zum 1. Weltkrieg fanden viele fundamentelle Untersuchungen über Lebenszyklus und Wanderverhalten dieser Fischarten in der Ostsee und ihren westlichen Zugängen statt. Wenn auch die Ursachen für den Niedergang der Lachsfischerei nicht erklärt werden konnten, so führten diese Arbeiten doch zu international vereinbarten Mindestfanggrößen für mehrere Fischarten.

Man diskutierte damals bereits die Abwasserbelastung der Flüsse und andere menschliche Einflüsse auf die Fischbestände. Ein Fluß in jedem Land wurde für regelmäßige Lachszählungen ausgewählt. Derartige Überwachungsprogramme – verbunden mit einer internationalen Statistik – wurden über viele Jahre fortgeführt; manche haben alle politischen, seerechtlichen und ökonomischen Veränderungen überlebt. Diese langen Datenreihen werden immer wieder unter neuen Gesichtspunkten und mit neuen Methoden analysiert. Parallel zu den Fischereiuntersuchungen bekamen die Ozeanographen eine erste Vorstellung von der Hydrographie der Ostsee. Die Veränderungen von Temperatur und Salzgehalt in den verschiedenen Teilen der Ostsee wurden analysiert und Pegelstationen nach internationaler Absprache eingerichtet.

Der 1. Weltkrieg unterbrach die fruchtbare Zusammenarbeit zwischen den Ostseeländern, aber der Internationale Rat und sein Sekretariat in Kopenhagen existierten weiter. Nach dem Krieg hatte sich die politische Situation rund um die Ostsee vollständig gewandelt. Neue Staaten waren gegründet worden, und besonders Polen, Lettland und Finnland entwickelten bedeutsame Aktivitäten in der Meeresforschung. Die internationale Koordination der hydrographischen Untersuchungen war aber geringer als heute. Mit der Entwicklung von empfindlichen Methoden zur Bestimmung von Stickstoff- und Phosphorverbindungen in Seewasser und der Durchführung von Vergleichsuntersuchungen durch eine ICES-Arbeitsgruppe wurde es möglich, den Nährstoffkreislauf in der Ostsee zu studieren.

Im 2. Weltkrieg brach die internationale Zusammenarbeit der Ostseeländer vollständig zusammen, und als der ICES mit neuen konstruktiven Ideen 1945 seine Arbeit wieder aufnahm, stieß die Verwirklichung dieser Pläne auf große politische und wirtschaftliche Schwierigkeiten. Die Aufnahme der Bundesrepublik in den ICES erfolgte erst zehn Jahre nach Kriegsende. Sie verzögerte sich für die DDR um weitere 20 Jahre – bis 1975. Um trotzdem eine Basis für die internationale Zusammenarbeit der Ostseeländer zu schaffen, wurde 1957 die Konferenz der Baltischen Ozeanographen (CBO) ins Leben gerufen. Sie ist ein von den Regierungen unabhängiger Zusammenschluß von Meeresforschern, der auch den ICES berät. Darüber hinaus richtete das Scientific Committee on Oceanic Research (SCOR) gemeinsam mit dem ICES eine Arbeitsgruppe zur Untersuchung der Ostseeverschmutzung ein. Die Meeresbiologen schlossen sich 1968 zu den „Baltic Marine Biologists" (BMB) zusammen. Diese Gruppen gaben der internationalen Ostseeforschung neue Impulse und Ideen. Abwechselnd trafen sich CBO bzw. BMB alle zwei Jahre. Ihre Versammlungen waren im Kalten Krieg fast die einzigen Gelegenheiten, bei denen sich west- und ostdeutsche Ostseeforscher wissenschaftlich austauschen konnten. Ergebnis dieser Versammlungen waren zwei große Gemeinschaftsunternehmen mit zahlreichen Schiffen 1964 und 1969/70. Es ging dabei um das Verständnis des Austausches zwischen Nord- und Ostsee, zwischen Oberflächen- und Tiefenwasser und um Fragen des Stoffhaushaltes.

Neben den alle Ostseeanrainer umfassenden Organisationen hatten die damaligen RGW-Staaten UdSSR, Polen und DDR gemeinsame Programme, die auch gewisse Arbeitsteilungen bei Geräteentwicklungen einschlossen. Andererseits pflegten die skandinavischen Länder innerhalb ihres Nordischen Rates Austauschprojekte zwischen ihren meeresbiologischen Stationen.

Spätestens um 1970 mußten wir erkennen, daß die Ostsee eines der am meisten durch Schadstoffeinträge gefährdeten Meere ist. Die Zufuhr großer Mengen an städtischen und industriellen Abwässern mit organischen Substanzen (z.B. Petroleum-Kohlenwasserstoffen und chlorierten organischen Verbindungen) sowie giftigen Schwermetallen zeigten Auswirkungen auf die Meeresumwelt. Man erkannte die Gefahren der Eutrophierung in Zeiten der Stagnation in den Ostseebecken und die Anreicherung halogenierter Kohlenwasserstoffe in Organismen. Damit erhielt die internationale Zusammenarbeit eine neue, über Fischereifragen und das Streben nach allgemeinen ozeanographischen Kenntnissen hinausgehende Zielrichtung, die die Ostseeforschung in den folgenden zwei Jahrzehnten prägte. Die Probleme, die mit Eintrag, Metabolismus und Verbleib der Schadstoffe zusammenhängen, konnten nicht von einzelnen Wissenschaftlern, Disziplinen und Instituten gelöst werden. Die Bewertung der Nähr- und Schadstoffbelastung der Ostsee ist an ein umfassendes Verständnis der physikalischen, chemischen und biologischen Prozesse gekoppelt, die das Verhalten und den Kreislauf der Stoffe in der Ostsee steuern. Hierfür wurde die Entwicklung von – anfangs noch groben – Modellen gefordert, um künftige Forschungs- und Beobachtungsprogramme zu optimieren.

1973 wurde die internationale Ostseefischereikommission (Warschau-Kommission, IBSFC) gegründet und eine Konvention zum Schutz der marinen Umwelt der Ostsee beschlossen, für die eine Kommission (HELCOM) mit Sekretariat in Helsinki eingerichtet wurde. Beide Kommissionen arbeiten eng mit dem ICES zusammen. Im Falle der Fischerei wurden Empfehlungen für Fangquoten und andere Schonmaßnahmen und für Programme zur Überwachung der Bestände und ihrer Nachwuchserzeugung gegeben. Insbesondere hinsichtlich der Fangquoten hält sich die Kommission oft nicht an die Empfehlungen der Wissenschaftler des ICES, und die Fischer befolgen nicht immer die international beschlossenen und national verordneten Fangregulierungen. Ein neues Feld internationaler Fischereiforschung hat sich jetzt mit der Frage nach (negativen) Auswirkungen der Fischerei auf die Tiergemeinschaften der Ostsee aufgetan. Während zu Beginn des Jahrhunderts die Ausrottung der Robben als Mittel zum Schutze der Lachse empfohlen wurde, fordert man jetzt umgekehrt Einschränkungen der Fischerei zum Wohle von Schweinswalen.

Auf die Rolle der HELCOM für die Ostseeforschung wurde in den Kapiteln 7.4.1 und 7.5 eingegangen. Anlaß für die Untersuchung anthropogener Einflüsse auf das System war zuerst die Verschlechterung der Sauerstoffverhältnisse im Tiefenwasser der zentralen Ostseebecken als Folge der Eutrophierung und des mangelnden Nachschubes von Nordseewasser, d.h. eine

Verknüpfung anthropogener und natürlicher Faktoren. Die Fortschritte in der Spurenstoffanalytik im Wasser und in Meeresorganismen führten zur Aufnahme organischer und anorganischer Schadstoffe in das Baltic Monitoring Programme (BMP) der HELCOM, das seit 1979 durchgeführt wird.

Über alle politischen und seerechtlichen Veränderungen und über alle Verschiebungen der Zielrichtungen von der Fischerei zum Umweltschutz in seinen verschiedenen Facetten (Eutrophierung, Schadstoffe) hinaus, hat sich das internationale Observatoriumsprogramm fast ein Jahrhundert lang als das Rückgrat der Ostseeforschung erwiesen.

Heute ist die Ostsee eines der am intensivsten überwachten und erforschten Meere mit einer großen Anzahl und Vielfalt von **Forschungsinstituten** (Abb. 117). In der Mehrzahl der Länder existieren nebeneinander Fischereiinstitute, hydrographische Dienste sowie Laboratorien der Akademien und Universitäten, die vor allem Grundlagenforschung betreiben. Das ist recht kostspielig. Andererseits bedeutet die Vielfalt der Nationen und ihrer Institute einen großen Vorteil bei der Entwicklung breit angelegter Forschungs-

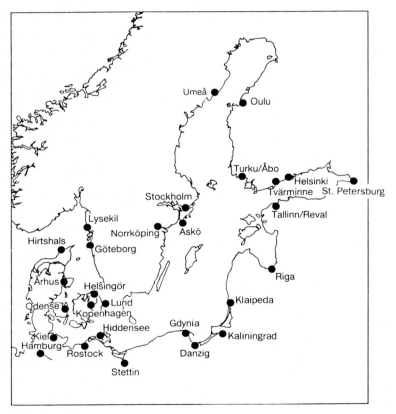

Abb. 117. Standorte der Ostseeforschung

konzepte. Zwischen den nationalen Forschungsprogrammen in Schweden, Dänemark, Finnland, Polen und Deutschland bestehen enge Wechselbeziehungen. Die Baltischen Republiken und Rußland bemühen sich, ihre große Forschungskapazität den neuen ökonomischen Zwängen anzupassen. Sie hoffen dabei auf ausländische Unterstützung im Rahmen europäischer und bilateraler Forschungsprojekte. Das Nebeneinander zahlreicher internationaler Organisationen und Arbeitsgruppen ist unter den heutigen politischen Bedingungen nicht mehr erforderlich, aber schwer zu beheben. Die zunehmende Europäisierung der Forschung führt sogar zur Bildung weiterer Gremien und Sekretariate.

Verschiedene **globale Programme** der Meeres-, Klima- und Umweltforschung haben eine spezielle Ostseekomponente. Das Global Energy and Water Cycle Experiment (GEWEX) befaßt sich mit dem Wasser- und Energietransport in der Atmosphäre und am Boden. Um neben globalen auch regionale Aspekte zu berücksichtigen, wurde das Programm BALTEX geschaffen, das die Ostsee und ihr dreimal so großes Wassereinzugsgebiet (vgl. Abb. 110) hinsichtlich der Wasser- und Energiekreisläufe und Wechselwirkungen mit Klima und Umwelt erfassen und numerisch modellieren soll.

Im Rahmen des Internationalen Geosphären/Biosphären-Programmes (IGBP) und speziell des Teilprogramms Land-Ocean Interaction in the Coastal Zone (LOICZ) entwickeln sich Projekte in der Ostsee, die, wie auch BALTEX, ihre politische und wirtschaftliche Rechtfertigung aus zwei neuen Begriffen ziehen, die schnell zu Schlagworten der Forschungsprogramme geworden sind: Global Change und Integrated Coastal Zone Management. Der „globale Wandel" bezieht sich primär auf die (anthropogenen) Klimaveränderungen (Stichworte „Treibhauseffekt", „Ozonloch") und sekundär auf sonstige Veränderungen im Wechselspiel von Mensch und Umwelt. Globale Klimaänderungen haben starke regionale Auswirkungen auf Zuflüsse, Wasserhaushalt, Zirkulation und Bioproduktion, die Rückwirkungen der Ostsee auf das globale Klima sind dagegen gering. Schwankungen in den Umwelt- und Produktionsverhältnissen sind in den Sedimenten der Ostseebecken gut abgebildet. Um aber diese Abbildung im einzelnen zu interpretieren, bedarf es intensiver Untersuchungen über den Sedimentationsvorgang in Abhängigkeit von der Produktion und von den Abbauvorgängen in der Wassersäule und am Boden.

Das integrierte Management der Küstenzonen ist als Zielvorstellung für die Ostsee besonders einleuchtend. Mit dem Ziel der „nachhaltigen Entwicklung" (Sustainable Development), einem weiteren politischen Schlagwort, sollen sich Natur- und Wirtschaftswissenschaftler, Ingenieure und Juristen um Konzepte bemühen, in denen die verschiedenen Nutzungsarten soweit aufeinander abgestimmt und eingeschränkt werden, daß eine harmonische, leidlich umweltverträgliche, sozio-ökonomische Entwicklung der Küstenräume und der Meeresnutzung möglich wird. Dabei sind die vermutlichen Folgen globaler Klimaveränderungen ins Kalkül zu ziehen.

In jüngster Zeit haben sich die Rahmenbedingungen für die internationale Ostseeforschung drastisch verändert: Die nationalen Forschungsmittel sind knapper geworden. Das gilt besonders für die Nachfolgestaaten der UdSSR und für Polen. Andererseits erhalten zwei große Programme der Europäischen Union (MAST III und ENVIRONMENT) erhebliche Zuwendungen für internationale Vorhaben in der Ostsee. Die Mitgliedschaft von Schweden und Finnland rückt die Ostsee stärker als bisher ins Blickfeld der Europäischen Union. Um die Teilnahme osteuropäischer Staaten an Gemeinschaftsprojekten sicherzustellen, haben die Europäische Union und die European Science Foundation Sondermittel für den Austausch von Wissenschaftlern bereitgestellt. In einer Serie von Arbeitstreffen in Warnemünde, Klaipeda und Tallinn wurde ein Langzeitprogramm für die Ostseeforschung entwickelt. Vorhaben der Europäischen Union und nationale und bilaterale Aktivitäten sind dabei eng miteinander verknüpft. Als Beispiele seien das europäische Gotland Basin Experiment (GOBEX) und zwei deutsch-polnische Projekte im Bereich der Oderbucht (GOAP) und der Pommernbucht (TRUMP) genannt. GOBEX ist eine regional und zeitlich eng begrenzte Pilotstudie zu einem zentralen Problem der Ostseeforschung: Zum Nachweis eines anthropogen bedingten Trends im natürlichen Variationsspektrum des „Ökosystems Ostsee" muß man nicht nur die Variationsbreite der Belastungsgrößen, sondern auch die des physikalischen Regimes (Strom-Massenfeld) kennen.

GOBEX und künftige ähnliche Gemeinschaftsunternehmen im Rahmen von MAST III suchen Antwort auf die Fragen:

- Wie wirken sich sporadisch auftretende „Salzwassereinbrüche" auf Wasserschichten unterhalb der Salzgehaltssprungschicht aus?
- Welche Zeitskalen sind bei den Austauschprozessen von Becken zu Becken relevant und wie reagiert das „Ökoystem"?
- Welche Akkumulationsraten sind im anorganisch-organischen Material zu erwarten?
- Wie läuft die Sedimentation ab (Raum-Zeitskalen)?

Während GOBEX sich mit den Prozessen in der offenen Ostsee und ihren Becken befaßt und Bezug zu „Global Change" hat, sind GOAP und TRUMP auf den zweiten großen Problemkreis der Ostseeforschung gerichtet, die unmittelbaren Einwirkungen des Landes auf die Küstengewässer und über diese auf die offene See. Hier kommt das Konzept des „Integrated Coastal Zone Management" als ein Forschungsziel zum Tragen. Es geht um den Transport und Verbleib der Nähr- und Schadstoffe auf ihrem Weg vom festen Land über die Oder und viele kleine Einleiter sowie über die Atmosphäre in die Bodden und von dort in die Oder- und die Pommernbucht und schließlich in die zentrale Ostsee. Auf diesem Transportweg werden die Stoffe großenteils von Organismen aufgenommen oder an Partikel gebunden, sie werden umgewandelt und zeitweilig oder dauerhaft abgelagert, sie prägen die pelagischen und benthischen Lebensgemeinschaften und den Gashaushalt im Wasser und im Boden. Wetter und Klima und daran gekoppelt die Küstenströmungen und Auftriebserscheinungen beeinflussen die Transport- und Ablagerungsvorgänge. Angesichts der Veränderungen in der landwirtschaftlichen Nutzung des Hinterlandes und in der Einleitung häuslicher und industrieller Abwässer spielen die deutsch-polnischen Untersuchungen vor Pommern eine Pilot-Rolle für ähnliche Arbeiten zur Lösung der schwerwiegenden Probleme entlang der Ostseeküste von der Weichselmündung bis zur Mündung der Newa bei St. Petersburg.

Das unter den Fittichen der Europäischen Union und der European Science Foundation 1993/1994 entwickelte Konzept für die künftige europäische Zusammenarbeit in der Ostsee bindet die Erforschung der offenen See und der Küstenregionen zusammen und nennt folgende allgemeine Ziele:

- Suche nach einer wissenschaftlich fundierten Balance zwischen der behutsamen Nutzung ihrer natürlichen Ressourcen, besonders der Fischbestände und der Erhaltung des Gesamtsystems.
- Verständnis der Reaktion der Ostsee gegenüber Klimaschwankungen und Einträgen durch den Menschen. Hierzu gehört auch die geologische Erforschung zurückliegender Veränderungen. Darauf aufbauend sollen Strategien für ein integriertes Management der Küstenregionen und für die Vermeidung von Schädigungen entwickelt werden.

Die beiden Forschungsansätze des deutschen Ostseeforschungsprogrammes von 1994 entsprechen diesen Zielen:

- Erforschung des Ökosystems Ostsee mit dem Ziel einer schrittweisen Modellierung des gesamten Systems.
- Analyse der Auswirkungen natürlicher und anthropogen bedingter Veränderungen auf das Ökosystem Ostsee.

Beide Forschungsansätze bedürfen der internationalen Zusammenarbeit. Sie ist leichter geworden dank der Beendigung der Ost-West-Konfrontation und der Ausdehnung der Europäischen Union, und dank des großen allgemeinen Interesses an Fragen der Meeresökologie und des Umweltschutzes. Multidisziplinäre Zusammenarbeit und interdisziplinäres Denken sind gewachsen. Technische Entwicklungen – Computer und Fernerkundung – haben Modelle und synoptische Übersichten ermöglicht.

Die Ostsee ist zwar geographisch ein Nebenmeer, entwickelt sich aber zu einem Mittelpunkt der europäischen Meeresforschung, weil man hier besser als in den weiten Ozeanräumen die Wechselwirkungen zwischen physikalischen, chemischen und biologischen Prozessen studieren und die Auswirkungen menschlichen Handelns erkennen kann.

Literatur

Aagaard T, Greenwood B (1993) Sediment transport by waves and currents in a barred surf zone. Proc Can Coastal Conf 1993:602–614

Andersson L, Håkansson B, Lundqvist JE, Omstedt A, Rahm LA, Sjöberg B, Svensson J (1992) Water in the west and in the east. In: Sjöberg B (ed) Sea and coast. The national atlas of Sweden. Almqvist and Wikssell International, Stockholm, pp 56–72

Andreae MO, Froelich Jr PN (1984) Arsenic, antimony, and germanium biogeochemistry in the Baltic Sea. Tellus 36B:101–117

Anonym (1941) Die deutschen Meere im Rahmen der internationalen Meeresforschung. Veröff Inst Meeresk und Geogr Inst Universität Berlin 8

Anonym (1979) Atlas zur Ermittlung der Wellenhöhe in der südlichen Ostsee. Seehydrographischer Dienst der DDR, Rostock

Anonym (1993) Report of the Working Group on the Assessment of Demersal Stocks in the Baltic. ICES-Doc C M 1993/Assess:16

Anonym (1994a) New knowledge about the northern Baltic. Gulf of Bothnia – still healthier than the rest. WWF-Baltic Bulletin 2:4–8

Anonym (1994b) Report of the Working Group on the Assessment of Demersal Stocks in the Baltic. ICES-Doc C M 1994/Assess:17, 18

Arndt EA (1964) Tiere der Ostsee. Kosmos Verlag, Stuttgart

Arndt EA (Hrsg) (1969) Zwischen Düne und Meeresgrund. Urania, Leipzig Jena Berlin

Arndt H (1991) On the importance of planktonic protozoans in the eutrophication process of the Baltic Sea. Int Revue Gesamten Hydrobiol 76/3:387–396

Arntz WE (1978) The "upper" Part of the Benthic Food Web: The Rôle of Macrobenthos in the Western Baltic. Rapp P V Réun Cons Int Explor Mer 173:85–100

Arntz WE, Brunswig D, Sarnthein M (1976) Zonierung von Mollusken und Schill im Rinnensystem der Kieler Bucht (Westliche Ostsee). Senckenberg marit 8:189–269

Arntz WE, Finger I (1981) Demersal fish in the Western Baltic: their feeding relations, food coincidence and food selection. ICES CM J 6

Arntz WE, Rumohr H (1982) An experimental study of macrobenthic colonization and succession, and the importance of seasonal variation in temporate latitudes. J Exp Mar Biol Ecol 64:17–45

Autorenkollektiv (1969) Das Meer, 1. Aufl. Urania, Leipzig Jena Berlin

Autorenteam (1987) Seewetter, 3. Aufl. DSV-Verlag, Hamburg

Azam F, Fenchel T, Field JG, Gray JS, Meyer-Reil LA, Thingstad F (1983) The ecological role of water-column microbes in the sea. Mar Ecol Prog Ser 10:257–263

Bagge O, Rechlin O (1989) Baltic Sea Fishery Resources. Rapp P V Rèun Cons Int Explor Mer 190:285

Bange H (1992) Feldmessungen für eine Dissertation an der Universität Mainz. Max-Planck-Institut für Chemie, Abt Biogeochemie, Mainz

Banse K (1956) Über den Transport von meroplanktischen Larven aus dem Kattegat in die Kieler Bucht. Ber Dtsch Wiss Kommn Meeresforsch 14:147–164

Behrends G, Viitasalo G, Breuel E, Kostrichkina O, Sandström F, Möhlenberg P, Ciszewski P (1990) Zooplankton. In: Baltic Marine Environment Protection Commission (ed) Second periodic assessment of the state of the marine environment of the Baltic Sea, 1984–1988; Background document. Baltic Sea environm Proc 35B:181–198

Bergström S, Carlsson B (1993) Hydrology of the Baltic Basin. Inflow of fresh water from rivers and land for the period 1950-1990. SMHI Swedish meteorol hydrol Inst Rep Hydrology 7: 1-21, 31

Bernes C (ed) (1994) Biological diversity in Sweden. Monitor 14, Solna, Sweden

Bick A, Gosselck F (1985) Arbeitsschlüssel zur Bestimmung der Polychaeten der Ostsee. Mitt Zool Mus Berl 61:171-272

Bjerknes BA (1962) Synoptic survey of the interaction between sea and atmosphere in the North Atlantic. Geofysiske Publikasjoner 24:116-146

Blab J (1993) Grundlagen des Biotopschutzes für Tiere. In: Bundesamt für Naturschutz (Hrsg), Schriftenr Landschaftspfl Natsch, H 24

Blotzheim UNG von (ed) (1982) Handbuch der Vögel Mitteleuropas, Bd 8. Akademische Verlagsgesellschaft, Wiesbaden

Bobzin W, Finnern D (1975) Fangtechnik. Transpres, Berlin

Bock KH (1971) Monatskarten der Dichte des Wassers in der Ostsee. Dtsch Hydrogr Z, Erg-H B 12, 13

Bodungen B von (1975) Der Jahresgang der Nährsalze und der Primärproduktion des Planktons in der Kieler Bucht unter Berücksichtigung der Hydrographie. Math-Nat Dissertation, Universität Kiel

Bodungen B von (1986) Annual cycles of nutrients in a shallow inshore area, Kiel Bight. Variability and trends. Ophelia 26:91-107

Bodungen B von, Bröckel K von, Smetacek V, Zeitzschel B (1981) Growth and sedimentation of the phytoplankton spring bloom in the Bornholm Sea (Baltic Sea). Kiel Meeresforsch Sonderh 5:49-60

Brandt A von (1960) Fanggeräte der Kutter- und Küstenfischerei. Schriftenr AID 113

Brettar I, Rheinheimer G (1991) Denitrification in the Central Baltic: evidence for H_2S Oxidation as motor of denitrification at the oxic-anoxic interface. Mar Ecol Prog Ser 77:157-169

Breuer G, Schramm W (1988) Changes in macroalgal vegetation in Kiel Bight (Western Baltic) during the past 20 years. Kiel Meeresforsch Sonderh 6:241-255

Brügmann L, Lange D (1990) Metal distribution in sediments of the Baltic Sea. Limnologica 20:15-28

Bruland KW (1983) Trace elements in sea-water. In: Riley JP, Chester R (eds) Chemical Oceanography Vol 8. Academic Press, London, pp 157-220

Bruns E (1955) Handbuch der Wellen der Meere und Ozeane. VEB Deutscher Verlag der Wissenschaften, Berlin

Bublitz G, Lange D (1979) Untersuchungen am Litorina Klei der westlichen Ostsee. Beitr Meeresk 42:33-40

Bundesamt für Seeschiffahrt und Hydrographie: Eisbericht mit Eisübersichtskarte der Ostsee (jeden Winter Montag-Freitag), Hamburg

Bundesamt für Seeschiffahrt und Hydrographie, Nr. 2003 (1991a) Ostsee-Handbuch, III. Teil, Hamburg (Eisverhältnisse für den gesamtem Ostseeraum)

Bundesamt für Seeschiffahrt und Hydrographie, Nr. 2149/44 (1991b) Beobachtungen des Eisbedeckungsgrades und der Eisdicke an der deutschen Küste zwischen Ems und Trave in den Wintern 1954/55 bis 1986/87. Meeresk Beob Erg 72

Bundesamt für Seeschiffahrt und Hydrographie, Nr. 2149/44 (1994) Eisbeobachtungen an den Hauptfahrwassern der Küste von Mecklenburg-Vorpommern 1956/57 bis 1989/90. Meeresk Beob Erg 77

Cederwall H, Elmgren R (1990) Biological effects of eutrophication in the Baltic Sea, particularly the coastal zone. Ambio 19:109-112

Dawson R, Gocke K (1978) Heterotrophic activity in comparison to the free amino acid concentrations in Baltic Sea water samples. Oceanologia Acta 1:45-54

DeFlaun MF, Mayer LM (1983) Relationships between bacteria and grain surfaces in intertidal sediments. Limnol Oceanogr 28:873-881

Detmer AE, Giesenhagen HC, Trenkel VM, Venne H auf dem, Jochem FJ (1993) Phototrophic and heterotrophic pico and nanoplankton in anoxic depths of the central Baltic Sea. Mar Ecol Prog Ser 99:197-203

Deutsches Hydrographisches Institut (1967) Ostsee-Handbuch, IV. Teil, Hamburg

Dietrich G (1950) Die natürlichen Regionen von Nord- und Ostsee auf hydrographischer Grundlage. Kiel Meeresforsch 7:35–69

Dietrich G (1954) Ozeanographisch-meteorologische Einflüsse auf Wasserstandsänderungen des Meeres. Die Küste 2:130–156

Dietrich G, Schott F (1974) Wasserhaushalt und Strömungen. In: Maagard L, Rheinheimer G (Hrsg) Meereskunde der Ostsee. Springer, Berlin, S 33–41

Dietrich G, Ulrich J (1968) Atlas zur Ozeanographie. Bibliogr Inst, Mannheim

Doody JP (ed) (1991) Sand Dune Inventory of Europe. EUCC, JNCC, Petersborough

Duncker G, Ladiges W (1960) Die Fische der Nordmark, Abh Verh Naturwiss Ver Hamb, NF III:432

Durinck J, Skov H, Jensen FP, Pihl S (1994) Important Marine Areas for Wintering Birds in the Baltic Sea. Rep Europ Comm, Copenhagen

Edler L, Hällfors G, Niemi Å (1984) A preliminary check-list of the phytoplankton of the Baltic Sea. Acta Bot Fenn 128:1–26

Edom F, Rapsch HJ, Veh GM (1986) Reinhaltung des Meeres. Nationale Rechtsvorschriften und internationale Übereinkommen. Heymanns, Köln

Ehlin U (ed) (1994) Twenty Years of International Cooperation for the Baltic Marine Environment. Helsinki Commission, Helsinki

Ehrhardt M (1969) The particulate organic carbon and nitrogen, and the dissolved organic carbon in the Gotland Deep in May 1968. Kiel Meeresforsch 25:71–80

Ehrhardt M, Wenck A (1984) Wind pattern and hydrogen sulphide in shallow waters of the western Baltic Sea, a cause and effect relationship? Meeresforsch 30:101–110

Ehrhardt M, Burns KA, Bicego MC (1992) Sunlight-included compositional alterations in the seawater-soluble fraction of a crude oil. Mar Chem 37:53–64

Elken J, Pajuste M, Kouts T (1989) On intrusive lenses and their role in mixing in the Baltic deep layer. Tagungsband der 10ten Konferenz der Baltischen Ozeanographen, Kiel, S 367–376

Elmgren R (1984) Ecological and trophic dynamics in the enclosed brackish Baltic Sea: Rapp P V Réun Cons Int Explor Mer 183:152–169

Elmgren R (1989) Man's impact on the ecosystem of the Baltic Sea: energy flows today and at the turn of the century. Ambio 18:326–332

Enell M, Kaj L, Wennberg L (1989) Long-distance distribution of halogenated organic compounds (AOX). Adv Water Pollut Control:29–36

Eppley RW, Peterson BJ (1979) Particulate organic matter flux and planktonic new production in the deep ocean. Nature 282:677–680

Etzel A von (1878) Die Ostsee und ihre Küstenländer. Hydrographisches Bureau der Kaiserlichen Admiralität. Segelhandbuch für die Ostsee, Berlin

Fennel W, Seifert T, Kayser P (1991) Rossby radii and phase speeds in the Baltic Sea. Continental Shelf Res 11:23–36

Finnish Institute of Marine Research (FIMR) (1988) Phases of the ice season in the Baltic Sea (north of latitude 57° N). Finn Mar Res 254, Suppl 2

Fitzmaurice M (1992) International Legal Problems of the Environmental Protection of the Baltic Sea. Martinus Nijhoff, Dordrecht

Fitzmaurice M (1993) The new Helsinki Convention on the protection of the marine environment of the Baltic Sea area. Mar Poll Bull 26:64–67

Franck H (1985) Zur jahreszeitlichen Variation des thermohalinen Geschehens im westlichen Bornholmbecken. Beitr Meeresk 53:3–16

Francke E (1983) Ergebnisse langzeitiger Strömungsmessungen in der Deckschicht des Seegebietes der Darßer Schwelle. Beitr Meeresk 48:23–45

Gabriel O, Stamer H (1989/90) Die Fischerei mit Langleinen zum Fang von Grundfischarten sowie Stand und Entwicklungstendenzen. Seewirtschaft 10 (1989), 3 (1990)

Galvao H (1990) The role of nanoflagellates in the food web of a brackish water environment (Western Baltic). Dissertation, Universität Kiel

Gast V, Gocke K (1988) Vertical distribution of number, biomass and size-class spectrum of bacteria in relation to oxic/anoxic conditions in the Central Baltic Sea. Mar Ecol Prog Ser 45:179–186

Gerlach SA (1986) Langfristige Trends bei den Nährstoff-Konzentrationen im Winterwasser und Daten für eine Bilanzierung der Nährstoffe in der Kieler Bucht. Meeresforsch 31:153–174

Gerlach SA (1989) Eutrophication of Kieler Bucht. Kieler Meeresforsch, Sonderh 6:54–63

Gerlach SA (1990) Stickstoff, Phosphor, Plankton und Sauerstoffmangel in der Deutschen Bucht und in der Kieler Bucht. Berichte Umweltbundesamt 4/90. Erich Schmidt Verlag, Berlin

Gerlach SA (1994) Oxygen conditions improve when the salinity in the Baltic Sea decreases. Mar Poll Bull 28:413–416

Gessner F (1957) Meer und Strand. 2. Aufl. VEB Deutscher Verlag der Wissenschaften, Berlin

Gessner F, Schramm W (1971) Salinity: Plants. In: Kinne O (ed) Marine ecology Vol 1, p 2. Wiley Interscience, London, pp 705–820

Giesenhagen HC (1993) Mikrobiologie des Ostsee-Monitorings. In: Das Biologische Monitoring in der Ostsee im Institut für Meereskunde Kiel 1985.

Giesenhagen HC, Hoppe HG (1991) Seasonal variation in bacterial activity in the near bottom water layer of Kiel Bight (Western Baltic Sea). Kieler Meeresforsch, Sonderh 8:14–19

Gocke K, Hoppe HG (1982) Entwicklung von Bakterienzahl und -aktivität in der mittleren Ostsee. Bot Mar 25:7–17

Gocke K, Rheinheimer G (1991a) A synoptic survey on bacterial numbers, biomass and activity along the middle line of the Baltic Sea. Kiel Meeresforsch, Sonderh 8:1–7

Gocke K, Rheinheimer G (1991b) Influence of eutrophication on bacteria in two fjords of the Western Baltic. Int Revue Gesamten Hydrobiol 76:371–385

Gocke K, Dawson R, Liebezeit G (1981) Availability of dissolved free glucose to heterotrophic microorganisms. Mar Biol 62:209–216

Graf G (1989) Die Reaktionen des Benthals auf den saisonalen Partikelfluß und die laterale Advektion, sowie deren Bedeutung für Sauerstoff- und Kohlenstoffbilanzen. Berichte Sonderforschungsbereich 313, Universität Kiel

Graf G (1992) Benthic-pelagic coupling: a benthic view. Oceanogr Mar Biol Annu Rev 30:149–190

Graf G, Schulz R, Peinert R, Meyer-Reil LA (1983) Benthic response to sedimentation events during autumn to spring at a shallow-water station in the Western Kiel Bight. I. Analysis of processes on a community level. Mar Biol 77:235–246

Granéli E, Sundström B, Edler L (eds) (1990) Toxic marine phytoplankton. Elsevier, New York

Grasshoff K (1974) Chemische Verhältnisse und ihre Veränderlichkeit. In: Magaard L, Rheinheimer G (Hrsg) Meereskunde der Ostsee. Springer, Berlin Heidelberg New York, S 85–101

Grasshoff K (1975) The hydrochemistry of landlocked basins and fjords. In: Riley JP, Skirrow G (eds) Chemical oceanography, 2nd edn. Academic Press, London, pp 455–597

Gray JS (1984) Ökologie mariner Sedimente, Springer, Berlin Heidelberg New York Tokyo

Green EJ, Carritt DE (1967) New tables for oxygen saturation of sea water. J Mar Res 25:140–147

Grieshaber MK, Hardewig I, Kreutzer U, Schneider A, Völkel S (1992) Hypoxia and sulfide tolerance in some marine invertebrates. Verh Dtsch Zool Ges 85/2:55–76

Gripenberg S (1937) The calcium content of Baltic Water. J du Conseil 12:293–304

Groth H, Theede H (1989) Does brackish water exert long-term stress on marine immigrants in the Baltic Sea? In: Ros JD (ed) Topics in Marine Biology. Scient Mar 53/2:677–684

Gunderson K, Rönner U. Enoksson V, Sörensson F, Rudén L (1978) Distribution of various forms of nitrogen and their biological transformation in the Baltic Sea, September 1977. Proc of the XI Conference of Baltic Oceanographers, Rostock, pp 234–248

Gurwell B (1989) Grundsätzliche Anmerkungen zur langfristigen Abrasionswirkung und ihrer Quantifizierung. Mitt Forschungsanst f. Schiffahrt, Wasser- und Grundbau 54:22–39

Gustafsson T, Kullenberg B (1936) Untersuchungen von Trägheitsströmungen in der Ostsee. Sven Hydrogr-Biol Komm Skr Ny Ser Hydrogr 13:1–28

Haeckel E (1866) Allgemeine Entwicklungsgeschichte der Organismen

Hägerhall B (1993) Coastal and marine protected areas in the Baltic Sea region. WWF Publication

Hällfors G, Niemi Å (1986) Views of the use of phytoplankton as a parameter in monitoring the state of the Baltic Sea. Baltic Sea Environ Proc 19:246–255

Hansson S (1984) Competition as a factor regulating the geographical distribution of fish species in a Baltic archipelago: a neutral model analysis. J Biogeogr 11:367–381

Häyren E (1952) Über die Vegetation des Meeres in der Gegend von Brahestad. Commentat Biol Soc Sci Fenn 13:1–10

Heinänen A (1992) Bacterioplankton in a subarctic estuary: the Gulf of Bothnia (Baltic Sea). Mar Ecol Prog Ser 86:123–131

HELCOM (1987) First periodic assessment of the state of the marine environment of the Baltic Sea area, 1980–1985; Background document. Baltic Sea Environ Proc No 17B:82–130

HELCOM (1990) Second periodic assessment of the state of the marine environment of the Baltic Sea, 1984–1988; Background document. Baltic Sea Environ Proc 35B:109–152, 331–369, 371–428

HELCOM (1991a) Airborne pollution load to the Baltic Sea 1986–1990. Baltic Sea Environ Proc 39:1–162

HELCOM (1991b) Interim report on the state of coastal waters of the Baltic Sea. Baltic Sea Environ Proc 40:96

HELCOM (1993a) The Baltic Sea. Joint Comprehensive Environmental Action Programme. Opportunities and Constrains Programme Implementation. Baltic Sea Environ Proc 49

HELCOM (1993b) Second Baltic Sea pollution load compilation. Baltic Sea Environ Proc 45:1–161

HELCOM (1993c) First assessment of the coastal waters of the Baltic Sea. Baltic Sea Environ Proc 54:1–160

Henning D (1988) Evaporation, water and heat balance of the Baltic Sea: Estimates of short and longterm monthly totals. Meteorol Rundsch 41:33–53

Heyer E (1977) Witterung und Klima, 4. Aufl. Teubner, Leipzig

Hinz K, Kögler FC, Richter I, Seibold E (1969/1971) Reflexionsseismische Untersuchungen mit einer pneumatischen Schallquelle und einem Sedimentecholot in der westlichen Ostsee. Meyniana 19:91–102, 21:17–24

Hoffmann C (1929) Die Atmung der Meeresalgen und ihre Beziehung zum Salzgehalt. Jahrb Wiss Bot 71:214–268

Hollan E (1969) Die Veränderlichkeit der Strömungsverteilung im Gotlandbecken am Beispiel von Strömungsmessungen im Gotlandtief. Kiel Meeresforsch 25:19–70

Hoppe HG (1981) Blue-green algae agglomeration in surface water: a microbiotope of high bacterial activity. Kiel Meeresforsch, Sonderh 5:291–303

Hoppe HG (1984) Attachment of bacteria: Advantage or disadvantage for survival in the aquatic environment. In: Marshall KC (ed) Microbial adhesion and aggregation. Dahlem Konferenzen, Springer, Berlin Heidelberg, pp 283–301

Hoppe HG, Gocke K, Kuparinen J (1990) Effect of H_2S on heterotrophic substrate uptake, extracellular enzyme activity and growth of brackish water bacteria. Mar Ecol Prog Ser 64:157–167

Horstmann U (1993) Das Phytoplankton im Monitoring. Zusammenfassung der Erkenntnisse und kritische Betrachtung aus dem Monitoring Programm des Instituts für Meereskunde. In: Duinker JC (Hrsg) Das Biologische Monitoring in der Ostsee im Institut für Meereskunde Kiel 1985–1992. Ber Inst Meeresk Kiel 240:32–50

Hübel H, Hübel M (1980) Nitrogen fixation during blooms of *Nodularia* in coastal waters and backwaters of the Arkona Sea (Baltic Sea) in 1974. Int Revue Gesamten Hydrobiol 65:793–808

Hupfer P (1981) Die Ostsee – kleines Meer mit großen Problemen, 4. Aufl. Teubner, Leipzig

Hurtig T (1963) Die naturräumlichen Großeinheiten des Ostseeraumes und ihre Bedeutung für die Entwicklung der unterschiedlichen Küstenformen (Erkenntnisse und Probleme). Baltica 1:80–100

ICES (1992) Review of contaminants in Baltic Sediments. Coop Res Rep 180:69–98. In: Rumohr J, Walger E, Zeitzschel B (eds) Seawater-sediment interactions in coastal water. Lecture Notes on Coastal and Estuarine Studies 13. Springer, Berlin, pp 34–56

Ingri J, Löfvendahl R, Boström K (1991) Chemistry of suspended particles in the southern Baltic Sea. Mar Chem 32:73–87

Jagnow B, Gosselck F (1987) Bestimmungsschlüssel für die Gehäuseschnecken und Muscheln der Ostsee. Mitt Zool Mus Berl 63:191–268

Jansson BO (1978) The Baltic – a systems analysis of a semienclosed sea. Adv Oceanogr 131–183

Jansson BO (1984) Baltic Sea ecosystem analysis: Critical areas for future research. Limnologica 15:237–252

Jansson K (1994) Alien species in the marine environment: Introduction to the Baltic sea and the Swedish west coast. Swedish Environmental Protection Agency, Solna

Jensen MH, Lomstein E, Sorensen J (1990) Benthic NH_4^+ and NO_3^- flux following sedimentation of a spring phytoplankton bloom in Aarhus Bight, Denmark. Mar Ecol Prog Ser 61:87–96

Jonsson P, Carman R, Wulff F (1990) Laminated sediments in the Baltic – A tool for evaluating nutrient mass balances. Ambio 19/3:152–158

Jørgensen BB, Revsbech NP (1985) Diffusive boundary layers and the oxygen uptake of sediments and detritus. Limnol Oceanogr 30:111–122

Jørgensen BB, Bang M, Blackburn TH (1990) Anaerobic mineralization in marine sediments from the Baltic Sea-North Sea transition. Mar Ecol Prog Ser 59:39–54

Jurowska Z, Kroczka W (1979) Map of sea floor deposits of the southern Baltic (1:500 000). Wydawnictwa Geologiczne, Warszawa

Kähler P (1990) Denitrifikation in marinen Küstensedimenten (Kieler Bucht, Ostsee). Ber Inst Meeresk Kiel, S 199

Kahru M, Leppänen JH, Nommann S, Passow U, Postel L, Schulz S (1990) Spatio-temporal mosaic of the phytoplankton spring bloom in the open Baltic Sea in 1986. Mar Ecol Prog Ser 66:301–309

Kalle K (1945) Der Stoffhaushalt des Meeres. Probleme der kosmischen Physik 23:50–56

Kannenberg EG (1951) Die Steilufer der Schleswig-Holsteinischen Ostseeküste. Kiel Geogr Schr 14/1:1–103

Kautsky N, Tedengren M (1992) Ecophysiological strategies in Baltic Sea invertebrates. In: Bjørnestad E, Hagerman L, Jensen K (eds) Proc 12th Baltic Marine Biol Symp, Helsingør, Denmark. Olsen & Olsen, Fredensborg, pp 91–96

Kautsky H, Kautsky L, Kautsky N, Kautksy U, Lindblad C (1992) Studies on the *Fucus vesiculosus* community in the Baltic Sea. Acta Phytogeogr Suec 78:33–48

Kils U (1987) Verhaltensphysiologische Untersuchungen an pelagischen Schwärmen. Schwarmbildung als Strategie zur Orientierung in Umwelt-Gradienten. Bedeutung der Schwarmbildung in der Aquakultur. Habilitationsschrift, Universität Kiel

Kim SF (1985) Untersuchungen zur heterotrophen Stoffaufnahme und extrazellulären Enzymaktivität von freilebenden und angehefteten Bakterien in verschiedenen Gewässerbiotopen. Dissertation, Universität Kiel

Kimor B, Moigis AG, Dohms V, Stienen C (1985) A case of mass occurrence of *Prorocentrum minimum* in Kiel Fjord. Mar Ecol Prog Ser 27:209–215

Klug H (1985) Küstenformen der Ostsee. In: Newig J, Theede H (Hrsg) Die Ostsee. Husum, S 70–78

Kögler FC, Larsen B (1979) The West Bornholm basin in the Baltic Sea: geological structure and Quaternary sediments. Boreas 8:1–22

Köhn J, Gosselck F (1989) Bestimmungsschlüssel der Malakostraken der Ostsee. Mitt Zool Mus Berl 65:3–114

Kolp O (1966) Die Sedimente der westlichen und südlichen Ostsee und ihre Darstellung. Beitr Meeresk 17–18:9–60

Koop K, Boynton WR, Wulff F, Carman R (1990) Sediment-water oxygen and nutrient exchanges along a depth gradient in the Baltic Sea. Mar Ecol Prog Ser 63:65–77

Köppen W (1931) Grundriß der Klimakunde, 2. Aufl. De Gruyter, Berlin

Koslowski G (1989) Die flächenbezogene Eisvolumensumme, eine neue Meßzahl für die Bewertung des Eiswinters an der Ostseeküste Schleswig-Holsteins und ihr Zusammenhang mit dem Charakter des meteorologischen Winters. Dtsch Hydrogr Z 42:61–80

Koslowski G, Löwe P (1993) The western Baltic Sea ice season in terms of mass-related severity index: 1879–1992, Part I. Temporal variability and association with the north Atlantic oscillation. Tellus 46A:66–74

Köster FW (1994) Der Einfluß von Bruträubern auf die Sterblichkeit früher Jugendstadien des Dorsches (Gadus morhua) und der Sprotte (Sprattus sprattus) in der zentralen Ostsee. Ber Inst Meeresk Kiel, S 264

Köster M (1993) Mikrobielle Aktivitäten an Grenzflächen. In: Meyer-Reil LA, Köster M (Hrsg) Mikrobiologie des Meeresbodens. Fischer, Jena, S 82–120

Köster R (1961) Junge eustatische und tektonische Vorgänge im Küstenraum der südwestlichen Ostsee. Meyniana 11:23–81

Krauss W (1981) The erosion of a thermocline. J Phys Oceanogr 11:415–433

Krauss W, Magaard L (1962) Zum System der Eigenschwingungen der Ostsee. Kieler Meeresforsch 18:184–186

Kremling K (1969) Untersuchungen über die chemische Zusammensetzung des Meerwassers aus der Ostsee, I. Frühjahr 1966. Kiel Meeresforsch 25:81–104

Kremling K (1970) Untersuchungen über die chemische Zusammensetzung des Meerwassers aus der Ostsee, II. Frühjahr 1967 – Frühjahr 1968. Kiel Meeresforsch 26:1–20

Kremling K (1972) Untersuchungen über die chemische Zusammensetzung des Meerwassers aus der Ostsee, III. Frühjahr 1969 – Herbst 1970. Kiel Meeresforsch 27:99–118

Kremling K (1983) The behavior of Zn, Cd, Cu, Ni, Co, Fe and Mn in anoxic Baltic waters. Marine Chemistry 13:87–103

Krey J (1974) Das Plankton. In: Maagaard L, Rheinheimer G (Hrsg) Meereskunde der Ostsee. Springer, Berlin Heidelberg New York, S 103–130

Krümmel O (1895) Zur Physik der Ostsee. Pet Geogr Mitt 44:81–86, 111–118

Kuosa H (1990) Picoplanktonic cyanobacteria in the northern Baltic Sea: Role in the phytoplankton community. In: Barnes M, Gibson RN (eds) Trophic relationships in the marine environment. Univ Press, Aberdeen, pp 11–17

Kuparinen J, Kuosa H (1993) Autotrophic and heterotrophic picoplankton in the Baltic Sea. Adv Mar Biol 29:73–128

Kuparinen J, Leppänen JM, Sarvala J, Sundberg A, Virtanen A (1984) Production and utilization of organic matter in the Baltic ecosystem of Tvärminne, SW coast of Finland. Rapp P V Réun Cons Int Explor Mer 183:180–192

Kylin H (1917) Über die Kälteresistenz der Meeresalgen. Ber Dtsch Bot Ges 35:370–384

Kylin H (1944, 1947, 1949) Die Rhodophyceen, Phaeophyceen, Chlorophyceen der schwedischen Westküste. Lunds Univ Årsskr N F 40:1–104, 32 T; 43:1–99, 18 T; 45:1–79

Lahdes E, Kononen K, Karjala L, Leppänen JM (1988) Cycling of organic matter during the vernal growth period in the open northern Baltic Proper. V. Community respiration and bacterial ecology. Finn Mar Res 255:79–95

Lakowitz K (1929) Die Algenflora der gesamten Ostsee. Danzig

Lampe R (1992) Morphologie und Dynamik der Boddenküste. Geogr Rdsch 44:632–638

Lange D (1984) Geologische Untersuchungen an spätglazialen und holozänen Sedimenten der Lübecker und Mecklenburger Bucht. Dissertation (B), Universität Rostock

Lange W (1975) Zu den Ursachen langperiodischer Strömungsänderungen im Fehmarnbelt. Kiel Meeresforsch 26:65–81

Larsson U, Elmfren R, Wulff F (1985) Eutrophication and the Baltic Sea: causes and consequences. Ambio 14:9–14

Lass HU (1988) A theoretical study of the barotropic water exchange between the North Sea and the Baltic Sea and the sea level variations of the Baltic. Beitr Meeresk 58:19–33

Lass HU, Schwabe R (1990) An analysis of the salt water inflow into the Baltic in 1975 to 1976. Dtsch Hydrogr Z 43:97–125

Lassig J, Leppänen JM, Niemi Å, Tamelander G (1978) Phytoplankton primary production in the Gulf of Bothnia 1972–1975 as compared with other parts of the Baltic Sea. Finn Mar Res 244:101–115

Lenz J (1992) Microbial loop, microbial food web and classical food chain: Their significance in pelagic marine ecosystems. Arch Hydrobiol Beitr Ergebn Limnol 37:265–278

Lenz W (1971) Monatskarten der Temperatur der Ostsee. Dtsch Hydrogr Z, Erg-H B 11:1–148

Leppäranta M, Seinä A (1985) Freezing, maximum annual ice thickness and breakup of ice on the Finnish coast during 1830–1984. Geophysica 21(2):87–104

Levring T (1940) Studien über die Algenvegetation von Blekinge, Südschweden. Lund

Liedtke H (1992) Die Entwicklung der Ostsee als Folge ehemaliger Inlandeisbedeckung und anhaltender Hebung Skandinaviens. Geogr Rundsch 44/11:620–625

Lignell R (1990) Excretion of oganic carbon by phytoplankton: its relation to algal biomass, primary productivity and bacterial secondary productivity in the Baltic Sea. Mar Ecol Prog Ser 68:85–99

Lisitzin E (1943) Die Gezeiten des Bottnischen Meerbusens. Fennia 67: N:o 4

Lisitzin E (1944) Die Gezeiten des Finnischen Meerbusens. Fennia 68: N: o 2

Lohff B, Kortum G, Kredel G, Trube C, Ulrich J, Wille P (1994) 300 Jahre Meeresforschung an der Universität Kiel – ein historischer Rückblick. Ber Inst Meeresk Kiel, 246

Lohmann H (1908) Untersuchungen zur Feststellung des vollständigen Gehaltes des Meeres an Plankton. Wiss Meeresunters Abt Kiel N F 10:131–370

Lorenz JR (1863) Physicalische Verhältnisse und Vertheilung der Organismen im Quarnerischen Golfe. Wien

Lovely DR (1991) Dissimilatory Fe (III) and Mn (IV) reduction. Microbiol Rev 55:259–287

Lüning K (1990) Seaweeds: their environment, biogeography and ecophysiology. Wiley and Sons, New York

Luther H (1951) Verbreitung und Ökologie der höheren Wasserpflanzen im Brackwasser der Ekenäs-Gegend in Südfinnland, I. Allgemeiner Teil. Acta Bot Fenn 49:1–232

Magaard L, Krauss W (1966) Spektren der Wasserstandsschwankungen der Ostsee im Jahre 1958. Kiel Meeresforsch 22:155–162

Magaard L, Rheinheimer G (Hrsg) Meereskunde der Ostsee. Springer, Berlin Heidelberg New York

Margalef R (1968) Perspectives in ecological theory. University of Chicago Press

Marzinzik J (1990) Verkehrsraum Ostsee. Praxis Geographie 5:38–44

Matthäus W (1977) Zur mittleren jahreszeitlichen Veränderlichkeit der Temperatur in der offenen Ostsee. Beitr Meeresk 40:117–155

Matthäus W (1990a) Langzeittrends und Veränderungen ozeanologischer Parameter während der gegenwärtigen Stagnationsperiode im Tiefenwasser der zentralen Ostsee. Fisch Forsch 28/3:25–34

Matthäus W (1990b) Mixing across the primary Baltic halocline. Beitr Meeresk 61:21–31

Matthäus W (1993) Salzwassereinbruch in die Ostsee. Geogr Rdsch 45:473–474

Matthäus W (1994) Auswirkungen der Salzströme auf die ozeanographischen Bedingungen in der zentralen Ostsee. Infn Fischwirtschaft 41:142–147

Matthäus W, Franck H (1992) Characteristics of major Baltic inflows – a statistical analysis. Cont Shelf Res 12:1375–1400

Matthäus W, Lass U, Tiesel R (1993) The major Baltic inflow in January 1993. ICES Statutory Meeting Dublin, Paper ICES C M 1993/C:51

Melvasalo T, Niemi Å (1985) The fixation of molecular nitrogen by blue-green algae in the open Baltic Sea. Verh Internat Verein Limnol 22:2811–2812

Menzel DW, Steele JH (1978) The application of plastic enclosures to the study of pelagic marine biota. Rapp P V Réun Cons Int Explor Mer 173:7–12

Meyer HA (1869) Untersuchungen über physikalische Verhältnisse des westlichen Theiles der Ostsee. Ein Beitrag zur Physik des Meeres. Kiel

Meyer HA, Moebius K (1865/72) Fauna der Kieler Bucht. 2 Bde, Leipzig

Meyer PF (1935) Die Salz- und Brackwasserfische Mecklenburgs. Arch Natur Mecklenb N F Bd 9:59–97

Meyer-Reil LA (1983) Benthic response to sedimentation events during autumn to spring at a shallow water station in the Western Kiel Bight. II. Analysis of benthic bacterial populations. Mar Biol 77:247–256

Meyer-Reil LA (1994) Microbial life in sedimentary biofilms – the challenge to microbial ecologists. Mar Ecol Prog Ser

Meyer-Reil LA, Köster M (Hrsg) (1993) Mikrobiologie des Meeresbodens. Fischer, Jena

Mikulski Z (1986) The Baltic as a system; inflow from drainage basin. Baltic Sea Environ Proc 16:7–15, 24–34

Millero FJ, Kremling K (1976) The densities of Baltic Sea waters. Deep-Sea Res 23:1129–1138

Moebius K (1877) Die Auster und die Austernwirtschaft. Wiegandt, Hempel u. Carey, Berlin

Moebius K, Heincke F (1883) Die Fische der Ostsee. Parey, Berlin

Möller H (1980) Scyphomedusae as predators and food competitors of larval fish. Meeresforsch 28:90–100

Möller H (1984) Daten zur Biologie der Quallen und Jungfische in der Kieler Bucht. Verlag Möller, Kiel

Montfort C (1931) Assimilation und Stoffgewinn der Meeresalgen bei Aussüßung und Rückversalzung. Ber Dtsch Bot Ges 49:49–66

Mopper K, Stahovec WL (1986) Sources and sinks of low molecular weight organic carbonyl compounds in seawater. Mar Chem 19:305–321

Mopper K, Dawson R, Ittekot V (1980) The monosaccharide spectra of natural waters. Mar Chem 10:56–66

Mörner NA (1969a) The late Quaternary history of the Kattegat Sea and the Swedish West Coast. Sver Geol Unders Arsb Ser C Avh Uppsatser 640:1–487

Mörner NA (1969b) Eustatic and climatic changes during the last 15 000 years. Geol Mijnb 48:389–399

Müller K (1982) Coastal research in the Gulf of Bothnia. W Junk Publishers, The Hague Boston London

Muus BJ, Dahlström P (1991) Meeresfische. BLV Verlagsgesellschaft, München Wien Zürich

Nehring D (1989) Phosphate and nitrate trends and the ratio oxygen consumption to phosphate accumulation in central Baltic deep waters with alternating oxic and anoxic conditions. Beitr Meeresk, Berlin 59:47–58

Nehring D (1992) Hydrographisch-chemische Langzeitveränderungen und Eutrophierung in der Ostsee. Wasser Boden 10:632–638

Nehring D (1994) Quality assurance of nutrient data with special respect of the HELCOM Baltic Monitoring Programme. Baltic Sea Environ Proc (in press)

Nehring D, Matthäus W (1991) Current trends in hydrographic and chemical parameters and eutrophication in the Baltic Sea. Int Rev Gesamten Hydrobiol 76:276–316

Nehring D, Rohde KH (1967) Weitere Untersuchungen über anormale Ionenverhältnisse in der Ostsee. Beitr Meeresk 20:10–33

Nehring S (1994a) Spatial distribution of dinoflagellate resting cysts in recent sediments of Kiel Bight, Germany (Baltic Sea). Ophelia 39:137–158

Nehring S (1994b) *Gymnodinium catenatum*: Befunde und Hypothesen. Dtsch Ges Meeresforsch (DGM) Mitt 2:6–10

Nellen W (1968) Fischbestand und die Fischereiwirtschaft in der Schlei. Biologie, Wachstum, Nahrung und Fangerträge der häufigsten Fischarten. Schr Naturwiss Ver Schleswig-Holstein 381:5–50

Nellen W (1993) Der Fischereiforscher Dr. Sigismund Strodtmann (1868 bis 1946). In: Wegner G (Hrsg.) Meeresforschung in Hamburg. Dtsch Hydrogr Z 25:89–101

Neumann G (1941) Eigenschwingungen der Ostsee. Archiv Dtsch Seewarte und Marineobservatorium 61:4

Neumann G (1981) Lagerungsverhältnisse spät- und postglazialer Sedimente im Arkonabecken. Dissertation (A), Universität Rostock

Noji T, Passow U, Smetacek V (1986) Interaction between pelagial and benthal during autumn in Kiel Bight. I. Development and sedimentation of phytoplankton blooms. Ophelia 26:333–349

Oeschger R (1990) Long-term anaerobiosis in sublittoral marine invertebrates from the Western Baltic Sea: *Halicryptus spinulosus* (Priapulida), *Astarte borealis* and *Arctica islandica* (Bivalvia). Mar Ecol Prog Ser 59:133–143

Oeschger R, Vetter RD (1992) Sulfide detoxification and tolerance in *Halicryptus spinulosus* (Priapulida): a multiple strategy. Mar Ecol Prog Ser 86:167–179

Osterroth C (1993) Extraction of dissolved fatty acids from sea water. Fresenius' J Anal Chem 345:773–779

Overbeck J (1965) Die Meeresalgen und ihre Gesellschaften an den Küsten der Insel Hiddensee (Ostsee). Bot Mar 3:218–233

Paffen KH, Kortum G (1984) Die Geographie des Meeres. Disziplingeschichtliche Entwicklung seit 1650 und heutiger methodischer Stand. Kiel Geogr Schr 60

Palosuo E (1979) Physical characteristics of Baltic ice ridges. In: Ice, Ships and Winter Navigation. Symposium Oulu University 16–17 Dec 1977 in Connection with the 100 Year Celebration of Finnish Winter Navigation, Board of Navigation, Helsinki, pp 53–66

Pankow H (1990) Ostsee-Algenflora. Fischer, Jena

Parsons TR, Lalli CM (1988) Comparative oceanic ecology of the plankton communities of the subarctic Atlantic and Pacific Oceans. Oceanogr Mar Biol Ann Rev 6:317–359

Platzoeder R, Verlaan P (eds) (1994) The Baltic Sea: New Developments in National Policies and International Cooperation. Stiftung Wiss Pol, Ebenhausen (im Druck)

Postel L (1983) Problems in identifiying distribution patterns of oceanological parameters. Medd Havsfiskelab Lysekil 293, Goeteborg

Poutanen EL (1988) Hydrocarbon concentrations in water and sediments from the Baltic Sea. Proc of the 16th Conference of the Baltic Oceanographers, Kiel

Prandke H, Stips A (1990) Statistische Analyse lokaler Gradienten in den Dichtesprungschichten der Ostsee. Beitr Meeresk 61:93–102

Prange A, Kremling K (1985) Distribution of dissolved molybdenum, uranium and vanadium in Baltic Sea waters. Mar Chem 16:259–274

Pratje O (1948) Die Bodenbedeckung der südlichen und mittleren Ostsee und ihre Bedeutung für die Ausdeutung fossiler Sedimente. Dtsch Hydrogr Z 1:45–61

Pustelnikovas O (1992) Natural and anthropogenic components in the process of sedimentation in the Baltic Sea. Meereswiss Ber Inst Ostseeforsch Warnemünde 4:121–122

Ranta E, Vuorinen I (1990) Changes of species abundance relations in marine mesozooplankton at Seili, northern Baltic Sea, in 1967–1975. Aqua Fenn 20/2:171–180

Rechlin OKW (1991) Tendencies in the herring population development of the Baltic Sea. Int Rev Gesamten Hydrobiol 76:405–412

Redfield A, Ketchum B, Richards F (1963) The influence of organisms on the composition of the sea water. In: Hill MN (ed) The Sea. Vol. II. Wiley Intersciences, New York, pp 26–77

Reichardt W (1986) Polychaete tube walls as zonated microhabitats for marine bacteria. IFREMER Actes de Colloques 3:415–425

Reinke J (1889) Algenflora der westlichen Ostsee deutschen Anteils. IV. Bericht der Commission zur Untersuchung der deutschen Meere in Kiel. Parey, Berlin

Remane A (1940) Einführung in die zoologische Ökologie der Nord- und Ostsee. In: Grimpe G, Wagler E (Hrsg) Die Tierwelt der Nord- und Ostsee. Akademische Verlagsgesellschaft, Leipzig

Remane A (1958) Ökologie des Brackwassers. In: Remane A, Schlieper C (Hrsg) Die Biologie des Brackwassers. Schweizerbart'sche Verlagsbuchhandlung, Stuttgart, S 1–216

Remmert H (1957) Aves. In: Grimpe G (Hrsg) Tierwelt der Nord- und Ostsee, Bd XII, Akademische Verlagsgesellschaft, Leipzig, S 1–102

Rheinheimer G (ed) (1977) Microbial ecology of a brackish water environment. Ecological Studies 25. Springer, Berlin Heidelberg New York

Rheinheimer G (1991) Mikrobiologie der Gewässer, 5. Aufl. Fischer, Jena Stuttgart

Rheinheimer G, Gocke K, Hoppe HG (1989) Vertical distribution of microbiological and hydrographic-chemical parameters in different areas of the Baltic Sea. Mar Ecol Prog Ser 52:55–70

Richardson K, Christofferson A (1991) Seasonal distribution and production of phytoplankton in the southern Kattegat. Mar Ecol Prog Ser 78:217–227

Richter U. Schmidt U (1991) Stand und Entwicklung der Fangtechnik und -technologie der See- und Küstenfischerei Mecklenburg-Vorpommerns bis 1990. Fisch Forsch:4–48

Riebesell U, Wolf-Gladrow DA (1992) The relationship between physical aggregation of phytoplankton and particle flux: a numerical model. Deep Sea Res 39:1085–1102

Riecken U, Ries U, Ssymank A (1994) Rote Liste der gefährdeten Biotoptypen der Bundesrepublik Deutschland. In: Bundesamt für Naturschutz (Hrsg), Schriftenr Landschaftspfl Natsch, H 41, Bonn

Ritzrau W (1994) Labor- und Felduntersuchungen zur heterotrophen Aktivität in der Boden-nepheloidschicht. Ber Sonderforschungsbereich 313 Univ Kiel, 47

Rohde KH (1966) Untersuchungen über die Kalzium- und Magnesiumanomalie in der Ostsee. Beitr Meeresk 19:18-31

Rönner U (1985) Nitrogen transformations in the Baltic Proper: Denitrification counteracts eutrophication. Ambio 14:135-138

Rosenberg R (1988) Silent spring in the sea. Ambio 17:289-290

Rossiter JR (1967) An analysis of annual sea level variations in European Waters. J R Astr Soc 12:259-299

Rumohr H (1980) Der „Benthosgarten" in der Kieler Bucht - Experimente zur Bodentierökologie. Reports SFB 95, Univ Kiel 55

Rumohr H (1993) Erfahrungen und Ergebnisse aus 7 Jahren Benthosmonitoring in der südlichen Ostsee. Ber Inst Meeresk Kiel 240:90-109

Rumohr H, Krost P (1991) Experimental evidence of damage to benthos by bottom trawling with special reference to Arctica islandica. Meeresforsch 33:340-345

Rumohr H, Schomann H, Kujawski T (1992) Sedimentological effects of the Great Belt crossing as revealed by REMOTS photography. In: Hagermann I., Bjornestad E, Jensen K (eds) Proc 12th Baltic Mar Biologists Symp. Olsen & Olsen, Fredensborg

Russell G (1985) Recent evolutionary changes in the algae of the Baltic Sea. Br Phycol J 20:87-104

Salonen VP, Tuulikki G, Sturm M, Vuorinen I (1992) Crust-freeze sampler cores from two Baltic stations. Meereswiss Ber Inst Ostseeforsch Warnemünde 4:129-131

Sauramo M (1958) Die Geschichte der Ostsee. Ann Acad Sci Fenn Ser A:1-522

Scherhag R (1948) Neue Methoden der Wetteranalyse. Springer, Berlin

Schiewer U, Schlungbaum G, Arndt EA (1992) Monographie der Darß-Zingster Boddenkette. Forschungsbericht FB Biologie Univ Rostock. Staatl Amt Umw Nat, Rostock-Warnemünde

Schiewer U, Heerkloss R, Gocke K, Jost G, Spittler HP, Schumann R (1993) Experimental bottom-up influences on microbial food webs in eutrophic shallow waters of the Baltic Sea. Verh Internat Ver Limnol 25:991-994

Schlieper C (1974) Die Tierwelt II. Physiologie. In: Magaard L, Rheinheimer G (Hrsg) Meereskunde der Ostsee. Springer, Berlin, S 189-201

Schmaljohann R (1993) Mikrobiologische Aspekte von Fluid- und Gasaustritten. In: Meyer-Reil LA, Köster M (Hrsg) Mikrobiologie des Meeresbodens. Fischer, Jena, 221-257

Schnack D, Böttger R (1981) Interrelation between invertebrate plankton and larval fish development in the Schlei fjord, Western Baltic. Kiel Meeresforsch, Sonderh 5:202-210

Schneider-Carius K (1953) Die Grundschicht der Troposphäre. Akadem Verlagsges. Geest und Porting, Leipzig

Schneppenheim R, Theede H (1982) Freezing-point depressing peptides and glycoproteins from Arctic-boreal and Antarctic fish. Polar Biol 1:115-123

Schott F (1966) Der Oberflächensalzgehalt in der Nordsee. Dtsch Hydrogr Z, Erg-H A 9:1-58

Schramm W (1968) Ökophysiologische Untersuchungen zur Austrocknungs- und Temperaturresistenz von Fucus vesiculosus L. der westlichen Ostsee. Int. Revue Gesamten Hydrobiol Hydrogr 53:469-510

Schramm W, Abele D, Breuer G (1988) Nitrogen and phosphorus nutrition and productivity of two community forming seaweeds (Fucus vesiculosus, Phycodrys rubens) from the western Baltic (Kiel Bight) in the light of eutrophication processes. Kiel Meeresforsch, Sonderh 6:221-240

Schultz W (1970) Über das Vorkommen von Walen in der Nord- und Ostsee. Zoo Anz 185 (3/4):172-264

Schulz CJ (1987) Die Verbreitung von Leuchtbakterien in Gewässern mit unterschiedlichen Salzgehalten und ihre Verwendungsmöglichkeiten für Bakterientoxizitätstests. Dissertation, Universität Kiel

Schulze G (1987) Die Schweinswale. Die Neue Brehm-Bücherei Nr. 583, Wittenberg-Lutherstadt

Schulze G (1991) Wale an der Küste von Mecklenburg-Vorpommern. In: Meer und Museum, Stralsund 7:22-52

Schwarzer K (1994) Auswirkungen der Deichverstärkung vor der Probsteiküste/Ostsee auf den Strand und Vorstrand. Meyniana 46:127–147

Schwenke H (1958) Über einige Zellphysiologische Faktoren der Hypotonieresistenz mariner Rotalgen. Kiel Meeresforsch 14:130–150

Schwenke H (1964) Vegetation und Vegetationsbedingungen in der westlichen Ostsee (Kieler Bucht). Kiel Meeresforsch 20:157–168

Schwenke H (1974) Die Benthosvegetation. In: Magaard L, Rheinheimer G (Hrsg) Meereskunde der Ostsee. Springer, Berlin, S 136–146

Seinä A, Peltola J (1991) Duration of the ice season and statistics of fast ice thickness along the Finnish coast 1961–1990. Finn Mar Res 258

Sharp JH, Suzuki J, Munday WL (1993) A comparison of dissolved organic carbon in North Atlantic Ocean nearshore waters by high temperature combustion and wet chemical oxidation. Mar Chem 41:253–259

Shepard FB, Inman DL (1950) Nearshore water circulation related to bottom topography and wave refraction. Trans Am Geophys Union 31/2:196–202

Shepard FP, Curray JR (1967) Carbon-14 determination of sea level changes in stable areas. Progr Oceanogr 4:283–291

Sieburth JM, Smetacek V, Lenz J (1978) Pelagic ecosystem structure: Heterotrophic compartments of the plankton and their relationship to plankton size fractions. Limnol Oceanogr 23:1256–1263

Sivonen K, Kononen K, Carmichael WW, Dahlem AM, Rinehart KL, Kiviranta J, Niemelä SI (1989) Occurrence of the hepatotoxic cyanobacterium *Nodularia spumigena* in the Baltic Sea and structure of the toxin. Appl Environ Microbiol 55:1990–1995

Smetacek V (1985) Role of sinking in diatom life-history cycles: ecological, evolutionary and geological significance. Mar Biol 84:239–251

Smetacek V, Bodungen B von, Knoppers B, Peinert R, Pollehne F, Stegmann P, Zeitzschel B (1984) Seasonal stages characterizing the annual cycle of an inshore pelagic system. Rapp P V Réun Cons Int Explor Mer 183:126–135

Smetacek V, Bodungen B von, Bröckel K von, Knoppers B, Martens P, Peinert R, Pollehne F, Stegmann P, Zeitzschel B (1987) Seasonality of plankton growth and sedimentation.

Stellmacher R, Tiesel R (1989) Über die Strenge mitteleuropäischer Winter der letzten 220 Jahre – eine statistische Untersuchung. Z Meteorol 39:56–59

Sterr H (1988) Das Ostseelitoral von Flensburg bis Fehmarnsund: Formungs- und Entwicklungsdynamik einer Küstenlandschaft. Habilitationsschrift, Universität Kiel

Stigebrand A, Wulff F (1987) A model for the dynamics of nutrient and oxygen in the Baltic proper. J Mar Res 45:729–759

Strübing K (1978) Winterschiffahrt und Meereiserkundung im nördlichen Ostseeraum. Seewart 39/1:1–25

Strübing K (1990) Fernerkundung von Meereis. Promet 20, 3/4:114–120

Suess E, Erlenkeuser H (1975) History of the metal pollution and carbon input in Baltic Sea sediments. Meyniana 27:63–75

Swedish Meteorological and Hydrological Institute (SMHI) and Institute of Marine Research (FIMR) (1982) Climatological Ice Atlas of the Baltic Sea, Kattegat, Skagerrak and Lake Vänern (1963–1979). Sjöfartsverket, Norrköping

Tedengren M, Kautsky N (1986) Comparative study of the physiology and its probable effect on size in blue mussels (*Mytilus edulis* L.) from the North Sea and the northern Baltic proper. Ophelia 25:147–155

Temming A (1989) Longterm changes in stock abundance of the common dab (*Limanda limanda* L.) in the Baltic Proper. Rapp P V Réun Cons Int Explor Mer 190:39–50

Theede H (1984) Physiological approaches to environmental problems of the Baltic. Limnologica 15/2:443–458

Theede H (1986) Frost protection in marine invertebrates. In: Laudien H (ed) Temperature relations in animals and man. Fischer, Stuttgart. Biona Rep 4:213–222

Theede H, Stein U (1989) Further studies on frost protection in *Mytilus edulis* from the Western Baltic Sea. In: Klekowski RZ, Styczynska-Jurewicz E, Falowski L (eds) Proc 21st Europ Mar Biol Symp, Gdansk, Poland, 1986. Ossolineum, Gdansk, pp 173–181

Theobald N (1989) Investigations of "petroleum hydrocarbons" in seawater, using heigh performance liquid chromatography with fluorescence detection. Mar Pollut Bull 20:134–140

Thiel R (1991) Stoff- und Energieumsatz der Jung- und Kleinfische in Boddengewässern der südlichen Ostsee. Arb des Deutschen Fischerei-Verbandes 52:45–60

Tiesel R (1984) Die Wärmezyklonen der westlichen und mittleren Ostsee. Z Meteorol 34: 354–365

Tiesel R, Foken T (1987) Zur Entstehung des Seerauches an der Ostseeküste vor Warnemünde. Z Meteorol 37:173–176

Urich K (1990) Vergleichende Biochemie der Tiere. Fischer, Stuttgart

Valiela I (1991) Ecology of water columns. In: Barnes RSK, Mann KH (eds) Fundamentals of aquatic ecology, 2nd edn. Blackwell Scientific Publications, Oxford, pp 29–56

Vogt H, Schramm W (1991) Conspicious decline of Fucus in the Kiel Bay (Western Baltic): what are the causes? Mar Ecol Progr Ser 69:189–194

Voipio A (1957) On the magnesium content in the Baltic. Suom Kemistil B 30:84–88

Voipio A (1981) The Baltic Sea. Elsevier Oceanogr Ser 30, Amsterdam Oxford New York

Voipio A, Leinonen M (1984) Ostersjon - vört hav. LTS Förlag, Stockholm

Waern M (1952) Rocky-shore algae in the Öregrund-Archipelago. Acta Phytogeogr Suec 30:1–298

Wallentinus I (1969) Den makroskopiska bottenvegetationen i vattnen vid Askö, Trosa skärgård. Examensarbeit, Universität Stockholm

Wallentinus I (1991) The Baltic Sea gradient. In: Mathieson AC, Nienhuis PH (eds) Intertidal and littoral ecosystems. The Ecosystems of the world 24:83–108

Wangersky PJ (1993) Dissolved organic carbon methods: a critical review. Mar Chem 41:61–74

Watermann B (1987) Bibliographie zur Geschichte der deutschen Meeresforschung. Monologische Titelaufzählungen 1557–1986 und Register. Mitt Dtsch Ges Meeresforsch

Wattenberg H (1941) Über die Grenzen zwischen Nord- und Ostseewasser. Ann Hydrogr Marit Meteorol 69:265–279

Wattenberg H (1949) Entwurf einer natürlichen Einteilung der Ostsee. Kiel Meeresforsch 6:10–15

Wegener U (1991) Schutz und Pflege von Lebensräumen. Fischer, Jena Stuttgart

Weigelt M (1987) Auswirkungen von Sauerstoffmangel auf die Bodenfauna der Kieler Bucht. Ber Inst Meeresk Kiel, 176

Weigelt M (1991) Short- and long-term changes in the benthic community of the deeper parts of Kiel Bay (Western Baltic) due to oxygen depletion and eutrophication. Meeresforsch 33:197–224

Weise W, Rheinheimer G (1978) Scanning electron microscopy and epifluorescence investigation of bacterial colonization of marine sand sediments. Microb Ecol 4:175–188

Weitze HJ (1988) Vendsyssel. Meer, Wind und Sand. Geografforlaget, Brenderup

Went AEJ (1972) Seventy years astrowing. A History of the International Council for the Exploration of the Sea 1902–1972. Rapp P V Réun Cons Int Explor Mer 165

Westin L, Nissling A (1991) Effects of salinity on spermatozoa motility, percentage of fertilized eggs and egg development of Baltic cod (Gadus morhua), and ist implications for cod stock fluctuations in the Baltic. Mar Biol 108:5–9

Westring G (1993) Isförhallanden i svenska farvatten under normalperioden 1961–1990. SMHI Oceanographi 59

Wieland K (1995) Einfluß der Hydrographie auf die Vertikalverteilung und Sterblichkeit der Eier des Ostseedorsches (Gadus morhua) im Bornholm-Becken, südliche zentrale Ostsee. Ber Inst Meeresk Kiel, S 266

Wieland K, Zuzarte F (1991) Vertical distribution of cod and sprat eggs and larvae in the Bornholm Basin (Baltic Sea) 1987–1990. ICES CM J:37

Winkler HM (1991) Changes of structure and stock in exploited fish communities in estuaries of the southern Baltic coast (Mecklenburg-Vorpommern, Germany). Int Rev Gesamten Hydrobiol 76:413–422

Winkler HM, Thieol R (1993) Beobachtungen zum aktuellen Vorkommen wenig beachteter Kleinfischarten an der Ostseeküste Mecklenburgs und Vorpommerns (Nordostdeutschland). Meeresbiol Beitr Rostock 1:95–104, 3:49–57

Winn K, Averdiek FR, Werner F (1982) Spät- und postglaziale Entwicklung des Vejsnaes-Gebietes (westliche Ostsee). Meyniana 34:1–28

Winn K, Averdiek FR, Erlenkeuser H, Werner F (1986) Holocene sea level rise in the Western Baltic and the question of isostatic subsidence. Meyniana 38:61–80

Winterhalter B, Flodén T, Ignatius H, Axberg S, Niemistö L (1981) Geology of the Baltic Sea. In: Voipio A (ed) The Baltic Sea. Elsevier Oceanogr Ser 30, Amsterdam Oxford New York, pp 1–121

Wittig H (1940) Über die Verteilung des Kalziums und der Alkalinität in der Ostsee. Kiel Meeresforsch 3:460–496

Woldstedt R (1954/1958/1961) Das Eiszeitalter I und II. Stuttgart

Wübber CH, Krauss W (1979) The two-dimensional seiches of the Baltic Sea. Oceanol Acta 2:435–466

Wulff F, Rahm L (1988) Long-term, seasonal and spatial variations of nitrogen, phosphorus and silicate in the Baltic: an overview. Mar Environm Res 26:19–37

Wulff F, Stigebrandt A (1989) A time-dependent budget model for nutrients in the Baltic Sea. Global Biogeochem Cycles 3:63–78

Wyrtki K (1954) Der große Salzeinbruch in die Ostsee im November und Dezember 1951. Kieler Meeresforsch 10:19–25

Zimmerling D (1993) Die Hanse. Handelsmacht im Zeichen der Kogge, Gondrom, Bindlach

Sachverzeichnis

Druck: Mercedesdruck, Berlin
Verarbeitung: Buchbinderei Lüderitz & Bauer, Berlin